“十三五”国家重点出版物出版规划项目
卓越工程能力培养与工程教育专业认证系列规划教材
（电气工程及其自动化、自动化专业）

风力发电技术

主　编　陈铁华
副主编　张　萧
参　编　腾依海

机械工业出版社

本书比较全面地介绍了风力发电系统的组成及其工作原理、风力发电机组的结构、并网运行与控制及风力发电机组安全保护等内容。全书共8章，包括风力发电原理，风力发电机组的结构，风力发电机及变流器，变桨、偏航及制动系统，液压系统，风力发电机组运行与控制，风电场SCADA系统，风力发电机组安全与保护系统。

本书可作为大学本科和高等职业技术学院及各类风电技术培训班的教学用书，也可作为风电场和风电领域管理人员、技术人员及风电爱好者的自学读物。

图书在版编目（CIP）数据

风力发电技术/陈铁华主编. —北京：机械工业出版社，2021.1（2025.1重印）

“十三五”国家重点出版物出版规划项目 卓越工程能力培养与工程教育专业认证系列规划教材. 电气工程及其自动化、自动化专业

ISBN 978-7-111-67172-5

Ⅰ. ①风… Ⅱ. ①陈… Ⅲ. ①风力发电-高等学校-教材 Ⅳ. ①TM614

中国版本图书馆CIP数据核字（2020）第259658号

机械工业出版社（北京市百万庄大街22号 邮政编码100037）
策划编辑：王雅新 责任编辑：王雅新 王 荣
责任校对：刘雅娜 封面设计：严娅萍
责任印制：张 博
北京建宏印刷有限公司印刷
2025年1月第1版第5次印刷
184mm×260mm · 16.25印张 · 399千字
标准书号：ISBN 978-7-111-67172-5
定价：45.00元

电话服务 网络服务
客服电话：010-88361066 机 工 官 网：www.cmpbook.com
010-88379833 机 工 官 博：weibo.com/cmp1952
010-68326294 金 书 网：www.golden-book.com
封底无防伪标均为盗版 机工教育服务网：www.cmpedu.com

"十三五"国家重点出版物出版规划项目

卓越工程能力培养与工程教育专业认证系列规划教材

（电气工程及其自动化、自动化专业）

编审委员会

序

工程教育在我国高等教育中占有重要地位，高素质工程科技人才是支撑产业转型升级、实施国家重大发展战略的重要保障。当前，世界范围内新一轮科技革命和产业变革加速进行，以新技术、新业态、新产业、新模式为特点的新经济蓬勃发展，迫切需要培养、造就一大批多样化、创新型卓越工程科技人才。目前，我国高等工程教育规模世界第一。我国工科本科在校生约占我国本科在校生总数的1/3。近年来我国每年工科本科毕业生占世界总数的1/3以上。如何保证和提高高等工程教育质量，如何适应国家战略需求和企业需要，一直受到教育界、工程界和社会各方面的关注。多年以来，我国一直致力于提高高等教育的质量，组织实施了多项重大工程，包括卓越工程师教育培养计划（以下简称卓越计划）、工程教育专业认证和新工科建设等。

卓越计划的主要任务是探索建立高校与行业企业联合培养人才的新机制，创新工程教育人才培养模式，建设高水平工程教育教师队伍，扩大工程教育的对外开放。计划实施以来，各相关部门建立了协同育人机制。卓越计划要求试点专业要大力改革课程体系和教学形式，依据卓越计划培养标准，遵循工程的集成与创新特征，以强化工程实践能力、工程设计能力与工程创新能力为核心，重构课程体系和教学内容；加强跨专业、跨学科的复合型人才培养；着力推动基于问题的学习、基于项目的学习、基于案例的学习等多种研究性学习方法，加强学生创新能力训练，“真刀真枪”做毕业设计。卓越计划实施以来，培养了一批获得行业认可、具备很好的国际视野和创新能力、适应经济社会发展需要的各类型高质量人才，教育培养模式改革创新取得突破，教师队伍建设初见成效，为卓越计划的后续实施和最终目标达成奠定了坚实基础。各高校以卓越计划为突破口，逐渐形成各具特色的人才培养模式。

2016年6月2日，我国正式成为工程教育“华盛顿协议”第18个成员，标志着我国工程教育真正融入世界工程教育，人才培养质量开始与其他成员达到了实质等效，同时，也为以后我国参加国际工程师认证奠定了基础，为我国工程师走向世界创造了条件。专业认证把以学生为中心、以产出为导向和持续改进作为三大基本理念，与传统的内容驱动、重视投入的教育形成了鲜明对比，是一种教育范式的革新。通过专业认证，把先进的教育理念引入我国工程教育，有力地推动了我国工程教育专业教学改革，逐步引导我国高等工程教育实现从以教师为中心向以学生为中心转变、从以课程为导向向以产出为导向转变、从质量监控向持续改进转变。

在实施卓越计划和开展工程教育专业认证的过程中，许多高校的电气工程及其自动化、自动化专业结合自身的办学特色，引入先进的教育理念，在专业建设、人才培养模式、教学内容、教学方法、课程建设等方面积极开展教学改革，取得了较好的效果，建设了一大批优质课程。为了将这些优秀的教学改革经验和教学内容推广给广大高校，中国工程教育专业认证协会电子信息与电气工程类专业认证分委员会、教育部高等学校电气类专业教学指导委员会、教育部高等学校自动化类专业教学指导委员会、中国机械工业教育协会自动化学科教学委员会、中国机械工业教育协会电气工程及其自动化学科教学委员会联合组织规划了“卓越工程能力培养与工程教育专业认证系列规划教材（电气工程及其自动化、自动化专业）”。本套教材通过国家新闻出版广电总局的评审，入选了“十三五”国家重点出版物出版规划项目。本套教材密切联系行业和市场需求，以学生工程能力培养为主线，以教育培养优秀工程师为目标，突出学生工程理念、工程思维和工程能力的培养。本套教材在广泛吸纳相关学校在“卓越工程师教育培养计划”实施和工程教育专业认证过程中的经验和成果的基础上，针对目前同类教材存在的内容滞后、与工程脱节等问题，紧密结合工程应用和行业企业需求，突出实际工程案例，强化学生工程能力的教育培养，积极进行教材内容、结构、体系和展现形式的改革。

经过全体教材编审委员会委员和编者的努力，本套教材陆续跟读者见面了。由于时间紧迫，各校相关专业教学改革推进的程度不同，本套教材还存在许多问题，希望各位老师对本套教材多提宝贵意见，以使教材内容不断完善提高。也希望通过本套教材在高校的推广使用，促进我国高等工程教育教学质量的提高，为实现高等教育的内涵式发展积极贡献一份力量。

卓越工程能力培养与工程教育专业认证系列规划教材
（电气工程及其自动化、自动化专业）
编审委员会

前　言

我国的风力发电始于20世纪50年代后期，初期主要是为了解决海岛和偏远农村、牧区的用电问题，重点在于离网小型风力发电机组的建设。20世纪70年代末，我国开始进行并网风电的示范研究，并引进国外风机建设示范风电场。1986年，我国第一座“引进机组、商业示范性”风电场——马兰风力发电场在山东荣成并网发电，成为我国风电史上的里程碑。在此之后，我国风电才真正进入发展阶段，经历了初期示范阶段（1986~1993年）、产业化探索阶段（1994~2003年）、产业化发展阶段（2003~2007年）和大规模发展阶段（2008年后）。目前，我国已经成为世界风电装机大国，在全球风力发电占比中排名第一。风电产业的快速发展，对人才的需求数量也急剧增加，风电行业是一个知识密集型行业，同时又是流体、机械、电气、控制等多学科交叉的行业。

为了给风电领域技术人员提供比较全面的风电技术，特编写了本书。在编写前，编者对风电场和主机制造厂进行了充分的调研，详细了解了风电行业岗位对专业技能的要求，再结合编者十余年的教学总结，构思了本书内容。编者力求从实用性出发，选取的内容与风电行业密切相关，以利于风电行业人员掌握理论与专业知识。本书既能满足高校教学要求，同时又能满足风电专业技术人员的学习需求。

本书共8章：

第1章概况性地介绍风力发电基本知识、风力发电机组的分类及运行特性、风力发电系统类型及组成。

第2章详细介绍风力发电机结构及组成，包括机械部件、变桨、偏航、制动等执行机构，电气系统和控制系统等。

第3章系统讲解可用于风力发电系统的笼型感应发电机、绕线转子发电机、电励磁同步发电机、双馈式发电机和永磁同步发电机的工作原理、运行特性及功率调节控制策略，介绍了变流器的组成及其工作原理。

第4章详细介绍变桨系统、偏航系统和制动系统的机构组成及系统工作过程。

第5章讲解液压系统基本知识，介绍风力发电机组典型的液压系统工作过程、风力发电机组齿轮箱的润滑与冷却、偏航系统、变桨系统、主轴系统的自润滑。

第6章介绍变桨变速恒频风力发电机组控制策略和四种工作状态，风力发电机组控制系统组成及工作过程、风力发电机组的并网/脱网、低电压穿越、风功率预测等与风力发电机组运行及控制相关的内容。

第7章介绍风电场SCADA系统结构及主要功能、风力发电机组运行监测内容及相关传感器工作原理。

第8章介绍风力发电机组安全内容和保护措施，包括独立于控制系统的安全链工作原理、风力发电机组的防雷措施和接地系统。

本书由长春工程学院陈铁华任主编，长春工程学院张萧任副主编，龙源集团吉林分公司腾依海参与编写。其中，陈铁华负责编写第3~6章，张萧编写第1、2章，腾依海编写第7、8章。

本书特点：一是专业针对性较强，面向风电专业在校学生和风电行业技术人员；二是专业知识高度汇总，书中汇集了风力发电机组结构、运行、控制、安全保护等内容，通过本书的学习，基本上可以全面了解和掌握风力发电机组工作原理和运行控制，本书既可作为理论学习资料，也可作为实践指导资料；三是文字通俗易懂，内容详略得当，没有过多的理论分析与推导，每章后有本章小结和练习题，便于自学自测。

本书在编写过程中参阅了大量已出版的同类教材、科技图书和公开发表的文献，在此向相关作者表示诚挚的谢意。另外，本书中所采用的各厂家的技术资料都是从正规渠道获得并已允许公开，无意泄露厂家机密，在此也对相关公司及厂家表示感谢。

尽管我们试图将本书完美地呈现给读者，但由于水平和现场经验有限，书中表述难免有不妥和疏漏之处，恳请读者批评指正。

编　者

目　　录

第 1 章 风力发电概述

人类利用风能已有数千年历史，在蒸汽机发明以前，风能曾经作为重要的动力，用于船舶航行、提水饮用和灌溉、排水造田、磨面及锯木等。到了 19 世纪末，开始利用风力发电，尤其是在石油危机后，世界各国开始研制风力发电机，尽管过程曲折，但 20 世纪 70 年代以后，风力发电还是进入了一个蓬勃发展的阶段。

1.1 风力发电的能量转换过程

1.1.1 风力发电机组工作过程

风力发电机组（简称风电机组）工作过程如图 1-1 所示，风力机将风能转换为机械能，主传动系统将机械能传递到发电系统将机械能进一步转换为电能，并将电能通过电气设备送到电力系统中。因此，风电机组主要由风力机、齿轮箱、发电机及附属设备组成，其功能是将风能转换为电能。风力发电过程包括两方面内容，其一是能量转换，其二是对能量转换过程的控制。

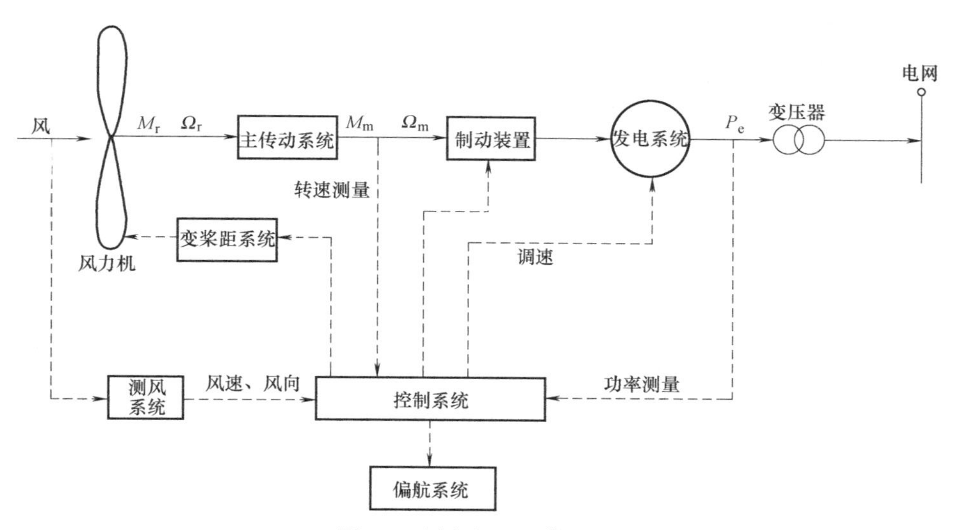

图 1-1 风电机组工作过程

1. 能量转换

风力机所捕获的是风的动能，风的动能大小可用风功率来表示。风功率是指单位时间内，以速度 v 垂直流过截面 A 的气流所具有的动能。在时间 t 内，以速度 v 垂直流过截面 A 的气流所具有的动能为

$$W=\frac{1}{2}mv^2=\frac{1}{2}\rho Avtv^2=\frac{1}{2}\rho Av^3t \tag{1-1}$$

式中 W——风能（J）；

ρ——空气密度（kg/m^3）；

v——来流速度（m/s）；

A——面积（m^2）。

所以风功率为

$$P_W=W/t=\frac{1}{2}\rho Av^3 \tag{1-2}$$

由式（1-2）可见，风功率与风速的三次方成正比。当风以一定的速度吹向风力机时，在风轮上产生的力矩驱动风轮转动。将风的动能变成风轮旋转的动能，两者都属于机械能。风轮的输出功率为

$$P_r=M_r\Omega_r$$

式中 P_r——风轮的输出功率（W）；

M_r——风轮的输出转矩（N · m）；

Ω_r——风轮的角速度（rad/s）。

风轮的输出功率通过主传动系统传递。主传动系统可以使转矩和转速发生变化，于是有

$$P_m=M_m\Omega_m=M_r\Omega_r\eta_m \tag{1-3}$$

式中 P_m——主传动系统的输出功率（W）；

M_m——主传动系统的输出转矩（N · m）；

Ω_m——主传动系统的输出角速度（rad/s）；

η_m——主传动系统的总效率。

主传动系统将动力传递给发电系统，发电系统把机械能变为电能。发电系统的输出功率为

$$P_e=\sqrt{3}\,UI\cos\phi=P_m\eta_e \tag{1-4}$$

式中 P_e——发电系统的输出功率（W）；

U——三相绕组上的线电压（V）；

I——流过绕组线电流（A）；

$\cos\phi$——功率因数；

η_e——发电系统的总效率。

对于并网型风电机组，发电系统输出的电压经过变压器升压后，即可输入电网。

2. 能量转换控制

能量转换控制由风电机组的控制系统完成，包括风力发电过程控制和安全保护。过程控制包括起动、运行、暂停、停止等。当出现恶劣的外部环境或机组零部件突然失效时，应该紧急停机。

图 1-1 中，风速、风向、风力机转速、发电机功率等物理量通过传感器变成电信号传给控制系统，这些是控制系统的输入信息。控制系统随时对输入信息进行处理和比较，及时发出控制指令，即输出信息。

对于变桨距机组，当风速大于额定风速时，控制系统发出变桨距指令，通过变桨距系统

改变风轮叶片的桨距角，从而控制风电机组输出功率。在起动和停止过程中，也需要改变叶片的桨距角。

对于变速型机组，当风速小于额定风速时，控制系统可以根据风的大小发出改变发电机转速的指令，以便使风力机最大限度地捕获风能。

当风轮的轴向与主风向偏离时，控制系统发出偏航指令，通过偏航系统校正风轮轴线位置，使风轮始终对准来风方向。

当需要停机时，控制系统发出停机指令，除了借助变桨系统实现空气制动外，还可以通过安装在传动轴上的机械制动装置实现机械制动。

1.1.2 风力发电机组的主要参数

1. 风轮直径 D（或风轮扫掠面积）

风轮直径是指风轮在旋转平面上的投影圆的直径，风轮扫掠面积是指风轮在旋转平面上的投影面积。风轮直径的大小与风轮的功率直接相关。风轮直径（或风轮扫掠面积）说明机组能够在多大的范围内获取风中蕴含的能量，是机组能力的基本标志。

风轮直径应当根据不同的风况与额定功率匹配，以获得最大的年发电量和最低的发电成本，低风速区宜选用较大直径的风轮，高风速区宜选用较小直径的风轮。

2. 额定功率

额定功率是与机组配套的发电机铭牌功率，其定义是在正常工作条件下，风电机组按设计要求达到的最大连续输出的电功率。

风电机组的额定功率和风轮直径（或风轮扫掠面积）是风电机组最主要的参数，是产品型号的组成部分。

在风电机组产品样本中，都有一个功率曲线图，如图1-2所示，横坐标是风速，纵坐标是机组的输出功率。功率曲线主要分为上升和稳定两部分，机组开始向电网输出功率时的风速称为切入风速。随着风速的增大，输出功率上升，输出功率大约与风速的三次方成正比，达到额定功率值时的风速称为额定风速。此后风速再增大，由于风轮的调节，功率保持不变。定桨距风轮因失速有个过程，超过额定风速后功率略有上升，然后又下降。如果风速继续增大，为了保护机组的安全，规定了允许机组正常运行的最大风速，称为切出风速。机组运行时遇到这样的大风时必须停机与电网脱开，输出功率立刻降为零，功率曲线到此终止。

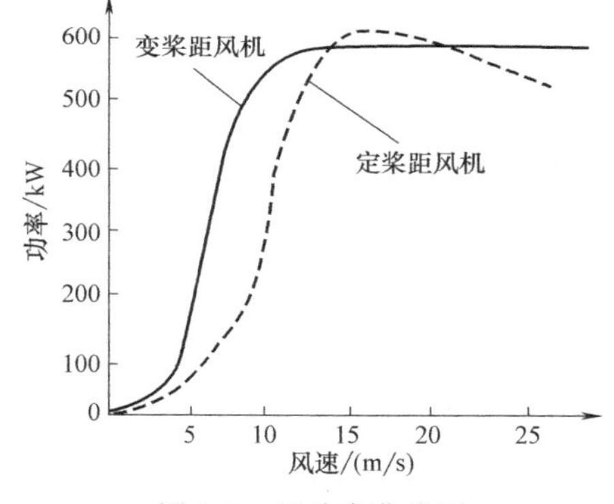

图1-2　风功率曲线图

3. 风能利用系数 C_P

风轮接受的风的动能与通过风轮扫掠面积的全部风的动能的比值称为风能利用系数。它表示风轮从自然风能中吸收能量的程度，即能量转换效率，是衡量风力机性能的主要指标。根据贝茨理论，风力机的最大风能利用系数是59%，而实际的风力机是达不到这个理想数据的，各种形式的风轮接受风力的风能利用系数是不同的，阻力型风力机的风能利用系数较低，升力型风力机的风能利用系数较高。综合考虑风力发电机组风轮的风能利用系数和机械传动系统效率、发电机效率等，即风力发电机的全效率，表 1-1 列出了各种形式的风力发电机的全效率。

表 1-1　不同形式风力发电机的全效率

风轮形式	全效率
阻力型垂直轴风力机(平板式)	不超过 12%
阻力型垂直轴风力机(风杯式)	不超过 7%
阻力型垂直轴风力机(S 形)	不超过 25%
升力型垂直轴风力机	15%～30%
多叶片风轮水平轴风力机	10%～30%
扭曲叶片风轮水平轴风力机(1～10kW)	15%～35%
扭曲叶片风轮水平轴风力机(10～100kW)	30%～45%
扭曲叶片风轮水平轴风力机(100kW 以上)	35%～50%

4. 实度 σ

风轮的实度是指叶片在风轮旋转平面上的投影面积的总和与风轮扫掠面积之比，实度大小取决于尖速比，如图 1-3 所示。对于水平轴风力机，$\sigma=BS/(\pi R^2)$；对于垂直轴风力机，$\sigma=BC/(2\pi R)$，B 是叶片个数。实度是和尖速比密切相关的另一个重要设计参数。实度大的风轮尖速比较低，实度小的风轮，尖速比较高，对于风力提水机，因为需要转矩大，所以风轮实度取的大；对于风力发电机，因为要求转速高，所以风轮实度取的小。自起动风电机组的实度是由预定的起动风速来决定的，起动风速小，要求实度大。通常风电机组的实度为 5%～20%。

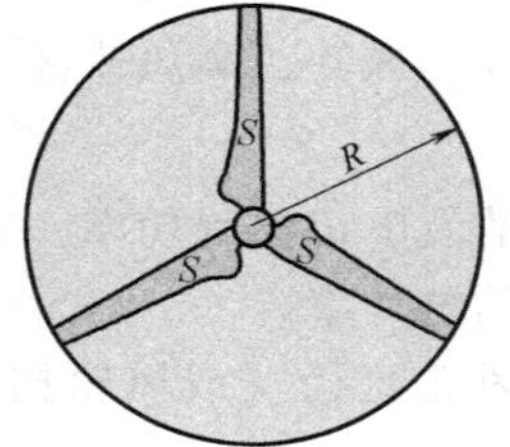

a) 水平轴风力机风轮

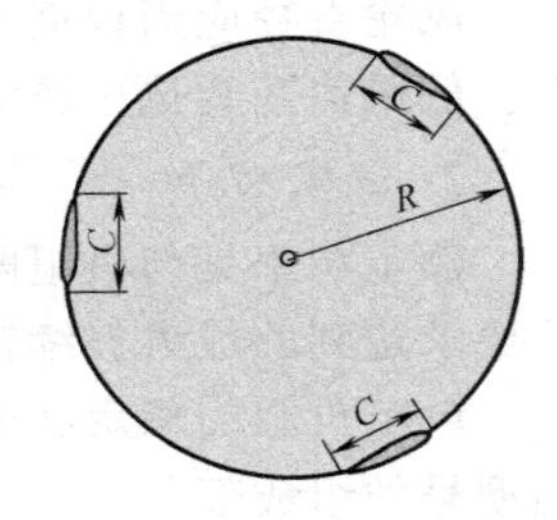

b) 垂直轴风力机风轮

图 1-3　风轮实度

实度的大小要考虑以下两个重要因素：

1）风轮的转矩特性，特别是起动转矩。

2）风轮的转动惯量及电机传动系统特性。

5. 尖速比 λ

风轮的尖速比是风轮的叶尖线速度和风速之比。尖速比是风电机组的一个重要设计参数，通常在风电机组总体设计时提出。首先，尖速比与风轮效率是密切相关的，只要风电机组没有超速，运转处于较高尖速比状态下的风力发电机的风轮就具有较高的效率。不同的尖速比意味着所选用或设计的风轮实度具有不同的数值。设计要求的尖速比是指在此尖速比上，所有的空气动力学参数接近它们的最佳值，以及风轮效率达到最大值。

在同样直径下，高速风电机组比低速风电机组成本要低，由阵风引起的动载荷影响亦要小一些。另外，高速风电机组运行时的轴向推力比静止时大。高速风电机组的起动转矩小、起动风速大，因此要求选择最佳的弦长和扭角分布。如果采用变桨距的风轮叶片，那么在风轮起动时，桨距角要调节到较大值，随着风轮转速的增加逐渐减小。当确定了风电机组尖速比范围之后，要根据风轮设计转速和发电机转速来选择齿轮箱传动比，最后再用公式 $\lambda=$

$R\Omega/v$（v 为风速）进行尖速比的计算，确定其设计参数。

6. 桨距角 β 或安装角

叶片径向位置时，叶片翼型弦线与风轮旋转面间的夹角即为桨距角，如图 1-4 所示。

7. 叶片攻角 α

相对风速与叶片弦线之间的夹角即为叶片攻角，如图 1-4 所示。

8. 与风力机运行相关的风速

1）起动风速：风力机由静止开始转动，并能连续运转的最小风速。

2）切入风速：风力机对额定负载开始有功率输出时的最小风速。

3）切出风速：由于调节器作用，使风力机对额定负载停止功率输出时的风速。

4）安全风速：风力机在人工或自动保护时不致破坏的最大允许风速。

5）有效风速：由于风的随机性（不稳定），风力机不可能始终在额定风速下运行，所以风力机就有一个工作风速范围，即从切入风速到切出速度，称为工作风速，即有效风速。

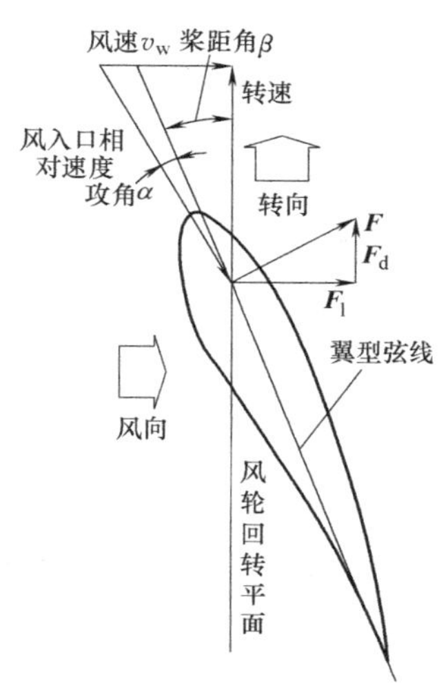

图 1-4　叶片的桨距角和攻角

6）额定风速 v_1：又称为风轮设计风速，是设计与制造部门给出的使机组达到规定输出功率的最低风速。它与额定功率相对应，即风电机组达到额定功率输出时，轮毂高度处的设计风速。额定风速是一个非常重要的参数，直接影响风电机组的尺寸和成本。额定风速取决于安装风电机组地区的风能资源，风能资源既要考虑平均风速的大小，又要考虑风速的频度。

知道了平均风速和频度，就可以确定额定风速 v_1 的大小，如可以以全年获得最大能量为原则来确定额定风速；也有人提出，以单位投资获得最大能量为原则来选取额定风速。

9. 额定转速

空气在标准状态下，对应于机组额定风速时的风轮转速即为额定转速。

1.2　风力发电机组的分类

1.2.1　按照转轴布置方式分类

风电机组按照风轮旋转轴与风向的关系，可分为水平轴风电机组和垂直轴风电机组。水平轴风电机组风轮的旋转轴与风向平行，垂直轴风电机组风轮的旋转轴与地面或风向垂直。

1. 水平轴风电机组

水平轴风电机组按照风向、风轮和塔架的相对位置，又分为上风向型和下风向型，风轮在塔架之前的称为上风向风电机组，反之，风轮在塔架后面的则称为下风向风电机组，如图 1-5a、b 所示。下风向风电机组由于风轮处于塔架的下风向，受塔影影响较大，这一方面影响了风能利用系数，同时使疲劳载荷的幅值增大，同样叶片的疲劳寿命较上风向机型低，因此下风向风电机组目前很少采用。

目前大型并网风电机组基本都是水平轴上风向型，具有对风装置（即偏航系统），使机舱能随风向改变而转动，保证风轮扫风面最大程度迎风。对于小型风电机组，为了降低成本，多数采用尾舵对风装置。

2. 垂直轴风电机组

垂直轴风电机组按照叶片工作原理可分为阻力型和升力型。阻力型的典型代表为S型，升力型按照叶片形式又可分为H型和Φ型，如图1-5c~e所示。

垂直轴风电机组在风向改变时无需对风，它不仅使结构设计简化，而且也减少了风轮对风时的陀螺力，在这点上相对水平轴风电机组是一大优点，但垂直轴风电机组起动困难，大型机组不能自起动，需要电力系统驱动才能起动。

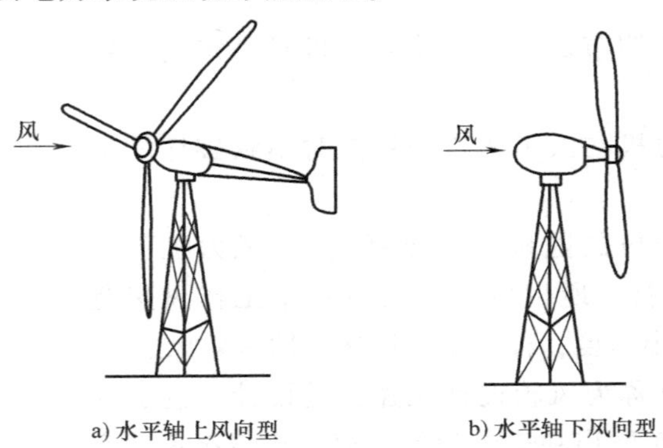

a) 水平轴上风向型　b) 水平轴下风向型

c) S型

d) H型

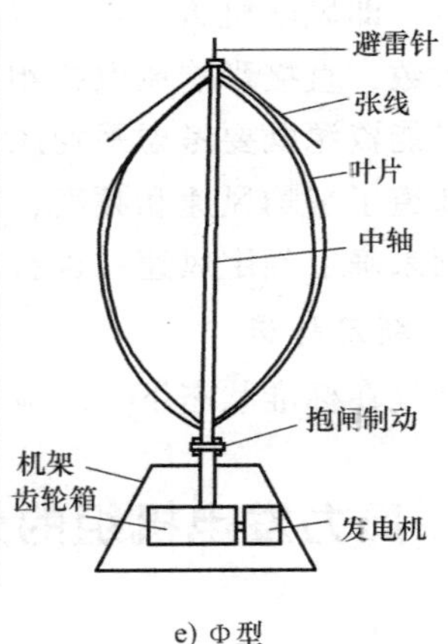

e) Φ型

图1-5　风电机组分类示例

1.2.2　按照风力机功率调节方式分类

1. 定桨距型风电机组

定桨距风电机组的主要结构特点是叶片与轮毂的连接是固定的，即当风速变化时，叶片桨距角不能随之变化。这一特点给定桨距风电机组提出了两个必须解决的问题：一是当风速高于额定风速时，桨叶必须利用翼型本身固有的失速特性（即当风速高于额定风速时，气流的攻角增大到失速条件，使桨叶的表面产生涡流，效率降低），来限制发电机的功率输出，桨叶的这一特性被称为自动失速性能；二是运行中的风电机组在突然失去电网（突甩负载）的情况下，桨叶自身必须具备制动能力，即在叶尖部位安装叶尖扰流器，使风电机组能够在大风情况下安全停机。因此，这种带有叶尖扰流器的定桨距风力机亦称作定桨距失速型风力机。

定桨距失速型风电机组没有功率反馈系统和变桨距执行机构，因而整机结构简单、部件少、造价低，并具有较高的安全系数。失速控制方式依赖叶片独特的翼型结构，叶片本身结构较复杂，成型工艺难度也较大。随着功率增大，叶片加长，重量加大（与变桨距风力机叶片比较），所承受的气动推力增大，使得叶片的刚度减弱，失速动态特性不易控制，所以很少应用在兆瓦级以上的大型风电机组的控制上。

2. 变桨距型风力发电机组

变桨距调节型风力发电机组是指通过变桨驱动装置，带动安装在轮毂上的叶片转动，从而改变叶片桨距角。其调节方法为：当风电机组达到运行条件时，控制系统命令变桨系统将桨距角调到45°，当转速达到一定时，再调节到0°，直到风力机达到额定转速并网发电；在运行过程中，当输出功率小于额定功率时，桨距角保持在0°位置不变，不做任何调节；当发电机输出功率达到额定功率以后，调节系统根据输出功率的变化调整桨距角的大小，使发电机的输出功率保持在额定功率。变桨距技术可以使桨叶角度始终保持最佳，尤其是保持额定风速后风电机组出力平稳。桨距角变化范围：运行时为0°~35°，制动时为0°~90°。由此可见，变桨距风力机通过改变桨距角使叶片剖面的攻角发生变化来迎合风速变化，从而使风力机在有效风速范围内都能充分地利用风能，使叶片具有较好的气动输出性能，保持发电机功率输出稳定。

随着风电控制技术的发展，当输出功率小于额定功率状态时，变桨距风电机组采用OptitiP技术，即根据风速的大小，调整发电机转差率，使其尽量运行在最佳叶尖速比，优化输出功率。变桨距调节的优点是桨叶受力较小，桨叶做得较为轻巧。桨距角可以随风速的大小而进行自动调节，因而能够尽可能多地吸收风能并转换为电能，同时在高风速段保持功率平稳输出。缺点是结构比较复杂，故障率相对较高。

3. 主动失速型风力发电机组

这种机组的工作原理是以上两种形式的组合。充分吸取了被动失速和桨距调节的优点，桨叶采用失速特性，调节系统采用变桨距调节。在低风速时，将桨距角调节到可获取最大功率位置，优化机组功率的输出；当风力机发出的功率超过额定功率后，桨叶节距主动向失速方向调节，将功率调整在额定值以下，限制机组最大功率输出。随着风速的不断变化，桨叶仅需要微调以维持失速状态。制动时，调节桨叶相当于气动制动，很大程度上减少了机械制动对传动系统的冲击。在临界失速点，通过桨距调节跨越失速不稳定区。在桨距调节过程中，叶片后缘转向迎风方向，因此称为主动失速变桨。

与传统失速功率调节相比，主动失速技术的特点有：①可以补偿空气密度、叶片粗糙度、翼型变化对功率输出的影响，优化中低风速的出力；②额定点之后，即强风天气时，可维持额定功率输出；③叶片可顺桨，制动平稳、冲击小、极限载荷小。另一方面的优点是它能保持额定功率运行，而失速型通常因为失速而使电能输出降低，但同时也使得投资成本和维护费用相对有所增加。

与变桨距功率调节技术相比，主动失速技术的特点是：①受阵风、湍流影响较小，功率输出平稳，无需特殊的发电机；②桨距仅需微调，磨损少，疲劳载荷小。

1.2.3 按转速变化分类

1. 恒速风电机组

风力机采用恒速运行，控制简单，但不能最大限度地利用风能；主要是定桨距机组，在低风速时效率较低；由于转速恒定，而风速是变化的，如果设计低风速时效率过高，叶片会过早失速。另外，发电机在低负荷时效率很低，当 $P>30\%$ 额定功率时，效率>90%，但当 $P<25\%$ 额定功率时，发电机效率将急剧下降。解决的办法是采用两台发电机（即双速运行），如1MW风电机组设计成6极200kW和4极1MW。这样，当风电机组在低风速段运行时，不仅叶片具有较高的气动效率，发电机的效率也能保持在较高水平。

2. 变速风电机组

变速风电机组的转速可以随风速变化，一般是通过控制发电机的转速来实现的，因此变速运行的风力机必须有一套控制系统用来限制功率和转速，使风力机在大风或故障过载荷时得到保护。当风速达到某一值时，风力机达到额定功率。自然风的速度变化常会超过这一风速，在正常运行时，功率会超过额定值。功率超过额定值时，不是机组结构载荷问题，而是发电机超载过热问题。发电机厂家一般会给出发电机过载的能力。控制系统允许发电机短时过载，但不允许长时间或经常过载。

1.2.4 按有无齿轮箱分类

目前，市场上主流的变速变桨恒频型风电机组，根据主传动系统有无齿轮箱，可分为双馈式和直驱式两大类。双馈式变桨变速恒频技术的主要特点是采用了风轮可变速变桨运行技术，传动系统采用齿轮箱增速和双馈异步发电机并网；而直驱式变速变桨恒频技术采用了风轮与发电机直接耦合的传动方式，发电机多采用多极同步电机，通过全功率变频装置并网。直驱技术的最大特点是可靠性和效率都进一步得到了提高。

还有一种介于两者之间的半直驱式，由叶轮通过单级增速装置驱动多极同步发电机，是直驱式和传统型风力发电机组的混合。

1. 双馈式风力发电机

在双馈式风电机组中，为了让风轮的转速和发电机的转速相匹配，在风轮和发电机之间用齿轮箱来连接，采用多级（一般是两级）齿轮箱驱动有刷双馈式异步发电机，如图1-6所示。其发电机转速高、转矩小、重量轻、体积小、变流器容量小，但齿轮箱噪声大、故障率高，需要定期维护，并且增加了机械损耗；机组中采用双向变频器结构，故控制复杂；电刷和滑环间也存在机械磨损。

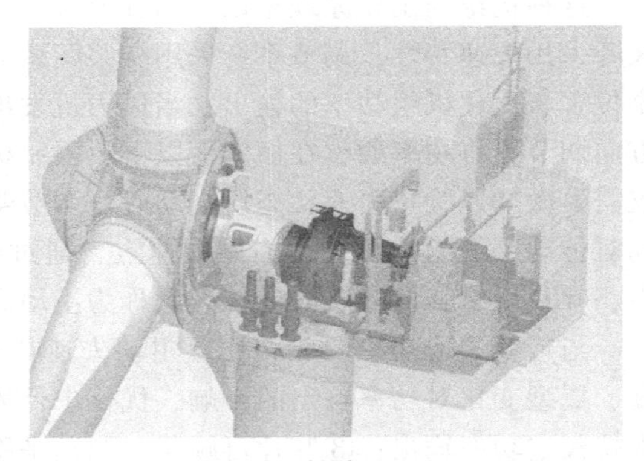

图1-6 双馈式风电机组

2. 直驱式风力发电机组

风力直接驱动发电机，亦称无齿轮风力发电机，这种发电机采用多极电机与叶轮直接连接进行驱动的方式，省去齿轮箱这一传统部件，如图 1-7 所示。由于齿轮箱是目前兆瓦级风电机组中易过载和故障率较高的部件，所以没有齿轮箱的直驱式风电机组具有低风速时效率高、噪声低、寿命长、机组体积小、运行维护成本低等诸多优点。

直驱式风电机组的发电机主要有两种类型：转子电励磁的集中绕组同步发电机和转子永磁体励磁的永磁同步发电机。转子电励磁式由于需要给转子提供励磁电流，故需要集电环和电刷，而这两个部件故障率很高，需要定期更换，因此维护量大。而转子永磁体励磁式采用永磁材料建立转子磁场，省去了集电环和电刷等设备，也省去了齿轮箱，无需定期维护，系统结构紧凑，整机可靠性和效率很高。尽管直驱式风电机组变流器以及永磁同步发电机造价昂贵，但由于其可靠性和能量转换效率高、维护量小、整机生产周期小等优点，特别适用于海上风力发电，因此这种结构正在被广泛应用。

图 1-7　直驱式风电机组

1.3 风力发电机组的运行特性

1.3.1 定桨距风力发电机组

1. 失速特性

叶片的失速调节原理如图 1-8 所示，图中 F 为作用在叶片上气动全力，该力可以分解成 F_d、F_l 两部分；F_d 与风速垂直，称为驱动力，使叶片转动；F_l 与风速平行，称为轴向推

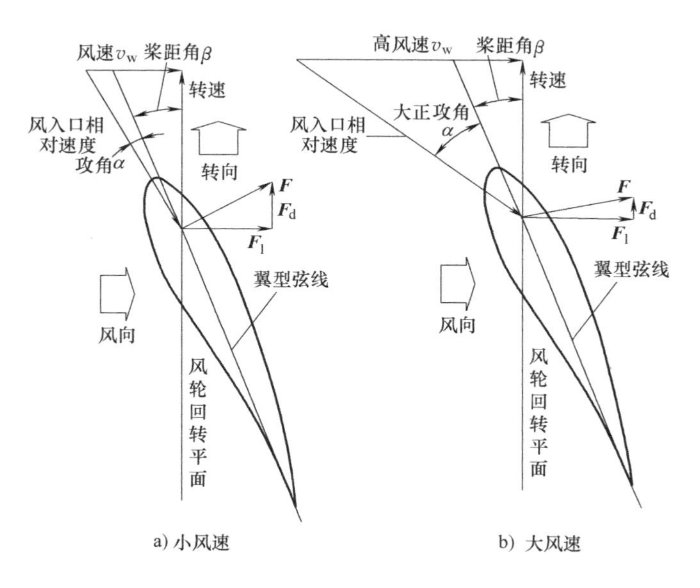

图 1-8　叶片的失速调节原理

力，通过塔架作用到地面上。当叶片的安装角度不变时，随着风速的增加，攻角增大，当达到临界攻角时，升力系数开始减小，阻力系数不断增大，造成叶片失速，如图 1-9 所示。失速调节叶片的攻角沿轴向由根部向叶尖逐渐减小，因而根部叶面先进入失速，随风速增大，失速部分向叶尖处扩展，原先已失速的部分失速程度加深，未失速的部分逐渐进入失速区。失速部分使功率减小，未失速部分仍有功率增加，从而使输入功率保持在额定功率附近。

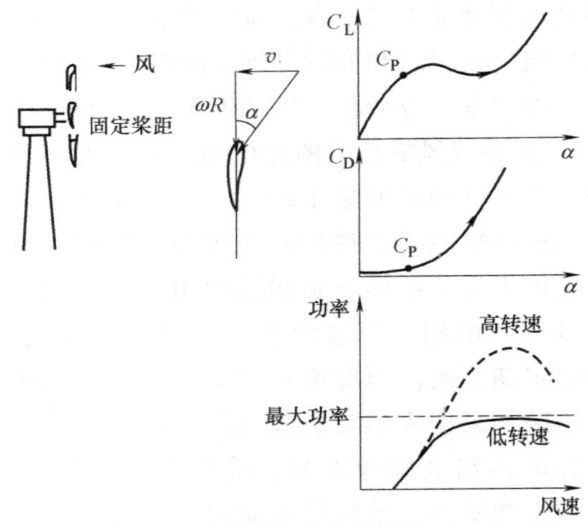

图 1-9　叶片失速特性

定桨距机组利用被动失速功率控制的优点是控制简单，适用于百千瓦级的风电机组。缺点是：①功率曲线由叶片的失速特性决定，功率输出不确定；②阻尼较小，振幅较大，叶片易疲劳损坏；③高风速时气动载荷较大，叶片及塔架等受载荷较大；④在安装点需要试运行，以优化安装角；⑤低风速段风轮转速较低时的功率输出较大。

2. 风功率特性

定桨距风电机组的风功率特性曲线如图 1-10 所示，由于桨距角是固定不变的，这一限制使得风电机组在有效的风速范围内，只在某一转速下达到最大功率输出。

从图 1-11 中可以看出，对于定桨距风电机组，一般在低风速段的风能利用系数较高。当风速接近额定点时，风能利用系数开始大幅下降，因为这时随着风速的增大，功率上升已趋缓，而过了额定点后，桨叶已开始失速，风速再增大，功率反而有所下降。风能利用系数随风速变化而变化，而要在变化的风速下保持最大的风能利用系数，就必须保持转速与风速之比不变，也就是说，风电机组的转速要能够跟随风速的变化。对同样直径的风轮驱动的风电机组来说，其发电机额定转速可以有很大变化，而额定转速较低的发电机在低风速时具有较高的风能利用系数，额定转速较高的发电机在高风速时具有较高的风能利用系数，这就是定桨距风力发电机组采用双速发电机的根据。需要说明的是，额定转速并不是按在额定风速时具有最大的风能利用系数设定的，因为风电机组与一般发电机组不一样，它并不经常运行在额定风速点上，并且功率与风速的三次方成正比，只要风速超过额定风速，功率就会显著上升，这对于定桨距风电机组来说是无法控制的。事实上，定桨距风电机组早在风速达到额定值以前就已开始失速了，到额定点时的风能利用系数已相当小。

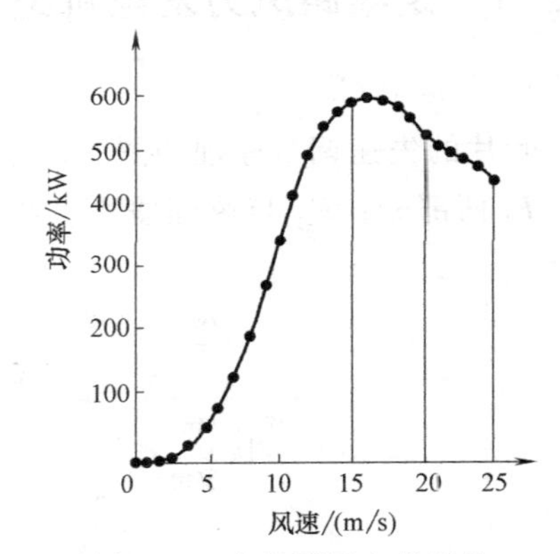

图 1-10　定桨距风电机组的风功率特性曲线

另一方面，改变定桨距机组桨距角的设定，也会显著影响额定功率的输出。根据定桨距风力机的特点，应当尽量提高低风速时的功率系数和考虑高风速时的失速性能。图 1-12 所示为一组 200kW 风电机组的功率曲线，从图中可看到，桨距角对风力机功率输出的影响。

无论是实际测量还是理论计算所得的功率曲线都可以说明，定桨距风电机组在额定风速以下运行时，低风速区，不同的桨距角所对应的功率曲线几乎是重合的；但在高风速区，桨距角的变化对其最大输出功率（额定功率点）的影响是十分明显的。事实上，调整桨叶的桨距角，只是改变了桨叶对气流的失速点。根据实验结果，桨距角越小，气流对桨叶的失速点越高，其最大输出功率也越高。这就是定桨距风力机可以在不同的空气密度下调整桨叶安装角的根据。

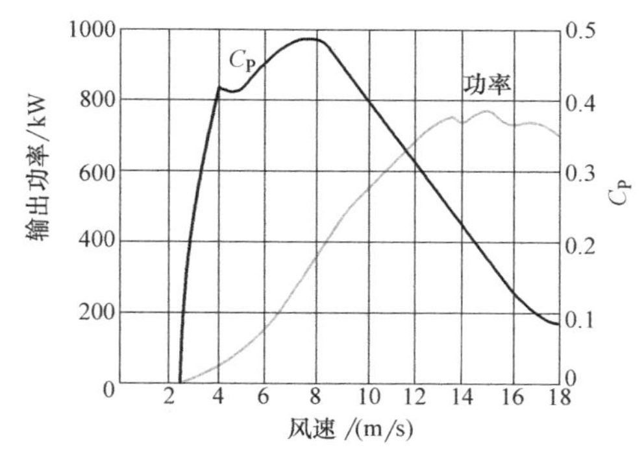

图 1-11　定桨距风电机组的功率曲线与风能利用系数

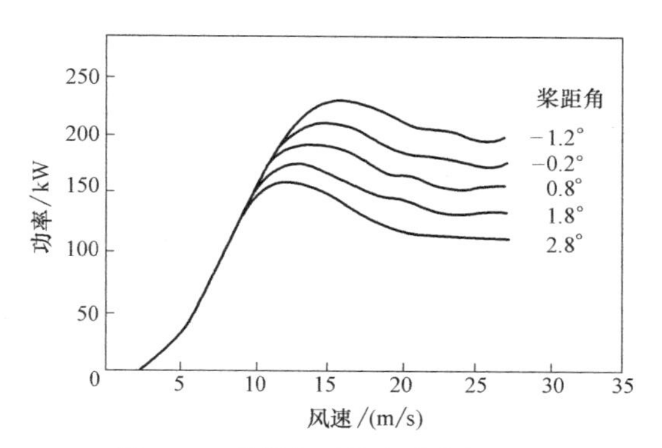

图 1-12　桨距角对输出功率的影响

1.3.2　变桨距风力发电机组

1. 变桨调节原理

变桨距风电机组的功率调节不完全依靠叶片的气动性能。当功率在额定功率以下时，控制器将桨距角置于 0°附近，可认为等于定桨距风电机组，发电机的功率根据叶片的气动性能，随风速的变化而变化。当功率超过额定功率时，变桨距机构开始工作，叶片相对自身的轴线转动，调整桨距角，叶片前缘转向迎风方向，桨距角增大，使叶片攻角不变，将发电机的输出功率限制在额定值附近，如图 1-13 所示。从图 1-14 中可以看出，当风速增大时，通过改变桨距角（增大桨距角），仍然可以使风力机保持较高的功率输出。当遇到大风或需要气动制动时，变桨系统将桨距角调整到 90°，这个过程称为顺桨。

2. 风功率特性

与定桨距风电机组相比，变桨距风电机组能使风轮叶片的桨距角随风速而变化，具有在额定功率点以上输出平衡的特点，如图 1-15 所示。此外，从图 1-16 中可以看出，在相同的额定功率点时，额定风速比定桨距风电机组要低。对于变桨距风力发电机组，由于桨叶节距可以控制，无须担心风速超过额定点后的功率控制问题，可以使得额定功率点仍然具有较高的功率系数。

变桨距控制的优点是能获取更多的风能，提供气动制动，减少作用在机组上的极限载荷。但是，随着并网型风电机组容量的增大，大型风电机组的单个叶片已达数吨，操纵如此巨大的惯性体且使其响应速度要能跟得上风速的变化，是相当困难的。事实上，如果没有其他措施，变桨距风电机组的功率调节对高频风速变化是无能为力的。因此，近年来生产的变桨距风电机组，除了对桨距角进行控制以外，还通过控制发电机转速使输出的功率曲线更加平稳。

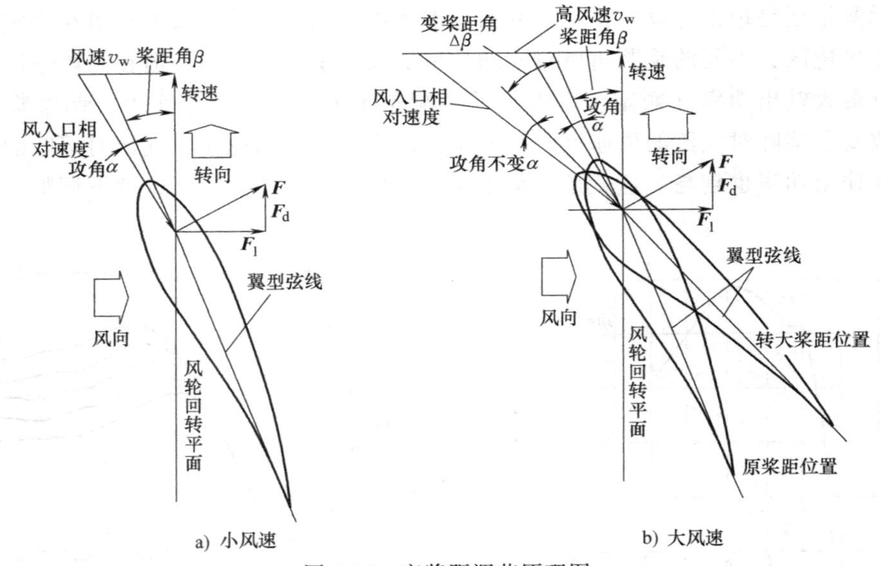

a) 小风速　　b) 大风速

图 1-13　变桨距调节原理图

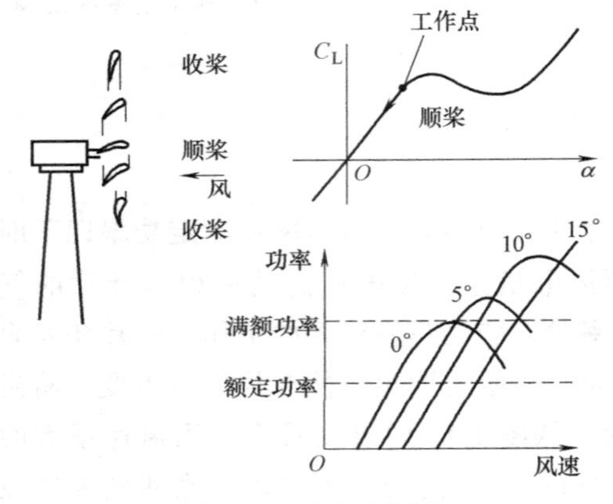

图 1-14　变桨距调节

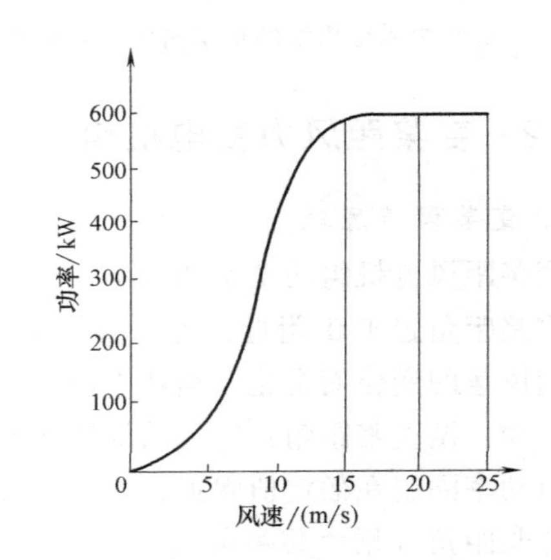

图 1-15　变桨距风电机组功率曲线

1.3.3　变速风力发电机组

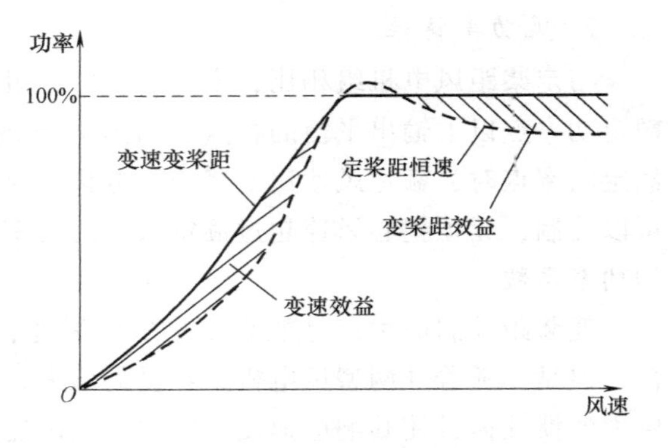

图 1-16　风电机组的功率曲线比较

变速风电机组的运行规律可以通过风力机的转矩-速度特性来说明。

图 1-17 所示为风力机在不同风速下的转矩-速度特性，由转矩、转速和功率的限制线画出的区域为风力机安全运行区域，即图中由 *OAdcC* 所围的区域，在这个区域中有若干种可能的控制方式。恒速运行的风力机的工作点为直线 *XY*。从图上可以看到，定速风力机只有一个工作点运行在 C_{Pmax} 上（*M* 点）。变速运行的风力机的工作点是由若干条曲线组成的，其中在额定风速以下的 *ab* 段运行在

C_{Pmax}曲线上，a点与b点的转速，即变速运行的转速范围，由于b点已达到转速极限，此后直到最大功率点，转速将保持不变，即bc段为转速恒定区。在c点，功率已达到限制点，当风速继续增大时，风力机将沿着cd线运行，以保持最大功率，但必须通过某种控制来降低C_P值，限制气动力转矩。如果不采用变桨距方法，那就只有降低风力机的转速。从图1-17中可以看出，在额定风速以下运行时，变速风力机并没有始终运行在最大C_P线上，而由两个运行段组成。除了风力机的旋转部件受到机械强度的限制原因以外，还由于在保持最大C_P值时，风轮功率的增加与风速的三次方成正比，需要对风轮转速或桨距角做大幅调整，才能稳定功率输出。这将给控制系统的设计带来困难。

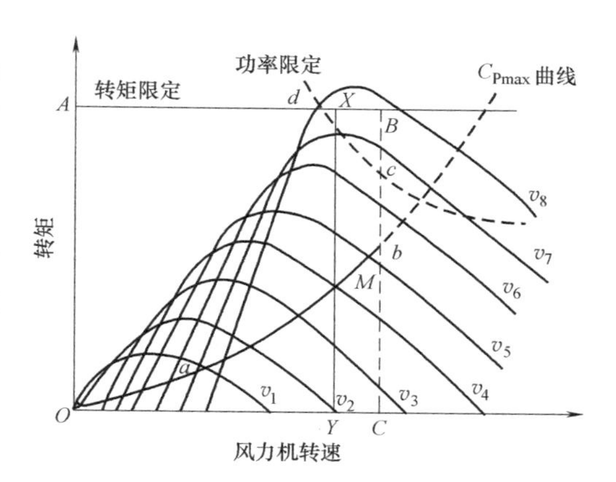

图1-17 不同风速下的转矩-速度特性

在高于额定风速的条件下，虽然可以由变速单独完成功率控制，但实践证明，如果加入变桨距调节，会显著提高风电机组传动系统的柔性及输出的稳定性。因为在高于额定风速时，追求的是稳定的功率输出。采用变桨距调节，可以限制转速变化的幅度。采用转速与桨距双重调节，虽然增加了额外的变桨距机构和相应控制系统的复杂性，但由于改善了控制系统的动态特性，仍然被普遍认为是变速风电机组理想的控制方案。

1.4 风力发电系统类型

根据风力发电系统所带负载形式，可分为离网型风力发电系统和并网型风力发电系统；根据风电机组转速是否变化，可分为定速恒频风力发电系统和变速恒频风力发电系统。

1.4.1 离网型风力发电系统

离网型风力发电系统规模较小，单机容量一般为10kW及以下，通过蓄电池等储能装置给负载供电，主要用以解决偏远地区的供电问题。现在越来越多的离网型风力发电系统与其他能源发电技术相结合，构成混合发电系统。离网型发电系统按照系统母线中电流的类型可分为直流混合发电系统和交流混合发电系统，系统组成如图1-18所示。

1.4.2 并网型风力发电系统

并网型风力发电系统指接入电力系统运行且规模较大的风力发电场。单机容量一般在数百kW或MW级。并网运行的风力发电场可以得到大电网的补偿和支撑，大功率风电机组并网发电是高效、大规模利用风能最经济的方式，是当今世界利用风能的主要方式。

1.4.3 定速恒频风力发电系统

定速恒频风力发电系统是指发电机在风力发电过程中转速保持不变，维持恒速运转，得到和电网频率一致的恒频电能。

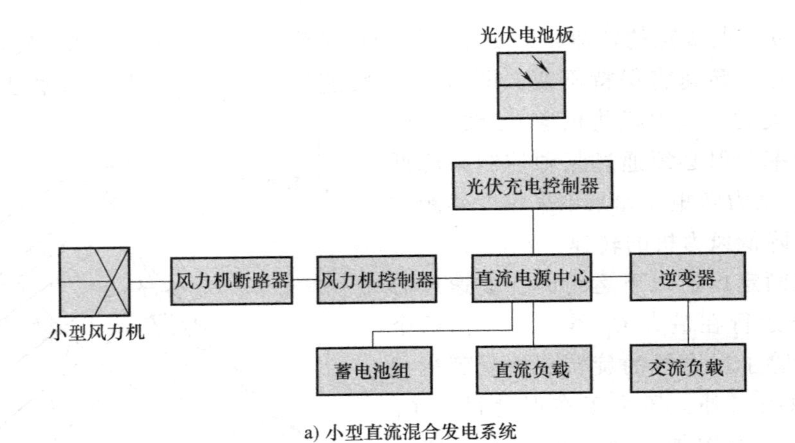

a) 小型直流混合发电系统

b) 小型交流混合发电系统

图 1-18　离网型混合发电系统

定速恒频风力发电系统可以采用电励磁同步发电机或永磁式同步发电机，以电网频率决定的同步转速运行；或者采用笼型异步感应发电机，以稍高于同步速度的转速运行。

1. 采用同步发电机

采用三相同步发电机的定速恒频风力发电系统如图 1-19 所示，发电机定子输出端直接连到临近的三相电网或输配电线路。同步发电机能够向电网或负载提供有功功率和无功功率，可满足各种不同负载的需要。

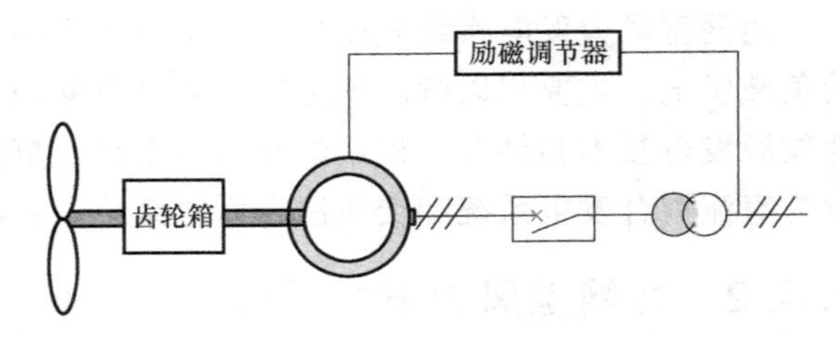

图 1-19　同步发电机定速恒频发电机系统

2. 采用笼型异步感应发电机

笼型异步感应发电机不需要外加励磁，没有集电环和电刷，结构简单、无需维护，且易于实现并网。如图 1-20 所示，异步发电机转子通过轴系与风轮连接，发电机定子回路与电网连接，正常运行时速度仅在

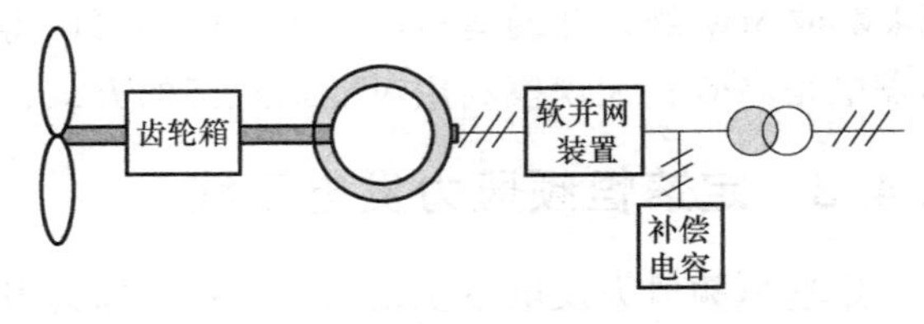

图 1-20　定速恒频笼型异步发电系统

很小范围内变化，通常不超过2%（异步发电机的转差范围）。发电机的功率随旋转磁场与转子之间的负转差而变化，额定功率提高时，转差变小。感应发电机向电网提供有功功率，从电网吸收无功功率，用于发电机励磁。显然，转子回路短路的感应发电机不能控制无功功率，因此要求将电网电压保持为大约等于感应发电机额定电压。带感应发电机的定速风力发电系统，经常处于用电容器组进行空载补偿或满载补偿的状态。使用这种补偿方式是为了降低从电网吸收的总无功功率，改善风电机组的功率因数。

定速恒频风力发电系统结构简单，但风能利用系数较低，现在大型风电机组中已经较少采用。

1.4.4 变速恒频风力发电系统

对于变速恒频风力发电系统，风轮以变速运行，但机组仍输出恒定频率的电能。这种运行方式可以使风力机的风能利用系数在额定风速以下的整个范围内保持近乎恒定的最佳叶尖速比，可充分利用风能。对并网运行的发电系统而言，需要采取相应的技术方案，满足并网发电频率恒定的要求。此外，这种系统还可以利用风轮机械系统的惯性存储动能，减少空气动力载荷波动对风电机组的影响。变速恒频风力发电系统已成为一种主流的技术趋势。

大型风力发电系统采用电力电子变流器构成变速恒频发电系统，由发电机和变流器两部分组成。其中，常用的发电机有笼型异步感应发电机、交流励磁双馈发电机和直驱型同步发电机。变流器有全额变流器和部分功率变流器两种。

1. 笼型异步感应发电机变速恒频风力发电系统

图1-21所示为由笼型异步感应发电机和全额变流器构成的变速恒频发电机系统，恒频控制策略是在定子回路中实现的。由于风速是不断变化的，导致风力机及发电机的转速也是变化的，所以发电机发出的电的频率也是变化的。定子绕组与电网之间的变流器能够把频率变化的电能转换为与电网频率相同的恒频电能，并送入电网中。这就要求变流器的容量要与发电机额定容量相当，因此把这种变流器称为全额变流器。

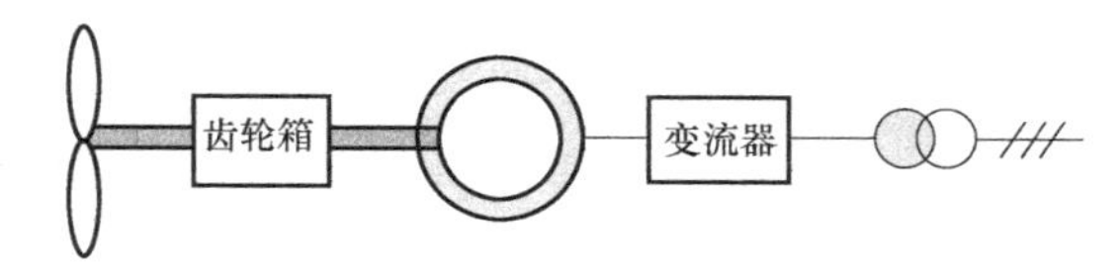

图1-21　笼型异步感应发电机变速恒频风力发电系统

2. 交流励磁双馈式变速恒频风力发电系统

图1-22所示为采用交流励磁双馈发电机的风力发电系统，变速恒频控制是在转子回路中实现的，即发电机通过转子交流励磁实现变速恒频运行。流过转子回路的功率是由交流双馈式发电机的转差率决定的，即转差功率。该转差功率仅为定子额定功率的一小部分，因此转子回路中变流器的容量仅为发电机容量的一小部分，通常为发电机额定容量的25%，故称为部分功率变流器。

交流励磁双馈式变速恒频风力发电系统还可以实现对有功功率和无功功率的控制，对电网进行无功补偿。这种发电系统是大型风电机组采用的典型结构，双馈发电机多采用集电环和电刷结构。

3. 直驱型变速恒频风力发电系统

如图1-23所示，直驱型变速恒频风力发电系统没有齿轮箱，风力机和发电机直接同轴相连，大大降低了系统运行噪声。由于是直接耦合，发电机的转速与风力机转速相同，发电机的转速很低，不能使用标准发电机，需要采用多级发电机，因此发电机的体积较大，成本较高。

直驱型变速恒频风力发电系统的发电机多采用永磁同步发电机，转子为永磁式结构，无需外部提供励磁电源，转子上没有励磁绕组和集电环，可靠性和效率都大有提高。变速恒频控制在定子回路中实现，采用的也是全额变流器。

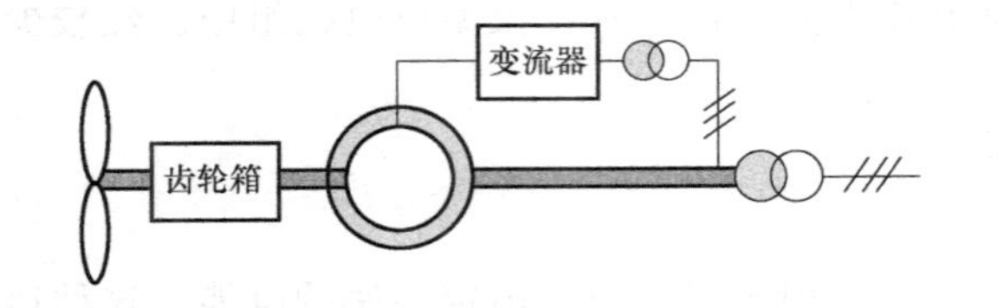

图 1-22　双馈式变速恒频风力发电系统

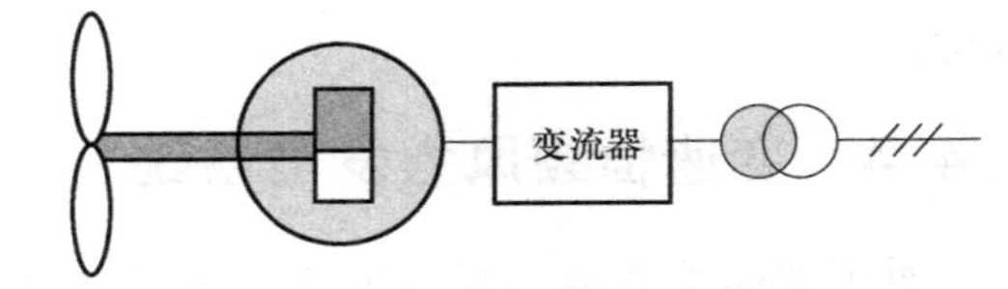

图 1-23　直驱型变速恒频风力发电系统

本章小结

本章概述了风力发电的能量转换过程、风电机组的分类、风电机组的运行特性及风力发电系统类型。全面了解风力发电概念后，将有助于后面关于风力发电各部分更深入的学习。要求掌握定桨距、变桨距和变速风电机组的运行特性，建立变速恒频风力发电系统结构。

练　习　题

一、基本概念

风功率　尖速比　叶片攻角 α　失速特性　变桨距调节　顺桨

二、填空题

1. 水平轴机组随风轮与塔架相对位置的不同，分为________机组和________机组。
2. 垂直轴机组是风轮轴________于风向，主要特点是________。
3. 定桨距风力发电机组依靠________进行功率调节。
4. 变桨距风力发电机组依靠________进行功率调节。
5. 桨距调节是利用叶片桨距角的变化改变叶片的________，进而调节风力发电机组的输出功率。
6. 风力发电机达到________时规定的风速叫作额定风速。

三、判断题

1. 风力机的功率大小和风速、风轮直径有关。（　　）
2. 风力发电机达到额定功率输出时规定的风速叫作切入风速。（　　）
3. 随风速增加，叶片由根部向叶尖逐渐失速。（　　）
4. 垂直轴风电机组不需要对风。（　　）
5. 叶片失速是因为达到临界攻角后，阻力系数减小了。（　　）

四、选择题

1. 风力发电机组的风轮转速通常低于（　　）。

A. 40r/min　　B. 20r/min　　C. 10r/min　　D. 25r/min

2. 当风速高于额定风速时，定桨距风力发电机组通过失速来限制发电机的（　　）。

A. 输出电压　　B. 输出功率　　C. 转速　　D. 频率

3. 在正常工作条件下，风力发电机组按设计要求达到的最大连续输出功率叫作（　　）。

A. 平均功率　　B. 最大功率　　C. 最小功率　　D. 额定功率

4. 失速调节时，叶片攻角沿轴向由根部向叶尖逐渐（　　）。

A. 增大　　B. 减小　　C. 不变

5. 定桨距风力发电机组依靠叶片的气动特性，当风速高于额定风速时，自动维持（　　）。

A. 额定功率　　B. 最大功率　　C. 功率不变

五、简述题

1. 风力机运行工作参数有哪些？安全范围是多少？
2. 简述定桨距和变桨距风力机功率调节方法，并对比其优缺点。
3. 简述变速运行风电机组在有效风速范围内的控制目标。

第 2 章

风力发电机组的结构

风电机组由风轮（风力机）、机舱、塔架和基础四部分组成。

2.1 基础与塔架

塔架和基础是风电机组的主要承载部件，其重要性随着风电机组容量的增加、高度的增加，而越发明显。

2.1.1 基础

风电机组的基础在风电机组的最下部，用于安装、支承风电机组。基础是主要的承载部件，用来平衡风电机组在运行过程中所产生的纵向荷载、水平荷载，包括机组自身重量、风载荷、风轮旋转产生的力矩、机组调向时产生的扭矩等复杂荷载，以保证机组安全、稳定运行。

风电机组的整机建立在钢筋混凝土结构的底座上，该结构具有很大的强韧度，并且根据当地地质情况设计成不同的形式。其中心预置与塔架连接的基础部件，保证将风电机组所有的主要部件都牢牢地固定在基础上。基础周围还要设置预防雷击的接地系统。

目前大型风电机组多采用钢筋混凝土基础，图 2-1a 为浇注前，图 2-1b 为浇注完成后的风电机组钢筋混凝土基础。

a) 浇注前

b) 浇注后

图 2-1 风电机组钢筋混凝土基础

2.1.2 塔架

在风电机组中，塔架的重量占风电机组总重的 1/2 左右，其成本占风电机组制造成本的 15%左右，由此可见塔架的重要性。

塔架是风电机组的承重构件，它承受机组的重量、风载荷及各种动载荷，并将这些载荷传递到基础。同时，还要支承叶轮到一定的高度，使风电机组处于较为理想的位置上运转，以获得足够大的风速来驱使叶轮转动，将风能转换为电能。因此，塔架要有足够的强度和刚度，以保证在极端风况下，不会使风电机组倾倒，承受机组起动和停机时的周期性影响、骤风变化、塔影效应等。塔架的刚度要适度，其自振频率（弯曲及扭转）要避开运行频率（风轮旋转频率的3倍）的整数倍。塔架自振频率高于运行频率的塔称之为刚塔，低于运行频率的塔称之为柔塔。

塔架主要有钢筋混凝土结构、桁架结构和钢筒结构三种。

钢筒结构塔架主要由塔筒、塔门、塔梯、平台、电缆固定装置（电缆架、电缆改向装置、电缆夹）及照明设备组成，有些塔筒内布置有升降机，图2-2所示为塔筒内的塔梯和电缆支架。

（1）塔筒

塔筒是塔架的主要承力部件。通常采用宽度为2m、厚度为10~40mm的钢板，经过卷板机卷成筒状，然后焊接而成。现代风轮塔架一般高60~90m，为了吊装及运输方便，一般将塔架分成若干段塔筒，在底段塔筒底部的内外侧或单侧设法兰盘，其余连接段的内侧设法兰盘，采用螺栓连接，如图2-3所示。在现场安装时，用螺栓将各节塔筒连成一体，形成最终的整体塔架。

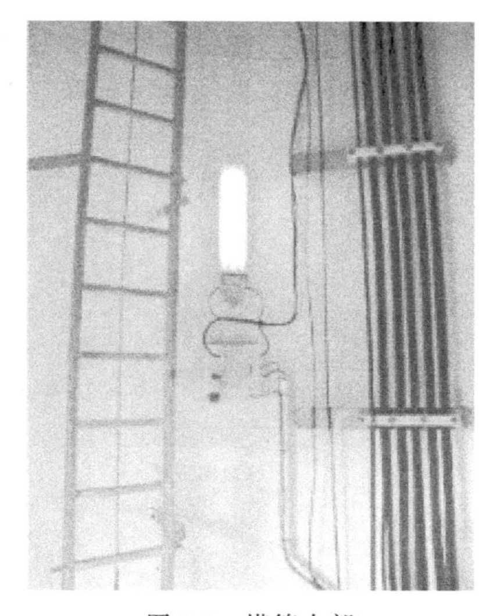
图2-2　塔筒内部

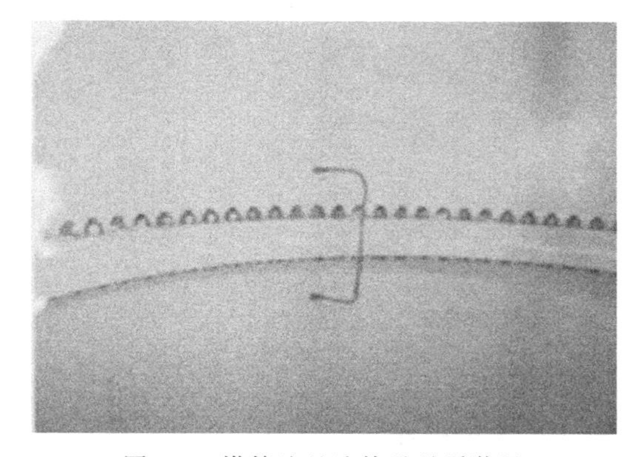
图2-3　塔筒法兰连接及避雷装置

塔架的高度决定风电机组的高度，通常高度越高，风力越大，可捕获的风能越多。但是增加塔筒高度将使其制造费用相应增加，随之也带来技术及吊装的难度，需要进行技术和经济的综合性考虑。一般塔架高度为叶轮直径的1~1.5倍。图2-4所示为塔架高度、风轮直径和风电机组功率大小的对应关系。

风轮直径减小，塔架的相对高度（风轮中心高度与风轮直径的比值）增加。小型风力机受到环境的影响较大，塔架相对高一些，可使它在风速较稳定的高度上运行。25m直径以上的风轮，其轮毂中心高与风轮直径的比基本为1∶1。随着塔架高度的增加，风力机的安装费用会有很大的提高，大型风力机更是如此。

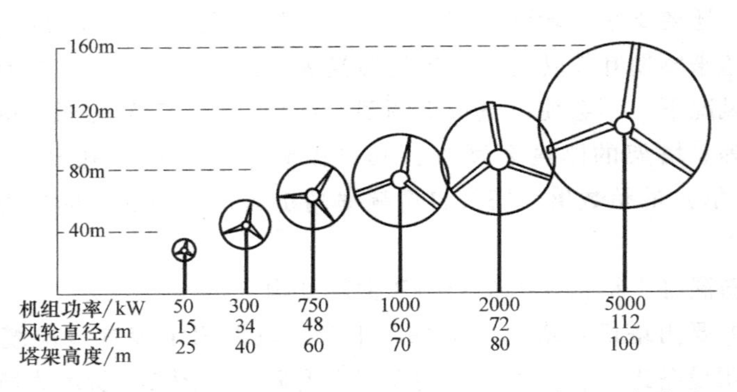

图 2-4 塔架高度、风轮直径和风电机组功率的对应关系

（2）平台

为了安装相邻段塔筒和供检修人员攀爬中间休息，塔架中设置若干平台。通常在塔门位置设置一个基础平台，在中间段再设置 2~3 个检修平台。

（3）电缆及其固定

如图 2-5 所示，电缆由机舱通过塔架到达相应的平台或拉出塔架以外。进入塔架后通过电缆夹固定，沿塔筒壁到达塔筒顶部，电缆卷筒与支架位于塔架顶部，保证电缆有一定长度的自由旋转，同时承载相应部分的电缆重量。电缆通过支架随机舱旋转，达到解缆设定值后自动消除旋转，安装维护时应检查电缆与支架间隙，不应出现电缆擦伤。经过电缆卷筒与支架后，电缆由电缆梯固定并拉下。电缆从机舱到塔底适当长度处需要设置电缆改向装置，避免电缆的趋肤效应。

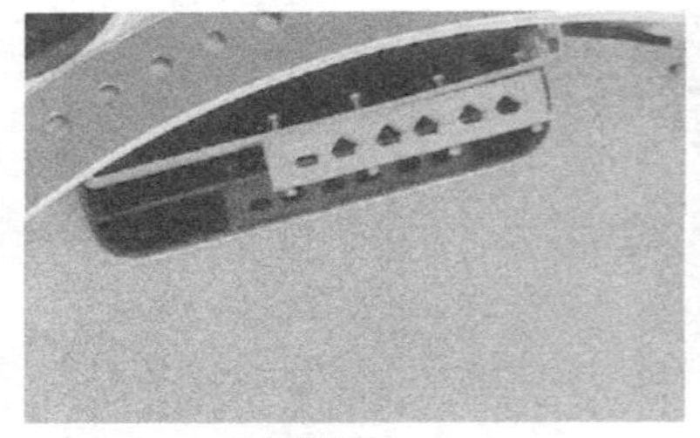
a) 电缆夹

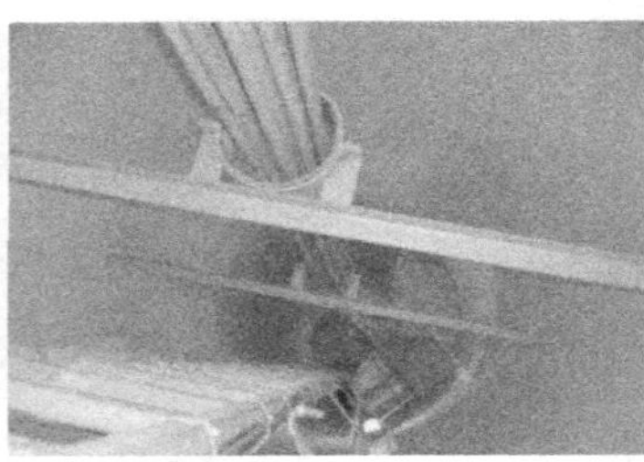
b) 电缆架

c) 改向装置

图 2-5 电缆夹、电缆架及改向装置

（4）内外爬梯

为了检修方便，在地面到舱门设置外梯，在基础平台到机舱设置内梯或垂直电梯。外梯通常设置成倾斜直梯或螺旋梯，内梯通常设置成垂直爬梯，带有安全导轨，以供工作人员上下使用，通过它可到达各连接法兰下方的平台及机舱，还可以选配助力器，使人员上下更加轻松。

2.2 风轮

风轮由叶片、轮毂和导流罩组成，是风电机组最重要的部件之一。风轮的费用占风电机组总造价的 20%~30%，至少具有 20 年的设计寿命。风轮的作用是将风能转换为动能，风力带动风轮叶片旋转，再通过齿轮箱将转速提升，带动发电机发电。风轮通常有两片或三片叶片，叶尖速度为50~70m/s。在此叶尖速度下，通常三叶片风轮效率更高，两叶片风轮效率仅降低2%~3%。对于外形均衡的叶片，叶片少的风轮转速更高，但会导致叶尖噪声和腐蚀等问题。三叶片风轮的受力更平衡，轮毂结构更简单。

2.2.1 叶片

1. 叶片技术要求

叶片是风电机组中最基础和最关键的部件，也是风电机组接收风能的最主要部件。叶片形状主要取决于其空气动力特性，目的是使其最大可能地吸收风能。叶片良好的设计、可靠的质量和优越的性能，是保证机组正常稳定运行的决定因素。由于恶劣的环境和长期不停地运转，对叶片的基本要求如下：

1）良好的空气动力外形，有合理的安装角（或攻角），科学的升阻比、叶尖速比以提高风力机接收风能的效率。能够充分利用风电场的风能资源条件，获得尽可能多的风能。

2）叶片有合理的结构，密度小且具有最佳的结构强度、疲劳强度和力学性能，能可靠地承担风力、叶片自重、离心力等给予叶片的各种弯矩、拉力，能经受暴风等极端恶劣的条件和随机负载的考验。

3）叶片的弹性、旋转时的惯性及其振动频率都要正常，传递给整个发电系统的负载稳定性好。在失控（飞车）的情况下，不得在离心力的作用下拉断并飞出，也不得在飞车转速以下范围内引起整个风电机组的强烈共振。

4）叶片的材料必须保证表面光滑，以减小叶片转动时与空气的摩擦阻力，从而提高传动性能，粗糙的表面可能会被风“撕裂”。

5）不允许产生过大噪声，不得产生强烈的电磁波干扰和光反射，以防给通信领域和途经的飞行物（如飞机）等带来干扰。

6）能排出内部积水，尽管叶片有很好的密封性，但叶片内部仍可能有冷凝水。为避免对叶片产生危害，必须把渗入的水放掉，可在叶尖打小孔（排水孔），如图2-6所示。另一个小孔打在叶根颈部，形成叶片内部的空间通道。但小孔一定要小，不然由于气流从内向外渗流而产生气流干扰，造成功率损失，还可能产生噪声。

7）耐腐蚀、耐紫外线照射性能好，还应有雷击保护，将雷电从轮毂上引导下来，以避免由于叶片结构中有很高的阻抗而出现破坏。

8）制造容易，安装及维修方便，制造成本和使用成本低。

2. 叶片几何形状

大型风电机组的风轮直径很大，因此叶片很长、很大。叶片的平面几何形状一般为梯形，翼型沿叶片长度方向不断变化，弦长也不断变化，如图2-7所示。

3. 叶片几何结构

叶片的剖面结构类型主要有实心截面、空心截面和空心薄壁复合截面等。复合材料制造的大型叶片剖面多采用蒙皮与主梁支撑结构，为了防止这种结构受载时产生的局部失稳和过大变形，中间用硬质泡沫夹层作为增强材料，以提高叶片总体刚度。大型风力发电机组风轮叶片多为主梁、外壳和填充结构，如图2-8所示。

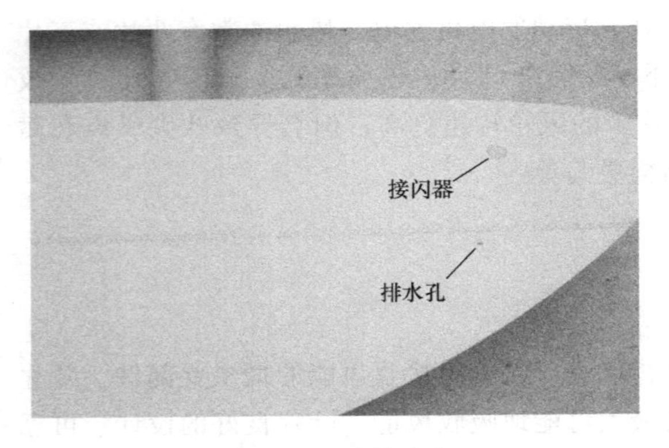

图 2-6　叶尖排水孔

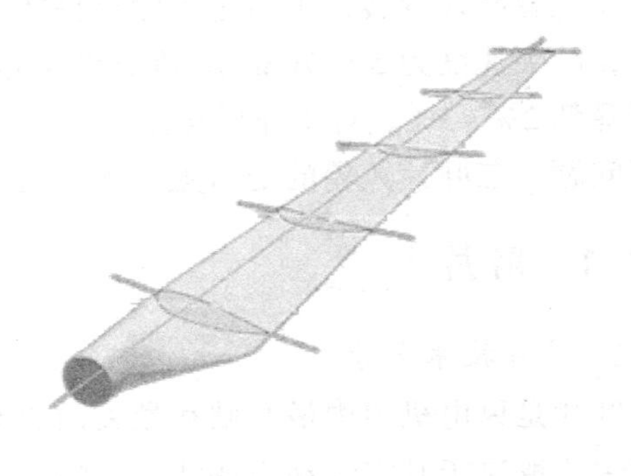
图 2-7　沿叶片长度方向分布的不同翼型

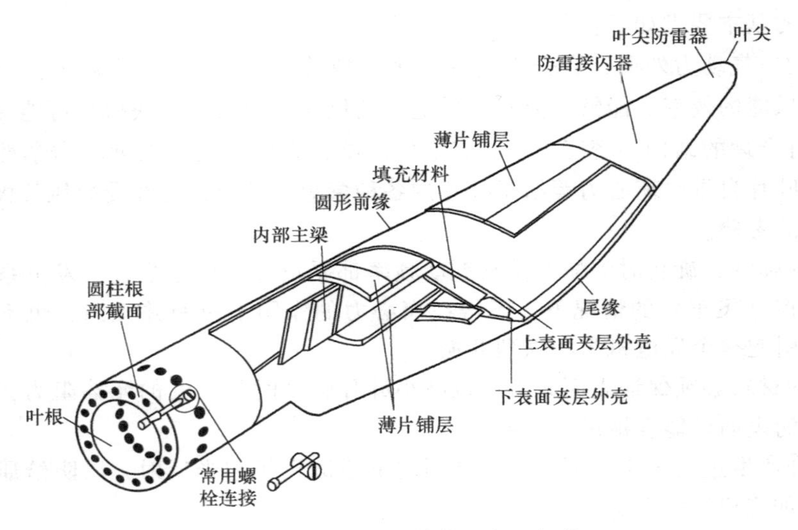

图 2-8　叶片内部结构和主要部件

（1）主梁

叶片主梁也叫纵梁，俗称龙骨、加强肋，其作用是保证叶片长度方向和横截面上的强度和刚度。常见叶片主梁结构有 D 型、O 型、双 C 型、双 I 型和箱型，如图 2-9 所示。

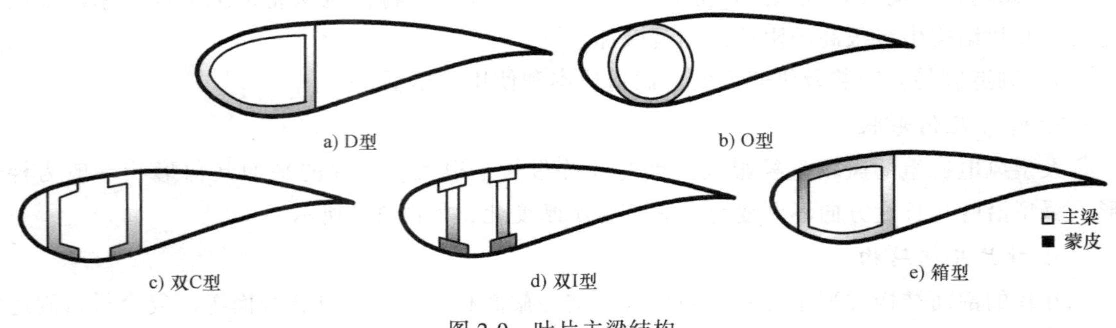

图 2-9　叶片主梁结构

（2）外壳

叶片外壳以复合材料层板为主，具有要求的空气动力学外形，同时承担部分弯曲载荷和剪切载荷。外壳蒙皮一般为玻璃钢薄壁壳结构，后缘部分的蒙皮多采用夹层结构。

（3）填充

作为填充的硬质泡沫塑料以聚氨酯居多。可以先发好成粗坯型，在叶片成型时再放入，也可以在空腹结构内直接发泡充填。

4. 叶片材料

早期的风力机叶片为钢制和铝制，随着科技的发展，目前叶片多采用玻璃纤维复合材料（GFRP）和碳纤维复合材料（CFRP）。对于小型风电机组，如风轮直径小于5m，则在选择材料上，通常更关心效率而不是重量、硬度或叶片的其他特性。对于大型风电机组，对叶片特性要求较高，所以材料的选择更为重要。世界上大多数大型风力机的叶片是由GRP制成的。

（1）玻璃钢叶片

玻璃钢（FRP）亦称作GFRP，即玻璃纤维复合材料，就是由环氧树脂、酚醛树脂、不饱和树脂等塑料渗入长度不同的玻璃纤维而做成的增强塑料。由于所使用的树脂品种不同，所以有聚酯玻璃钢、环氧玻璃钢、酚醛玻璃钢之分。

玻璃钢质轻而硬，产品的相对密度是碳素钢的1/4，但拉伸强度却接近甚至超过碳素钢，而强度可以与高级合金钢相比；耐腐蚀性能好，对大气、水和一般浓度的酸、碱、盐以及多种油类和溶剂都有较好的抵抗能力；不导电，是优良的绝缘材料；具有持久的抗老化性能，可保持长久的光泽及持续的高强度，使用寿命在20年以上；除灵活的设计性能外，产品的颜色可以根据客户的要求进行定制，外形尺寸也可切割拼接成客户所需的尺寸；玻璃钢的质量还可以通过表面改性、上浆和涂覆加以改进，其单位成本较低。以上优点使得玻璃钢在叶片生产中得到了广泛应用。

（2）碳纤维复合叶片

一直以来，玻璃钢以其低廉的价格、优良的性能占据着大型风力机叶片材料的统治地位。但随着风电产业的发展、叶片长度的增加，对材料的强度和刚度等性能提出了新的要求。既要减轻叶片的重量，又要满足强度与刚度的要求，有效的办法是采用碳纤维复合材料（CFRP）。研究表明，碳纤维复合材料的优点有：叶片刚度是玻璃钢复合叶片的2~3倍；可减轻叶片重量；可提高叶片抗疲劳性能；可使风电机组的输出功率更平滑、更均衡，提高风能利用效率；可制造低风速叶片；利用导电性能可避免雷击，具有振动阻尼特性；成形方便，可适应不同形状的叶片等。

碳纤维复合材料的性能大大优于玻璃纤维复合材料，但价格昂贵，影响了它在风力发电上的大范围应用。但事实上，当叶片超过一定尺寸后，碳纤维复合叶片反而比玻璃纤维叶片便宜，因为材料用量、劳动力、运输和安装成本等都下降了。国外专家认为，由于现有一般材料不能很好地满足大功率风力发电装置的需求，而玻璃纤维复合材料性能已经趋于极限，所以在发展更大功率风力发电装置时，采用性能更好的碳纤维复合材料势在必行。

（3）纳米材料叶片

法国Nanoledge Asia公司在第十三届中国国际复合材料工业技术展览会的“技术创新与复合材料”发展专题高层研讨会上指出，Nanoledge碳纳米结构材料将引领复合材料领域的一场革命，纳米技术能够增加产品的抗冲击性、抗弯强度、防裂纹扩展性、导电性等多种功能，可以使新产品的发展成倍增加。碳纳米结构材料给叶片材料的发展提供了新的契机。为叶片长度的增加提供了更大空间。这项技术有待于进一步研究，以使得更先进的材料应用于叶片生产中。

5. 叶根与轮毂连接形式

叶片根端必须具有足够的剪切强度、挤压强度，与金属的连接强度也要足够高，这些强度均低于其拉弯强度。常用方式有法兰连接与预埋金属根端连接，如图 2-10 和图 2-11 所示。

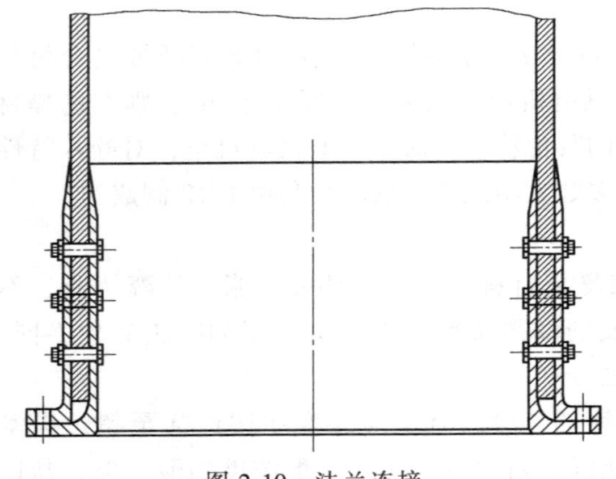

图 2-10 法兰连接

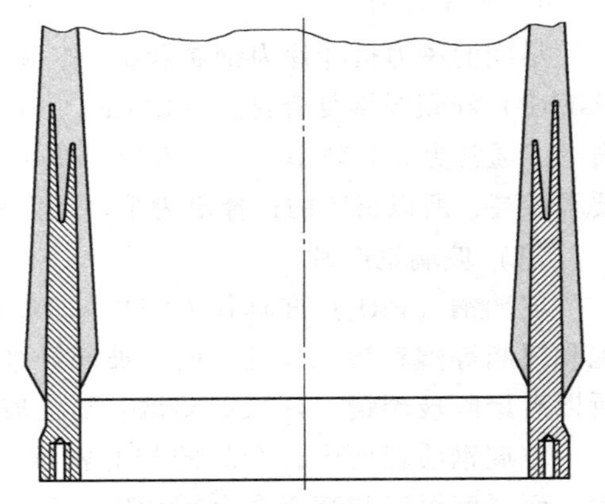

图 2-11 预埋金属根端连接

6. 叶片防雷

闪电可以产生上亿伏的平均电压、百万安的平均电流。风电机组通常树立在比较空旷的地域，容易遭受雷击，叶片上必须安装防雷击装置。如图 2-12 所示，在叶尖部位安装一个金属（铝或铜）接收块，然后通过叶片内部金属导线连接到叶根部的柔性金属板上，经过塔架内的接地系统，将雷击电流接地。

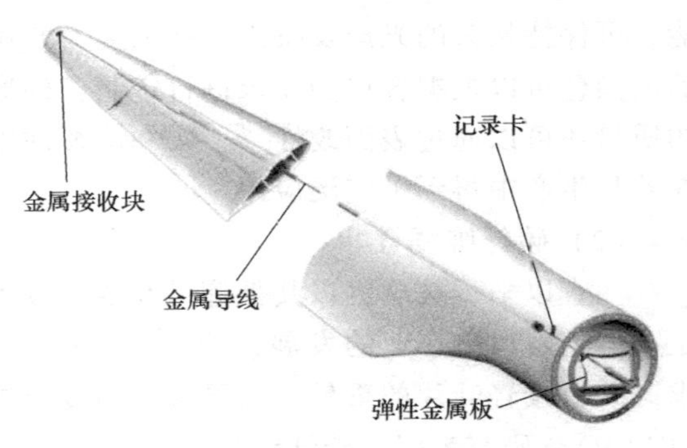

图 2-12 叶片防雷装置示意图

2.2.2 导流罩

风力发电机导流罩是指风力机轮毂的外保护罩，也称轮毂罩、轮毂帽等，如图 2-13 所示。由于在风力机迎风状态下，气流会依照导流罩的流线形均匀分流，故称导流罩。绝大部分风力机的导流罩采用玻璃钢材料制作，用来减小对风的阻力。

2.2.3 轮毂

轮毂是风电机组中的重要部件，用于连接叶片和主轴，承受来自叶片的载荷并将其传递到主轴上，如图 2-14 所示。轮毂有铰链式轮毂和刚性轮毂两种形式。铰链式轮毂也称柔性轮毂或跷跷板式轮毂，常用于单叶片和两叶片风轮。三叶片风轮大部分采用刚性轮毂，其也是目前使用最广泛的一种形式。刚性轮毂的制造成本低、维护少、无磨损，但它要承受所有来自风轮的力和力矩，相对来讲承受风轮载荷高，后面的机械承载大，结构上有三角形和球形等形式。例如，丹麦 Vestas、Micon、Bonus，德国 Nodex 等风电机组均采用刚性球形轮毂。

三角形轮毂如图 2-15 所示，内部空腔小，体积小，制造成本低，适用于定桨距风电机组；球形轮毂主要用于变桨距风电机组，其形状如球形，如图 2-16 所示，其内部空腔大，可以安装变桨距调节机构，承载能力强。

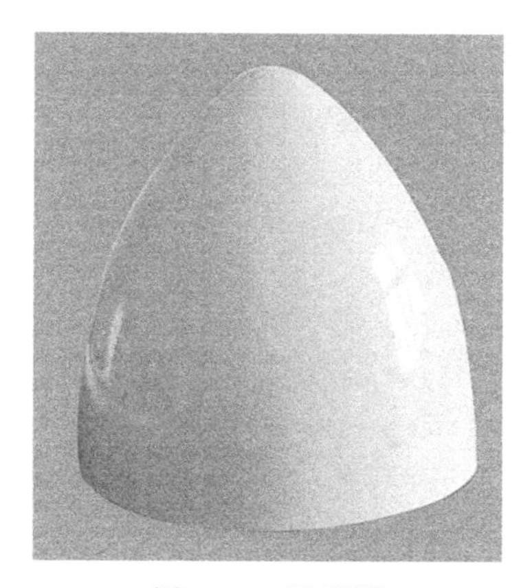
图 2-13　导流罩

图 2-14　运行状态下的轮毂

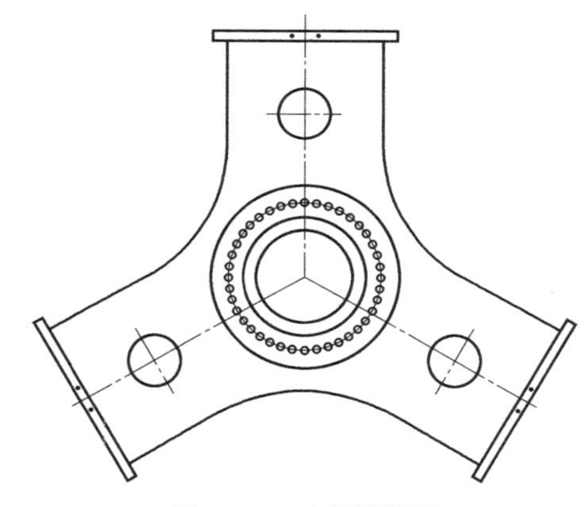
图 2-15　三角形轮毂

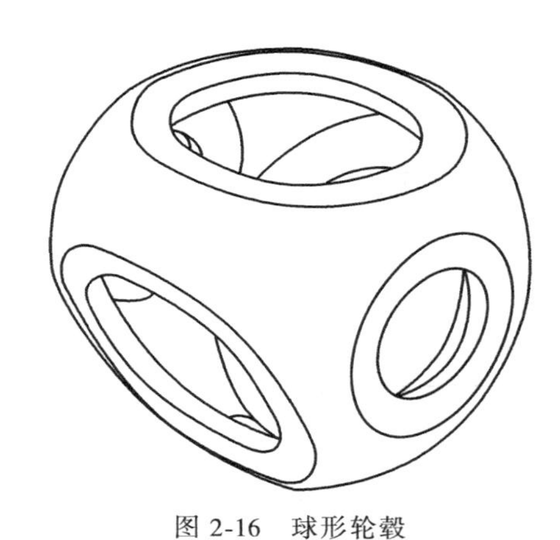
图 2-16　球形轮毂

2.3　机舱

为了保护传动系统、发电机以及控制装置等部件，将它们用轻质外罩封闭起来，称为机舱，如图 2-17 所示。机舱通常采用重量轻、强度高、耐腐蚀的玻璃钢制作，具有轻质、高强度的特点，有效的密封，以防止外界侵蚀，如雨、潮气、盐雾、风沙等。机舱内包含着风电机组的关键设备，如图 2-18 所示。

机舱上安装有散热器，用于齿轮箱和发电机的冷却。同时，在机舱内还安装有加热器，使得风电机组在冬季寒冷的环境下，保持机舱内温度在 10℃以上。

图 2-17　机舱

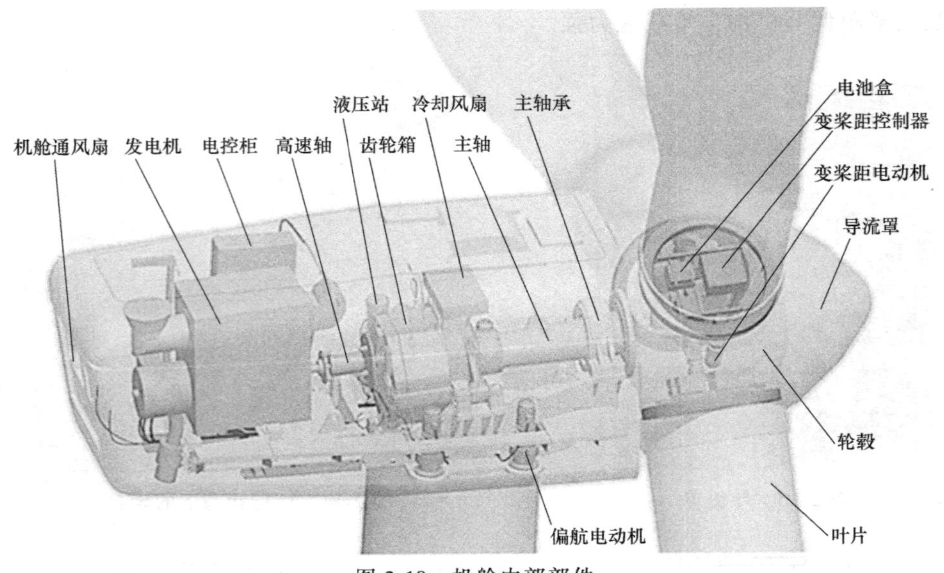

图 2-18　机舱内部部件

2.4　传动系统

风电机组的传动系统一般包括主轴、齿轮箱、联轴器和制动器等，如图 2-19 所示。

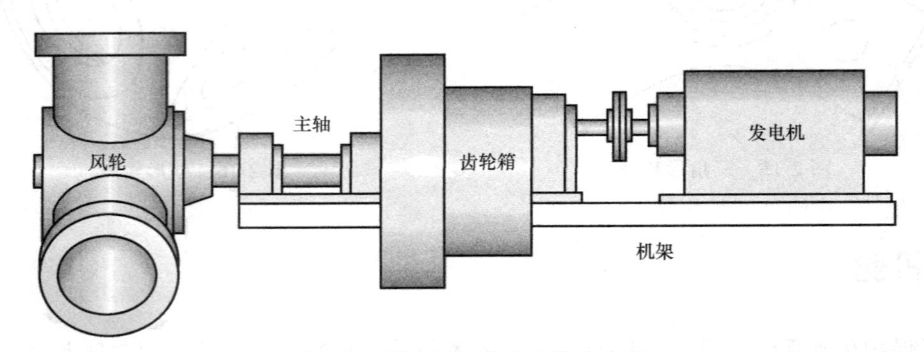

图 2-19　风电机组传动系统示意图

2.4.1　主轴

在风电机组中，主轴是风轮的转轴，安装在风轮和齿轮箱之间，支撑风轮并将风轮的转矩传递给齿轮箱，将推力、弯矩传递给底座。主轴受力的主要形式有轴向力、径向力、弯矩、转矩和剪切力，机组每经历一次起动和停机，主轴所承受的各种力都要经历一次循环，因此会产生循环疲劳。此外，主轴作为风力发电设备的重要部件之一，必须保证在较严酷的环境下稳定运转 30 年，而且机件无腐蚀。因此，要求主轴具有较高的综合机械性能以及强度和塑性指标，对形位公差和尺寸公差要求严格。

1. 主轴结构

主轴外形如图 2-20 所示，根据受力情况，主轴被加工成变截面结构。主轴的材质一般选用碳素合金钢，其内部是中空的，这是因为空心轴抗疲劳性好，同时还可作为控制机构通过电缆传输的通道。

2. 主轴的连接

主轴一端连接风轮轮毂，另一端连接增速齿轮箱的输入轴，用滚动轴承支撑在主机架上。风轮主轴的支撑结构与增速齿轮箱的形式密切相关。按照支撑方式不同，主轴可以分为三种结构型式，如图 2-21 所示，分别适用于不同机组。

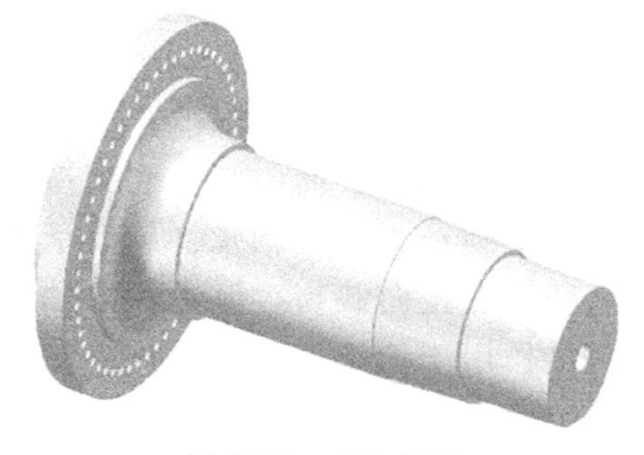

图 2-20 主轴外形

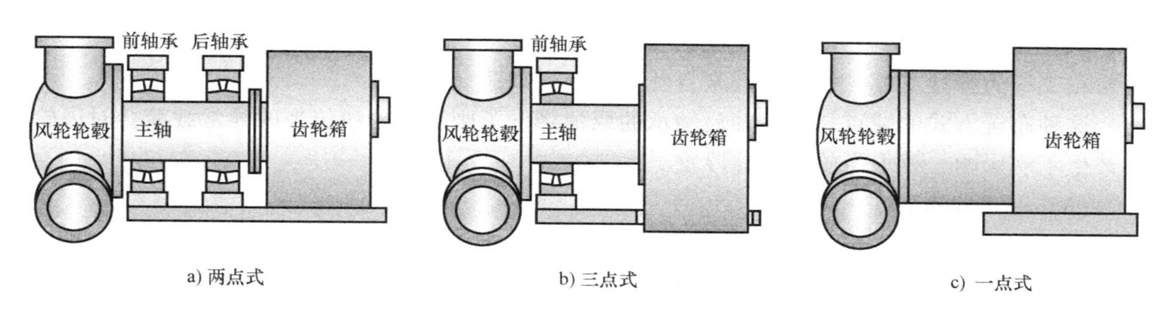

图 2-21 风轮主轴支撑形式

(1) 两点式布置

两点式布置也称挑臂梁结构，是指带有主轴的机组，其主轴用两个轴承支撑。主轴独立承受风轮自重产生的弯曲力矩和风轮的轴向推力，如图 2-21a 所示。

这种布置方式的优点是：来自风轮的载荷主要由主轴承受并通过轴承座传递到机架，齿轮箱则主要传递转矩，受风轮异常载荷的影响较小；齿轮箱体积相对较小，齿轮油用量相对较少；主轴和齿轮箱相对独立，便于采用标准齿轮箱和主轴支撑构件；齿轮箱结构制动过程平稳。

这种布置方式的缺点是：主轴结构相对较长，制造成本高；轴向尺寸较长，机舱结构相对拥挤；轴承需单独润滑。

需要指出的是，由于主轴与齿轮箱是刚性连接，主轴轴承加上齿轮箱输入轴上的轴承，变成了四个轴承支撑，出现了“静不定”问题，使齿轮箱承载复杂化，增大了出现故障的概率。如果在主轴和齿轮箱输入轴之间加装柔性联轴器，例如液力联轴器或高弹性联轴器，则会避开“静不定”问题，改善齿轮箱受力状况，但是这样会进一步增大轴向长度，增加了机构的设计难度。

(2) 三点式布置

取消两点式布置中靠齿轮箱侧的主轴轴承，风轮侧的固定端轴承实现一点支撑，而齿轮箱的两个扭力臂则作为另两个支撑，形成三点式布置，也称为悬臂梁结构，如图 2-21b 及图 2-22 所示。图 2-22 所示为这种布置形式的主轴及其支撑。这种结构决定了主轴与齿轮箱共同承受风轮自重产生的弯曲力矩和风轮的轴向推力。这种布置方式在现代大型风电机组中较多采用。

对整个轴系而言，既减少一个主轴轴承，对传动没有太大的影响，又能够简化轴系结构，缩短轴向尺寸。这种布置形式的主轴近风轮侧应具有足够的空间安装大型球面调心双排滚子轴承或滚锥轴承，用以承受来自风轮的轴向和径向载荷。但主轴的轴向载荷不能直接作用于齿轮箱上，应让齿轮箱在轴向有一定的浮动量。

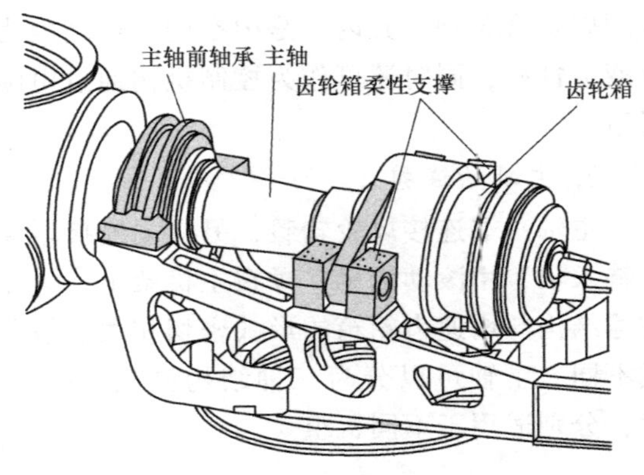

图 2-22　三点式支撑的主轴及支撑

这种布置方式的优点是：主轴承载要求相对减小，缩短了轴向尺寸，降低了制造成本；风轮侧的固定端轴承支撑为刚性支撑，齿轮箱支撑为弹性支撑，能够吸收来自叶片的突变载荷。

这种布置方式的缺点是：主轴后轴承的取消降低了刚度，轮毂传来的异常载荷会对齿轮箱产生不利影响，要求齿轮箱箱体厚重。

(3) 一点式布置

取消主轴，直接将风轮轮毂法兰通过一个大轴承支撑在支架和传动箱体合一的框架上，变成一点式支撑，是一种最为紧凑的布置方式，减小了风轮的悬臂尺寸，如图 2-21c 所示。

齿轮箱可以单独设置，用法兰和减振垫与支架相连。也可以使其箱体与支架合二为一，动力经由轮毂法兰直接传入齿轮箱，轮毂上的载荷由大轴承承受，特殊的高弹性联轴器仅将风轮转矩传到齿轮箱输入轴，或者通过内齿圈将动力分流到下一级齿轮上。

这种布置方式的优点是：省去主轴及其组件，结构材料减少，重量减轻，故障率下降，安装工作量减少；机舱结构相对宽敞；齿轮油可以对低速轴轴承直接润滑。

这种布置方式的缺点是：使用单个轴承承受风轮径向力、轴向力以及转矩的作用，此轴承的结构要满足轴系几个方向承载的需要，要求具有足够大的刚性和抵抗异常载荷的能力，齿轮箱更加厚重；轴承的设计和制造也必须要有重大的突破；难于直接选用标准齿轮箱，维修齿轮箱时必须同时拆除主轴。一点式支撑方式在直接驱动或混合驱动的机组中应用较多。

主轴与齿轮箱输入轴的连接方式主要有法兰、花键和胀紧套等。随着风电机组向大功率方向的发展，胀紧套连接最为常见，如图 2-23 所示。胀紧套连接传递转矩大、结构紧凑，而且具有超载保护作用。

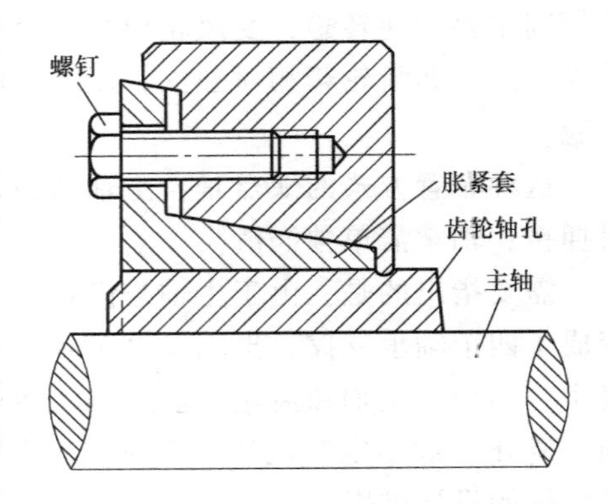

图 2-23　主轴与齿轮箱的胀紧套连接

2.4.2　主轴轴承及轴承座

1. 作用与要求

主轴轴承位于风力机主轴上，工作负荷高，要能够补偿主轴的变形，因此要求主轴轴承必须拥有良好的调心性能、较高的负荷容量以及较长的使用寿命。

2. 常用结构

主轴轴承一般采用通过优化设计的调心滚子轴承结构，采用轴承钢材料制造，能够低速恒定运转，具有良好的机械性能和极高的可靠性。

图 2-24 所示为标准的调心滚子轴承，它由一个带球面滚道外圈、一个双滚道内圈、一个或两个保持架及一组球面滚子组成。因为轴承外圈滚道面的曲率中心与轴承中心一致，所以具有良好的调心功能。当轴受力弯曲或安装不同心时，轴承仍可正常使用。该类轴承可以承受径向载荷及两个方向的轴向载荷，承受径向载荷能力强，但不能承受纯轴向载荷，适合在重载或振动载荷下工作。一般来说，调心滚子轴承所允许的工作转速较低。

图 2-24 调心滚子轴承

3. 轴承座

轴承座如图 2-25 所示，轴承座与机舱底盘固接。图 2-26 所示为主轴、主轴承和轴承座的装配图。

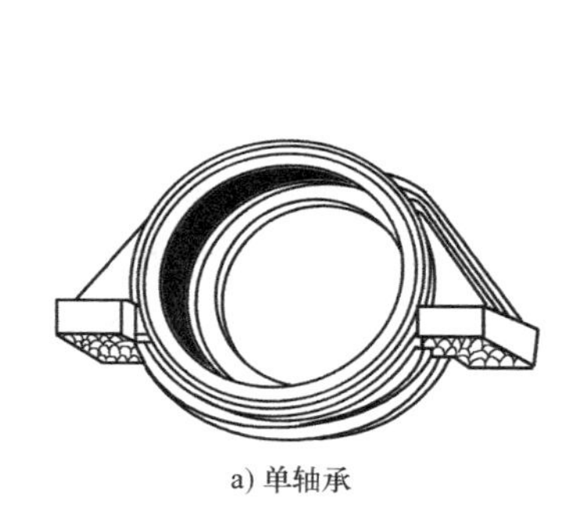

a) 单轴承

b) 双轴承

图 2-25 轴承座

2.4.3 齿轮箱

齿轮箱是传动装置的主要部件，它的主要功能是将风轮在风力作用下产生的动能传递给发电机并使其达到相应的转速。通常风轮的转速很低，远达不到发电机发电所要求的转速，必须通过齿轮箱齿轮副的增速作用来实现增速，因此也将齿轮箱称为增速箱。如 600kW 的风力机风轮转速通常为 27r/min，相应的发电机转速为 1500r/min。

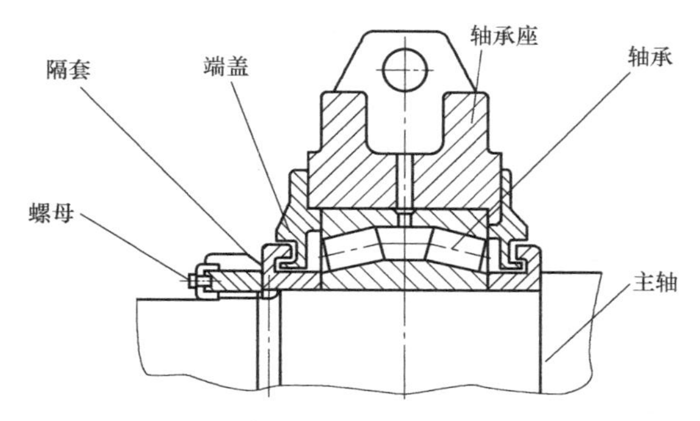

图 2-26 主轴、主轴承和轴承座的装配

齿轮箱的设计条件比较苛刻，同时也是机组的主要故障源之一，其基本设计特点表现在：①传动比大，传递功率大；②运行条件恶劣。

根据传动系统的总体布局和风轮主轴的支撑形式，齿轮箱的结构有较大差异，但是其总体结构一般由箱体、传动机构、支撑构件、润滑系统和其他附件组成，如图 2-27 所示。

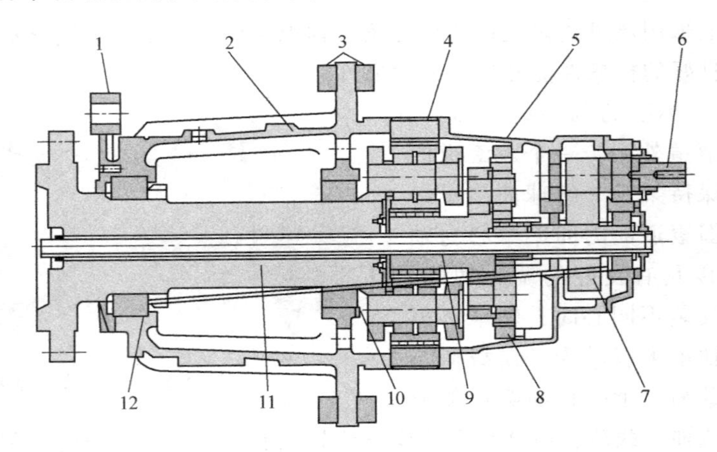

图 2-27 齿轮箱的总体结构

1—风轮锁 2、5—壳体 3—减噪装置 4—一级行星齿轮传动 6—输出轴
7—输出级 8—二级行星齿轮传动 9—空心轴 10—主轴后轴承 11—主轴 12—主轴前轴承

1. 箱体

箱体是齿轮箱的重要部件，传动齿轮系设置于箱体之中。箱体承受来自风轮的作用力和齿轮传动时产生的反力。

箱体必须具有足够的刚性去承受力和力矩的作用，防止变形，保证传动质量。箱体的设计应按照风电机组动力传动的布局、加工和装配、检查以及维护等要求来进行。应注意轴承支撑和机座支撑的不同方向的反力及其相对值，选取合适的支撑结构和壁厚，增设必要的加强筋，筋的位置须与引起箱体变形的作用力的方向相一致。为了减小齿轮箱传到机舱机座的振动，齿轮箱通常安装在弹性减振器上。

箱体上设有观察窗，方便装配和定期检查齿轮的啮合情况。箱盖上设有透气罩、油位指示器和油标，相应位置设置注油器和放油孔。另外。在箱体的合适位置设置有进/出油口和相关液压件的安装位置。

2. 齿轮

齿轮的作用是传递转矩，另外轮系还可以改变转速和转矩。

齿轮必须有一定的精度，以保证传动质量。要求齿轮心部韧性大，齿面硬度高。为了减轻齿轮系啮合时的冲击、降低噪声，需要有合适的齿轮齿形、齿向。风电机组齿轮箱中的齿轮优先选用斜齿轮、螺旋齿轮和人字齿轮。

齿轮在运行中应注意防止齿面疲劳、胶合和轮齿折断。齿面疲劳是指在过大的接触切应力和应力循环次数作用下，轮齿表面或其表层下面产生疲劳裂纹，并进一步扩展而造成的齿面损伤。胶合是相啮合的齿面在啮合处的边界润滑膜受到破坏，导致接触齿面金属熔焊而撕落齿面上金属的现象。适当改善润滑条件并及时排除干涩起因、调整传动件的参数、清除局部集中载荷，可减轻或消除胶合现象。轮齿折断（断齿）常由细微裂纹逐步扩展而成。充分考虑传动的载荷、优选齿轮参数、正确选用材料和齿轮精度、充分保证齿轮加工精度、消除应力集中等，可以有效防止断齿。

3. 轴承

齿轮箱的支撑中，大多应用滚动轴承，其特点是静摩擦力矩和动摩擦力矩都很小，即使载荷和速度在很宽范围内变化时也如此。齿轮箱上的滚动轴承一般有圆柱滚子轴承、圆锥滚子轴承和调心滚子轴承等，其中调心滚子轴承承载能力最强。

齿轮传动时，轴和轴承的变形会引起齿轮和轴承内外圈轴线的偏斜，使轮齿上载荷分布不均匀，从而降低传动件的承载能力，由于载荷不均匀性而使轮齿经常发生断齿的现象。选用轴承时，不仅要根据载荷的性质，还应根据部件的结构要求来确定。

4. 齿轮箱轴

轴的主要作用是承受弯矩、传递转矩，因此要求轴的滑动表面和配合表面硬度高，而且心部韧性好。

5. 密封装置

密封装置用于防止润滑油的外泄和杂质的进入，齿轮箱的密封有接触式和非接触式两种。

（1）接触式密封

接触式密封是指使用密封件的密封，比如旋转轴所用的唇形密封圈。密封件应密封可靠、耐久、摩擦阻力小、易制造和拆装，应该能够随压力的升高而提高密封能力，且能自动补偿磨损。

（2）非接触式密封

非接触式密封不使用密封件，利用部件自身的结构特点起到密封的作用。所有的非接触式密封不会产生磨损，使用时间长。迷宫式密封就是一种非接触式密封。

6. 齿轮箱的润滑系统

齿轮箱的润滑十分重要，润滑系统的功能是在齿轮和轴承的相对运动部位上保持油膜，使零件表面产生的点蚀、磨蚀、粘连和胶合等破坏最小。良好的润滑能够对齿轮和轴承起到足够的保护作用。

风电机组齿轮箱的润滑属于强制润滑，即带有齿轮泵强制循环。齿轮泵从油箱将油液经滤油器输送到齿轮箱的润滑系统中，对齿轮箱的齿轮和传动件进行润滑，管路上装有监控装置，确保不会出现运行中断油。

2.4.4 联轴器

为实现机组传动链部件间的转矩传递，齿轮箱高速轴与发电机轴采用柔性联轴器，以弥补机组运行过程轴系的安装误差。

膜片联轴器采用一种厚度很薄的弹簧片，制成各种形状，用螺栓分别与主、从动轴上的两半联轴器连接，如图 2-28 所示。膜片联轴器具有非常优异的纠偏性能，配备的绝缘过载保护器具有非常可靠的绝缘保护和过载保护功能，从而实现对齿轮箱和发电机进行长期有效的保护，能确保主动端设备和被动端设备之间的电绝缘。另外，其自带的高速制动盘，可配合高速制动器实现机械制动的目的，实物如图 2-29 所示。

图 2-30 所示为连杆联轴器，也是一种挠性联轴器。每个连接面由 5 个连杆组成，连杆一端连接被连接轴，另一端连接中间体。其可以对被连接轴的轴向、径向、角向误差进行补

偿。连杆联轴器的实际安装如图 2-31 所示。

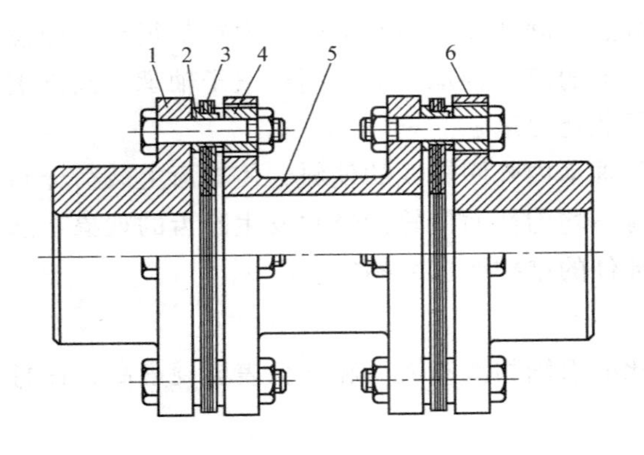

图 2-28　膜片联轴器

1、6—半联轴器　2—衬套　3—膜片　4—垫圈　5—中间轴

图 2-29　膜片联轴器实物

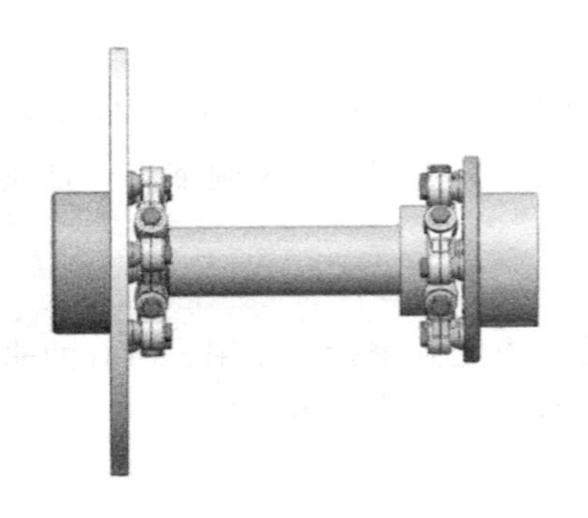

图 2-30　连杆联轴器

图 2-31　连杆联轴器的实际安装

2.5　变桨系统

变桨系统是指通过改变桨距角的大小来改变风力机轮毂上叶片气动特性的装置，由控制装置和驱动装置组成。根据风速的变化调整叶片的桨距角，控制叶片所吸收的机械能，从而控制风力发电机的输出功率。变桨系统作为大型风电机组控制系统的核心部分之一，对机组安全、稳定、高效的运行具有十分重要的作用。稳定的变桨控制已成为当前大型风电机组控制技术研究的热点和难点之一。

根据变桨驱动方式的不同，变桨系统可分为电动变桨和液压变桨两种。电动变桨系统由变桨控制器、伺服驱动器和备用电源系统组成。电动变桨系统的每个桨叶配有独立的执行机构，能够实现三个桨叶独立变桨距，可为风电机组提供功率输出和足够的制动能力，从而避免过载对风机的破坏。伺服电动机连接减速箱，通过主动齿轮与桨叶轮齿内齿圈相连，带动桨叶进行转动，实现对桨距角的直接控制，如图 2-32 所示。

液压变桨系统采用液压缸作为原动机，通过一套曲柄滑动结构同步驱动三个桨叶变桨，如图 2-33 所示。

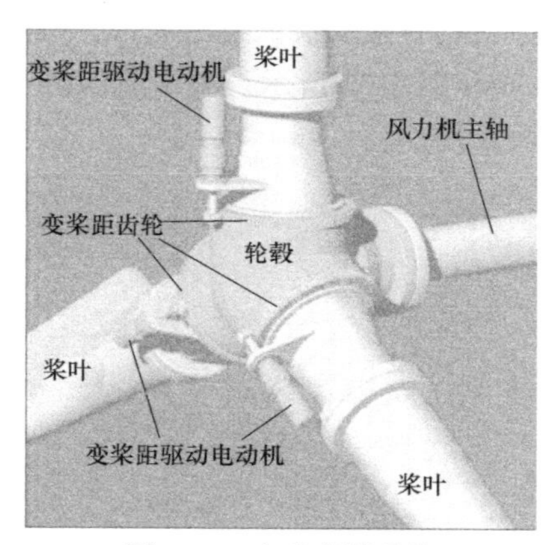

图 2-32　电动变桨系统

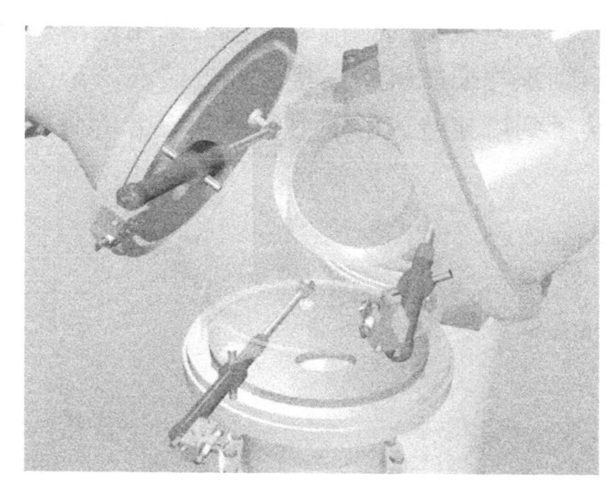
图 2-33　液压变桨系统

2.6　制动系统

风电机组的制动系统由空气动力制动和机械制动两部分组成。

空气动力制动（简称气动制动），在正常停机时，定桨距风机利用叶尖扰流器旋转约90°进行制动，变桨距风机通过顺桨使风轮减速或停止。

风电机组主驱动链上的机械制动是为了保证机组从运行状态转变到停机状态，它既是安全系统，又是控制系统的执行机构，是保障机组安全的关键环节。

机械制动是靠摩擦力制动来减慢旋转负载的装置，即制动器，由制动盘和制动钳组成，如图 2-34 所示。制动盘安装在齿轮箱输出轴与发电机轴的弹性联轴器前端，如图 2-35 所示。制动时，液压制动器抱紧制动盘，通过摩擦力实现制动动作。

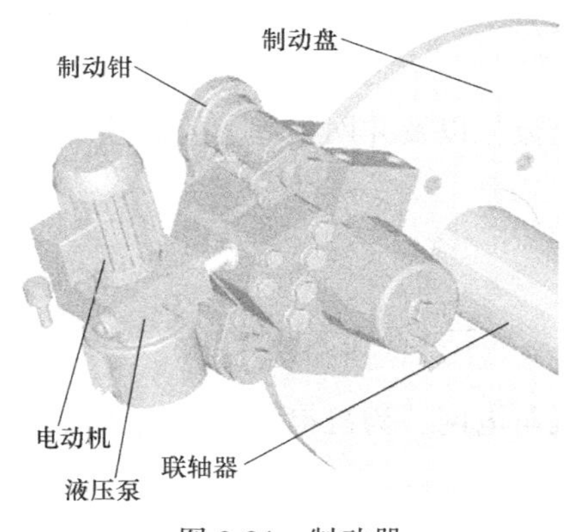

图 2-34　制动器

图 2-35　制动盘安装

2.7　偏航系统

自然风的风向和速度都是经常变化的，对于水平轴风力机，为了获得较高的风能利用率，需要使风轮的扫掠面经常对准风向，因此大型风电机组需要有对风装置，使机舱相对于塔架转动以调节风力机朝向，这就是偏航系统。

大型风电机组的偏航系统主要采用电动机驱动，偏航机构直接安装在机舱底部，机舱通过偏航轴承与偏航机构连接，并安装在塔架上，如图 2-36 和图 2-37 所示。整个机舱底部对叶轮转子到塔架造成的动力负载和疲劳负荷有很强的吸收作用。

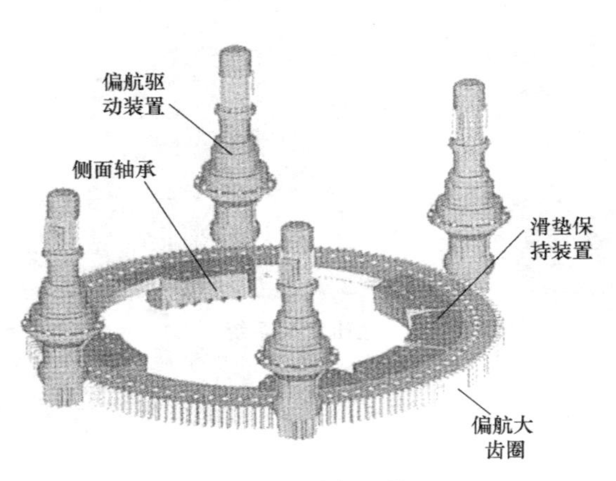

图 2-36　偏航机构

图 2-37　偏航机构组装

1—主机架　2—偏航驱动　3—运输支架

2.8　电控系统

100kW 以上的中型风电机组及 1MW 以上的大型风电机组皆配有由微机或可编程控制器（PLC）组成的控制系统，来实现控制、自检和显示功能。大中型风力发电机组的运行及保护需要一个全自动控制系统，它必须能控制自动起动、叶片桨距的机械调节及在正常和非正常情况下停机。除了控制功能，系统也能用于监测以提供运行状态、风速、风向等信息。该系统以计算机为基础，可以远程监测控制。

风电机组的电气系统包括低压电气柜、电容柜、变流柜以及并网柜等。控制系统包括变桨控制器、机舱控制柜和塔底主控制柜。

2.8.1　电气系统

1. 低压电气柜

低压电气柜为风电机组的主配电系统，连接发电机与电网，为机组中的各执行机构提供电源，同时也是各执行机构的强电控制回路。

2. 电容柜

为了提高变流器整流效率，在发电机与整流器之间设计有电容补偿回路，以提高发电机的功率因数。为了保证电网供电的质量，在逆变器与电网之间设计有电容滤波回路。

3. 变流柜

变流柜主要完成电流频率的变换。在双馈风力发电系统中，为双馈发电机励磁系统提供励磁电流；在永磁同步风力发电系统中，将发电机输出的非工频电通过变流柜变成工频电并入电网。

4. 并网柜

并网柜用于实现并网功能。装有断路器的高压开关柜，连接发电机系统和电网系统，实现发电并网、断路器保护、系统电源分配的功能，同时与主控制柜保持通信。

2.8.2 控制系统

风力发电机组的控制系统如图 2-38 所示。

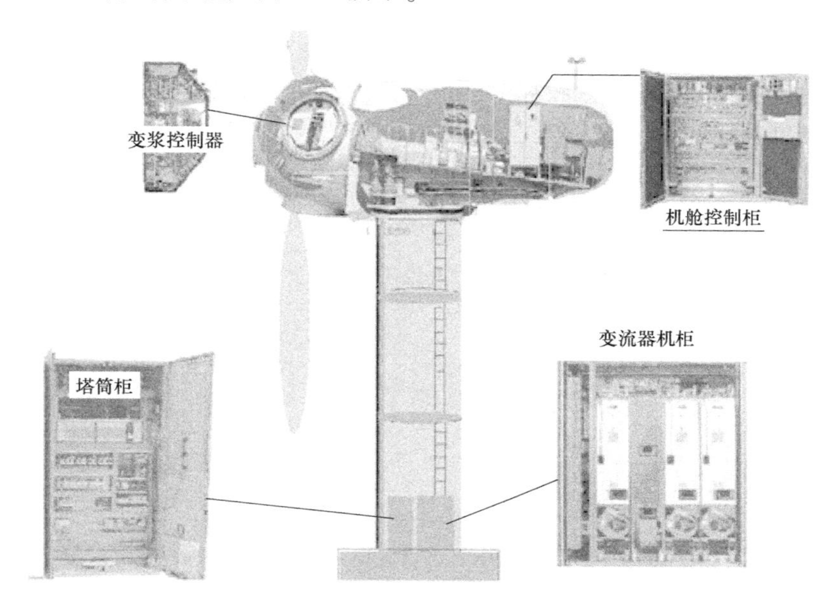

图 2-38 风电机组控制系统

1. 变桨控制器

变桨控制器安装在风力机轮毂中，实现风电机组的变桨控制，在额定功率以上时，通过控制叶片桨距角使输出的功率保持在额定状态；停机时，调整桨距角，使风电机组处于安全状态。

2. 机舱控制柜

机舱控制柜主要是采集机舱内各个传感器、限位开关的信号；采集并处理风力机转速、发电机转速、风速、温度和振动等信号。

3. 塔底主控制柜

塔底主控制柜是机组可靠运行的核心，主要完成数据采集及输入输出信号处理；逻辑功能判断；对外围执行机构发出控制指令；与机舱控制柜、变桨控制器通信，接收机舱和轮毂内变桨系统信号；与中央监控系统通信，传递信息。

本章小结

本章主要介绍风电机组的组成和结构。风电机组包括机械部件、电气系统和控制系统三个部分。机械部件由基础、塔架、机舱和风轮四个部分组成，机舱内包含了风电机组的主要部件。电气系统实现了风电机组的并网功能，同时也构成了风电机组的主配电系统和继电保护用电系统。控制系统是风电机组安全运行的核心，分为塔底控制、机舱控制和轮毂（变桨）控制三个层次。

练　习　题

一、基本概念

空气动力制动　机械制动　偏航

二、填空题

1. 当风轮的扫风面偏离主风向时，控制系统发出________指令，使风轮对准来风方向。
2. 风电机组中的联轴器需要有良好的________________特性。

三、简述题

1. 风电机组制动有哪两种形式？制动原理是什么？
2. 风电机组传动系统由哪些部件组成？
3. 简述大型水平轴风电机组的主要组成部件，并说明其作用。
4. 简述偏航系统的作用。
5. 风电机组控制系统分为哪几个层次？

第 3 章

风力发电机及变流器

风力发电机是由风力机驱动并将风力机输出的机械能转换成电能的机械设备。能够用于风力发电系统中的发电机类型很多，按照输出电流的形式可以分为直流发电机和交流发电机。交流发电机按照转子转速和额定转速之间的关系，可分为异步交流发电机和同步交流发电机。异步交流发电机转子转速与额定转速之间存在一个转差率，“异步”之名也由此而来。同步交流发电机转子转速与额定转速相同。此外，根据交流发电机工作时转子电流获得方式或转子磁场产生方式，可分为感应式发电机、电励磁式发电机和永磁式发电机。感应式发电机转子电流是通过电磁感应原理产生的，电励磁式发电机转子电流是由励磁系统提供的，而永磁式发电机转子铁心采用的是永磁材料。永磁式发电机是同步发电机的一种。异步发电机根据转子结构型式的不同，又可分为笼型异步发电机和绕线转子异步发电机。双馈发电机同时具有异步发电机和同步发电机的特征。上述这几种发电机在风电机组中都有应用，如图 3-1 所示。不同类型的发电机，组成的风力发电系统也有所不同，如图 3-2 所示。

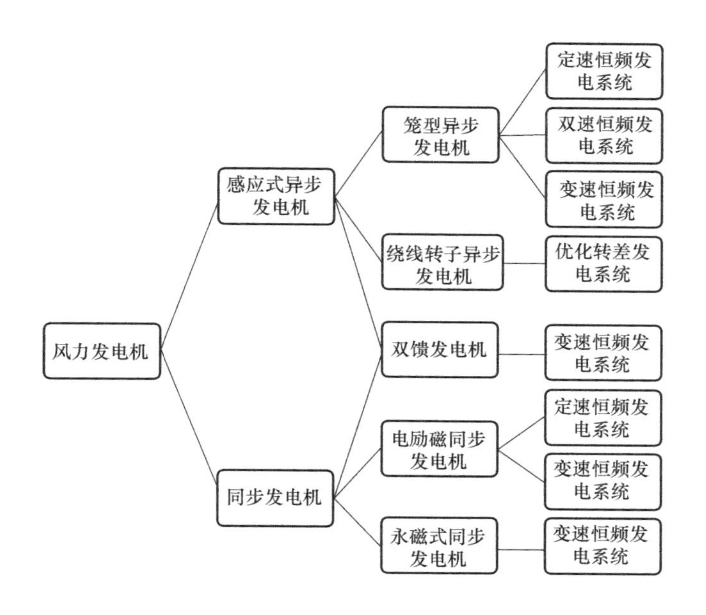

图 3-1　交流发电机在风力发电系统中的应用

变流器是稳定风力发电机输出电压和频率的设备，由于风速是变化的，所以风力发电机输出的电压及频率也随之变化，接在发电机和电网之间的变流器就是将风力发电机输出的电压和频率都变化的电能转换为电压及频率稳定的电能并送入电力系统中，是风力发电系统中不可缺少的重要电气设备。不同形式的风力发电系统，变流器接入系统的方式也不同，根据

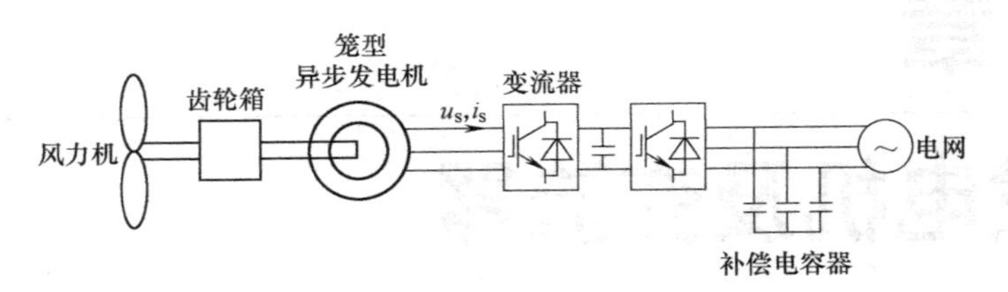

a) 笼型变速恒频发电系统

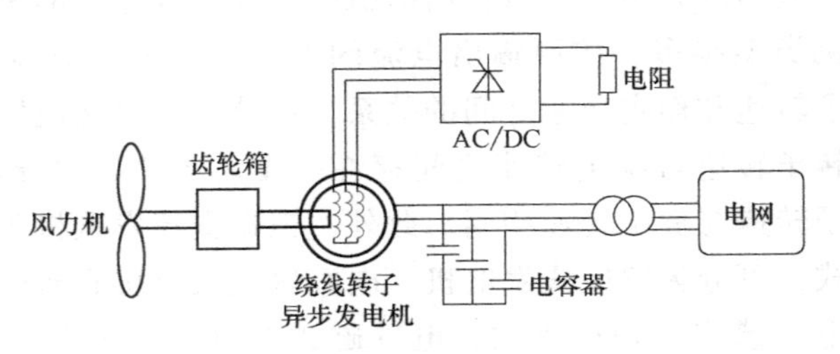

b) 优化转差发电系统

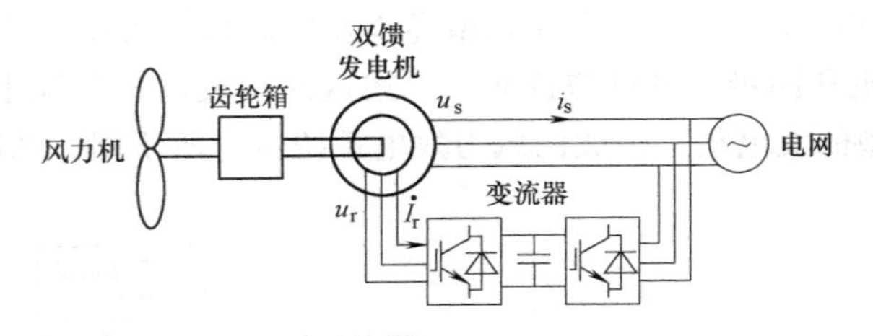

c) 双馈式变速恒频发电系统

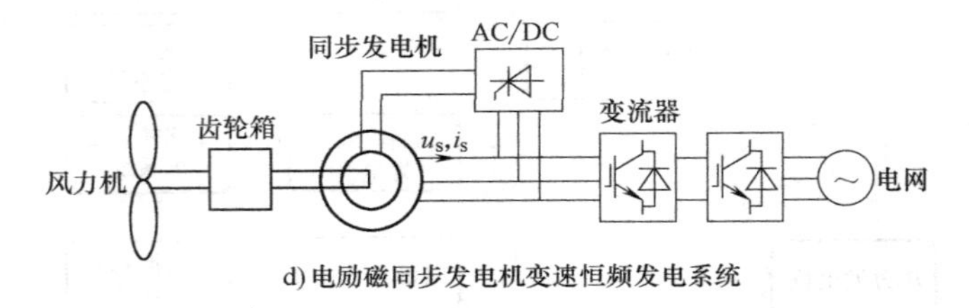

d) 电励磁同步发电机变速恒频发电系统

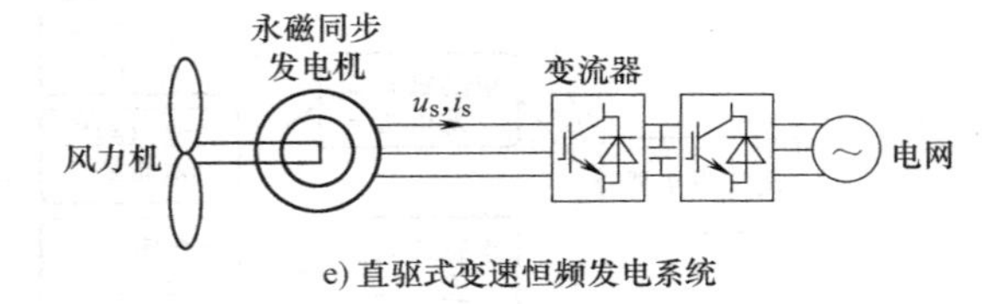

e) 直驱式变速恒频发电系统

图 3-2　由不同发电机组成的风力发电系统

变流器接入风力发电系统的方式，可将其分为全功率变流器和部分功率变流器。全功率变流器如图 3-3 所示，变流器接在发电机定子与电网之间，其所传输的功率与发电机输出的功率相等，因此称作全功率变流器。部分功率变流器如图 3-4 所示，变流器接在发电机转子与电网之间，其传输的功率是发电机输出功率的 1/4～1/3，因此称作部分功率变流器。

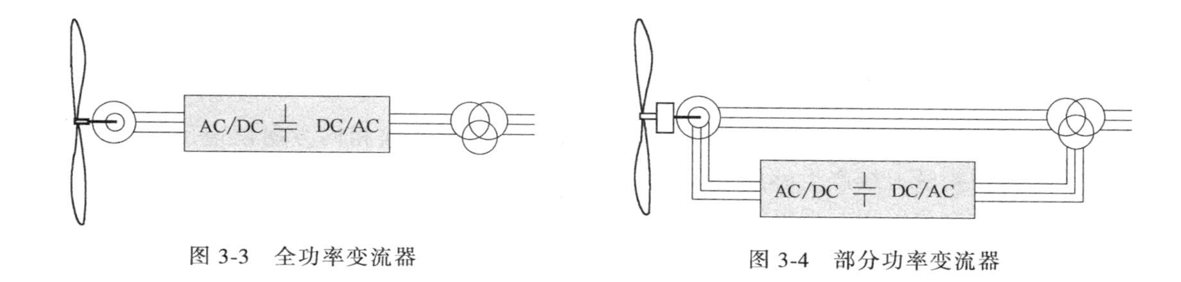

图 3-3　全功率变流器

图 3-4　部分功率变流器

3.1　笼型感应发电机

3.1.1　基本结构

笼型感应发电机结构如图 3-5 所示，由定子和转子两部分组成，定子是指不转动的部分，由定子铁心和定子绕组构成；转动的部分叫转子，由转子铁心和转子绕组构成。定子与转子之间的空气间隙称作气隙，转子在气隙中旋转，做切割磁力线运动。发电机定子上有三相绕组，它们在空间上彼此相差 120°电角度，每相绕组的匝数相等。转子采用笼型结构，转子铁心由硅钢片叠压而成，呈圆筒形，槽中嵌入金属（铝或铜）导条，在铁心两端用铝或铜端环将导条短接，形成一个闭合的绕组，如图 3-6 所示。转子不需要外加励磁，没有集电环和电刷，因而结构简单、坚固，基本上无需维护。

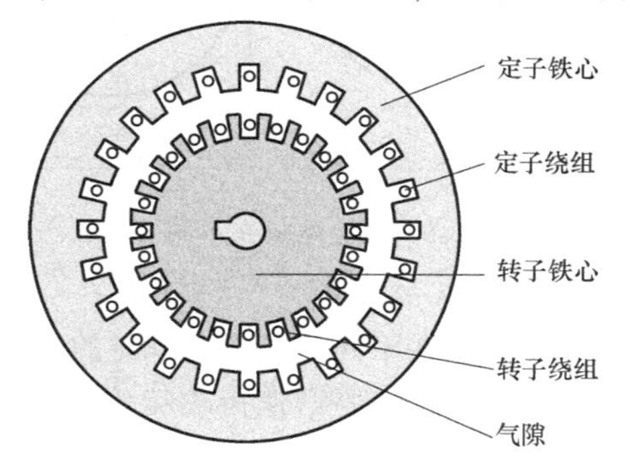

图 3-5　笼型感应发电机结构

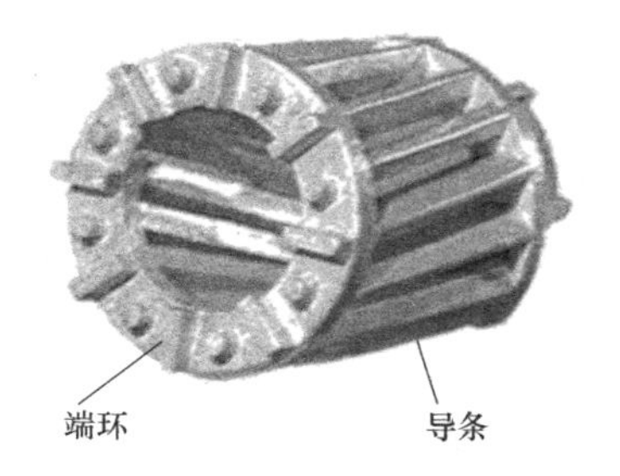

图 3-6　笼型感应发电机转子

3.1.2　工作原理

当笼型感应发电机的定子绕组接入频率恒定的对称三相交流电时，定子三相绕组中便有对称的三相电流通过，三相绕组产生的合成磁场是一个旋转磁场，用 S、N 极表示。设定子旋转磁场以转速 n_1（称同步转速）沿逆时针方向旋转，如图 3-7 所示。

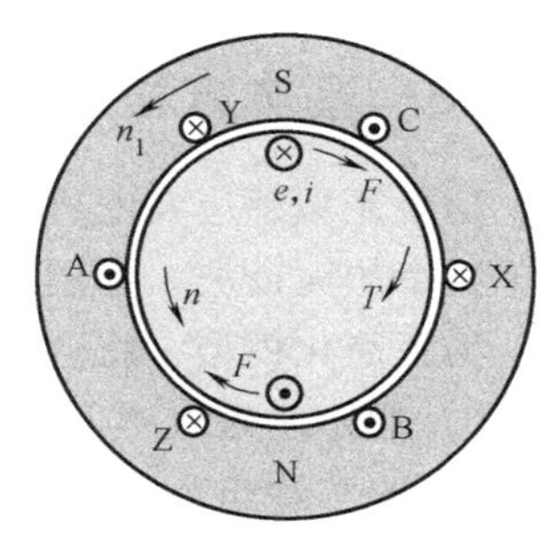

图 3-7　笼型感应发电机原理示意图

三相定子绕组中电流产生的旋转磁场的同步转速取决于电网的频率和发电机绕组的极对数，三者的关系为

$$n_1 = \frac{60f_1}{p}$$

式中　n_1——同步转速（r/min）；

f_1——电网频率（Hz）；

p——发电机绕组的极对数。

如果转子在原动机的带动下，以高于同步转速 n_1 的转速向相同方向恒速旋转，即 $n>n_1$，转子导体切割磁力线产生感应电动势，在该电动势的作用下，转子导体内便有电流通过。电动势的方向可以用右手螺旋定则确定（见图 3-7 中的叉和点）。于是，转子导体电流与旋转磁场相互作用，使转子导体受到电磁力 F 的作用，电磁力的方向可以用左手定则确定。电磁力所产生的电磁转矩 T 的方向与转子转向相反，T 对原动机是制动转矩，转子从原动机吸收机械功率。另一方面，定子绕组向电网输出电功率，感应发电机运行于发电状态。

感应电机中旋转磁场和转子之间的相对转速为 $\Delta n=n_1-n$，相对转速与同步转速的比值称为异步电机的转差率，用 s 表示，即

$$s=\frac{n_1-n}{n_1}\times 100\% \tag{3-1}$$

感应电机可以工作在不同的状态，当转子的转速小于同步转速时，即 $n<n_1$，电机工作在电动状态，电机中的电磁转矩为拖动转矩，电机从电网中吸收无功功率建立磁场，吸收有功功率，将电能转换为机械能，转差率为正值。当感应电机的转子在原动机的拖动下，以高于同步转速旋转时（$n>n_1$），电机运行在发电状态，电机中的电磁转矩为制动转矩，阻碍电机旋转，此时电机需从外部吸收无功电流建立磁场（如由电容提供无功电流），而将从风力机中获得的机械能转换为电能并提供给电网。此时，电机的转差率为负值，一般其绝对值在 2%～5%之间，并网运行的较大容量感应发电机的转子转速一般为$(1\sim1.05)n_1$。图 3-8 所示为感应电机在不同状态下工作时的转差率。

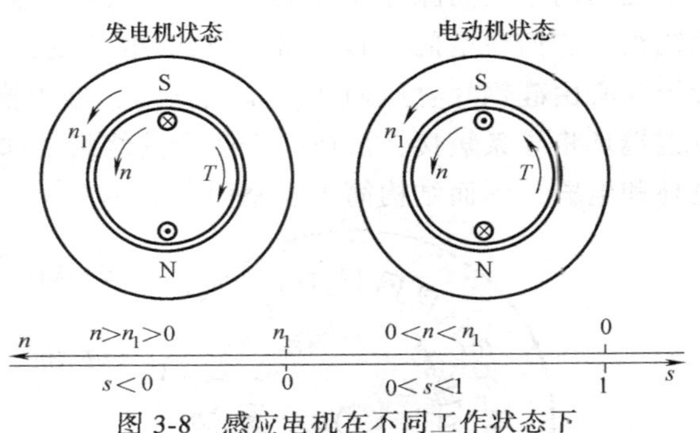

图 3-8　感应电机在不同工作状态下工作时的转差率

由于风力机的转速较低，所以在风力机和发电机之间需要增速齿轮箱传动来提高转速，以达到适合异步发电机运转的转速。一般与电网并联运行的感应发电机为 4 极或 6 极发电机，当电网频率为 50Hz 时，发电机转子的转速必须高于 1500r/min（4 极）或 1000r/min（6 极），才能运行在发电状态，向电网输送电能。

3.1.3　基本方程式、等效电路和相量图

建立笼型感应发电机的传统模型时，假定发电机的定子端连接三相交流电源，电源电压为单频率的简谐波。利用这种模型进行数学计算，可以推算出在稳态工况下发电机的电磁参数。为了简化模型，将会假定或者忽略一些条件，具体如下：

1）假定励磁电感保持恒定，忽略磁通饱和效应。

2）除了绕组外，忽略其他零件中的涡电流。

3）忽略电阻随温度的变化。

定子侧正方向按发电机惯例定义，转子侧正方向按电动机惯例定义，把转子侧各物理量

折算到定子侧时，可写出基本方程式为：

$$\begin{cases}\dot U_1=\dot E_1-\dot I_1(R_1+\mathrm{j}X_{1\sigma})\\ \dot E_2'=-\dot I_2'\left(Z_2'+\dfrac{1-s}{s}R_2'\right)\\ \dot I_\mathrm{m}=-\dot I_1+\dot I_2'\\ \dot E_1=\dot E_2'\\ \dot E_1=\dot I_\mathrm{m}Z_\mathrm{m}\end{cases} \tag{3-2}$$

式中　$Z_2'=R_2'+\mathrm{j}X_{2\sigma}'$；

$Z_\mathrm{m}=R_\mathrm{m}+\mathrm{j}X_\mathrm{m}$。

转子侧各物理量折算方法为

$$\begin{cases}\dot E_2'=k_\mathrm{e}\dot E_{2\mathrm{s}}/s\\ \dot I_2'=\dfrac{\dot I_2}{k_\mathrm{i}}\\ R_2'=k_\mathrm{e}k_\mathrm{i}R_2\\ X_{2\sigma}'=k_\mathrm{e}k_\mathrm{i}X_{2\sigma\mathrm{s}}/s\end{cases} \tag{3-3}$$

式中　$\dot E_{2\mathrm{s}}$——折算前的转子电动势；

$X_{2\sigma\mathrm{s}}$——折算前的转子漏抗。

$$k_\mathrm{e}=\frac{N_1k_\mathrm{N1}}{N_2k_\mathrm{N2}} \tag{3-4}$$

$$k_\mathrm{i}=\frac{m_1N_1k_\mathrm{N1}}{m_2N_2k_\mathrm{N2}} \tag{3-5}$$

式（3-4）和式（3-5）中　m_1、m_2——发电机定子、转子相数；

N_1、N_2——发电机定子、转子每相串联匝数；

k_N1、k_N2——发电机定子 、转子绕组系数。

等效电路如图 3-9 所示，其中，$\dfrac{1-s}{s}R_2'$为代表总机械功率的线电阻。相量图如图 3-10 所示。

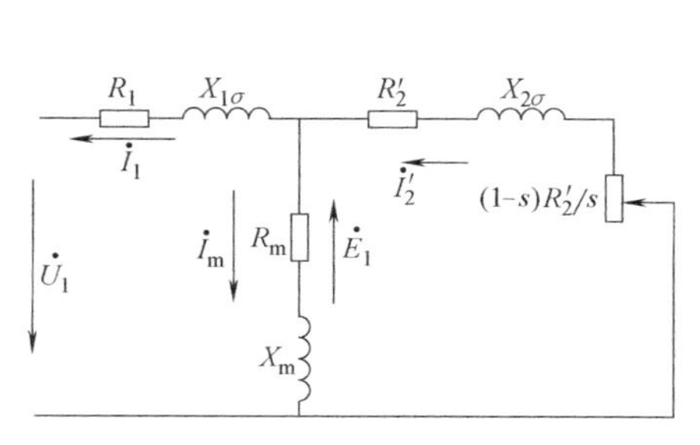

图 3-9　笼型感应发电机等效电路

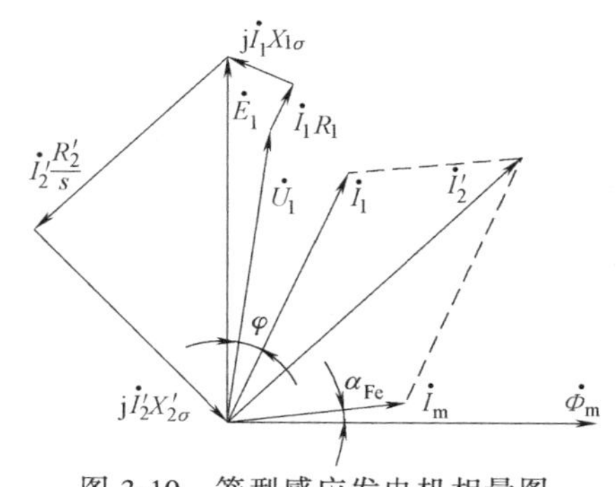

图 3-10　笼型感应发电机相量图

3.1.4 感应电机的电磁转矩

从电机数学模型可以求出电磁转矩与电机转差率的关系。由电机学可知，电机的电磁转矩为

$$T_e=\frac{m_1pU_1^2\frac{R_2'}{s}}{2\pi f_1\left[\left(R_1+\frac{R_2'}{s}\right)^2+(X_1+X_2')^2\right]} \tag{3-6}$$

式中 m_1——电机定子相数；

p——电机极对数；

U_1——定子额定相电压；

s——转差率；

X_1——定子每相电抗；

X_2'——折算到定子侧的转子每相电抗；

R_2'——折算到定子侧的转子每相电阻。

感应电机的转矩-转速特性曲线如图 3-11 所示，当 $n>n_1>0$ 时，电机运行于发电状态，电磁转矩为制动转矩。当 $0<n<n_1$ 时，电机运行于电动状态，电磁转矩为驱动转矩。当 $n<0$ 时，电机运行于电磁制动状态。

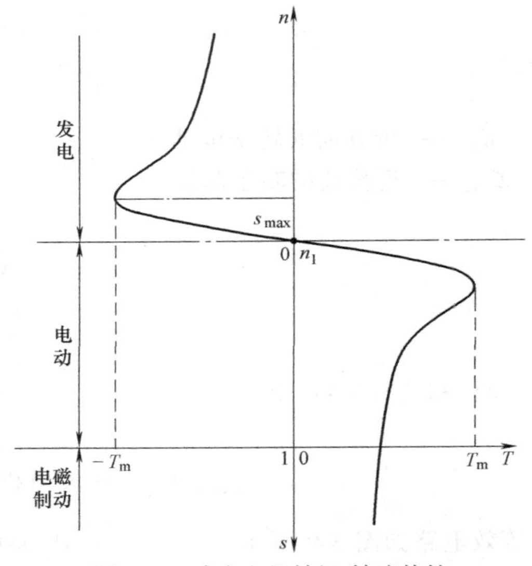

图 3-11 感应电机转矩-转速特性

图 3-12 中描述的是电机的电流和转矩根据转速不同的变化情况，其中转子的转速范围涵盖了逆同步转速（$s=2$）到双倍同步转速（$s=-1$）之间的区间，图中也标出了转子固定不动时的工况（$s=1$）。并网后，电机运行在曲线上的直线段，即发电机的稳定运行区域。发电机输出的电流及功率因数取决于转差率 s 和发电机的参数，对于已制成的发电机，其参数不变，而转差率大小由发电机的负载决定。当风力机传给发电机的机械功率和机械转矩增大时，发电机的输出功率及转矩也随之增大，由图 3-12 可见，发电机的转速将增大，发电机从原来的平衡点 A_1 过渡到新的平衡点 A_2 继续稳定运行。但当发电机输出功率超过其最大转矩对应的功率时，随着输入功率的增大，发电机的制动转矩不但不增大，反而减小，转速迅速上升，出现飞车现象，十分危险。因此，必须配备可靠的失速叶片或限速保护装置，以确保在风速超过额定风速及阵风时，从风力机输入的机械功率被限制在一个最大值范围内，从而保证发电机输出的功率不超过其最大转矩所对应的功率。

图 3-12 中，I_K 为极限电流，T_K 为极限转矩，ω_1 为同步角速度。

当电网电压变化时，将会对并网运行的风力感应发电机有一定的影响。因为发电机的电

磁制动转矩与电压的二次方成正比，当电网电压下降过大时，发电机也会出现飞车现象；而当电网电压过高时，发电机的励磁电流将增大，功率因数下降，严重时将导致发电机过载运行。因此，对于小容量的电网，或选用过载能力大的发电机，或配备可靠的过电压和欠电压保护装置。

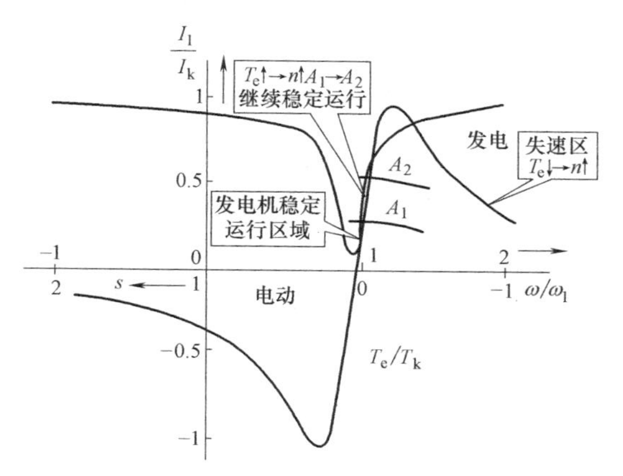

图 3-12 感应电机的电流、转矩-转速特性

3.1.5 并网运行时的无功补偿

在向电网输出有功功率的同时，感应发电机还必须从电网中吸收滞后的无功功率来建立磁场和满足漏磁的需要。一般大中型异步发电机的励磁电流为其额定电流的20%~30%，如此大的无功电流的吸收，将加重电网无功功率的负担，使电网的功率因数下降，同时引起电网电压下降和线路损耗增大，影响电网的稳定性。因此，并网运行的感应发电机必须进行无功功率的补偿，以提高功率因数及设备利用率，改善电网电能的质量和输电效率。目前，调节无功功率的装置主要有同步调相机、有源静止无功补偿器、并联补偿电容器等。其中以并联电容器应用最多，因为前两种装置的价格较高，结构、控制比较复杂，而并联电容器的结构简单、经济，控制和维护方便，运行可靠。并网运行的感应发电机并联电容器后，它所需要的无功电流由电容器提供，从而减轻了电网的负担。

3.1.6 感应发电机的工作特性

并网型风力感应发电机的工作特性是指在额定电压、额定频率下，感应发电机的转差率s、效率η、功率因数$\cos\phi_1$、输出转矩T_2和定子电流I_1与输出功率P_{el}的关系。工作特性与发电机自身的参数有关，应该注意的内容如下：

1）由于风力发电机受风速变化的影响，绝大部分时间发电机处于轻载状态，为综合提高发电机的出力，提高中、低输出功率区的效率有重要意义，所以通常希望发电机的效率曲线平坦些。

2）风力机运行时，因风速的大小及方向是不稳定的，随时变化，为了减少发电机输出功率的波动，降低风力机受冲击的机械应力，要求发电机的转速-输出功率特性软一点，因此就要求发电机的转差率s的绝对值要大。对于小容量（$P_N \leqslant 100$kW）感应发电机，转差率绝对值可以达到4%~5%，对于中大容量（$P_N \geqslant 200$kW）感应发电机，转差率绝对值达到2%~3%已非常困难。600kW感应发电机的额定转差率绝对值设计到1.25%时，对发电机温升影响已十分严重，温升要超过80K，只有采用F级绝缘才能满足要求。

3）并网型风力感应发电机本身不产生无功功率，其励磁电流要从电网获取，因此感应发电机的功率因数是一个重要的技术指标，只要技术上允许，应尽量提高发电机的自然功率因数。发电机的功率因数与其磁通量密度的高低、定转子空气隙的大小、轴的挠度、发电机的振动及噪声有密切的关系，自然功率因数不可能无限提高，否则会引起发电机其他技术参数的恶化，严重时甚至会使发电机无法运行。600kW、4p、690V感应发电机的自然功率因数在 0.90~0.92 之间较为合适。

3.1.7 笼型感应发电机变速恒频风力发电系统

笼型感应发电机变速恒频风力发电系统如图 3-13 所示，其定子绕组通过 AC-DC-AC 变流器与电网相连，变速恒频变换在定子电路中实现。当风速变化时，发电机转子的转速和发电机发出的电能的频率随着风速的变化而变化，通过定子绕组和电网之间的变流器，将频率变化的电能转化为与电网频率相同的电能。

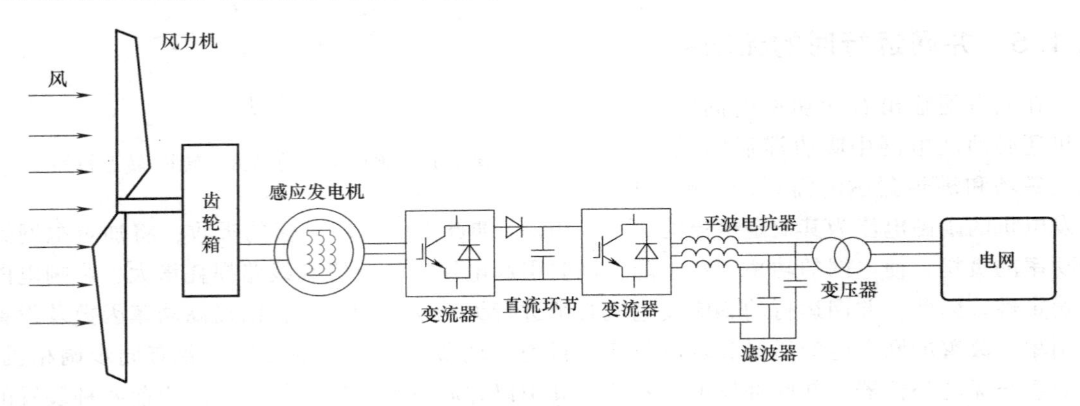

图 3-13 笼型感应发电机变速恒频风力发电系统

笼型感应发电机变速恒频风力发电系统采用的是全额变流器，由直流环节连接两组电力电子变流器，组成背靠背变流系统。这两个变流器分别为电网侧变流器和发电机侧变流器。发电机侧变流器接受感应发电机产生的有功功率，并将功率通过直流环节送往电网侧变流器。发电机侧变流器也用来通过感应发电机的定子端对感应发电机励磁。电网侧变流器接受通过直流环节送来的有功功率，并将其送到电网。也就是说，它平衡了直流环节两侧的电压。根据所选的控制策略，电网侧变流器也用来控制功率因数和支持电网电压。

当感应发电机通过 AC-DC-AC 变流器与电网连接时，发电机和电网不交换无功功率，因此，感应发电机通过发电机侧变流器励磁。为了减少发电机侧变流器的额定功率，可在发电机端安装固定电容。当高负载运行时，感应发电机由固定电容和发电机侧变流器共同励磁；当低负载运行时，感应发电机由固定电容励磁，发电机侧变流器可吸收多余的无功功率。

笼型感应发电机变速恒频风力发电系统的特点如下：

1）AC-DC-AC 变流器使发电机转速与电网频率间的关联解耦；笼型异步风力发电机运行于变速变频发电状态；可利用发电机的电磁转矩控制风力机转子的转速，跟踪其最大功率点。发电机的运行转差率小，发电机机械特性硬，运行效率高。

2）发电机侧变频器运行于升压整流状态，机端电压可调，轻载运行时发电机的铁耗小、效率高。

3）电网侧变频器运行于逆变状态，将发电机发出的有功功率传送至电网，并可作为无功发生器参与调节电网无功功率；对电网波动的适应性好，可以将电网的波动屏蔽于发电机之外。

3.2 绕线转子感应发电机

3.2.1 基本结构

绕线转子感应发电机结构如图 3-14 所示，其转子绕组和定子绕组相似，使用绝缘导线嵌于转子铁心槽内，构成星形联结的三相对称绕组，然后把三个出线端分别接到转轴的三个集电环上，再通过电刷把电流引出来，如图 3-15 所示。图 3-16 所示为转子集电环及碳刷，图 3-17 为碳刷架。

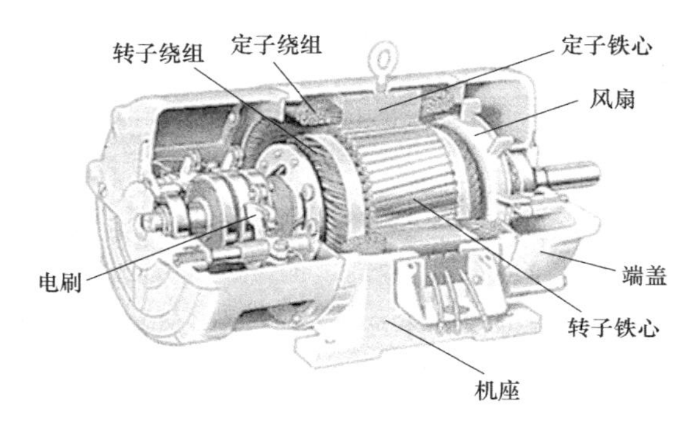

图 3-14 绕线转子感应发电机结构

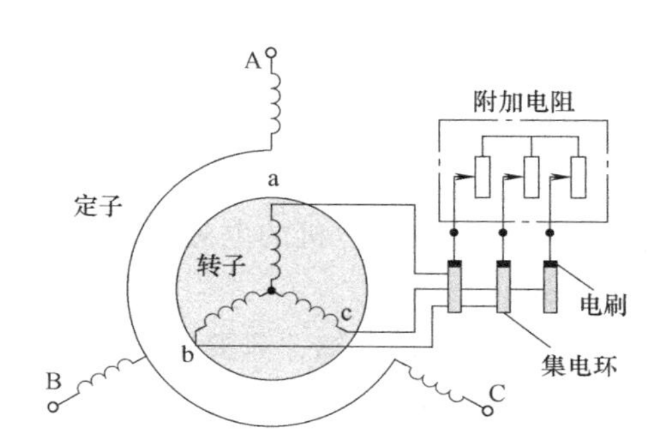

图 3-15 星形联结的绕线型转子绕组示意图

图 3-16 转子集电环及碳刷

图 3-17 碳刷架

3.2.2 发电机转子电流控制技术

发电机转子电流控制技术（RCC）通过对发电机转子电流的控制来迅速改变发电机转差率，即在一定范围内改变风力机转速，吸收由于瞬变风速引起的功率波动。

1. 转子电流控制器原理

发电机转子电流控制系统如图 3-18 所示，转子电流控制器由快速数字式 PI 控制器和一个等效变阻器构成。它根据给定的电流值，通过改变转子电路的电阻来改变发电机的转差率。在额定功率时，发电机的转差率能够从1%~10%（4极发电机转速为1515~1650r/min）变化，相应的转子平均电阻从0~100%变化。当功率变化，即转子电流变化时，PI控制器迅速调整转子电阻，使转子电流跟踪给定值，如果从主控制器传出的电流给定值是恒定的，它将保持转子电流恒定，从而使功率输出保持不变。与此同时，发电机转差率却在做相应的调整以平衡输入功率的变化。

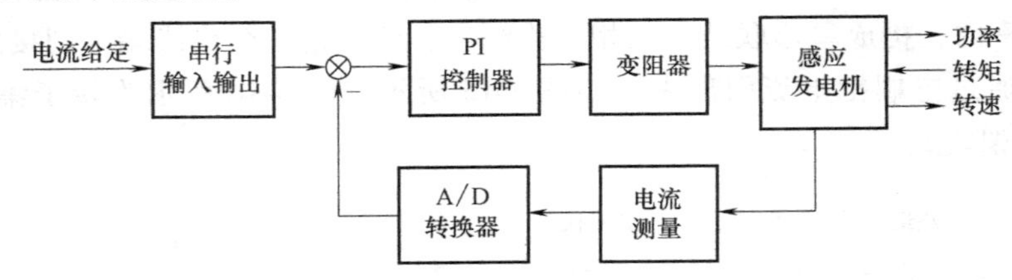

图 3-18　转子电流控制系统

可以从感应发电机的电磁转矩公式［式（3-6）］来进一步说明转子电阻与发电机转差率的关系。

由式（3-6）可知，只要 R_2'/s 不变，电磁转矩 T_e 就可保持不变。因此，当风速变大时，风力机及发电机的转速上升，即发电机转差率增大，只要改变转子电阻 R_2'，就能保持发电机输出功率不变。如图 3-19 所示，当发电机的转子电阻改变时，其特性曲线由 1 变为 2，运行点也由 a 点变到 b 点，而电磁转矩 T_e 保持不变，发电机转差率绝对值则从 $|s_1|$ 上升到 $|s_2|$。

2. 转子电流控制器的结构

转子电流控制器必须使用在绕线转子感应发电机上，用于控制发电机的转子电流，使感应发电机成为可变转差率发电机，结构如图 3-20 所示。

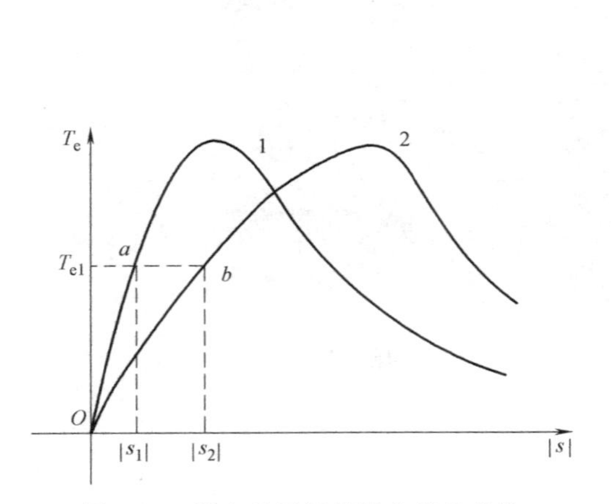

图 3-19　发电机运行特性曲线的变化

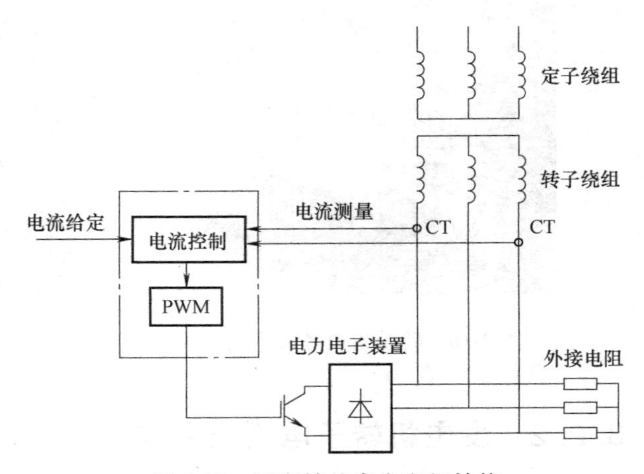

图 3-20　可变转差率发电机结构

转子电流控制器安装在发电机的轴上，与转子上的三相绕组连接，构成一个电气回路。将普通三相感应发电机的转子引出，外接转子电阻，使发电机的转差率变化 10%（通过一组电力电子元器件来调整转子回路的电阻，从而调节发电机的转差率）。

发电机转子电流控制技术依靠外部控制器给出的电流基准值和两个电流互感器的测量值，计算出转子回路的电阻值，通过IGBT（绝缘栅双极型晶体管）的导通和关断来进行调整。IGBT的导通与关断受一个宽度可调的脉冲信号（PWM）控制。

IGBT是双极型晶体管和MOSFET（场效应晶体管）的复合体，所需驱动功率小，饱和电压降低，在关断时，不需要负栅极电压来减少关断时间，开关速度较高；饱和电压降低减少了功率损耗，提高了发电机的效率；采用脉宽调制（PWM）电路，提高了整个电路的功率因数，同时只用一级可控的功率单元，减少了元器件数，电路结构简单，由于通过对输出脉冲宽度的控制就可控制IGBT的开关，系统的响应速度加快。

转子电流控制器可在维持额定转子电流（即发电机额定功率）的情况下，在0至最大值之间调节转子电阻，使发电机的转差率在0.6%（转子自身电阻）至10%（IGBT关断，转子电阻为自身电阻与外接电阻之和）之间连续变化。

3.2.3 优化转差风力发电系统

图3-21所示为发电机转子电流控制技术（RCC）的感应发电机的部分变速风电机组的结构。其中，转子回路接到电力电子变流器。电力电子变流器运行由IGBT开关控制，相当于增加了一个与转子回路串联的外部电阻。

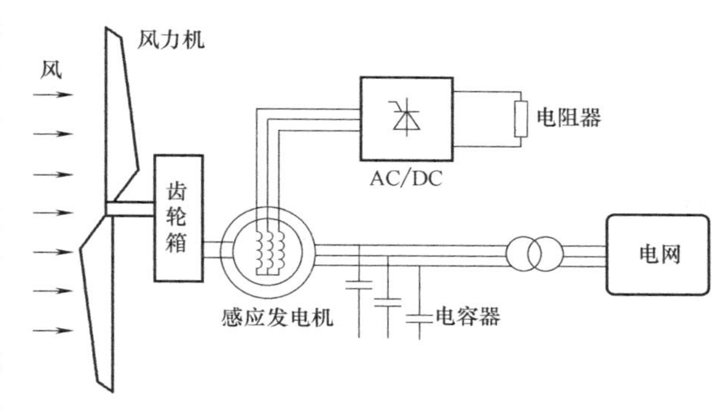

图3-21 部分变速风电机组的结构

转子回路外部电阻的动态控制使发电机转差率能够连续变化。转差范围为1%~10%。转差变化使风电机组可以以部分变速方式运行于超同步范围内，最高可超过同步转速的10%。这种控制多用于降低风电机组向电网发出的闪变，因为它的机械功率波动转换成了转子动能，被机组转子的外部电阻吸收。

这种部分变速的风电机组一般是变桨距的。然而，桨距的快速调节可激发风轮机械功率过冲。这种情况下，电力电子变流器可降低感应发电机有功功率的过冲幅度。变流器控制的响应时间远小于桨距角控制的响应时间。

3.2.4 功率和转速控制

1. 优化转差机组的运行

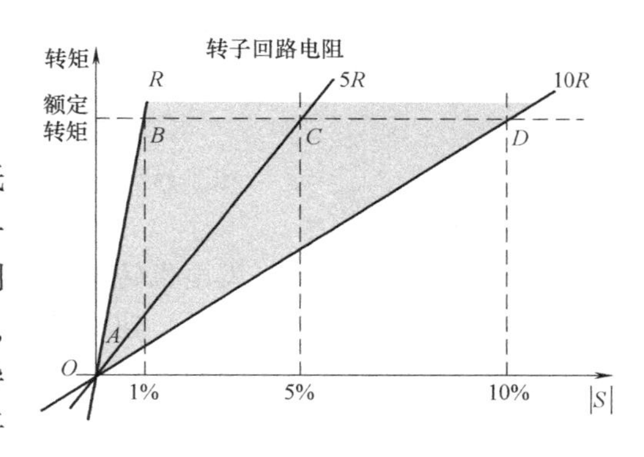

图3-22 优化转差机组的运行

优化转差机组的运行如图3-22所示，在低于额定转速时，发电机和传统感应式发电机一样，转矩与转差成正比，沿*AB*线运行，一旦到达*B*点，把转子回路里原先被短接的电阻串联，也可以以几千赫兹的频率逐级开通或关断半导体开关，用改变占空比的方法改变转子回路平均电阻。通过改变转子回路电阻的方式，改变发电机转差运行线，转子回路电阻增加 10 倍，转差线由 *AB* 变化到 *AD*，机组可以运行在此阴影区内的任何点，以转矩偏差作为控制输入，通过 PI 算法调节半导体开关的占空比，调节转子回路电阻。

实际中，通常保持转矩给定为额定值，这样发电机在达到额定转矩之前和传统感应发电机相同，沿转差线 *AB* 运行直到额定转矩，然后沿恒转矩线 *BCD* 运行，和变速机组运行一样。如果速度增加超过 *D* 点，转矩就会被迫增加，这时需要采用变桨距控制，把转速调节至一个可以选择的给定值，如 *C* 点。*C* 点设置越高，在相同输出功率的情况下，就需要更多的机械输入功率，同时耗散在转子回路中的能量与转差成正比，这就是说，*C* 点选择越低越好，可以减小冷却要求。但如果 *C* 点很接近 *B* 点，当速度在参考点附近变化时，转矩很容易沿 *AB* 线下降，造成在额定风速之上运行时输出功率下降。*B* 点和 *C* 点之间的间隔与风轮的惯性以及变桨距控制算法的响应速度有关，当速度很接近 *B* 点时，调节 PID 变桨距控制器以最大速率使叶片桨距角降低到最小，如果速度很接近 *D* 点，调节 PID 变桨距控制器以最大速率顺桨。

2. 采用转子电流控制器的转速控制

受变桨距系统响应速度的限制，对于快速变化的风速，通过改变桨距角来控制输出功率的效果并不理想。因此，为了优化功率曲线，改进的变桨距风电机组在进行功率控制的过程中，其功率反馈信号不再作为直接控制桨距的变量。变桨距系统由风速低频分量和发电机转速控制。风速的低频分量仍按照变桨调节方式进行桨叶角度调整。风速的高频分量产生的机械能波动，通过迅速改变发电机的转速来进行平衡，即通过转子电流控制器对发电机转差率进行控制，维持发电机输出功率稳定。当风速高于额定风速时，允许发电机转速升高，将瞬变的风能以风轮动能的形式储存起来；转速降低时，再将动能释放出来，使功率曲线达到理想的状态。带转差率控制的变桨距系统框图如图 3-23 所示。

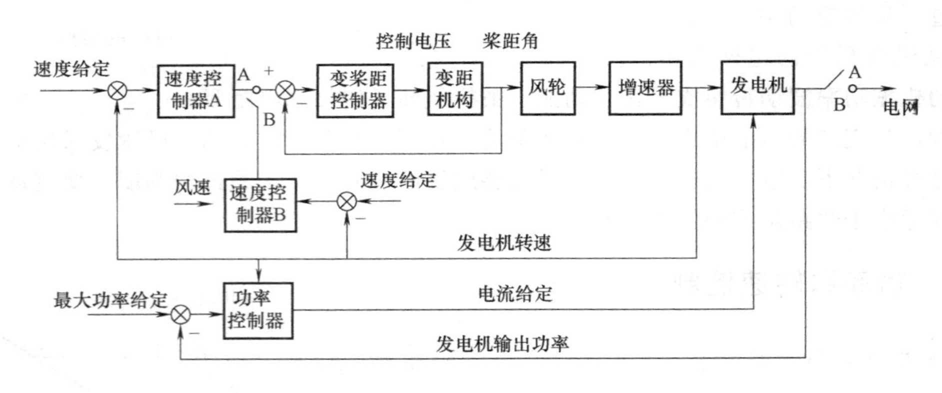

图 3-23 带转差率控制的变桨距系统框图

在发电机并入电网前，发电机转速由速度控制器 A 根据发电机转速反馈信号与给定信号直接控制；发电机并入电网后，速度控制器 B 与功率控制器起作用。功率控制器的任务主要是根据发电机转速给出相应的功率曲线，调整发电机转差率，并确定速度控制器 B 的速度给定。

在并网前，风电机组从待机状态进入运行状态，变桨距系统先将桨距角快速转到

45°，风轮在空转状态进入同步转速。当转速从0增加到500r/min（可调）时，桨距角给定值从45°线性地减小到5°，这一过程使转子具有高起动转矩，同时在风速快速增大时能够快速起动。当发电机转速在同步转速±10r/min（可调）内持续1s（可调）时，发电机将切入电网。

并网后，控制系统切换至状态B，速度控制系统B同时以发电机转速和风速为输入。在达到额定值前，速度给定值随功率给定值按比例增加。额定的速度给定值是1560r/min，相应的发电机转差率是4%（可调）。如果风速和功率输出一直低于额定值，发电机转差率将降低到2%（可调），桨距控制将根据风速调整到最佳状态，以优化叶尖速比。

如果风速高于额定值，发电机转速通过改变桨距角来跟踪相应的速度给定值。功率输出将稳定地保持在额定值上。

3. 采用转子电流控制器的功率调节

由于发电机内安装了RCC控制器，并网后发电机转差率可在一定范围内调整，发电机转速可变。当风速低于额定风速时，转速控制环节B根据转速给定值（高出同步转速3%~4%）和风速，给出一个桨距角，此时发电机输出功率小于最大功率给定值，功率控制环节根据功率反馈值，给出转子电流最大值，转子电流控制环节将发电机转差率绝对值调至最小，发电机转速高出同步转速1%，与转速给定值存在一定的差值，反馈回速度控制环节B，速度控制环节B根据该差值，调整桨距角参考值，变桨距机构将桨距角保持在0°附近，优化叶尖速比；当风速高于额定风速时，发电机输出功率上升到额定功率，当风轮吸收的风能高于发电机输出功率时，发电机转速上升，速度控制环节B的输出值变化，反馈信号与参考值比较后又给出新的桨距角参考值，使得叶片攻角发生改变，减少风轮能量吸入，将发电机输出功率保持在额定值上；功率控制环节根据功率反馈值和速度反馈值，改变转子电流给定值，转子电流控制器根据该值调节发电机转差率，使发电机转速发生变化，以保证发电机输出功率的稳定。

如果风速仅为瞬时上升，由于变桨距机构的动作滞后，发电机转速上升后，叶片攻角尚未变化，风速下降，发电机输出功率下降，功率控制单元将使RCC控制单元减小发电机转差率绝对值，使得发电机转速下降，在发电机转速上升或下降的过程中，转子的电流保持不变，发电机输出的功率也保持不变；如果风速持续增加，发电机转速持续上升，转速控制器B将使变桨距机构动作，改变叶片攻角，使得发电机在额定功率状态下运行。风速下降时，原理与风速上升时相同，但动作方向相反。由于转子电流控制器的动作时间在毫秒级以下，变桨距机构的动作时间以秒计，所以在短暂的风速变化时，仅仅依靠转子电流控制器的控制作用就可保持发电机功率的稳定输出，减少对电网的不良影响；同时，也可降低变桨距机构的动作频率，延长变桨距机构的使用寿命。

由于自然界风速处于不断的变化中，较短时间内（如3~4s）的风速变化总是不断发生，所以变桨距机构也在不断地动作，在转子电流控制器的作用下，其桨距实际变化情况如图3-24所示。

从图3-24可以看出，RCC控制单元有效地减少了变桨距机构的动作频率及动作幅度，使得发电机的输出功率保持平衡，实现了变桨距风电机组在额定风速以上的额定功率输出，有效地减少了风力发电机组因风速的变化而造成的对电网的不良影响。

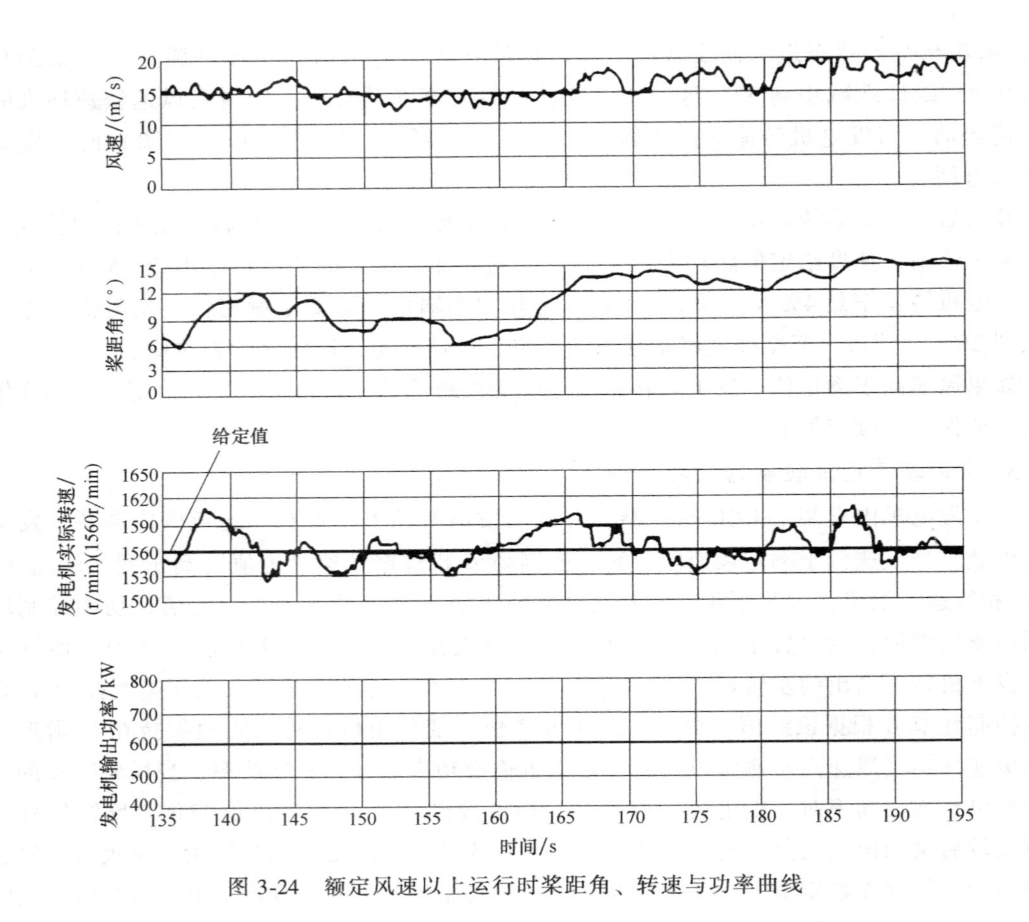

图 3-24　额定风速以上运行时桨距角、转速与功率曲线

3.3　电励磁同步发电机

3.3.1　基本结构

电励磁同步发电机的主要部件同样是转子和定子。其中，定子结构和其他类型电机的定子类似，也是由定子铁心、定子绕组、机座及固定这些部分的其他构件组成的；转子结构与其他类型电机有所不同，根据转子结构形状不同有凸极式和隐极式两种，如图 3-25 所示。

隐极式同步发电机的转子呈圆柱体状，转子上的励磁绕组分布在转子铁心表面的槽内，其定、转子之间的气隙是均匀的。励磁绕组通过集电环通入直流电后，在转子铁心内等效出磁极，由于磁极隐藏在转子铁心中，所以称作隐极式同步发电机。而凸极式同步发电机的等效磁极是凸出转子铁心的，因此称为凸极式同步发电机。凸极式同步发电机定子和转子之间的气隙是不均匀的，两极之间气隙大，极面处气隙小。凸极式同步发电机结构简单、制造方便，一般用于低速发电机；隐极式同步发电机结构均匀对称、转子机械强度高，可用于高速发电机。

隐极式同步发电机转子铁心是电机磁路的主要组成部分，由于高速旋转而承受着很大的机械应力，所以一般都采用整块的机械强度高、导磁性能强的合金钢锻成，与转轴锻成一

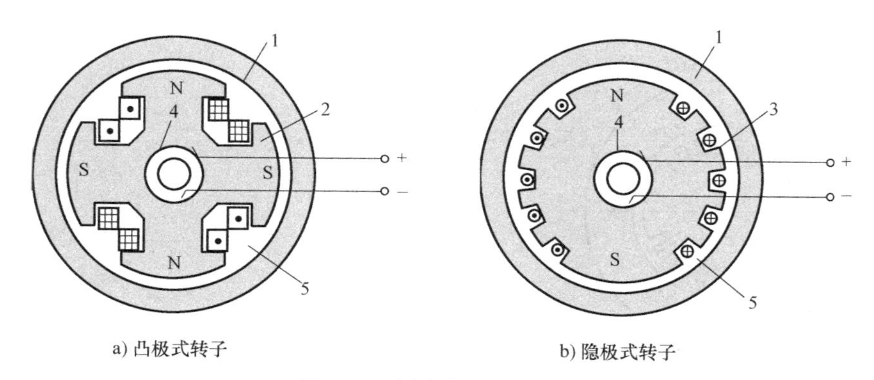

a) 凸极式转子　　b) 隐极式转子

图 3-25　同步发电机的转子

1—定子　2—凸极式同步发电机转子　3—隐机式同步发电机转子　4—集电环　5—气隙

体。沿转子铁心表面铣出槽以安放励磁绕组。

励磁绕组由扁铜线绕成同心式线圈。各线匝之间垫有绝缘，绕圈与铁心之间要有可靠的“对地绝缘”。励磁绕组被槽楔压紧在槽里。励磁绕组经集电环、电刷与直流电源相连，通以直流励磁电流来建立磁场。集电环装在转子轴上，随转子一同旋转，通过引线接到励磁绕组，并借电刷装置接到励磁装置上。

3.3.2　电励磁同步发电机的运行

同步发电机在风力机的拖动下，转子以转速 n 旋转，形成旋转的转子磁场，切割定子上的三相对称绕组，在定子绕组中产生频率为 f_1 的三相对称的感应电动势和电流输出，从而将机械能转换为电能。在并网运行时，由定子绕组中的三相对称电流产生的定子旋转磁场的转速与转子转速相同，即与转子磁场相对静止，因此称作同步发电机，发电机的转速、频率和极对数之间有着严格不变的固定关系，即

$$f_1=\frac{pn}{60}=\frac{pn_1}{60} \tag{3-7}$$

当发电机的转速一定时，同步发电机的频率稳定，电能质量高；同步发电机运行时，可通过调节励磁电流来调节功率因数，既能向电网输出有功功率，也可提供无功功率，可使功率因数为1，因此被常规能源发电系统广泛采用。但在风力发电中，由于风速的不稳定性，使得发电机获得不断变化的机械能，给风力发电机造成冲击和高负载，对风力发电机及整个系统是不利的。

1. 隐极式同步发电机电动势方程式、等效电路和相量图

图 3-26 所示为同步发电机各物理量的正方向规定。$\dot{U}$ 为电枢一相绕组的端电压；$\dot{I}$ 为电枢一相绕组的电流；$\dot{E}_0$为励磁电动势；$\dot{E}_a$为电枢反应电动势；$\dot{E}_\sigma$为定子漏磁电动势。

参照图 3-26 中各物理量正方向的规定，在不考虑饱和时，可以得到隐极式同步发电机电动势方程式，即

$$\dot{E}_0=\dot{U}+\dot{I}R_a+\mathrm{j}\dot{I}X_t \tag{3-8}$$

式中　R_a——电枢阻抗；

　　　X_t——同步电抗。

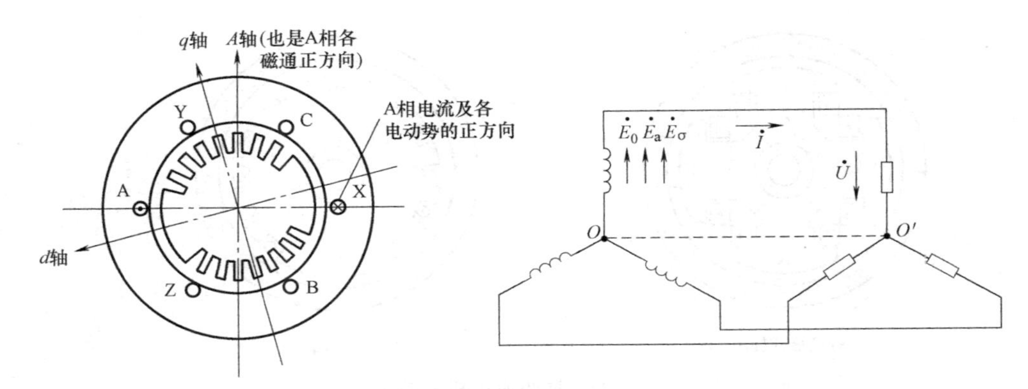

图 3-26　同步发电机各物理量的正方向规定

同步发电机的同步电抗是表征对称稳态运行时电枢旋转磁场和电枢漏磁场的一个综合参数，且有

$$X_t = X_\sigma + X_a \tag{3-9}$$

式中　X_a——电枢反应电抗；

X_σ——定子漏抗。

隐极式同步发电机等效电路如图 3-27 所示，相量图如图 3-28 所示。

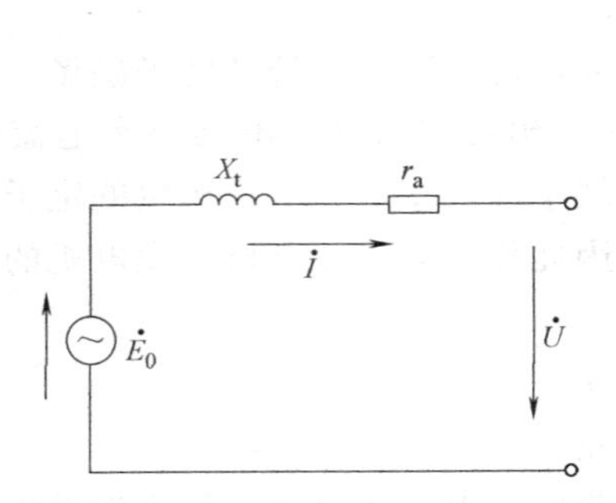

图 3-27　隐极式同步发电机等效电路

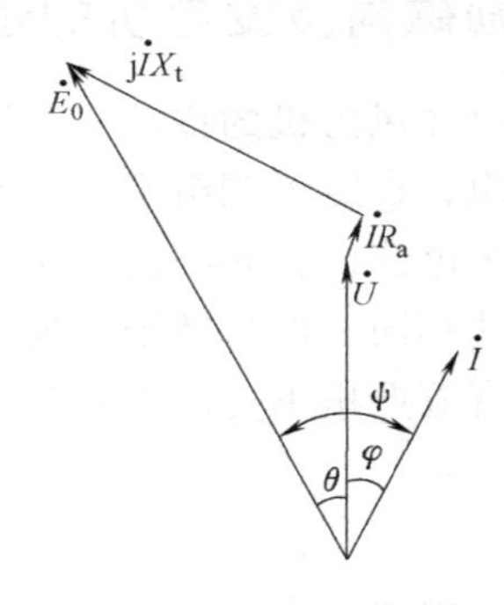

图 3-28　隐极式同步发电机相量图

2. 凸极式同步发电机电动势方程式和相量图

凸极式同步发电机的气隙是不均匀的，因此电枢磁场分布不对称，为解决这个问题，须借助“双反应理论”。其基本思想是：当电枢磁动势 F_a 的轴线既不和直轴重合又不和交轴重合时，可以把电枢磁动势 F_a 分解成直轴分量 F_{ad} 和交轴分量 F_{aq}，然后分别求出直轴和交轴磁动势的电枢反应，最后再把其效果叠加起来。

利用双反应理论，首先将 $\dot{I}$ 分解为 $\dot{I}_d$ 和 $\dot{I}_q$，然后分别计算相应的磁通和感应电动势，叠加后得到电枢一相绕组的总电动势，即

$$\dot{E}_0 = \dot{U} + \dot{I}R_a + j\dot{I}_d X_d + j\dot{I}_q X_q \tag{3-10}$$

式中　X_d——直轴同步电抗；

X_q——交轴同步电抗；

$\dot{I}_d$——$\dot{I}$ 的直轴分量；

$\dot{I}_q$——$\dot{I}$ 的交轴分量。

与式（3-10）对应的凸极同步发电机相量图如图 3-29 所示。

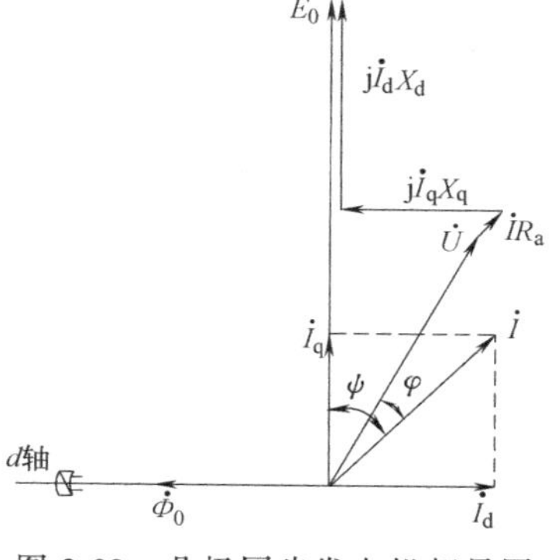

图 3-29 凸极同步发电机相量图

3.3.3 电励磁同步发电机的特性

1. 转矩-转速特性

当同步发电机并网运行时，其转矩-转速特性如图 3-30 所示，图中 n_1 为同步转速。从图中可见，发电机的电磁转矩对风力机来说是制动转矩，因此无论电磁转矩如何变化，发电机的转速应保持同步转速不变，以便维持发电机输出电流的频率与电网的频率相同。这就要求风电机组有精确的调速机构，当风速变化时，能维持发电机的转速不变，这种风力发电系统的运行方式称为定速恒频方式。

2. 外特性

同步发电机的外特性是指发电机在 $n=n_N$、I_f=常数、$\cos\varphi$=常数的条件下，端电压 U 和负载电流 I 的关系曲线。如图 3-31 所示。

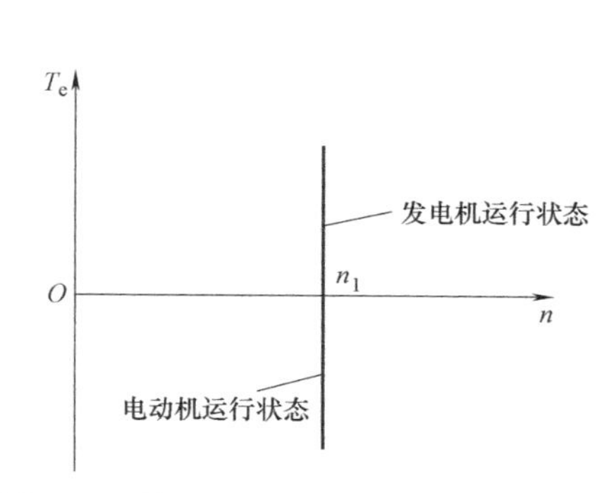

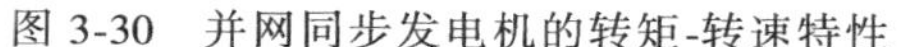
图 3-30 并网同步发电机的转矩-转速特性

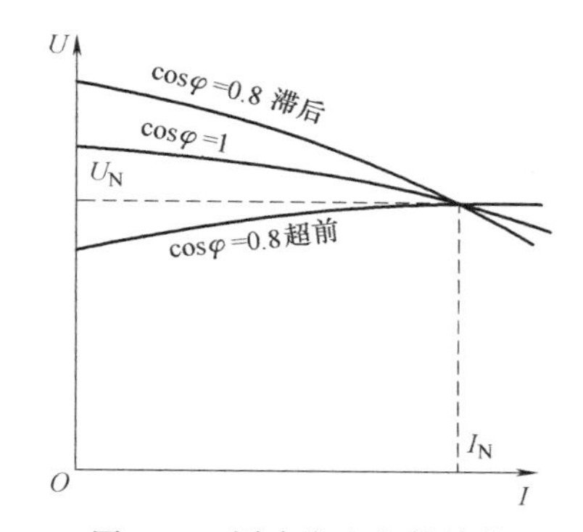

图 3-31 同步发电机外特性

在感性负载和电阻负载时，外特性都是下降的。在容性负载时，外特性一般是上升的。所以，为了使不同功率因数下 $I=I_N$ 时均能得到 $U=U_N$，在感性负载下要供给较大的励磁电流，此时称电机在过励状态下运行，而在容性负载，可供给较小的励磁电流，此时称电机在欠励状态下运行。

从外特性可以求出发电机的电压变化率，如图 3-32 所示。发电机在额定负载（$I=I_N$、$\cos\varphi=\cos\varphi_N$、$U=U_N$）运行时的励磁电流称为额定励磁电流。保持此励磁和转速不变，卸去负载，读取空载电动势，即得同步发电机的电压变化率为

$$\Delta U\%=\frac{E_0-U_N}{U_N}\times100\% \tag{3-11}$$

电压变化率是表征同步发电机运行性能的重要指标之一。

3. 调节特性

当发电机负载电流 I 发生变化时，为保持端电压不变，必须同时调节发电机的励磁电流 I_f。当 $n=n_N$、U=常数、$\cos\varphi$=常数时，关系曲线 $I_f=f(I)$ 就称为同步发电机的调节特性，如

图 3-33 所示。

与外特性相反，在感性负载和电阻负载时，调节特性是上升的；在容性负载时，它可能是下降的。

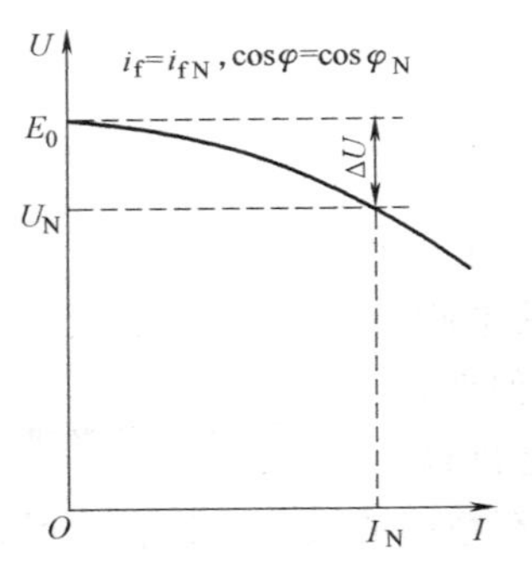

图 3-32　同步发电机电压变化率

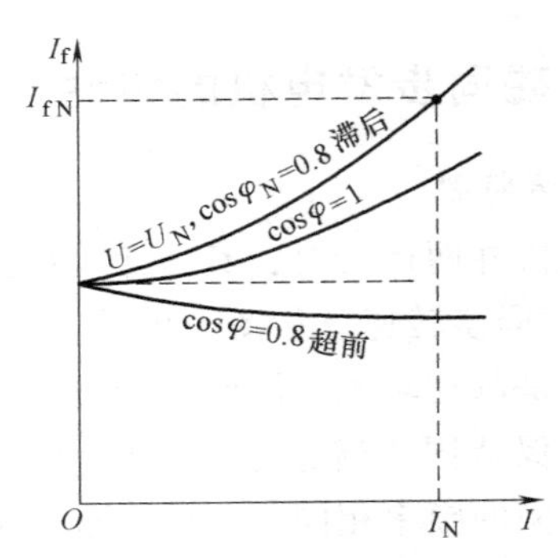

图 3-33　同步发电机调节特性

3.3.4　电励磁同步发电机的功率调节和无功补偿

1. 有功功率的调节

在同步风力发电机中，风力机输入的机械能首先克服机械阻力，通过发电机内部的电磁作用转换为电磁功率，电磁功率扣除发电机绕组的铜损耗和铁损耗后即为输出的电功率，若不计铜损耗和铁损耗，可认为输出约等于电磁功率。同步发电机内部的电磁作用可以看成是转子励磁磁场和定子电流产生的同步旋转磁场之间的相互作用。转子励磁磁场轴线与定、转子合成磁场轴线（也即 E_0 和 $\dot{U}$）之间的夹角称为同步发电机的功率角 θ，电磁功率 P_{em} 与功率角 θ 之间的关系称为同步发电机的功角特性，如图 3-34 所示。

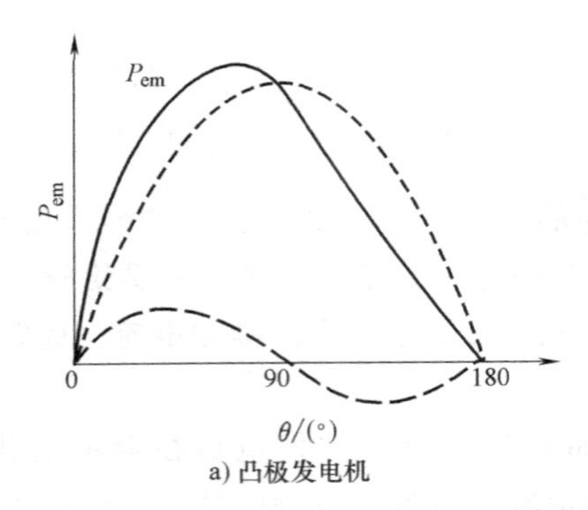

a) 凸极发电机

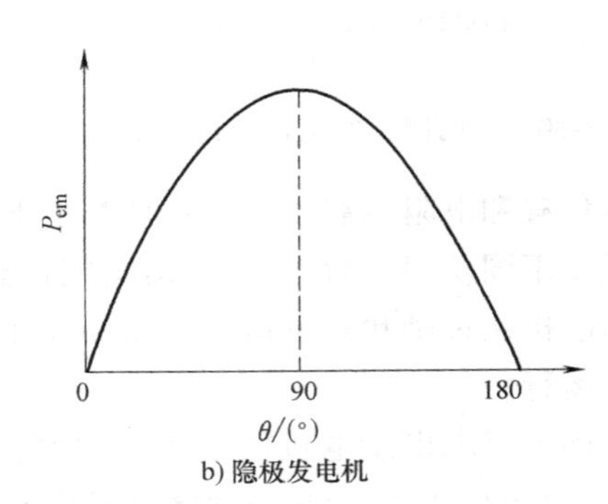

b) 隐极发电机

图 3-34　同步发电机的功角特性

当由风力机驱动的同步发电机并联在无穷大电网时，要增大发电机输出的电能，必须增大风力机输入的机械能。当发电机输出功率增大（即电磁功率增大）时，若励磁不做调节，从图 3-34 可见，发电机的功率角也增大，对于隐极发电机而言，功率角为 90°（凸极发电机功率角小于 90°）时，输出功率最大，这个最大的功率称为失步功率，又称为极限功率。因为达到最大功率后，如果风力机输入的机械功率继续增大，功率角超过 90°，发电机输出的电功率反而下降，发电机转速持续上升而失去同步，机组无法建立新的平衡。

当功率角变为负值时，并联运行的同步风力发电机将运行在电动状态，此时，风力发电机相当于一台大电风扇，发电机从电网吸收电能。为避免发电机电动运行，当风速降到临界值以下时，应及时将发电机与电网脱开。

2. 无功功率的补偿

电网所带的负载大部分为感性的异步电动机和变压器，这些负载需要从电网中吸收有功功率和无功功率，如果整个电网提供的无功功率不够，电网的电压将会下降。同时，同步发电机带感性负载时，由于定子电流建立的磁场对电机中的励磁磁场有去磁作用，发电机的输出电压也会下降。因此，为了维持发电机的端电压稳定和补偿电网的无功功率，需增大同步发电机转子的励磁电流。同步发电机的无功功率补偿可用其定子电流 I 和励磁电流 I_f 之间的关系曲线来解释：在电磁功率 P_{em} 一定的条件下，同步发电机的定子电流 I 和励磁电流 I_f 之间的关系曲线也称为 V 形曲线，如图 3-35 所示。

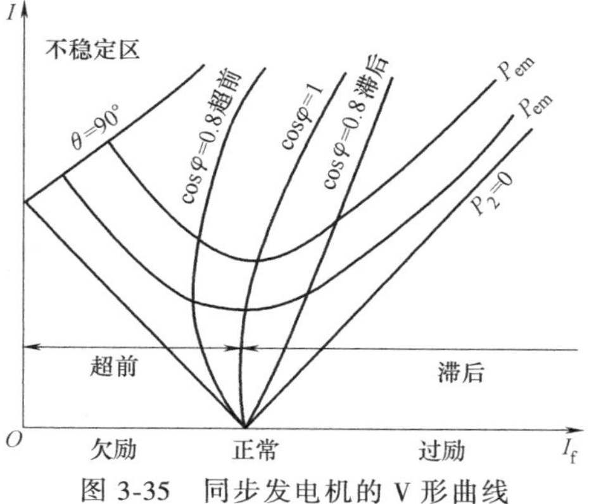

图 3-35 同步发电机的 V 形曲线

从图 3-35 可见，当发电机工作在功率因数为 1 时，发电机励磁电流为额定值，此时定子电流为最小；当发电机励磁电流大于额定励磁电流（过励）时，发电机的功率因数是滞后的，发电机向电网输出滞后的无功功率，改善电网的功率因数；而当发电机励磁电流小于额定励磁电流（欠励）时，发电机的功率因数是超前的，发电机从电网吸收滞后的无功功率，使电网的功率因数更低。另外，这时的发电机还存在一个不稳定区（对应功率角大于 90°），因此同步发电机一般工作在过励状态下，以补偿电网的无功功率和确保机组稳定运行。

3.3.5 电励磁同步风力发电系统

采用电励磁同步发电机，可以构成定速风电机组，也可以构成变速风电机组。

1. 定速同步风力发电系统

图 3-36 所示为同步发电机与电网直接连接构成的定速同步风力发电系统。同步发电机和电网之间为刚性连接，发电机输出频率完全取决于转速，并网之前，发电机必须经过严格的整步和（准）同步，并网后也必须保持转速恒定。因此，其对控制器的要求高，控制器结构复杂。

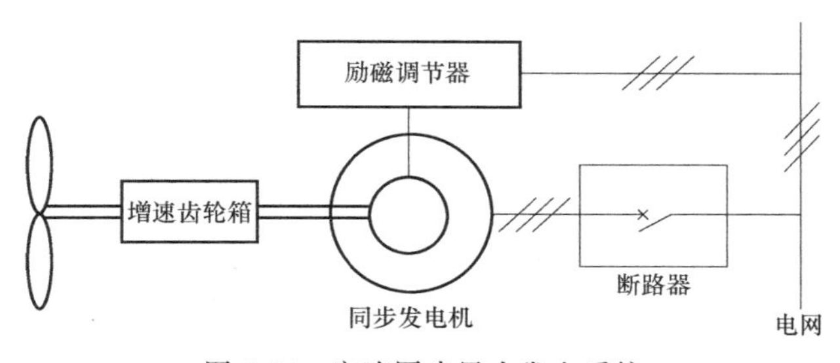

图 3-36 定速同步风力发电系统

2. 变速同步风力发电系统

在变速恒频风力发电系统中，同步发电机的定子绕组通过变流器与电网相连，如图 3-37 所示。当风速变化时，为实现最大风能捕获，风力机和发电机的转速随之变化，发电机发出的是变频交流电，通过变流器转换后获得恒频交流电输出，再与电网并联。由于同步发电机与电网之间通过变流器相连，发电机的频率和电网的频率彼此独立，并网时一般不会发生因频率偏差而产生较大的电流冲击和转矩冲击，并网过程比较平稳。

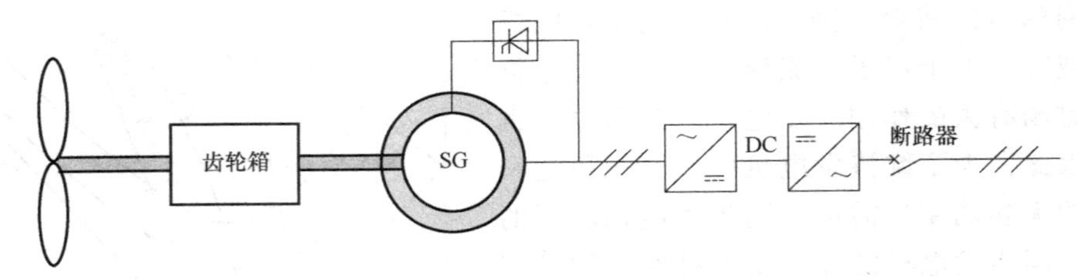

图 3-37　变速恒频同步发电风力发电系统

与笼型异步发电机相同，同步发电机的变流器也接在定子绕组中，所需容量较大，电力电子装置价格较高、控制较复杂，同时非正弦逆变器在运行时产生的高频谐波电流流入电网，将会影响电网的电能质量。但其控制比笼型异步发电机简单，除利用变流器中的电流控制发电机电磁转矩外，还可通过转子励磁电流的控制来实现转矩、有功功率和无功功率的控制。

3.4　双馈发电机

3.4.1　基本结构及特点

由双馈发电机（Doubly Fed Induction Generator，DFIG）组成的风力发电系统如图 3-38 所示，定子侧直接接入三相工频电网，转子侧通过变频器接入电网。因为发电机定子与转子两侧都可以向电网馈送能量，所以称为双馈发电机。其结构类似绕线转子异步发电机，具有三相感应绕组，带有集电环和电刷。但是与绕线转子异步发电机和同步发电机不同的是，双馈发电机转子采用交流励磁，通过控制转子电流的频率、幅值、相位和相序，实现变速恒频控制。如果励磁电流的幅值为零，即等同于感应发电机；如果励磁电流的频率为零，即等同于同步发电机。双馈发电机的内部电磁关系既不同于感应发电机，又不同于同步发电机，但它却同时具有异步发电机和同步发电机的某些特性。

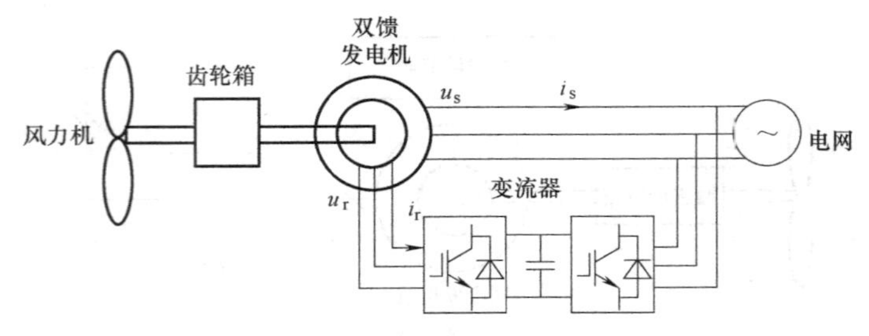

图 3-38　双馈式风力发电系统

1. 双馈发电机的特点

1）双馈发电机在结构上采用绕线转子，转子绕组电流由集电环导入，定子、转子均为三相对称绕组，这种带集电环的双馈发电机被称为有电刷双馈异步发电机。

2）双馈发电机仍然是异步发电机，除了转子绕组与普通异步发电机的笼型结构不同外，其他部分的结构完全相同。

3）双馈发电机定子通过断路器与电网连接，绕线转子通过四象限变流器与电网相连，变流器对转子交流励磁进行调节，保证定子侧同电网恒频恒压输出。

4）通过在双馈发电机与电网间加入变流器，发电机转速就可以与电网频率解耦，并允许风力机速度有变化，也能控制发电机气隙转矩。

5）双馈发电机全部采用变桨距控制，变桨距控制使双馈异步发电机有更宽的调速范围。

2. 双馈发电机的调节

双馈发电机励磁可调量有三个：一是通过调节励磁电流的幅值来调节无功功率；二是通过改变励磁电流的相位调节有功功率；三是通过改变励磁电流的频率调节转速。这样在负载突然变化时，迅速改变发电机的转速，充分利用转子的动能，释放和吸收负载，对电网的扰动远比常规发电机小。

双馈发电机控制系统通过变频器控制器对逆变电路小功率器件进行控制，改变双馈发电机转子励磁电流的频率、幅值及相位角，达到调节其转速、无功功率和有功功率的目的。既提高了机组的效率，又对电网起到稳频、稳压的作用。图 3-39 所示为双馈发电机控制系统简图。

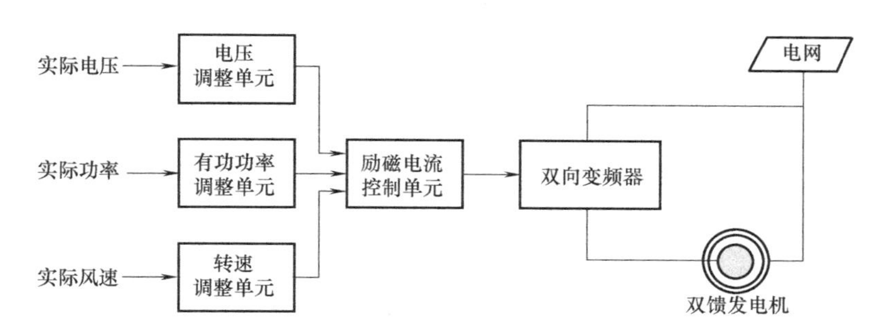

图 3-39　双馈发电机控制系统简图

整个控制系统可分为电压调整单元（无功功率调整）、有功功率调整单元和转速调整单元。它们分别接收无功功率指令、有功功率指令和风速、转速指令。并产生一个综合信号，送给励磁控制装置，改变励磁电流的幅值、频率与相位，以满足系统的要求。由于双馈发电机既可调节有功功率，又可调节无功功率，有风时机组并网发电，无风时也可作抑制电网频率和电压波动的补偿装置。

双馈发电机应用于风力发电中，可以解决风力机转速不可调、机组效率低等问题。同时，由于双馈发电机对无功功率、有功功率均可调，对电网可起到稳压、稳频的作用，提高了发电质量。与同步发电机交-直-交系统相比，它还具有变频装置容量小（一般为发电机额定容量的 10%～20%）、重量轻的优点。但这种结构也还存在一些问题，如控制电路复杂一些，不同的控制方法效果有一定差异。另外，该结构比其他结构更容易受到电网故障的影响。

3.4.2 工作原理

1. 双馈发电机转速与频率的关系

同步发电机在稳态运行时，其输出电压的频率 f 与发电机的极对数 p 及发电机转子的转速 n 有严格固定的关系，即

$$f=pn/60 \tag{3-12}$$

可见，当发电机转速变化时，同步发电机输出电能的频率也会发生变化，即当风速发生变化时，同步发电机不能保证输出恒定频率的电能。

绕线转子异步发电机的转子上嵌装有三相对称绕组，在该三相对称绕组中通入三相对称交流电流，则将在电机气隙内产生旋转磁场，此旋转磁场的转速与所通入的交流电流的频率及电机的极对数有关，即

$$n_2=60f_2/p \tag{3-13}$$

式中 n_2——转子通入频率为 f_2 的电流所产生的旋转磁场相对于转子的旋转速度（r/min）；

f_2——转子电流频率（Hz）。

由式（3-13）可知，改变频率 f_2 即可改变 n_2。

双馈发电机在一般状态下是异步运行的。异步发电机稳定运行时定、转子电流产生的旋转磁场始终是相对静止的并且是稳定的，即

$$n_1=n\pm n_2=\text{常数} \tag{3-14}$$

式中 n_1——定子电流产生的旋转磁场的转速（r/min）；

n——双馈发电机转子转速（r/min）。

双馈发电机定子绕组直接接入电网，因此定子电流产生的旋转磁场的转速为同步转速，是恒定的。双馈发电机转子由风力机带动旋转，当风速发生变化时，双馈发电机转子的转速是随着风力机转速的变化而变化的。

变速恒频风力发电机转子的转速和定、转子电流的频率关系可表示为

$$f_1=\frac{p}{60}n\pm f_2 \tag{3-15}$$

式中 f_1——定子电流的频率，$f_1=50\text{Hz}$；

p——发电机的极对数；

n——双馈发电机转子转速（r/min）；

f_2——转子电流的频率（Hz），因 $f_2=sf_1$，故 f_2 又称为转差频率。

由式（3-10）可见，当发电机的转速 n 变化时，可通过调节 f_2 来维持 f_1 不变，保证双馈发电机定子绕组中感应电动势的频率始终维持 f_1 不变，实现变速恒频控制。

2. 双馈发电机的运行状态

根据转子转速的不同，双馈异步发电机可以有三种运行状态。

（1）亚同步运行状态

此时 $n<n_1$，转差率 $s>0$，频率为 f_2 的转子电流产生的旋转磁场转速 n_2 与转子的转速方向相同，因此有 $n_1=n+n_2$。

（2）超同步运行状态

此时 $n>n_1$，转差率 $s<0$，转子中的电流相序发生了改变，频率为 f_2 的转子电流产生的旋转磁场的旋转方向与转子的旋转方向相反，因此有 $n_1=n-n_2$。为了实现 n_2 转向反向，在由亚同步运行转向超同步运行时，双馈风力发电系统必须能自动改变其相序，反之亦然。

（3）同步运行状态

此时 $n=n_1$，$f_2=0$，这表明此时通入转子绕组的电流频率为 0，即直流电流，因此与普通同步发电机一样。

3. 双馈发电机功率流向

双馈发电机在亚同步运行时的转速和功率如图 3-40 所示，图中，P_{em} 为发电机的电磁功率，不计定子绕组损耗时等于从定子输出到电网的电功率，s 为发电机的转差率，P_{mec} 为输入的机械功率。

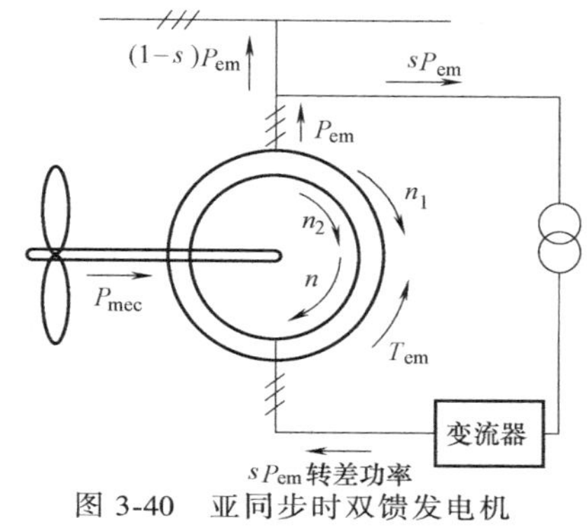

图 3-40　亚同步时双馈发电机的转速和功率

风速较低时，发电机运行在亚同步状态（$n<n_1$），$s>0$，电磁转矩 T_{em} 与 n 方向相反，为制动转矩，需要从电网向发电机转子绕组馈入电功率。风力发电机经转子传递给定子的功率为 P_{em}（忽略电机损耗），转子从电网吸收的电功率为 $|s|P_{em}$，所以发电机传给电网的总功率只有 $P_{em}-sP_{em}=(1-s)P_{em}$。双馈发电机在亚同步运行时的功率流向如图 3-41 所示，此时也称作补偿发电状态。

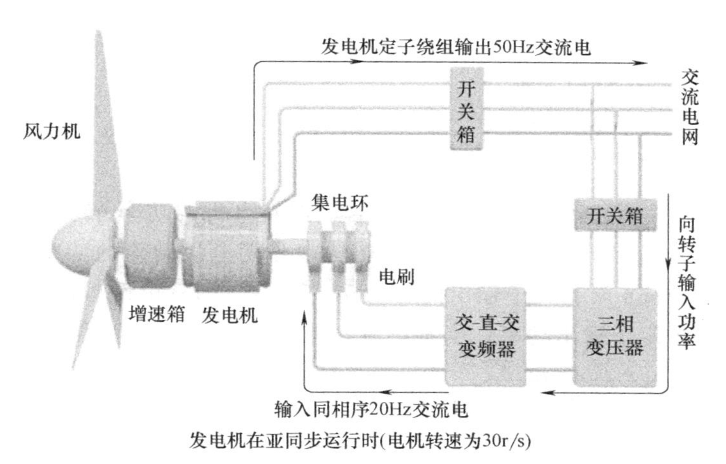

图 3-41　亚同步时双馈发电机的功率流向

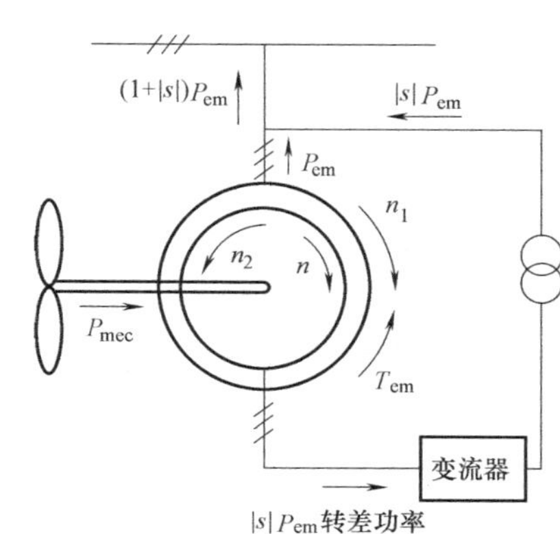

图 3-42　超同步时双馈发电机的转速和功率

风速较高时，发电机运行在超同步状态（$n>n_1$），$s<0$，电磁转矩 T_{em} 与 n 方向相反，为制动转矩，如图 3-42 所示。转子绕组向外（电网）供电。风力发电机经转子传递给定子的功率为 P_{em}（忽略电机损耗），转子输出到电网的电功率为 $|s|P_{em}$，所以发电机传给电网的总功率为 $P_{em}+|s|P_{em}=(1+|s|)P_{em}$，大于 P_{em}，这是双馈风力发电机的一个重要特征。双馈发电机在超同步运行时的功率流向如图 3-43 所示，此时也称作超同步发电状态。

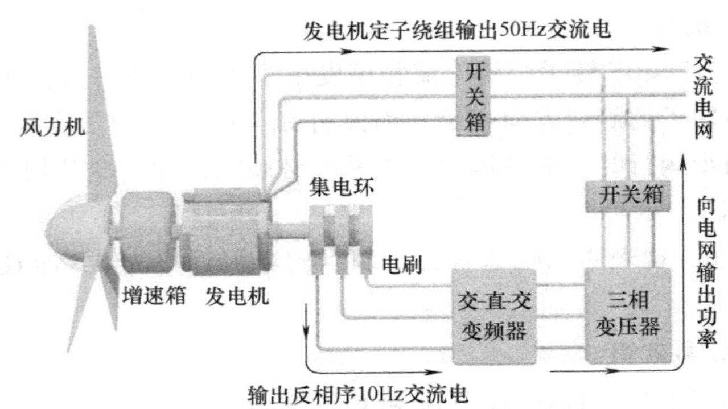

图 3-43　超同步时双馈发电机功率流向

发电机同步运行时，$n=n_1$，$s=0$，转子中的电流为直流，与同步发电机相同，如图 3-44 所示。

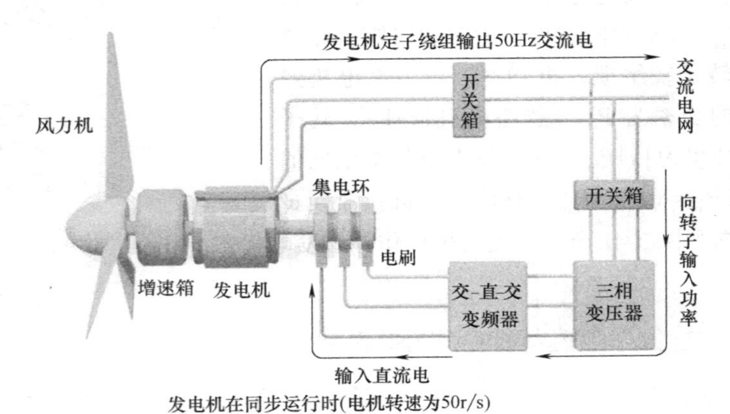

图 3-44　同步运行时双馈发电机功率流向

图 3-45 所示为额定功率为 1.5MW、额定转速为 1000r/min 的双馈发电机的功率-转速曲线，图中的三条曲线分别为不同转速时，转子、定子输出的有功功率和发电机输出的功率。从图中可见，当发电机转速低于 1000r/min 时，转子输出的有功功率为负，即从电网吸收有功功率，发电机送到电网上的功率小于定子输出功率。当发电机转速为同步转速时，转子功

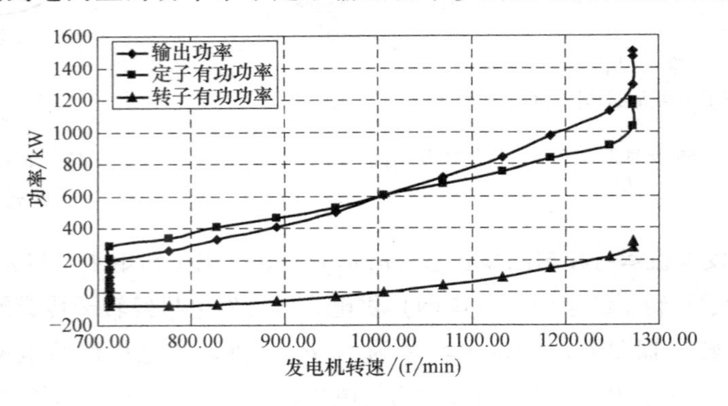

图 3-45　1.5MW 双馈发电机功率-转速曲线

率为零，即转子既不输出功率也不吸收功率，发电机送到电网上的功率为定子输出的功率。当发电机转速高于同步转速时，转子输出正的有功功率，即向电网提供有功功率，发电机送到电网上的功率大于定子输出功率。

3.4.3 基本方程式、等效电路

1. 基本方程式、等效电路和相量图

双馈发电机结构与绕线转子感应电动机相似，定、转子均为三相对称绕组，磁路、电路对称，均匀气隙分布。下面从等效电路的角度分析双馈发电机的特性。首先做如下假定：

1）只考虑定、转子的基波分量，忽略谐波分量和定、转子空间磁动势谐波分量。

2）忽略电机铁心磁滞、涡流损耗及磁路饱和的影响。

3）变频电源可为转子提供能满足幅值、频率、功率因数要求的电源，不计其阻抗和损耗。

4）设三相绕组对称，在空间互差120°电角度，所产生的气隙磁动势沿气隙圆周按正弦规律变化。

5）不考虑频率变化与温度变化对绕组电阻的影响。

当原动机拖动电机转子以速度 n 旋转，而转子绕组中施以转差频率为 sf_1 的三相对称电源时，转子电流产生的基波旋转磁动势 F_2 相对于转子以转差速度 sn_1 旋转，相对于定子以同步速度旋转，该磁动势与定子三相电流产生的定子基波磁动势 F_1 相对静止，在气隙中形成合成磁动势 F_m，根据电磁感应定律，该合成磁动势 F_m 在气隙中产生的合成磁场将在定、转子绕组中分别感应电动势 $\dot{E}_1$ 和 $\dot{E}_2$，频率和转速满足

$$\begin{cases} n_1 = n+n_2 = n+sn_1 \\ f_1 = f+f_2 \end{cases} \tag{3-16}$$

在等效电路中，发电机定子侧按发电机惯例，定子电流以流出为正方向；转子侧按电动机惯例，转子电流以注入为正方向。电磁转矩与转向相反为正，转差率 s 按转子转速小于同步转速为正，参照异步电机的分析方法，可得双馈发电机的等效电路，如图3-46所示。

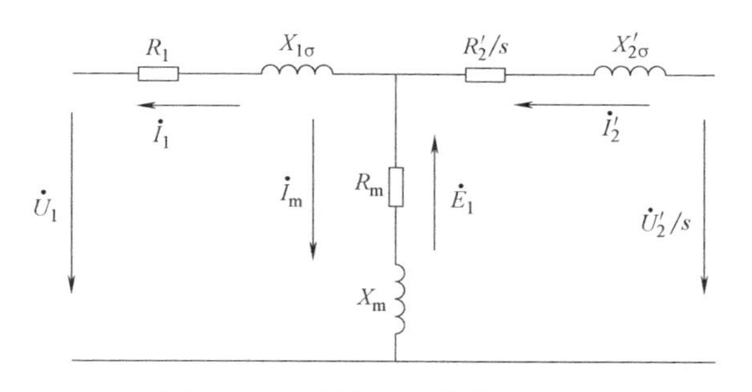

图3-46 双馈发电机的等效电路

转子侧各物理量折算包括把转子频率折算为定子频率，把转子绕组折算为定子绕组。于是有

$$\dot{E}_2' = k_e \dot{E}_2 = k_e \frac{\dot{E}_{2s}}{s}$$

式中 $\dot{E}_2'$——折算后的转子电动势；

$\dot{E}_2$——折算为定子频率的转子电动势；

$\dot{E}_{2s}$——折算前的转子电动势；

k_e——折算系数，$k_e=\dfrac{N_1k_{N1}}{N_2k_{N2}}$。

$$X_{2\sigma}'=k_ek_iX_{2\sigma}=k_ek_i\frac{X_{2\sigma s}}{s}$$

式中 $X_{2\sigma}'$——折算后的转子漏抗；

$X_{2\sigma}$——折算为定子频率的转子漏抗；

$X_{2\sigma s}$——折算前的转子漏抗；

k_i——折算系数，有

$$k_i=\frac{m_1N_1k_{N1}}{m_2N_2k_{N2}}$$

其中

N_1、N_2——发电机定子、转子每相串联匝数；

m_1、m_2——发电机定子、转子相数；

k_{N1}、k_{N2}——发电机定子、转子绕组系数。

根据等效电路图，可得双馈发电机的基本方程式为

$$\begin{cases}\dot{U}_1=\dot{E}_1-\dot{I}_1(R_1+jX_{1\sigma})\\ \dfrac{\dot{U}_2'}{s}=\dot{E}_1+\dot{I}_2'\left(\dfrac{R_2'}{s}+jX_{2\sigma}'\right)\\ \dot{E}_1=\dot{I}_m(R_m+jX_m)\\ \dot{I}_m=\dot{I}_2'-\dot{I}_1\\ \dot{E}_1=\dot{E}_2'\end{cases} \tag{3-17}$$

式中 R_1、$X_{1\sigma}$——定子侧的电阻和漏抗；

R_2'、$X_{2\sigma}'$——转子侧的电阻和漏抗；

X_m——励磁回路电抗；

$\dot{U}_1$、$\dot{E}_1$、$\dot{I}_1$——定子侧电压、感应电动势和电流；

$\dot{E}_2'$、$\dot{I}_2'$——转子侧感应电动势和转子电流；

$\dot{U}_2'$——转子励磁电压。

以上五个基本方程式是彼此独立的。如果 $\dot{U}_1$、$\dot{U}_2'$ 以及所有参数（各种电阻、电抗）和转差率 s 都已知，便可从这五个方程式解出五个未知数，即 $\dot{I}_1$、$\dot{I}_2$、$\dot{I}_m$、$\dot{E}_1$、$\dot{E}_2$。

双馈发电机相量图如图 3-47 所示。

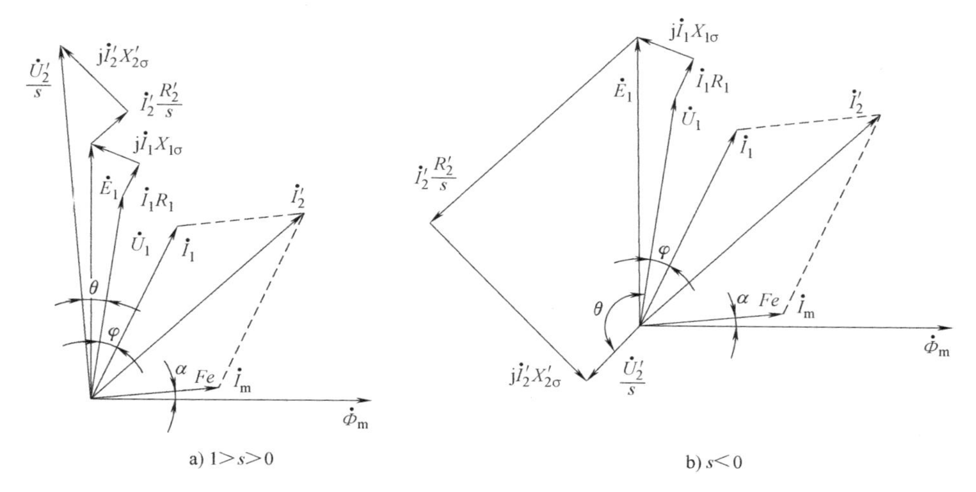

图 3-47　双馈发电机相量图

2. 定、转子电流计算

由于 $R_m \ll X_m$，忽略 R_m，当磁路不饱和时，可以认为等效电路（见图 3-46）由两个电路叠加而成，是 $\dot{U}_1$ 和 $\dot{U}_2'$分别作用的结果，如图 3-48 所示。

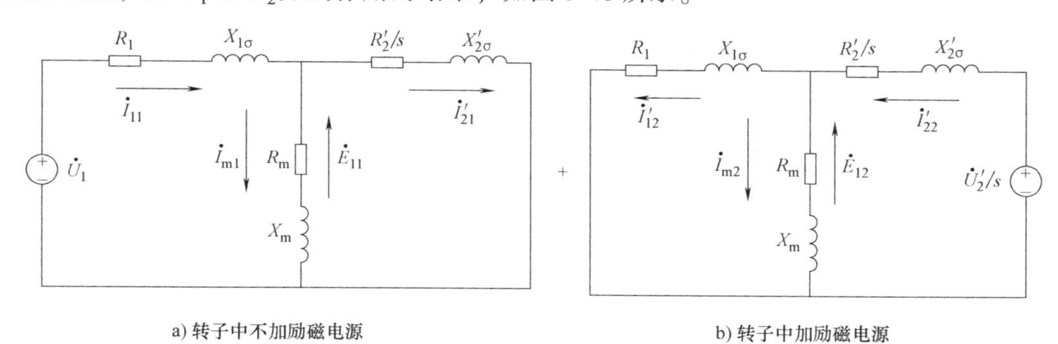

图 3-48　等效叠加电路图

采用等效叠加电路分析时，转子中不加励磁时的相量图和转子中加入励磁电源时的相量图如图 3-49 和图 3-50 所示。

图 3-49 相当于传统的感应电机，当运行的转差率 s 和转子参数确定后，定、转子各相量相互之间的相位就确定了，无法进行调整。即当转子的转速超过同步转速之后，电机运行于发电状态，此时虽然发电机向电网输送有功功率，但是同时电机仍然要从电网中吸收滞后的无功进行励磁，φ_1 角滞后且不能调节。

图 3-50 引入了转子励磁电源之后，定子电压和电流的相位发生了变化，因此使得电机的功率因数可以调整，这样就大大改善了发电机的运行特性，φ_1 角明显减小。因此，双馈发电机采用交流励磁对电力系统的安全运行有重要意义。

以定子电压 $\dot{U}_1$ 为参考相量，$\dot{U}_2'/s$ 与 $\dot{U}_1$ 相差为 θ 电角度，由等效叠加电路可求得双馈发电机定子电流为

$$\dot{I}_1 = \dot{I}_{12} - \dot{I}_{11} \tag{3-18}$$

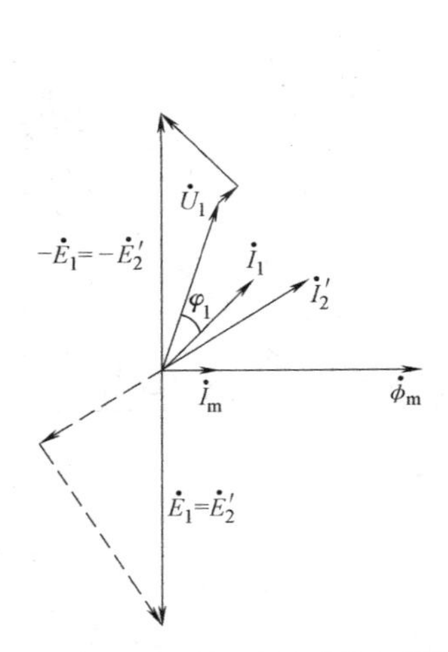

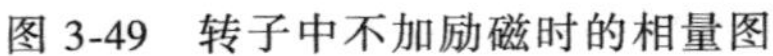
图 3-49 转子中不加励磁时的相量图

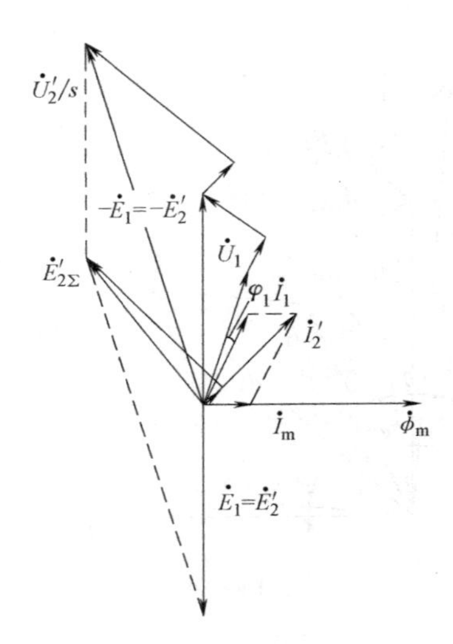

图 3-50 转子中加入励磁电源后的相量图

转子电流为

$$\dot{I}'_2=\dot{I}'_{22}-\dot{I}'_{21} \tag{3-19}$$

其中

$$\dot{I}_{11}=\frac{\dot{U}_1}{R_1+\mathrm{j}X_{1\sigma}+\dfrac{\mathrm{j}X_m(R'_2/s+\mathrm{j}X'_{2\sigma})}{R'_2/s+\mathrm{j}(X_m+X'_{2\sigma})}}$$

$$\dot{I}'_{21}=\frac{\mathrm{j}X_m}{R'_2/s+\mathrm{j}(X_m+X'_{2\sigma})}\dot{I}_{11}$$

$$\dot{I}'_{22}=\frac{\dot{U}'_2/s}{R'_2/s+\mathrm{j}X'_{2\sigma}+\dfrac{\mathrm{j}X_m(R_1+\mathrm{j}X_{1\sigma})}{R_1+\mathrm{j}(X_{1\sigma}+X_m)}}$$

$$\dot{I}_{12}=\frac{\mathrm{j}X_m}{R_1+\mathrm{j}(X_{1\sigma}+X_m)}\dot{I}'_{22}$$

同时有 $\dot{I}_m=\dot{I}_{m1}+\dot{I}_{m2}\quad \dot{E}_1=\dot{E}_{11}+\dot{E}_{12}$

经计算，可得定子电流为

$$\dot{I}_1=-\frac{1}{C}\left\{A\left(U_1\frac{R'_2}{s}+U'_2\sin\theta\frac{X_m}{s}\right)+B\left[U_1(X'_{2\sigma}+X_m)-U'_2\frac{X_m}{s}\cos\theta\right]\right\}-$$

$$\mathrm{j}\frac{1}{C}\left\{A\left[U_1(X'_{2\sigma}+X_m)-U'_2\frac{X_m}{s}\cos\theta\right]-B\left[U_1\frac{R'_2}{s}+U'_2\frac{X_m}{s}\sin\theta\right]\right\} \tag{3-20}$$

转子电流折算值为

$$\dot{I}'_2=\frac{1}{C}\left\{A\frac{U'_2}{s}[R_1\cos\theta-(X_{1\sigma}+X_m)\sin\theta]+B\left[\frac{U'_2}{s}((X_{1\sigma}+X_m)\cos\theta+R_1\sin\theta)-U_1X_m\right]\right\}+$$

$$\mathrm{j}\frac{1}{C}\left\{A\left[\frac{U_2'}{s}((X_{1\sigma}+X_{\mathrm{m}})\cos\theta+R_1\sin\theta)-U_1X_{\mathrm{m}}\right]-B\left[\frac{U_2'}{s}(R_1\cos\theta-(X_{1\sigma}+X_{\mathrm{m}})\sin\theta)\right]\right\}$$
(3-21)

式中

$$A=\frac{R_1R_2'}{s}-(X_{1\sigma}X_{2\sigma}'+X_{1\sigma}X_{\mathrm{m}}+X_{2\sigma}'X_{\mathrm{m}})$$

$$B=\frac{R_2'}{s}(X_{1\sigma}+X_{\mathrm{m}})+R_1(X_{2\sigma}'+X_{\mathrm{m}})$$

$$C=A^2+B^2$$

定子、转子电流均由两部分组成：一部分为图 3-48a 定子侧加电压 $\dot{U}_1$ 时，转子侧短路时的定子、转子电流，此电流相当于普通感应电机内的电流；第二部分为图 3-48b 转子侧加电压 $\dot{U}_2'$ 时，定子侧短路时的定子、转子电流。所以，转子电流可看成由两个分量组成：一个分量是传统感应电机由定子电压决定的电流分量 $\dot{I}_{21}'$；另一个是由转子外加励磁电压所产生的电流分量 $\dot{I}_{22}'$。定子电流 $\dot{I}_1=\dot{I}_2-\dot{I}_{\mathrm{m}}=\dot{I}_{22}'-\dot{I}_{21}'-\dot{I}_{\mathrm{m}}$，其中 $\dot{I}_{21}'$ 分量只取决于定子电压 $\dot{U}_1$、转差率 s 和电机参数，为不可控分量，而 $\dot{I}_{22}'$ 则由转子励磁电压的大小以及与 $\dot{U}_1$ 的相位差来决定，为可控分量。双馈发电机的有功功率、无功功率调节，实际上就是通过改变转子励磁电压的大小和相位，来改变 $\dot{I}_{22}'$ 的大小及相位，从而改变定子电流的大小及相位，实现有功功率、无功功率的控制。

3. 能量流动平衡关系

双馈发电机定子有功功率为

$$P_1=m\mathrm{Re}[\dot{U}_1\dot{I}_1^*] \tag{3-22}$$

无功功率为

$$Q_1=m\mathrm{Im}[\dot{U}_1\dot{I}_1^*]$$

式中 $\dot{I}_1^*$——$\dot{I}_1$ 的共轭相量；

m——相数。

将式（3-20）代入式（3-22）得

$$P_1=-m\frac{U_1^2}{C}\left[\frac{R_1R_2'^2}{s^2}+\frac{X_{\mathrm{m}}^2R_2'}{s}+R_1(X_{2\sigma}'+X_{\mathrm{m}})^2\right]-m\frac{U_1U_2'}{Cs}X_{\mathrm{m}}(A\sin\theta-B\cos\theta) \tag{3-23}$$

双馈发电机的有功功率由两部分组成：一部分为定子电压所产生的异步功率，它只与定子电压大小、电机参数及转差率 s 有关，$s>0$ 时，这部分功率为电动功率，$s<0$ 时为发电功率，当励磁频率一定时，这部分功率为不可控部分；另一部分由定子、转子电压大小以及它们的相位决定，这部分功率实际上就是同步功率。在 s 一定时，双馈发电机定子有功功率随转子电压大小及相位变化而变化。通过控制转子电压大小及相位，可使双馈发电机在任何转差率 s 下工作于发电状态或电动状态。

同理，可解得定子无功功率为

$$Q_1=-m\frac{U_1^2}{C}\left[(X'_{2\sigma}+X_m)(X_{1\sigma}X'_{2\sigma}+X_{1\sigma}X_m+X_mX'_{2\sigma})+\frac{R_2'^2}{s^2}(X_{1\sigma}+X_m)\right]-$$
$$m\frac{U_1U'_2}{Cs}X_m(B\sin\theta+A\cos\theta) \tag{3-24}$$

式（3-24）说明无功功率也由两部分组成：一部分仅由定子电压大小、电机参数和转差率决定，它总是从电网吸收滞后无功，为不可控部分；另一部分取决于定子、转子电压大小以及其相位差，它是无功功率的可控部分。交流励磁发电机定子无功功率一定时，随转子电压大小及相位变化，通过控制转子励磁电压大小及相位，可改变交流励磁发电机无功功率的大小和性质。

从等效电路（见图 3-46）出发，定量研究转子侧功率平衡关系。按异步电机分析方法，R'_2/s 可分解为 $R'_2+\frac{(1-s)R'_2}{s}$，$\frac{\dot{U}'_2}{s}$ 可分解为 $U'_2+\frac{(1-s)\dot{U}'_2}{s}$，等效电路如图 3-51 所示。

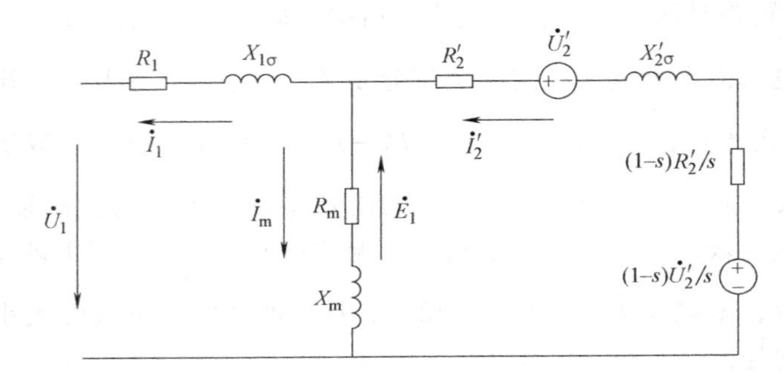

图 3-51　拆分后等效电路图

转子输出的电磁功率可表示为

$$P_{em}=-R'_2I_2'^2-\frac{(1-s)}{s}R'_2I_2'^2+\mathrm{Re}[\dot{U}'_2\dot{I}_2'^*]+\mathrm{Re}\left[\frac{(1-s)}{s}\dot{U}'_2R'_2\dot{I}_2'^*\right] \tag{3-25}$$

其中，转子绕组铜耗 $P_{Cu2}=-R'_2I_2'^2$，励磁系统输入转子电功率 $\mathrm{Re}[\dot{U}'_2\dot{I}_2'^*]$，轴上机械功率$-\frac{(1-s)}{s}R'_2I_2'^2$，当 $0<s<1$ 时，此项为负，表示消耗电磁功率并转换机械功率从轴上输出；当 $s<0$ 时，此项为正，轴上的机械功率转换为电磁功率。$\mathrm{Re}\left[\frac{(1-s)}{s}\dot{U}'_2\dot{I}_2'^*\right]$也与轴上机械功率有关，此项为正，表示电机将轴的机械功率转换为电磁功率，此项为负则相反。因此，$-\frac{(1-s)}{s}R'_2I_2'^2+\mathrm{Re}\left[\frac{(1-s)}{s}\dot{U}'_2\dot{I}_2'^*\right]$对应轴上总的机械功率，此项为正，表示轴的机械功率转换为电磁功率，此项为负，电磁功率转换为轴的机械功率输出。由此可见，与感应电机不同，感应电机仅由$-\frac{(1-s)}{s}R'_2I_2'^2$ 正负决定其运行于电动状态还是发电状态，而双馈电机可以通过控制 $\mathrm{Re}\left[\frac{(1-s)}{s}\dot{U}'_2\dot{I}_2'^*\right]$，使 s 为任何值时都可运行于电动或发电状态。

假设广义铜耗为

$$P'_{Cu2}=-R'_2I_2'^2+\mathrm{Re}\left[U'_2I_2'^*\right] \tag{3-26}$$

则有

$$P_{em}=-\frac{1}{s}R'_2I_2'^2+\mathrm{Re}\left[\frac{1}{s}\dot{U}'_2\dot{I}_2'^*\right] \tag{3-27}$$

所以有

$$\begin{cases}P'_{Cu2}=sP_{em}\\P_m=(1-s)P_{em}\end{cases} \tag{3-28}$$

交流励磁系统输入电机的功率为

$$P_2=\mathrm{Re}\left[\dot{U}'_2\dot{I}_2'^*\right]=sP_{em}+R'_2I_2'^2 \tag{3-29}$$

总之，在总的电磁功率中，当 $0<s<1$，亚同步运行时，$sP_{em}>0$，$P_m>0$，发出的电磁功率分别由定子原动机、转子励磁提供；当 $s<0$，超同步运行时，$sP_{em}<0$，$P_m>0$，这时，转子和定子都从原动机吸收能量。无论哪种情况下，转子励磁电源功率始终保持为 $|s|P_{em}$。

由以上分析可知，双馈电机在四象限运行过程中的能流关系如图 3-52 所示。

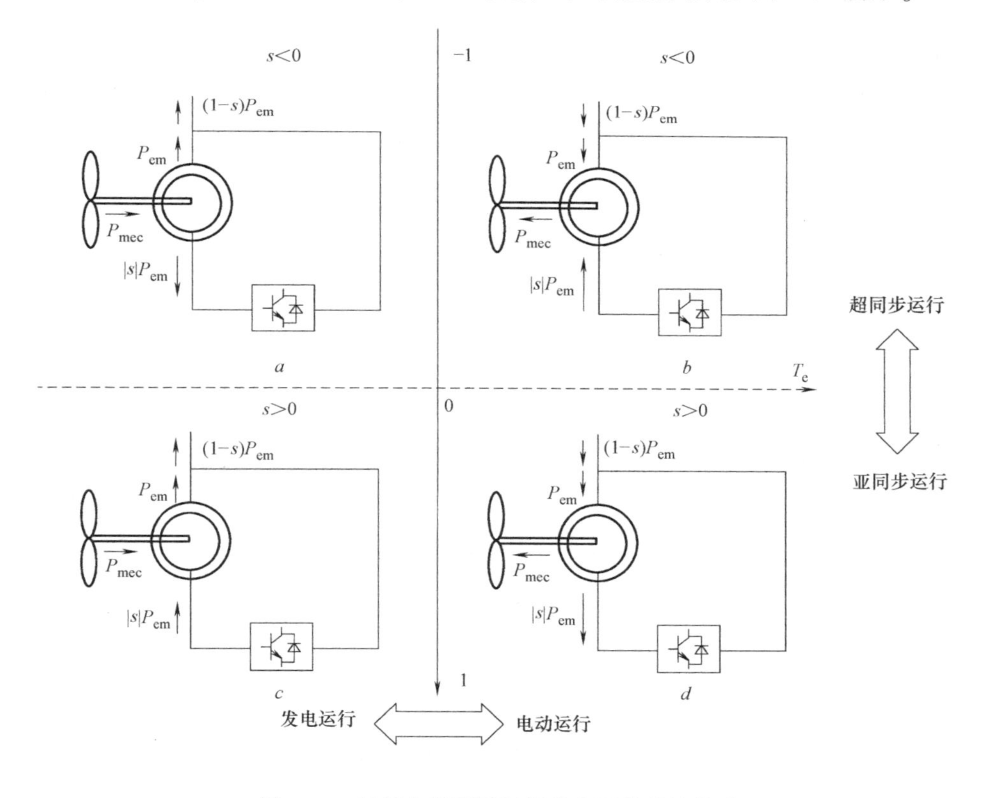

图 3-52 双馈电机不同运行状态下的能流关系

(1) 转子运行于亚同步转速的电动状态（$1>s>0$）

该种电动运行状态下，电磁转矩为拖动性转矩，机械功率 P_{mec} 由电机输出给机械负载，转差功率回馈给转子外接电源（见图 3-52 中 d 区）。

(2) 转子运行于亚同步转速的定子回馈制动状态（$1>s>0$）

电磁功率 P_{em} 由定子回馈给电网，机械功率 P_{mec} 由原动机输入电机，电磁转矩为制动性转矩（见图 3-52 中 c 区）。

（3）转子运行于超同步转速的电动状态（$s<0$）

电磁功率 P_{em} 由定子输给电机，机械功率 P_{mec} 由电机输给负载，转差功率由电网输给负载，电磁转矩为拖动性转矩（见图 3-52 中 b 区）。

（4）转子运行于超同步转速的定子回馈制动状态（$s<0$）

电磁功率 P_{em} 由定子回馈给电网，机械功率 P_{mec} 由原动机输入电机，转差功率回馈给电网，电磁转矩为制动性转矩（见图 3-52 中 a 区）。

双馈发电机由于采用交流励磁，因此在控制上更加灵活，可以通过改变励磁电流的频率来改变发电机的转速，以达到调速的目的，从而实现变速恒频运行；改变励磁电流的相位，使转子电流产生的转子磁场在气隙空间上有一个位移，改变了发电机电动势相量和电网电压相量的相对位置，调节了发电机的功率角。因此，通过调节励磁电流，不仅可以调节发电机的无功功率，也可以调节发电机的有功功率。

3.4.4 双馈式风力发电系统

图 3-53 所示为由双馈异步发电机组成的变速恒频双馈风力发电系统，定子直接连接在电网上，转子绕组经过变流器与电网连接，这种连接方式称为柔性连接。通过控制转子电流的频率、幅值、相位和相序，实现变速恒频控制。

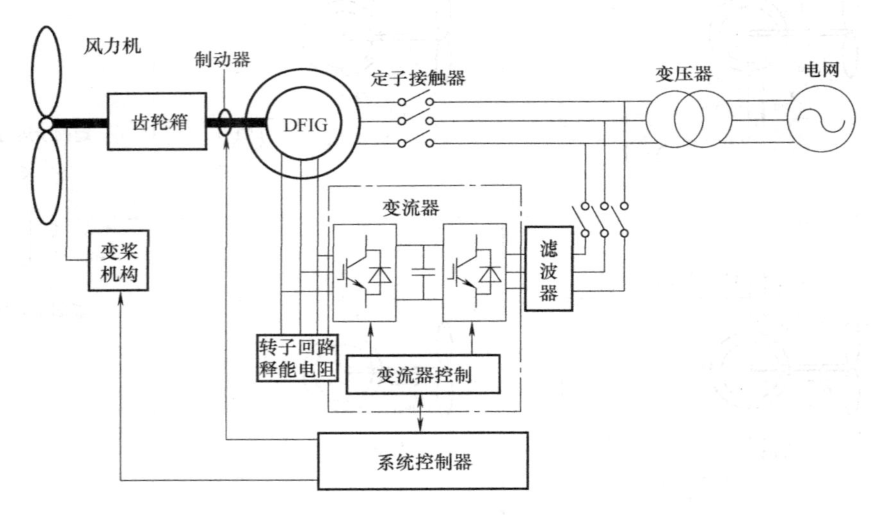

图 3-53 双馈风力发电系统图

交流励磁变速恒频双馈风力发电机组的优点是：允许发电机在同步转速上下 30% 转速范围内运行，简化了调整装置，减少了调速时的机械应力，同时，使机组控制更加灵活、方便，提高了机组运行效率；需要变频控制的功率仅是发电机额定容量的一部分，使变频装置体积减小、成本降低、投资减少；并且可以实现有功功率、无功功率的独立调节，功率因数可调，不仅不需要电网提供滞后无功功率，而且可根据需要向电网输出滞后或超前的无功功率，对电网具有无功补偿和电压稳定作用。

交流励磁变速恒频双馈风力发电机组的缺点是：双馈风电机组必须使用齿轮箱，然而随着发电机组功率的升高，齿轮箱体积也有所增加，且容易出现故障，需要经常维护，同时齿轮箱也是风力发电系统产生噪声污染的一个主要因素；当轻载运行时，效率低；发电机转子绕组带有集电环、电刷，增加维护和故障率；控制系统结构复杂。

3.4.5 双馈发电机的功率控制

1. 最大风能追踪的发电机控制策略

最大风能追踪的基本思想就是通过控制双馈感应发电机输出的有功功率，即控制双馈感应发电机的电磁阻转矩来实现最佳转速控制。在实际发电运行中，除了要控制双馈发电机输出的有功功率以外，还需控制输出的无功功率，综合称之为双馈感应发电机的功率控制。双馈发电机功率控制的优劣，直接影响最大风能追踪的效果以及电网或发电机运行的经济性和安全性。

变速恒频风电机组的一个主要特点是发电机转速跟随风速的变化而变化，要保证并网侧的恒频恒压输出，必须从发电机的结构型式、电磁关系入手，制定控制策略。

2. 矢量控制概念

由于双馈发电机电路存在着磁路上的耦合，双馈发电机在三相坐标下的数学模型是非线性、时变的高阶系统，为了实现励磁电流和转矩电流（即有功功率和无功功率）的解耦控制，双馈发电机一般都采用矢量控制技术。

矢量控制的基本原理是通过测量和控制异步电动机定子电流矢量，根据磁场定向原理分别对异步电动机的励磁电流和转矩电流进行控制，从而达到控制异步电动机转矩的目的。具体是将异步电动机的定子电流矢量分解为产生磁场的电流分量（励磁电流）和产生转矩的电流分量（转矩电流），并分别加以控制，同时控制两分量间的幅值和相位，即控制定子电流矢量，所以称这种控制方式为矢量控制。

矢量控制的基本方法是，利用坐标变换将三相系统转换为两相系统，再通过按转子磁场定向的同步旋转变换实现定子磁链分量与转矩电流分量的解耦，从而达到对交流发电机的磁链与电流分别控制的目的。

3. 坐标概念

由电机学可知，三相对称的静止绕组 A、B、C 通过三相平衡的正弦 i_A、i_B、i_C 时产生的合成磁动势 F，在空间呈正弦分布，并以同步转速顺着 A、B、C 的相序旋转。如图 3-54a 所示，然而产生旋转磁动势并不一定非要三相电流不可，三相、四相等任意多相对称绕组通以多相平衡电流，都能产生旋转磁动势。图 3-54b 所示为两相静止绕组 α、β，它们在空间上互差 90°，当它们流过时间相位上相差 90°的两相平衡的交流电流 i_α、i_β 时，也可以产生旋转磁动势。当图 3-54a 和图 3-54b 的两个旋转磁动势大小和转速都相等时，即认为图 3-54a 中的三相绕组和图 3-54b 中两相绕组等效。再看图 3-54c 中的两个匝数相等且相互垂直的绕组 d 和 q，其中分别通以直流电流 i_d 和 i_q，也能够产生合成磁动势 F，但其位置相对于绕组来说是固定的。如果让包含两个绕组在内的整个铁心以 ω 转速旋转，则磁动势 F 自然也随着旋转起来，称为旋转磁动势。于是这个旋转磁动势的大小和转速与图 3-54a 和图 3-54b 中的磁动势一样，那么这套旋转的直流绕组也就和前两套固定的交流绕组等效了。

习惯上将图 3-54 中的 A、B、C 三相坐标系统分别称为三相静止坐标系（A-B-C 坐标系）、两相静止坐标系（α-β 坐标系），两相旋转坐标系（d-q-O 坐标系）。要想以上三种坐标系具有等效关系，关键是要确定 i_A、i_B、i_C 和 i_α、i_β 之间的关系，以保证它们产生同样的旋转磁动势，因此需要引入坐标变换矩阵。

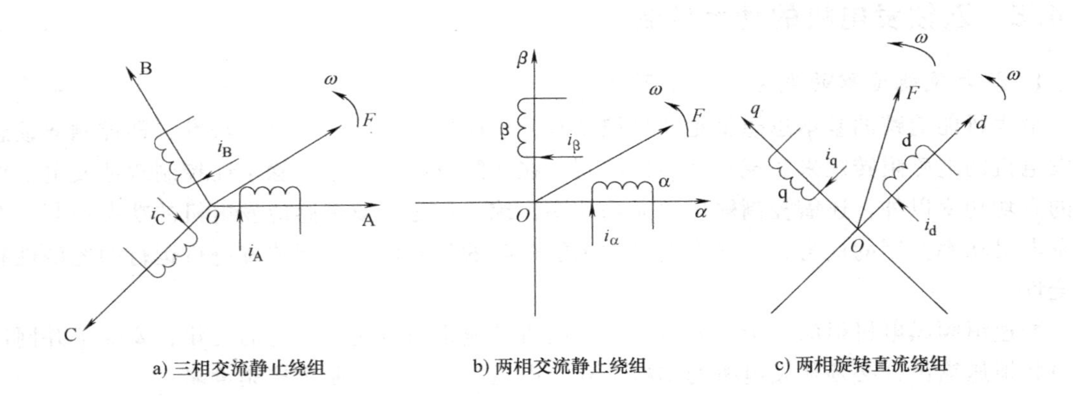

图 3-54 等效交直流绕组物理模型

4. 三相静止坐标系下电机模型

图 3-55 所示为双馈风力发电机的物理模型和结构示意图。图中，定子三相绕组轴线 A、B、C 在空间上是固定的，a、b、c 为转子轴线并且随转子旋转，θ_r 为转子 a 轴和定子 A 轴之间的电角度，它与转子的机械角位移 θ_m 的关系为 $\theta_r=p\theta_m$，其中 p 为极对数。各轴线正方向取为对应绕组磁链的正方向。定子电压、电流正方向按照发电机惯例标示，正值电流产生负值磁链；转子电压、电流正方向按照电动机惯例标示，正值电流产生正值磁链。

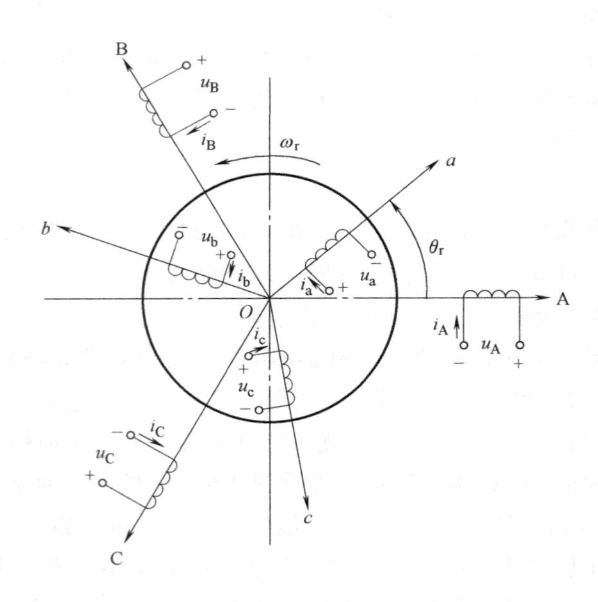

图 3-55 双馈风力发电机的物理模型和结构示意图

(1) 电压方程

交流励磁发电机定子绕组电压方程为

$$\begin{cases} u_A = -R_1 i_A + D\psi_A \\ u_B = -R_1 i_B + D\psi_B \\ u_C = -R_1 i_C + D\psi_C \end{cases} \tag{3-30}$$

转子电压方程为

$$\begin{cases} u_a = -R_2 i_a + D\psi_a \\ u_b = -R_2 i_b + D\psi_b \\ u_c = -R_2 i_c + D\psi_c \end{cases} \tag{3-31}$$

用矩阵表示为

$$\begin{pmatrix} u_A \\ u_B \\ u_C \\ u_a \\ u_b \\ u_c \end{pmatrix} = \begin{pmatrix} -R_1 & & & & & \\ & -R_1 & & & & \\ & & -R_1 & & & \\ & & & R_2 & & \\ & & & & R_2 & \\ & & & & & R_2 \end{pmatrix} \begin{pmatrix} i_A \\ i_B \\ i_C \\ i_a \\ i_b \\ i_c \end{pmatrix} + \begin{pmatrix} D\psi_A \\ D\psi_B \\ D\psi_C \\ D\psi_a \\ D\psi_b \\ D\psi_c \end{pmatrix} \tag{3-32}$$

或写成

$$\boldsymbol{u} = \boldsymbol{R}\boldsymbol{i} + D\boldsymbol{\Psi} \tag{3-33}$$

式中 u_A、u_B、u_C、u_a、u_b、u_c——定子和转子相电压的瞬时值；

i_A、i_B、i_C、i_a、i_b、i_c——定子和转子相电流的瞬时值；

ψ_A、ψ_B、ψ_C、ψ_a、ψ_b、ψ_c——各组绕组的全磁链；

R_1、R_2——定子和转子的绕组电阻；

D——微分算子$\frac{\mathrm{d}}{\mathrm{d}t}$。

（2）磁链方程

定、转子各绕组的合成磁链是由各绕组自感磁链与其他绕组的互感磁链组成的，按照上面的磁链正方向，磁链方程式为

$$\begin{pmatrix} \psi_A \\ \psi_B \\ \psi_C \\ \psi_a \\ \psi_b \\ \psi_c \end{pmatrix} = \begin{pmatrix} L_{m1}+L_{l1} & -\frac{1}{2}L_{m1} & -\frac{1}{2}L_{m1} & L_{m1}\cos\theta & L_{m1}\cos(\theta+120^\circ) & L_{m1}\cos(\theta-120^\circ) \\ -\frac{1}{2}L_{m1} & L_{m1}+L_{l1} & -\frac{1}{2}L_{m1} & L_{m1}\cos(\theta-120^\circ) & L_{m1}\cos\theta & L_{m1}\cos(\theta+120^\circ) \\ -\frac{1}{2}L_{m1} & -\frac{1}{2}L_{m1} & L_{m1}+L_{l1} & L_{m1}\cos(\theta+120^\circ) & L_{m1}\cos(\theta-120^\circ) & L_{m1}\cos\theta \\ L_{m1}\cos\theta & L_{m1}\cos(\theta-120^\circ) & L_{m1}\cos(\theta+120^\circ) & L_{m2}+L_{l2} & -\frac{1}{2}L_{m2} & -\frac{1}{2}L_{m2} \\ L_{m1}\cos(\theta+120^\circ) & L_{m1}\cos\theta & L_{m1}\cos(\theta-120^\circ) & -\frac{1}{2}L_{m2} & L_{m2}+L_{l2} & -\frac{1}{2}L_{m2} \\ L_{m1}\cos(\theta-120^\circ) & L_{m1}\cos(\theta+120^\circ) & L_{m1}\cos\theta & -\frac{1}{2}L_{m2} & -\frac{1}{2}L_{m2} & L_{m2}+L_{l2} \end{pmatrix} \begin{pmatrix} i_A \\ i_B \\ i_C \\ i_a \\ i_b \\ i_c \end{pmatrix} \tag{3-34}$$

或写成

$$\boldsymbol{\Psi}=\boldsymbol{L}\boldsymbol{i} \tag{3-35}$$

式中

$\boldsymbol{\Psi}=[\psi_A \quad \psi_B \quad \psi_C \quad \psi_a \quad \psi_b \quad \psi_c]^T$；

$\boldsymbol{i}=[i_A \quad i_B \quad i_C \quad i_a \quad i_b \quad i_c]^T$；

L_{l1}、L_{l2}——定子、转子绕组每相漏感；

L_{m1}——定子绕组每相主电感，表示与主磁通对应的定子一相绕组交链的最大互感磁通所对应的定子互感值；

L_{m2}——转子绕组每相主电感，表示与主磁通对应的转子一相绕组交链的最大互感磁通所对应的转子互感值。

(3) 转矩方程

电磁转矩表达式为

$$\begin{aligned}T_e=&-pL_{m1}[(i_Ai_a+i_Bi_b+i_Ci_c)\sin\theta+(i_Ai_b+i_Bi_c+i_Ci_a)\sin(\theta+120°)+\\&(i_Ai_c+i_Bi_a+i_Ci_b)\sin(\theta-120°)]\end{aligned} \tag{3-36}$$

(4) 运动方程

应用电机学惯例，规定旋转方向为转矩的正方向，电机的运动方程是

$$T_e+T_L=\frac{J}{p}\frac{d\omega}{dt}+\frac{D}{p}\omega \tag{3-37}$$

式中 T_L——负载阻转矩，发电状态代之以驱动转矩 T_m（N·m）；

T_e——电磁转矩（N·m）；

J——电机转子转动惯量（$kg\cdot m^2$）；

D——阻尼系数（N·m·s）；

p——电机极对数；

ω——转子电角速度（rad/s），$\omega=\frac{d\theta}{dt}$。

式（3-30）~式（3-37）是三相异步电机在三相静止坐标下的数学模型。由于它具有非线性、时变、强耦合的特点，分析和求解困难。为了简化分析和应用矢量变换控制，可以通过坐标变换的方法简化双馈电机的数学模型。

5. 两相同步旋转坐标系上的数学模型

将三相静止坐标系下电机模型转化为两相同步旋转坐标系上的数学模型的等效原则是：在不同的坐标系下产生的磁动势相同。可以有两种方法进行变换：一种是在功率不变的约束条件下进行；另一种是在绕组匝数不变的约束条件下进行。两种方法的变换矩阵不同，变换后基本方程的形式大致相同（参数数值大小不同），区别是电磁转矩表达式的系数不同，采用功率不变的约束条件时，电磁转矩表达式的系数是1，采用绕组匝数不变的约束条件时，电磁转矩表达式的系数是1.5。此处采用绕组匝数不变的约束条件。

依然按电机学惯例，如图3-56所示，进行基本坐标变换，建立两相同步旋转坐标系上的双轴数学模型。

(1) 电压方程

定子绕组电压方程为

$$\begin{cases}u_{d1}=R_1 i_{d1}+p\psi_{d1}-\omega_1\psi_{q1}\\u_{q1}=R_1 i_{q1}+p\psi_{q1}+\omega_1\psi_{d1}\end{cases}\tag{3-38}$$

转子绕组电压方程为

$$\begin{cases}u_{d2}=R_2 i_{d2}+p\psi_{d2}-\omega_s\psi_{q2}\\u_{q2}=R_2 i_{q2}+p\psi_{q2}+\omega_s\psi_{d2}\end{cases}\tag{3-39}$$

式中　u_{d1}、u_{q1}、u_{d2}、u_{q2}——定子和转子电压的 d、q 轴分量；

i_{d1}、i_{q1}、i_{d2}、i_{q2}——定子和转子电流的 d、q 轴分量；

ω_1——定子旋转磁场角速度；

ω_s——转差角速度，且有 $\omega_s=s\omega_1$。

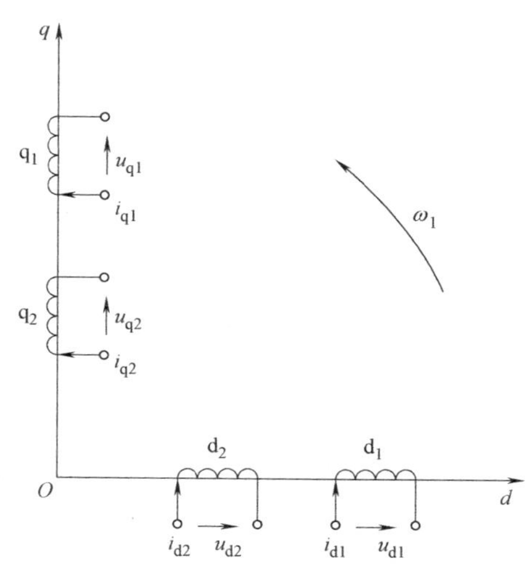

图 3-56　两相同步旋转 d-q 坐标系下双馈发电机的物理模型

(2) 磁链方程

定子磁链方程为

$$\begin{cases}\psi_{d1}=L_1 i_{d1}+L_m i_{d2}\\\psi_{q1}=L_1 i_{q1}+L_m i_{q2}\end{cases}\tag{3-40}$$

转子磁链方程为

$$\begin{cases}\psi_{d2}=L_m i_{d1}+L_2 i_{d2}\\\psi_{q2}=L_m i_{q1}+L_2 i_{q2}\end{cases}\tag{3-41}$$

式中　L_1——d-q 坐标系等效两相定子绕组的自感；

L_2——d-q 坐标系等效两相转子绕组的自感；

L_m——d-q 坐标系同轴等效定子与转子绕组间的互感。

$$\begin{cases}L_m=1.5L_{m1}\\L_1=L_m+L_{11}\\L_2=L_m+L_{12}\end{cases}\tag{3-42}$$

把磁链方程的表达式代入电压方程表达式，得出矩阵形式：

$$\begin{pmatrix}u_{d1}\\u_{q1}\\u_{d2}\\u_{q2}\end{pmatrix}=\begin{pmatrix}R_1+L_1p & -L_1\omega_1 & L_mp & -L_m\omega_1\\L_1\omega_1 & R_1+L_1p & L_m\omega_1 & L_mp\\L_mp & -L_m\omega_s & R_2+L_2p & -L_2\omega_s\\L_m\omega_s & L_mp & L_2\omega_s & R_2+L_2p\end{pmatrix}\begin{pmatrix}i_{d1}\\i_{q1}\\i_{d2}\\i_{q2}\end{pmatrix}\tag{3-43}$$

(3) 转矩方程

经坐标变换后化简得

$$T_e=1.5pL_m(i_{q1}i_{d2}-i_{d1}i_{q2})\tag{3-44}$$

(4) 运动方程

运动方程与三相静止坐标系下相同。

定、转子绕组的电压方程、磁链方程、转矩方程及运动方程是电动机在两相同步旋转坐标系上的数学模型。由于 d-q 坐标系两轴互相垂直，之间没有互感的耦合关系，当三相静止坐标系中的电压和电流是对称正弦交流时，等效的两相变量是直流，便于控制。

将发电机定子上的有功功率 P_1 和无功功率 Q_1 用 d-q 坐标系上的分量表示，则有

$$\begin{cases}P_1=1.5(u_{d1}i_{d1}+u_{q1}i_{q1})\\Q_1=1.5(u_{q1}i_{d1}-u_{d1}i_{q1})\end{cases} \tag{3-45}$$

6. 定子磁链定向矢量控制

计算出 P_1 和 Q_1 后，就可对双馈发电机实施功率控制，以期实现变速恒频运行和 P、Q 解耦控制，进而实现最大风能追踪。由于双馈发电机是一个高阶、多变量、非线性、强耦合的机电系统，采用近似单变量处理的传统标量控制无论在控制精度还是动态性能上远不能达到要求。为了实现双馈发电机的高性能控制，应采用磁场定向的矢量变换控制技术。

借鉴这一思想，可以将矢量变换控制技术移植到对双馈发电机的控制上。电动机的控制对象是磁通和转矩，而双馈发电机的控制对象为输出有功功率和输出无功功率。通过坐标变换和磁场定向，将双馈发电机定子电流分解成为相互解耦的有功分量和无功分量，分别对这两个分量控制就可以实现 P、Q 解耦。

双馈发电机定子绕组直接连在大电网上，可以近似地认为定子的电压幅值、频率都是恒定的，所以双馈发电机矢量控制一般选择定子电压或定子磁场定向方式。将同步速旋转 d-q 坐标系中的 d 轴定在双馈发电机定子磁链方向，如图 3-57 所示。

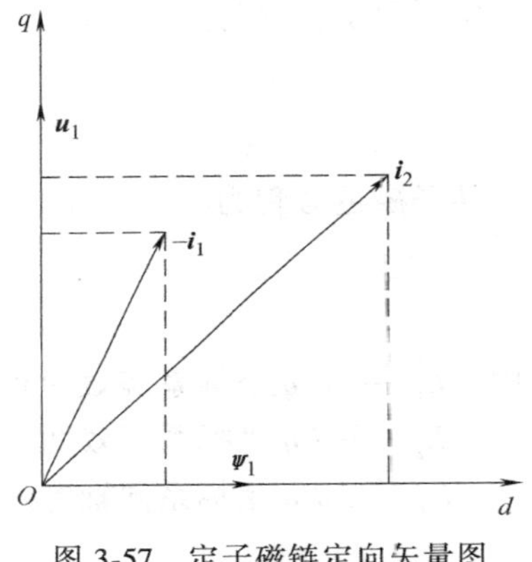

图 3-57　定子磁链定向矢量图

按定子磁链定向规则，有

$$\begin{cases}\psi_{d1}=\psi_1\\\psi_{q1}=0\end{cases} \tag{3-46}$$

由式（3-40）可得

$$\begin{aligned}\psi_1&=L_1i_{d1}+L_mi_{d2}\\0&=L_1i_{q1}+L_mi_{d2}\end{aligned} \tag{3-47}$$

于是得

$$i_{q1}=-\frac{L_m}{L_1}i_{q2} \tag{3-48}$$

$$i_{d2}=\frac{\psi_1-L_1i_{d1}}{L_m} \tag{3-49}$$

忽略定子电阻（$R_1\approx0$），按电机学惯例来说，$u_1\approx-e_1=\frac{d\psi_1}{dt}$。那么相电压矢量将比磁链矢量超前 90°，正好落在 q 轴的正方向上。由于定子接于恒定的电网上，电压综合矢量将是常数，保持不变，所以有

$$\begin{cases}u_{d1}=0\\u_{q1}=u_1\end{cases} \tag{3-50}$$

则电压方程变为

$$\begin{pmatrix} 0 \\ u_1 \\ u_{d2} \\ u_{q2} \end{pmatrix} = \begin{pmatrix} L_1 p & 0 & L_m p & 0 \\ L_1 \omega_1 & 0 & L_m \omega_1 & 0 \\ L_m p & -L_m \omega_s & R_2 + L_2 p & -L_2 \omega_s \\ L_m \omega_s & L_m p & L_2 \omega_s & R_2 + L_2 p \end{pmatrix} \begin{pmatrix} i_{d1} \\ i_{q1} \\ i_{d2} \\ i_{q2} \end{pmatrix} \tag{3-51}$$

由式（3-47）和式（3-51）可得

$$p\psi_1 = 0 \tag{3-52}$$

$$\psi_1 = \frac{u_1}{\omega_1} \tag{3-53}$$

可见，定子磁链也是恒定不变的。

根据转矩方程 $T_e = 1.5pL_m(i_{q1}i_{d2} - i_{d1}i_{q2})$，把式（3-48）和式（3-49）代入得

$$T_e = 1.5pL_m\left(-\frac{L_m}{L_1}i_{q2} \cdot \frac{\psi_1 - L_1 i_{d1}}{L_m} - i_{d1}i_{q2}\right) = -1.5p\frac{L_m}{L_1}i_{q2}\psi_1 \tag{3-54}$$

由式（3-54）可以看出，在定子磁动势保持不变的情况下，电磁转矩只与转子电流 q 轴分量有关。

将电压和电流的计算结果代入式（3-45）可得

$$\begin{cases} P_1 = -\dfrac{1.5u_1 L_m}{L_1} i_{q2} \\ Q_1 = \dfrac{1.5u_1(\psi_1 - L_m i_{d2})}{L_1} \end{cases} \tag{3-55}$$

当风电机组并入电网后，定子电压 u_1 恒定，Ψ_1 也不变。由式（3-49）可知，定子有功功率 P_1 只与转子励磁电流分量 i_{q2} 有关，无功功率 Q_1 只与转子励磁电流分量 i_{d2} 有关。这就实现了有功功率和无功功率的解耦控制。

由式（3-48）、式（3-49）和转子侧电压方程可得

$$\begin{cases} u_{d2} = R_2 i_{d2} + \sigma L_2 p i_{d2} + \Delta u_{d2} \\ u_{q2} = R_2 i_{q2} + \sigma L_2 p i_{q2} + \Delta u_{q2} \end{cases} \tag{3-56}$$

式中 $\sigma = 1 - \dfrac{L_m^2}{L_1 L_2}$

$$\begin{cases} \Delta u_{d2} = -\omega_s \sigma L_2 i_{q2} \\ \Delta u_{q2} = \omega_s\left(\dfrac{L_m}{L_1}\psi_1 + \sigma L_2 i_{d2}\right) \end{cases} \tag{3-57}$$

式（3-56）中等式前两项为实现转子电压、电流解耦控制的解耦项，第三项 Δu_{d2} 和 Δu_{q2} 为消除转子电压、电流交叉耦合的补偿项。这样将转子电压分解为解耦项和补偿项后，既简化了控制，又能保证控制的精度和动态响应的快速性。

7. 定子磁链定向中的坐标变换和磁链观测

通过三相/两相静止坐标变换后，将同步旋转 d-q 轴坐标系中的 d 轴定在双馈发电机定子磁链方向（Ψ_1），如图 3-58 所示。图中 α_1-β_1 为定子两相静止坐标系，α_1 轴取定子 A 相绕组轴线正方向；α_2-β_2 为转子两相坐标系，α_2 轴取转子 a 相绕组轴线正方向。α_2-β_2 坐标

系相对于转子静止，相对于定子绕组以转子角速度 ω_2 逆时针方向旋转。d-q 轴坐标系以同步速 ω_1 逆时针旋转。α_2 轴与 α_1 轴的夹角为 θ_2。d 轴与 α_1 轴的夹角为 θ_1。

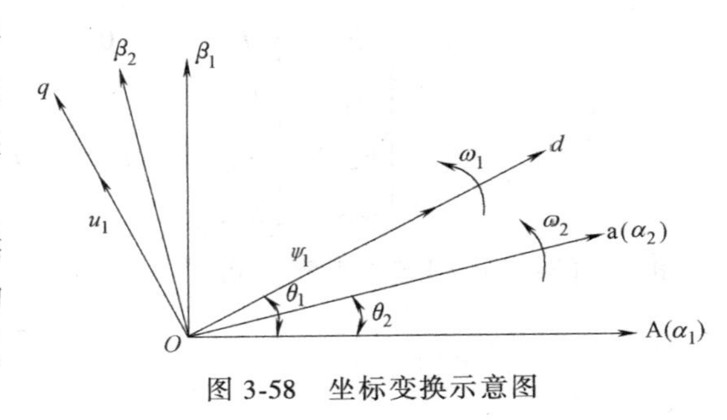

图 3-58 坐标变换示意图

简化为同步旋转坐标系后的表达式虽然简单，但坐标变换和磁链观测也是很重要的一部分。通过静止两相坐标系下的测量值，估算定子磁链 $\boldsymbol{\Psi}_1$ 的分量为

$$\psi_{\alpha_1}=L_1 i_{\alpha_1}+L_m i_{\alpha_2} \tag{3-58}$$

$$\psi_{\beta_1}=L_1 i_{\beta_1}+L_m i_{\beta_2}$$

再通过矢量分析得到旋转坐标系角度 θ_1，计算公式如下

$$\begin{cases}\psi_1=\sqrt{\psi_{\alpha_1}^2+\psi_{\beta_1}^2}\\ \cos\theta_1=\dfrac{\psi_{\alpha_1}}{\psi_1}\\ \sin\theta_1=\dfrac{\psi_{\beta_1}}{\psi_1}\end{cases} \tag{3-59}$$

用旋转编码器可以检测到发电机转子旋转角速度，积分后得到转子静止坐标系位置角 θ_2，$\theta_1-\theta_2$ 与转子转差频率有关。

$$\begin{cases}\omega_2=\dfrac{\mathrm{d}\theta_2}{\mathrm{d}t}\\ \omega_s=\dfrac{\mathrm{d}(\theta_1-\theta_2)}{\mathrm{d}t}\\ \omega_s=\omega_1-\omega_2\end{cases} \tag{3-60}$$

检测到的定子瞬时电流电压值，通过三相/两相静止坐标变换后，观测出定子磁链和旋转坐标系角度 θ_1，检测到的转子瞬时电流值，变化角度为 $\theta_1-\theta_2$，输送到控制单元。

双馈发电机可以实现有功功率、无功功率的调节，按照风力发电机的转速功率输出曲线，给定不同的风速、发电机转速情况下的功率输出目标，额定风速以下以最佳叶尖速度比运行，额定风速以上以限制功率输出方式运行。有功功率取决于转子侧励磁电流 q 轴分量大小，无功功率取决于转子侧励磁电流 d 轴分量大小，经过控制算法，给定转子侧励磁电流、电压 d、q 轴分量，经过旋转坐标系变换后，转换为静止坐标系下 a、b、c 分量，再通过 PWM 输出，控制框图如图 3-59 所示。系统采用双闭环结构，外环为功率控制环，内环为电流控制环。在功率闭环中，有功指令是由风力机特性根据风力机最佳转速给出的，无功指令是根据电网需求设定的。反馈功率则是通过对发电机定子侧输出电压、电流的检测后，再经过坐标变换后计算得到的。

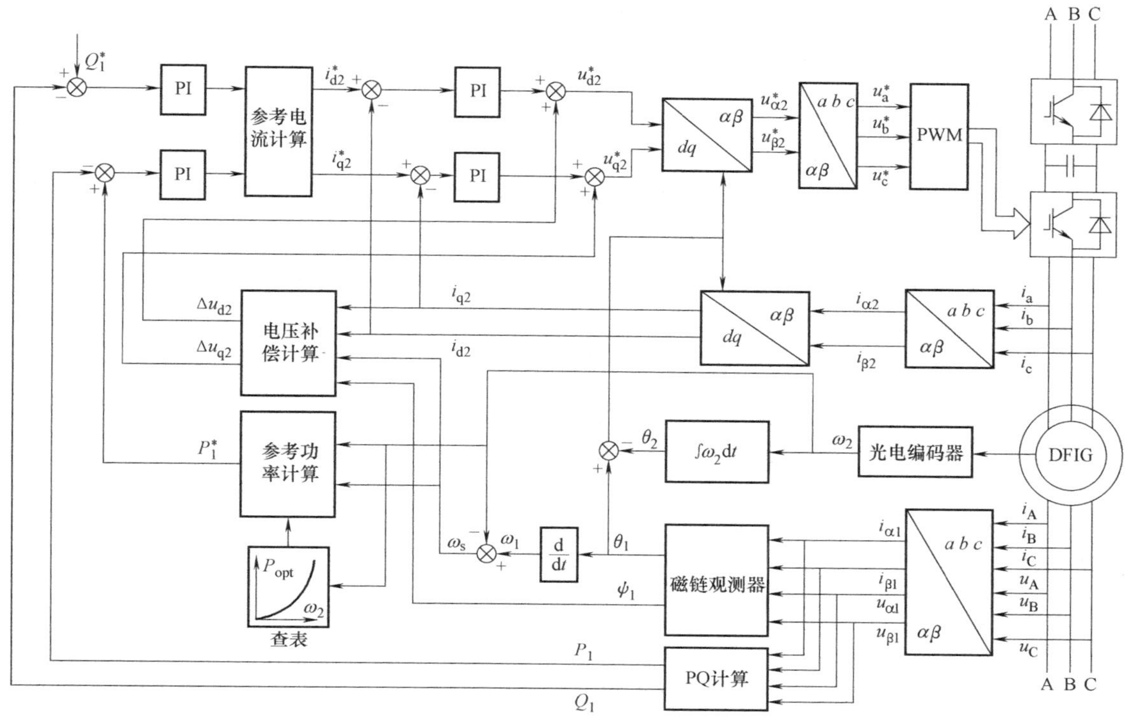

图 3-59　采用定子磁链定向双馈发电机矢量控制框图

3.5　永磁同步发电机

近年来，随着电力电子技术、微电子技术、新型电机控制理论和稀土永磁材料的快速发展，具有损耗低和效率高等优点的直驱式永磁同步发电机得以迅速推广应用。

永磁同步发电机（Permanent Magnet Synchronous Generator，PMSG）是一种以永磁体进行励磁的同步电机，应用于风力发电系统，称为永磁同步风力发电机。永磁同步风力发电机没有齿轮箱，风力机主轴与低速多极同步发电机直接连接，所以称为直驱式永磁同步风力发电机，如图 3-60 所示。

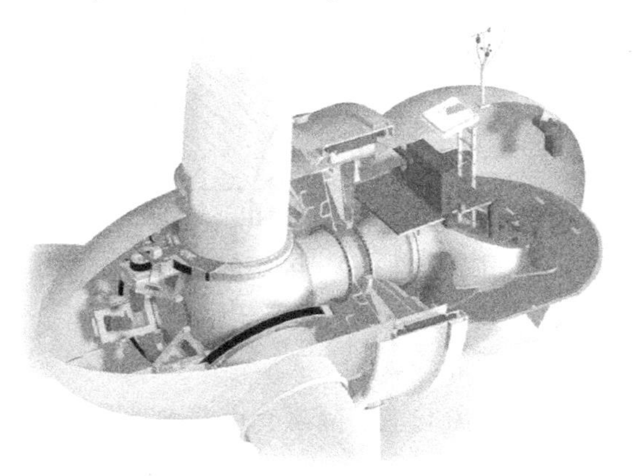

图 3-60　直驱式永磁同步风力发电机

3.5.1 永磁同步发电机的结构

永磁同步发电机也是由定子和转子两部分组成的，定子和转子之间有气隙。

1. 定子

永磁同步发电机定子与普通交流电机相同，由定子铁心和定子绕组组成，在定子铁心槽内安放有三相绕组，转子采用永磁材料励磁。但因为该类发电机的电负荷较大，使得发电机的铜耗较大，所以应在保证齿、轭磁通密度及机械强度的前提下，尽量加大槽面积、增加绕组线径、减小铜耗、提高效率。

定子绕组的分布影响风力发电机的起动阻力矩的大小。起动阻力矩是永磁同步发电机设计中一个至关重要的参数。起动阻力矩是由于永磁同步发电机中齿槽效应的影响，使得发电机在起动时产生的磁阻力矩。起动阻力矩小，发电机在低风速时便能发电，风能利用程度高；反之，风能利用程度低。

2. 转子

永磁同步发电机的转子上没有励磁绕组，因此无励磁绕组的铜损耗，发电机的效率高；转子上无集电环，运行更可靠；永磁材料一般有铁氧体和钕铁硼两类，其中采用钕铁硼制造的发电机体积较小，重量较轻，因此被广泛采用。永磁同步发电机的转子极对数可以做到很多，同步转速较低，轴向尺寸较小，径向尺寸较大，可以直接与风电机组相连，省去了齿轮箱，减小了机械噪声和机组的体积，从而提高了系统的整体效率和运行可靠性。但其功率变换器的容量较大，成本较高。

永磁同步发电机转子按气隙是否均匀，分为表贴式和内嵌式两大类，如图 3-61 所示。

永磁体的磁导率接近于真空的磁导率，表贴式是隐极的，交直轴电抗相等；内嵌式是凸极的，交直轴电抗不等。表贴式适用于低转速，磁场方向为径向。内嵌式适用于高转速，根据磁极内嵌方式的不同，磁场方向有切向、径向和混合方向三种，如图 3-62～图 3-64 所示。

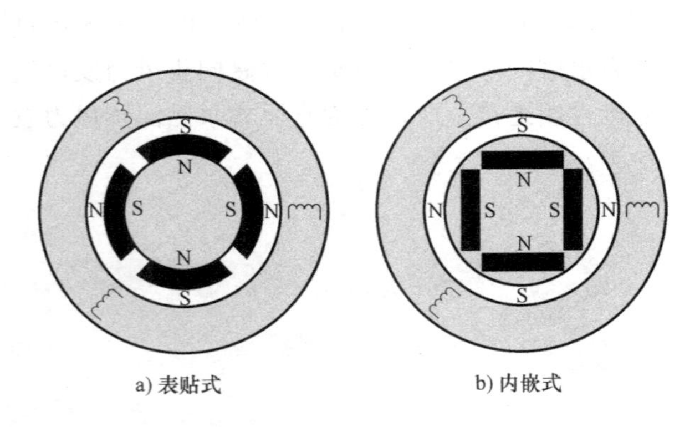

图 3-61 永磁同步发电机转子结构

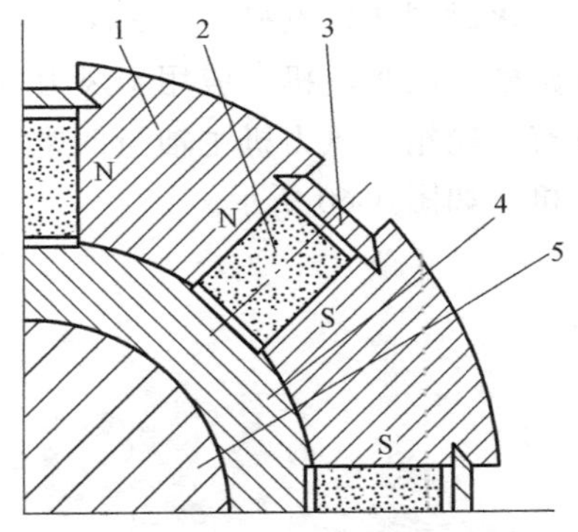

图 3-62 切向槽楔式磁路

1—极靴 2—永磁体 3—槽楔
4—非磁性衬套 5—转轴

切向式结构是把永磁体镶嵌在转子铁心中间，固定在隔磁套上，隔磁套由非磁性材料制成，用来隔断永磁体与转子的漏磁通路，减少漏磁。从图 3-62 可以看出，切向式结构永磁体有两个截面对气隙提供每极磁通，使发电机的气隙磁通密度较大，在多极情况下效果更好，而且对永磁体宽度的限制不是很大，极数较多时，可摆放足够多的永磁体。设计的发电机转速较低时，需较多的极数以减小体积和满足频率要求，可以选用切向式结构。

径向式结构的永磁体直接粘贴在转子磁轭上，一对极的两块永磁体串联，永磁体仅有一个截面提供每极磁通，所以气隙磁通密度较小，发电机的体积稍大。导体电流呈轴向分布，磁通沿径向从定子经气隙进入转子，这是最普通的永磁发电机形式。它具有结构简单、制造方便、稳定、漏磁小等优点，因此应用广泛，多数低速直驱式风力发电机都采用径向磁通结构。

混合式结构是在径向和切向都放置永磁体，如图 3-64 所示。它可以在一定方向提供更大的磁通密度，或者可以在磁通密度相同的情况下缩小转子体积。但结构复杂，精度要求高。

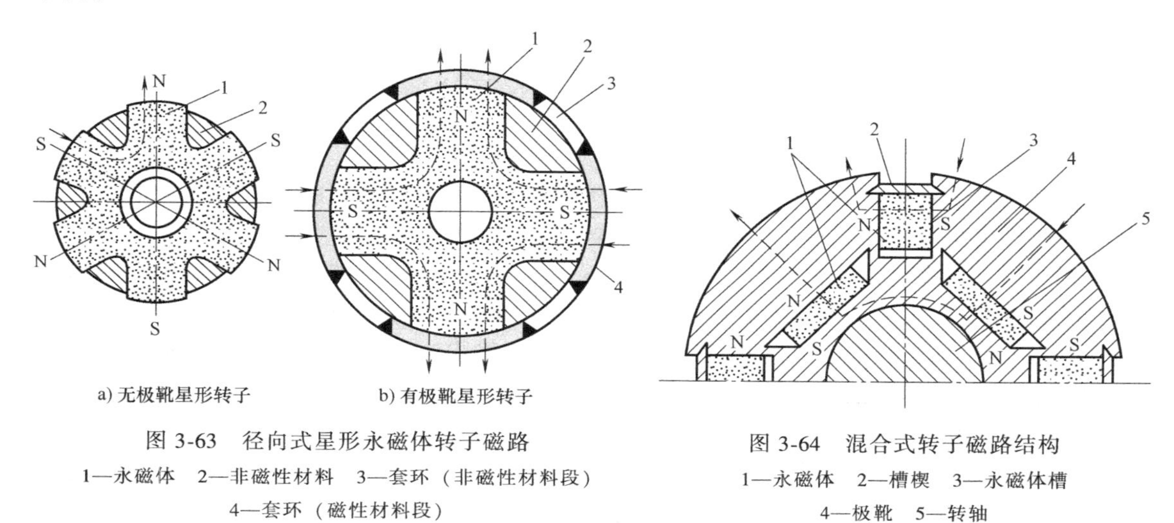

a) 无极靴星形转子　b) 有极靴星形转子

图 3-63　径向式星形永磁体转子磁路

1—永磁体　2—非磁性材料　3—套环（非磁性材料段）　4—套环（磁性材料段）

图 3-64　混合式转子磁路结构

1—永磁体　2—槽楔　3—永磁体槽　4—极靴　5—转轴

大型永磁同步发电机结构布置形式分为内转子型和外转子型，它们各有特点：

1）内转子型。风力机和永磁体内转子同轴安装，风力机驱动发电机转子，永磁体安装在转子体上，发电机定子为电枢绕组，经全功率变流器与电网连接。这种形式的发电机电枢绕组和铁心通风冷却条件好、温度低。内转子型直驱永磁同步发电机的结构如图 3-65 所示。

2）外转子型。风力机和发电机外转子连接，直接驱动旋转，这种结构有助于永磁体散热，如图 3-66 所示。永磁体安装在外转子体内圆周边，运行时可与转子牢固结合，提高了高速运行能力。发电机定子电枢绕组和铁心安装在静止轴上。

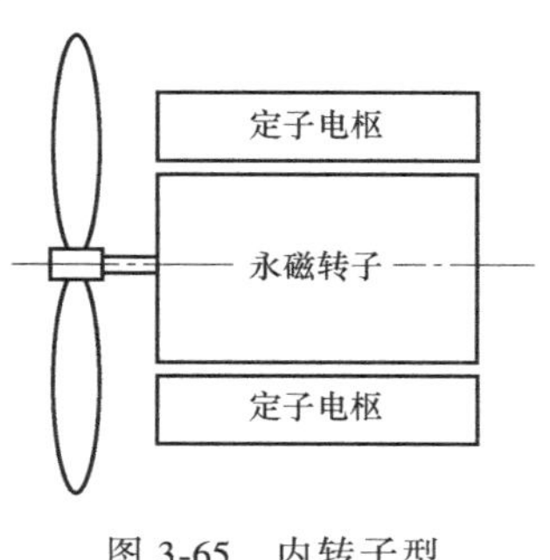

图 3-65　内转子型

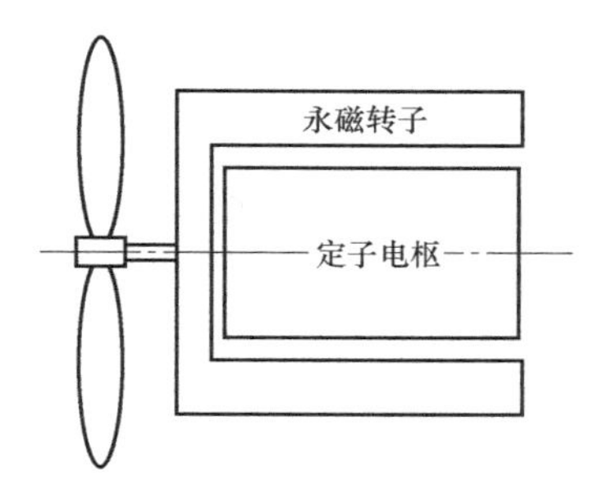

图 3-66　外转子型

永磁同步发电机在运行中必须保持转子温度在永磁体最高允许工作温度之下，因此，风力发电机中永磁同步发电机常做成外转子型，外转子直接暴露在空气之中，并绕着定子旋转，相对于内转子具有更好的通风散热条件。

3.5.2 永磁同步发电机的特点

目前，永磁同步发电机体积大、质量大、价格高，但市场占有率正在大幅上升，永磁同步发电机与电励磁同步发电机和双馈式发电机相比，具有如下特点：

1. 与传统电励磁同步发电机比较

永磁同步发电机是一种结构特殊的同步发电机，它与传统的电励磁同步发电机的主要区别在于：其主磁场由永磁体产生，而不是由励磁绕组产生。其特点如下：

1）省去了励磁绕组、磁极铁心和电刷-集电环结构，结构简单紧凑，可靠性高，免维护。

2）不需要励磁电源，没有励磁绕组损耗，效率高。

3）采用稀土永磁材料励磁，气隙磁通密度较高，功率密度高，体积小，质量轻。

4）直轴电枢反应电抗小，因而固有电压调整率比电励磁同步发电机小。

5）永磁同步发电机通常采用钕铁硼或铁氧体永磁体，永磁体的温度系数较高，输出电压随环境温度的变化而变化，导致输出电压偏离额定电压，而且，永磁磁场难以调节，因此永磁同步发电机制成后难以通过调节励磁的方法调节输出电压和无功功率（普通同步发电机可以通过调节励磁电流，方便地调节输出电压和无功功率）。

6）永磁体存在消磁的可能。永磁同步发电机运行中，必须保持转子温度在磁体最大工作温度之内，而磁体最大工作温度由磁材料的居里点决定，同时也受粉末复合连接材料的热特性影响。如果发电机过热，达到居里温度点，会引起磁极消磁。

2. 与双馈风力发电机比较

虽然双馈风力发电机是目前应用最广泛的机型，但随着风电机组单机容量的增大，双馈型风力发电系统中齿轮箱的高速传动部件故障问题日益突出，于是不用齿轮箱而将风力机主轴与低速多极同步发电机直接连接的直驱式布局应运而生。从中长期来看，直驱型和半直驱型传动系统在大型风电机组中的占比将逐步上升。在大功率变流技术和高性能永磁材料日益发展完善的背景下，大型风电机组越来越多地采用直驱式永磁同步发电机。

直驱式永磁同步风力发电机相对于传统的双馈风力发电机的优点如下：

1）系统取消了齿轮箱装置，整机结构得到极大的简化。没有传动磨损和漏油所造成的机械故障，降低了系统的维护率和故障率。当功率等级达到 3MW 后，齿轮箱的制造和维护将会遇到极大的困难，因此直驱式永磁风力发电系统为单机容量向更高功率等级发展打下了良好的基础。

2）取消了传动轴，使机组水平轴方向的长度大大缩短，而且增加了机组稳定性。同时也降低了机械损耗，提高了风电机组的可利用率和使用寿命，降低了风电机组的噪声。

3）永磁同步风力发电机省去了维护率和故障率都较高的集电环和电刷等装置，提高了机组的可靠性，降低了噪声。

4）外表面面积大，易散热。由于没有电励磁，转子损耗近似为零，可采用自然通风冷却，结构简单可靠。

5）利用变速恒频技术可以进行无功功率补偿；直驱式永磁同步发电机与全功率变流器的结合可以显著改善电能质量，减轻对低压电网的冲击。

6）直驱式永磁同步发电机不从电网吸收无功功率，无需励磁绕组和直流电源，效率高。

7）与双馈型机组（变流器容量通常为1/3风电机组额定功率）相比，直驱式永磁同步发电机采用全功率变流器将电网与发电机隔离，有利于实现风力发电系统的故障穿越。

目前，永磁同步发电机的应用领域非常广泛，如航空航天用主发电机、大型火电站用副励磁机、风力发电、余热发电、移动式电源、备用电源、车用发电机等都广泛使用各种类型的永磁同步发电机，永磁同步发电机在很多应用场合有逐步代替电励磁同步发电机的趋势。

理论上，永磁同步风力发电机具有维护成本低、耗材少等经济可靠的优点，但在实际制造过程中，现阶段发电机本身的制造成本和控制难度都比较大，永磁同步风电机组的售价高于双馈异步风电机组，短期内两种技术路线并存的局面难以改变。

直驱式永磁同步风力发电机也存在一些缺点：

1）对永磁材料的性能稳定性要求较高，多磁极使发电机外径和重量大幅增加，制造成本高。

2）机组设计容量的增大给发电机设计、加工、制造带来困难。

3）定子绕组绝缘等级要求较高。

4）采用全容量逆变装置，一般要选发电机额定功率的120%以上。功率变换器设备投资大，增加控制系统成本。

5）由于结构简化，使机舱重心前倾，设计和控制上难度加大。

还有一种半直驱式发电机，结构与一般直驱式永磁发电机类似，只是极数相对较少，且需使用齿轮箱进行少量增速，由于极数较少的发电机与增速不大的低速齿轮箱制造维护都较方便，成本相对低廉，故采用半直驱式发电机加低速齿轮箱也是一种折中的方案。

永磁直驱式同步风电机组与双馈式风电机组的综合比较见表3-1。

表3-1　永磁直驱式同步风电机组与双馈式风力发电机组的综合比较

参数	双馈式风电机组	永磁直驱式同步风电机组
电控系统价格	中	高
电控系统体积	中	大
电控系统维护成本	较高	低
电控系统平均效率	较高	高
变流单元	IGBT，单管额定电流小，技术难度大	IGBT，单管额定电流小，技术难度小
变流容量	仅需要全功率的1/4	全功率逆变器
变流系统稳定性	中	高
电网电压突然降低的影响	电机端电流迅速升高，电机转矩迅速增大	电流维持稳定，转矩保持不变
电机滑环	需每半年更换碳刷，2年更换集电环	无碳刷、集电环

（续）

参数	双馈式风电机组	永磁直驱式同步风电机组
电压变化率	电压变化率高时需要进行电压过滤	无高电压变化
电机电缆的电磁释放	有，需要屏蔽线	无电磁释放
电机造价	低	高
电机尺寸	小	大
电机重量	轻	重
塔架内电缆工作电流类型	高频非正弦波，具有较大谐波分量，必须使用屏蔽电缆	正弦波
可承受瞬间电压范围	±10%	+10%，-85%
谐波畸变	难以控制，因为要随着发电机转速的变化进行变频	容易控制，因为谐波频率稳定
50Hz/60Hz 之间的配置变化	变流滤波参数要调整，齿轮箱要改变变比	变流滤波参数要调整

3.5.3 永磁同步发电机的特性

1. 外特性

在电励磁同步发电机中，电压调节可以通过调节励磁电流达到。永磁同步发电机的转子磁场是由永磁材料提供的，因此不能靠同样的方法提供恒定电压，当主轴转速和负载电流变化时，端电压的变化如图 3-67 所示。

2. 永磁同步发电机效率

永磁同步发电机不需要励磁绕组，也没有励磁绕组的电阻损耗，因此效率比相同容量的电励磁同步发电机要高一些。图 3-68 所示为永磁同步发电机效率示意图。每个工作点以最大效率运行，可以看出，在一定的转矩值之上，在较宽速度变化范围内，效率曲线平滑，但是一旦转矩下降到临界值以下时，效率迅速下降。

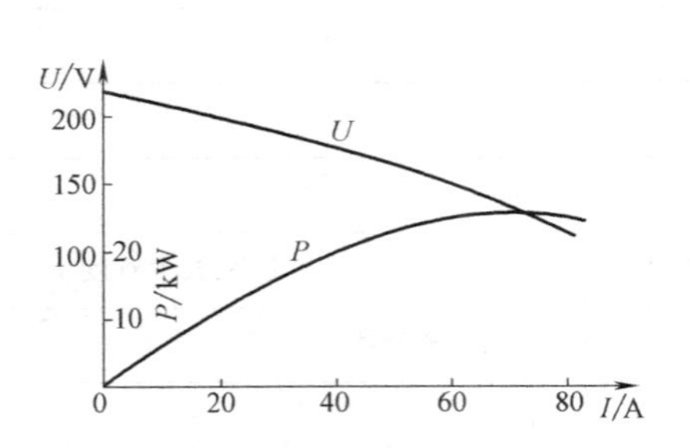

图 3-67　12 极表面贴磁式永磁发电机电压特性

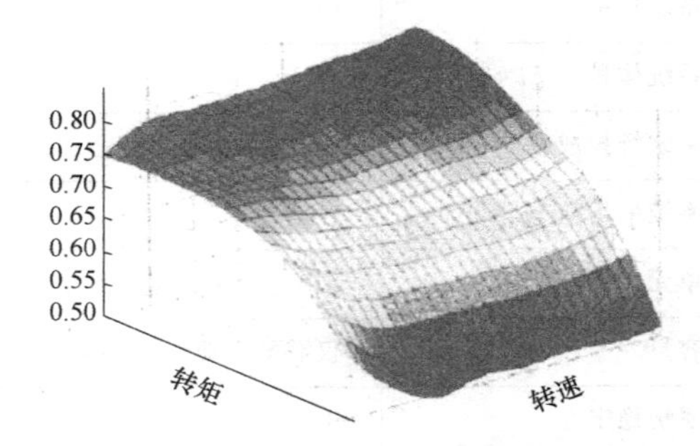

图 3-68　永磁同步发电机效率

在低速永磁同步发电机中，定子铁耗和机械损耗相对较小，而定子绕组铜耗所占比例较大。为了提高永磁同步发电机的效率，主要是降低定子铜耗，因此采用较大的定子槽面积和较大的绕组导体截面，把额定电流密度降低。

3.5.4 永磁同步风力发电系统

直驱式并网运行风力发电系统采用了低速多极永磁同步发电机，因此在风力机与发电机之间不需要安装升速齿轮箱，为无齿轮直接驱动系统，系统结构如图3-69所示。其中，变流器的作用是把频率和电压变化的电能转换为恒频恒压的电能并输送到电网中。从发电机输出的电能先经过AC/DC变换，然后再经DC/AC变换。AC/DC变换有多种形式，比较典型的有不可控整流+Boost控制的PMSG和PWM变流器控制的PMSG。

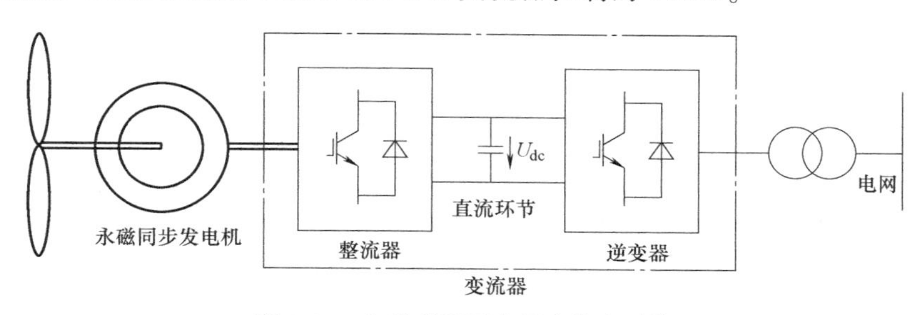

图3-69 永磁直驱同步风力发电系统

1. 不可控整流+Boost控制的PMSG

图3-70中的DC/DC变流器为Boost电路，其输入侧有储能电感，可以减小输入电流纹波，防止电网对主电路的高频瞬态冲击，对整流器呈现电流源负载特性；其输出侧有滤波电容，可以减小输出电压纹波，对负载呈现电压源特性。利用Boost电路在斩波的同时，还可实现功率因数矫正的目标，包括如下两个方面：①控制电感电流，使输入电流正弦化，保证其功率因数接近于1，并使输入电流基波跟随输入电压相位；②当风速变化时，不可控整流得到的电压也在变化，而通过DC/DC变流器的调节，可以保持直流侧电压的稳定，使输出电压保持恒定。

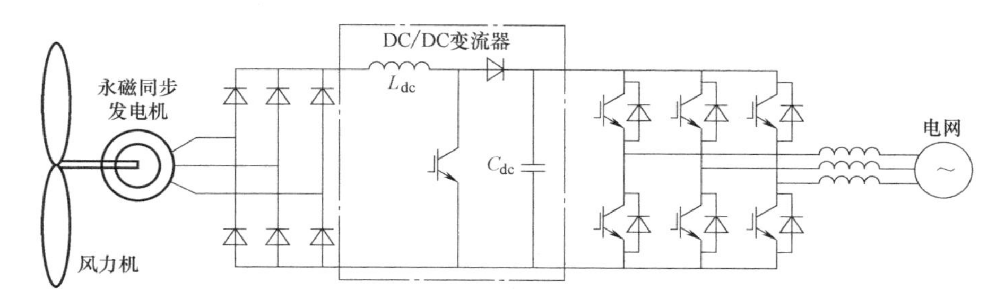

图3-70 不可控整流+Boost+逆变

发电机发出的交流电能，经二极管不控整流环节变成直流电，整流的电压取决于发电机的转速和负载的大小。网侧变流器则是通过保持直流母线电压稳定而将风力发电系统发出的电能送到电网。且这个直流母线电压要高于电网线电压峰值。Boost电路是为了匹配发电机发出的电压与直流母线电压。Boost电路除升压以外，还能实现最大功率追踪。控制开关的占空比，可以控制电感电流，即发电机发出的有功功率。

不同风速下，占空比与系统直流侧功率关系如图3-71所示。

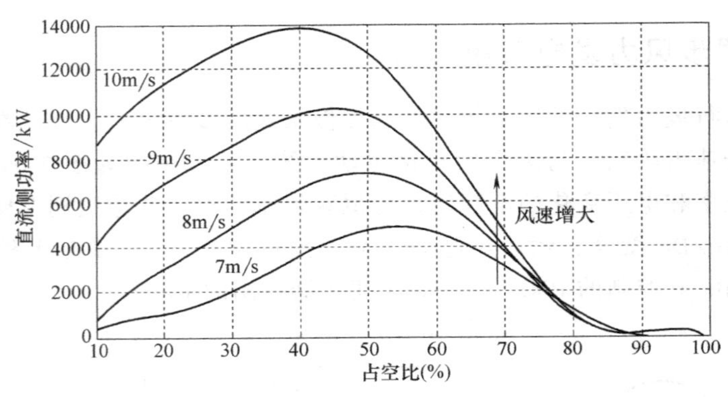

图 3-71　占空比与直流侧功率

改变 Boost 电路的占空比，可以改变发电机的输出功率。而且在某一确定风速下，有一个可以输出最大功率的占空比。在风速不变的情况下，占空比与系统输出功率的关系不是简单的线性关系。显然，占空比的控制是最大功率追踪的关键。

不控整流+Boost 控制的 PMSG 的优点是电路结构简单、控制简单、无需位置/速度传感器，只需少量电流和电压传感器可实现 MPPT，并且成本较低，可靠性较高。不足之处是，MPPT 的效果较差，低电压穿越的能力较差；恶劣风况下的控制能力较差。因此，适用于小型风力发电系统或对系统效率和性能要求不高的大型风力发电系统。

2. 背靠背双 PWM 变流器控制的 PMSG

背靠背双 PWM 控制的永磁直驱变流器如图 3-72 所示，同二极管不可控整流相比，机侧变流器采用 PWM 整流可以大大减少发电机定子电流谐波含量，从而降低发电机的铜耗和铁耗，并且 PWM 变流器可提供几乎为正弦的电流，减少了发电机侧的谐波电流。通过控制系统的控制，可以将永磁同步发电机发出的变频变幅值电压转换为可用的恒频电压，并达到俘获最大风能的目的。这也是一种技术最先进、适应范围最为广泛、代表目前发展方向的拓扑结构。

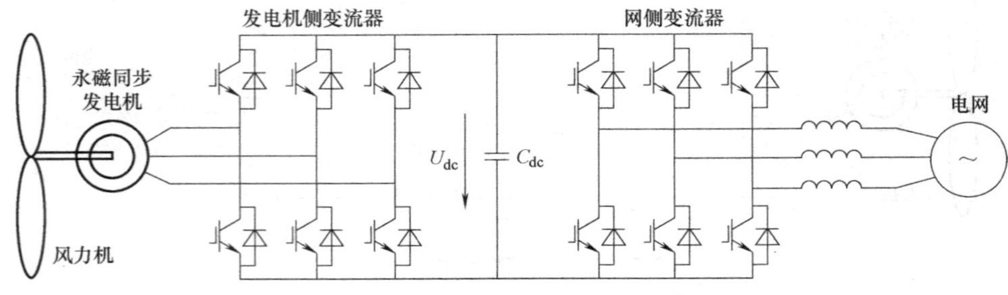

图 3-72　背靠背双 PWM 变流器结构

采用背靠背双 PWM 变流器直驱式永磁同步风力发电机，由风力机、永磁同步发电机、背靠背双 PWM 变流器和滤波电路组成。永磁同步发电机的转子不接齿轮箱，直接与风力机相连。定子绕组经过四象限变流器和电网相连。背靠背双 PWM 变流器由机侧变流器和网侧变流器组成，可实现能量双向流动，机侧变流器可实现对永磁同步发电机的转速/转矩进行控制，网侧变流器实现对直流母线进行稳压控制。

3.5.5 永磁同步风力发电机的控制

本节介绍不可控整流+Boost+逆变变流器的一种控制方法。

变速风力发电系统所追求的控制目标是使风力机始终具有最大的风能利用系数。风力机只有在最佳叶尖速比下运行时，才能输出最大机械功率。

风力机在不同风速下输出的最大功率（即发电机最佳输入功率）减去发电机的空载损耗（电机实验得到），就得到了发电机的最佳电磁功率：

$$P_{emopt}=P_{mmax}-P_0 \tag{3-61}$$

式中 P_0——发电机空载损耗；

P_{mmax}——风力机输出的最大功率。

风力机在各种风速下产生最大机械功率时的转速就是发电机相应的转速，由此可获得发电机最佳电磁功率与转速的关系曲线，它反映的风力机输出功率正好与转速呈三次方关系：

$$P_{emopt}=k_p n^3-P_0 \tag{3-62}$$

同时有

$$P_{emopt}=T_e\Omega$$

式中 T_e——发电机电磁转矩；

Ω——发电机转动角速度；

k_p——比例系数。

即

$$T_e=\frac{60P_{emopt}}{2\pi n} \tag{3-63}$$

由式（3-62）和式（3-63）可以推导出发电机电磁转矩和发电机转速最佳工作曲线的关系，此关系同样反映出风力机输出功率与转速呈三次方关系。为了便于实现，在实际应用时，可以通过两条直线组成的拆线来逼近这条工作曲线为

$$\begin{cases}T_e=0 & n<n_{min}\\ T_e=kn+b & n\geqslant n_{min}\end{cases} \tag{3-64}$$

式中，k、b 均为常数，由风力机的几何结构决定。按此关系来控制发电机的转矩-转速特性，实际上就可以控制风力机按照最佳叶尖速比运行，实现最大功率点跟踪控制。因为

$$T_e=C_T I_{dc}\Phi \tag{3-65}$$

$$E=C_e n\Phi \tag{3-66}$$

式中 C_T——电磁转矩常数；

I_{dc}——发电机的输出电流；

Φ——每极主磁通；

E——发电机电枢电动势；

C_e——比例常数。

把式（3-65）、式（3-66）代入式（3-64）得

$$C_T I_{dc}\Phi=k\frac{E}{C_e\Phi}+b \tag{3-67}$$

根据简化算式

$$U_{dc}=E-I_{dc}R \tag{3-68}$$

式中 U_{dc}——发电机输出的直流电压；

R——电机电枢绕组电阻。

将式（3-67）代入（3-68）得

$$I_{dc}=\frac{kU_{dc}}{C_TC_e\Phi^2-kR}+\frac{bC_e\Phi}{C_TC_e\Phi^2-kR} \tag{3-69}$$

一旦发电机和风力机选定以后，C_e、C_T、Φ、k、b、R 是常数，因此令

$$k'=\frac{k}{C_TC_e\Phi^2-kR} \tag{3-70}$$

$$b'=\frac{bC_e\Phi}{C_TC_e\Phi^2-kR} \tag{3-71}$$

则有

$$I_{dc}=k'U_{dc}+b' \tag{3-72}$$

式（3-72）表明，只要检测到发电机输出电压 U_{dc}，求出所对应的控制参考电流 I_{dc}，通过控制变流器，使发电机输出电流逼近 I_{dc}，就可以控制发电机的电磁转矩-转速特性符合式（3-64），从而方便风力机在最优状态下运行。至此，即获得了在额定功率以下风力机最佳叶尖速比运行的实际控制方法。

图 3-73 所示的方法为基于转矩的控制方法，即在斩波器侧控制直流电流，从而控制发电机转速，达到最大功率俘获的目的。为了得到宽的变速范围，通过三相二极管整流器和 IGBT 逆变器之间的升压斩波器，调节输入直流电流以跟踪最优的参考电流，从而跟踪风力机的最大功率点，其参考电流的计算式见式（3-69）。连接在电网的 PWM 逆变器通过调节直流连接电压将电流送入公共电网。在逆变器控制结构中，采用 d-q 轴同步坐标系，通过 q 轴电流控制有功功率，通过 d 轴控制无功功率，采用锁相环（PLL）检测电网电压相位角。

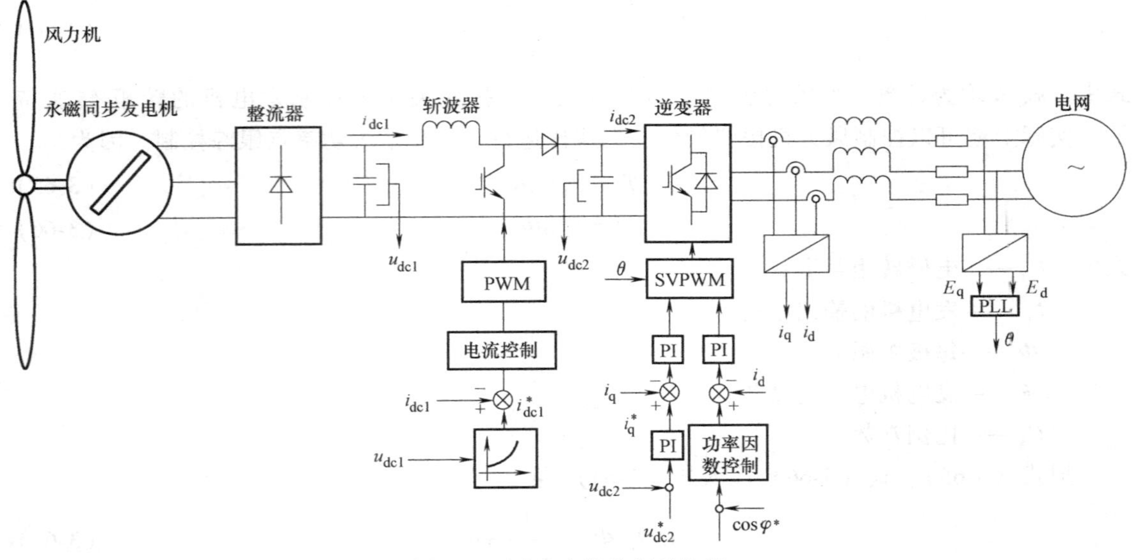

图 3-73　功率变换控制结构图

3.6 变流器

3.6.1 变流器装置组成

1. 变流器装置

变流器装置由并网柜、配电柜（含控制盒）和功率柜组成，如图3-74所示。其中，并网柜主要用于实现发电机与电网的并网/脱网，同时也具有du/dt滤波、共模电压吸收、实时电压检测、软并网及防雷等功能。配电柜主要实现用户配电需求，完成控制电路和执行元件间的信号隔离、信号驱动、信号反馈等。控制盒安装在配电柜门板的背面，主要完成信号调理、控制信号产生和通信等功能。功率柜包含了变流器的核心器件，网侧和机侧的IGBT模块及相应的直流支撑电容等，主要实现转子转差功率和电网的交互与传输，对转子励磁电流进行控制，从而实现对定子电压、频率、有功功率和无功功率的控制。

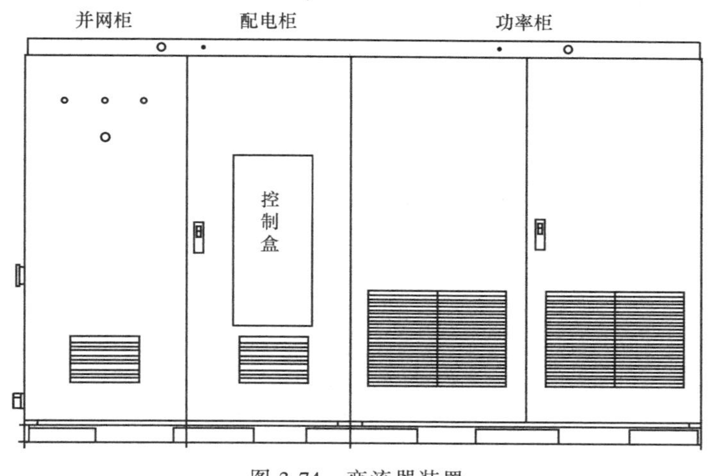

图3-74 变流器装置

2. 变流器电气回路

图3-75和图3-76分别为背靠背式双馈型变流器和全功率型变流器电气回路结构示意图。

网侧模块用于将输入的三相交流整流为变流器直流母线所需的直流，或将机侧模块输出的能量回馈电网，主要控制目标为实现交流侧输入单位功率因数控制，在电网波动的情况下维持直流侧电压稳定，并实现能量双向流动。

网侧滤波器接在电网和网侧模块之间，用于吸收高频分量，防止变流器的开关噪声污染电网。

机侧模块连接在发电机转子上，根据转子转速的变化动态调节双馈发电机转子侧励磁电流的频率，以保证定子输出的频率不变，通过调整转子电流的幅值和相位，实现对风电机组有功功率和无功功率的控制。

机侧滤波器可以有效降低输出电压的变化率，改善转子承受电压的能力，延长发电机转子的绝缘寿命。

转子释能回路即主动卸荷电阻（Crowbar）模块在电网电压骤降的情况下，对发电机转

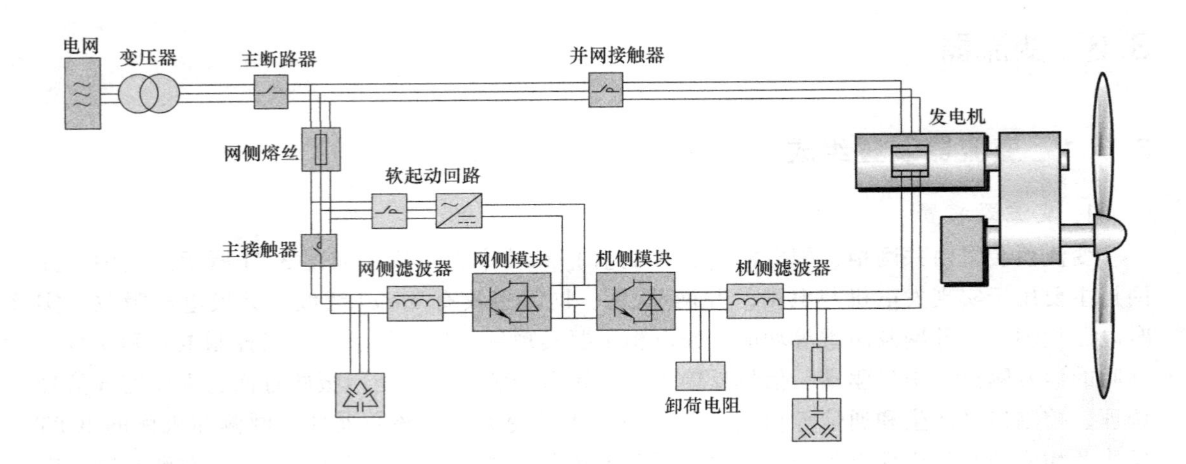

图 3-75　背靠背式双馈型变流器电气回路结构示意图

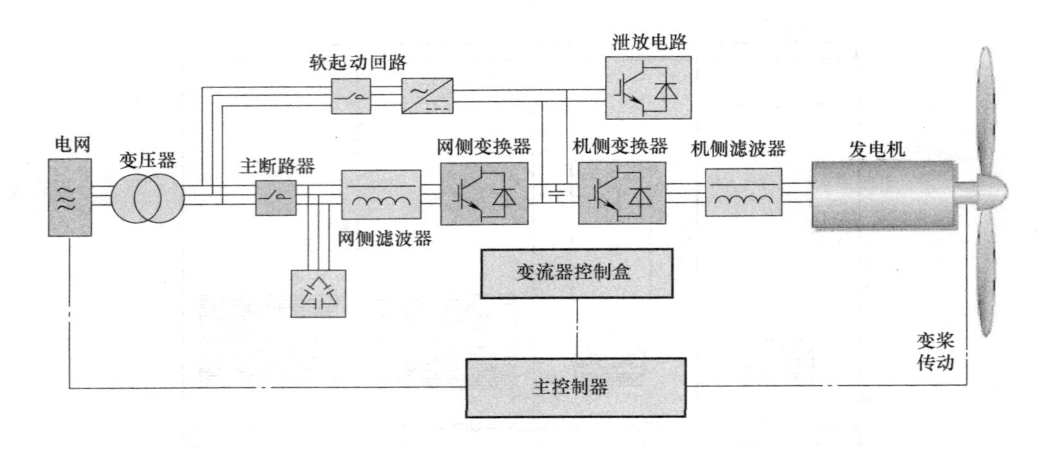

图 3-76　全功率型变流器电气回路结构示意图

子绕组进行短路，为转子电流提供旁路通道，抑制机侧模块过电流和直流母线过电压，实现对变流器的保护，在电网跌落满足指标的情况下实现低电压穿越功能。当 Crowbar 电阻平均电压达到 15V 时会触发 Crowbar，而从理论上讲，当变频器检测到电网电压骤降时，也会触发 Crowbar。在直驱式风电机组中，电网电压骤降时，采用的是直流泄放（Chopper）电路，保护直流电路，防止直流母线电位升高。

软起动回路的作用是保护主回路中的器件，对母线进行预充电，避免直接起动造成的大电流冲击，烧坏电路，实现平滑起动。

直流支撑电容回路的功能是储能及滤波，稳定母线电压，实现机、网侧逆变器的完全隔离，减小开关频率的电流谐波进入电网，吸收机侧逆变器突加的能量。

滤波回路主要由电抗器、电阻、电容组成 *LRC* 电路，功能如下。

网侧滤波器：

1）隔离电网电动势与变流器交流侧电压，防止变流器的开关噪声污染电网。

2）滤除变流器交流侧 PWM 谐波电流，实现变流器交流侧的正弦波电流控制。

3）使变流器获得良好的电流波形，实现单位功率因数控制。

机侧滤波器：

1）对机侧输出电流进行滤波。

2）抑制由于长线缆引起的过电压（du/dt）。du/dt 电抗器用于抑制转子侧模块输出的电压过度陡直，避免因电压变化率过大造成发电机转子绕组匝间绝缘损坏。

3.6.2 双馈型变流器

1. 双馈型变流器主电路

图 3-77 所示为双馈型变流器主电路图。

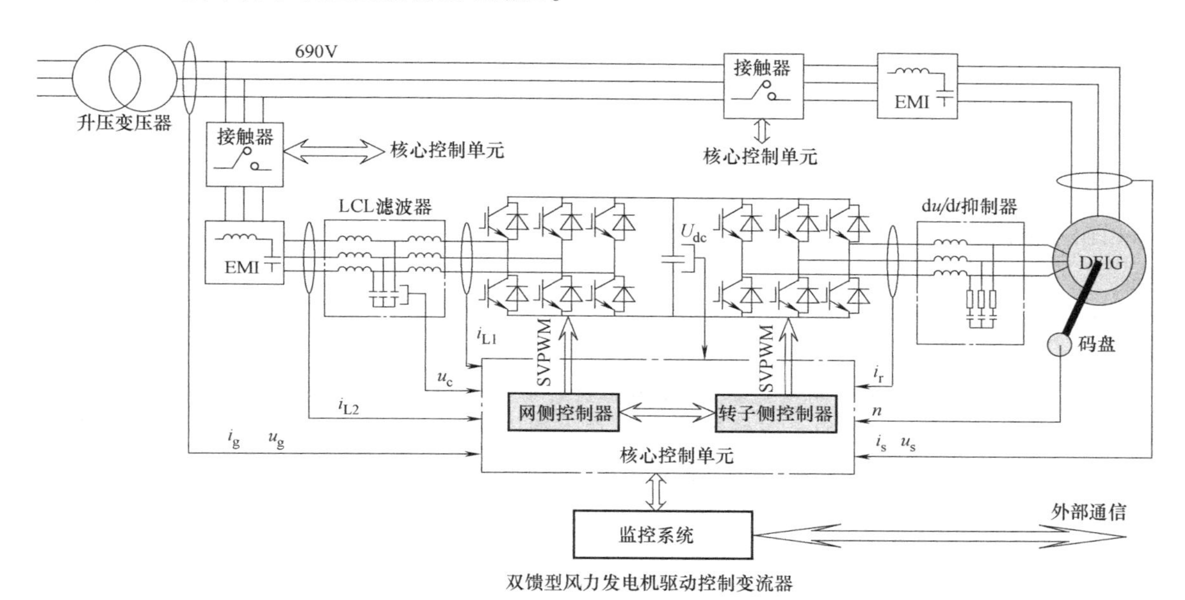

图 3-77 双馈型变流器主电路图

双馈变流器位于塔底，发电机安装在塔顶，当变流器和发电机之间采用长线电缆传输时，由于长线电缆的分布特性，即存在漏电感和耦合电容，当 PWM 变流器发射脉冲经过长线电缆传至电机时会产生电压反射现象，导致在发电机端产生过电压、高频阻尼振荡，进一步加剧电机绕组的绝缘压力，造成电机在短期内绝缘击穿等事故。分析表明，发电机端产生的过电压与变流器输出 PWM 脉冲上升时间和电缆长度有关，因此在网侧控制器和电网间加设了滤波器。

标准的 EMI 滤波器通常是由串联电抗器和并联电容器组成的低通滤波电路，其作用是允许设备正常工作时的频率信号进入设备，而对高频的干扰信号有较大的阻碍作用。

2. 双馈型变流器拓扑结构

交流励磁变速恒频双馈发电机组要求励磁变流器谐波污染小，输入输出特性好；具有功率双向流动的功能；能在不吸收电网无功功率的情况下具备产生无功功率的能力。背靠背恒压源 PWM 调制电路（PWM-VSI）是双向变流器的拓扑结构，如图 3-78 所示。它不仅具有良好的输出性能，而且改善了输入性能，可获得任意功率因数的正弦输入电流，具有能量双向流动的能力。由图 3-78 可见，变流器的两个 PWM 变流器的主电路结构完全相同，在转子不同的能量流向状态下，交替实现整流和逆变的功能，因而在分析中只能分别区分为网侧变流器和转子侧变流器。

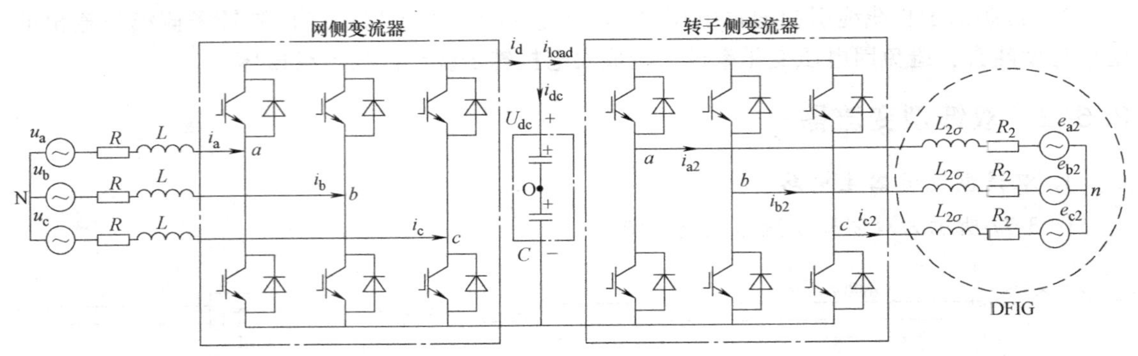

图 3-78　双馈电压型风机变流器拓扑

图 3-78 中，u_a、u_b、u_c 为网侧变流器交流三相电网电压；i_a、i_b、i_c 为网侧变流器交流三相输入电流；L、R 分别为交流进线电抗器的电感和等效电阻；C 为直流环节的储能电容；u_{dc}、i_{dc} 分别是电容的电压和电流；i_d、i_{load} 分别是流经网侧变流器和转子侧变流器直流母线的电流；L_2、R_2 分别为转子一相绕组的漏感和电阻；e_{2a}、e_{2b}、e_{2c} 为转子三相绕组的反电动势。

背靠背 PWM-VSI 是双向变流器由两个常规的 PWM-VSI 构成，各自功能相互独立，如图 3-79 所示，网侧变流器的主要功能是实现交流侧输入单位功率因数控制和在各种状态下保持直流环节电压稳定，确保转子侧变流器乃至整个 DFIG 励磁系统可靠工作。转子侧变流器的主要功能是在转子侧实现 DFIG 的矢量变换控制，确保 DFIG 输出解耦的有功功率和无功功率。两个变流器通过相对独立的系统完成各自的功能。转子侧变流器是通过 DFIG 定子磁链定向进行控制的，而网侧变流器则是通过电网电压定向进行控制的。

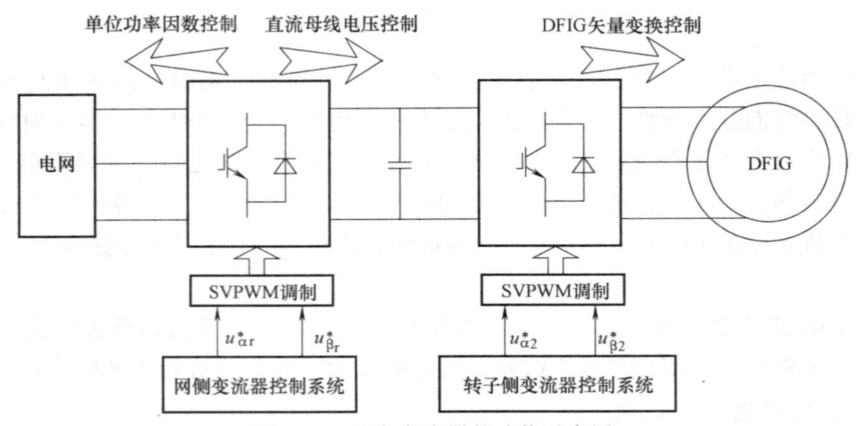

图 3-79　双向变流器的功能示意图

3. 变流器工作过程

双馈风力发电机的定子绕组直接与电网相连，转子绕组通过变流器与电网连接，转子绕组电源的频率、幅值和相位按运行要求由变流器自动调节，机组可以在不同的转速下实现恒频发电，满足用电负载和并网的要求。由于采用了交流励磁，发电机和电力系统构成了“柔性连接”，即可以根据电网电压、电流和发电机的转速来调节励磁电流，实现最大风能捕捉和定子输入无功功率调节。

当发电机的转速低于气隙旋转磁场的转速时，发电机处于亚同步运行状态，为了保证发电机发出的频率与电网频率一致，需要变流器向发电机转子提供正相序励磁，给转子绕组输入一个使旋转磁场方向与转子机械转速方向相同的励磁电流，即转子需要从直流环节吸收能量，转子侧变流器工作在逆变状态，直流环节的电容由于放电，会导致其两端的直流电压有下降的趋势，为了保持直流电压稳定，网侧变流器工作在整流状态，如图3-80所示。

当发电机的转速高于气隙旋转磁场的转速时，发电机处于超同步运行状态，为了保证发电机发出的频率与电网频率一致，需要给转子绕组输入一个使旋转磁场方向与转子机械方向相反的励磁电流，此时变流器向发电机转子提供负相序励磁，以加大转差率，变流器从转子绕组吸收功率。转子向直流环节释放能量，转子侧变流器工作在整流状态，将转子回馈的转差功率整流成直流电向电容充电，致使直流环节电压泵升，为了限制直流环节电压泵升效应，网侧变流器需要将直流环节的电能回馈到电网，因此网侧变流器工作状态转变成逆变状态，如图3-81所示。

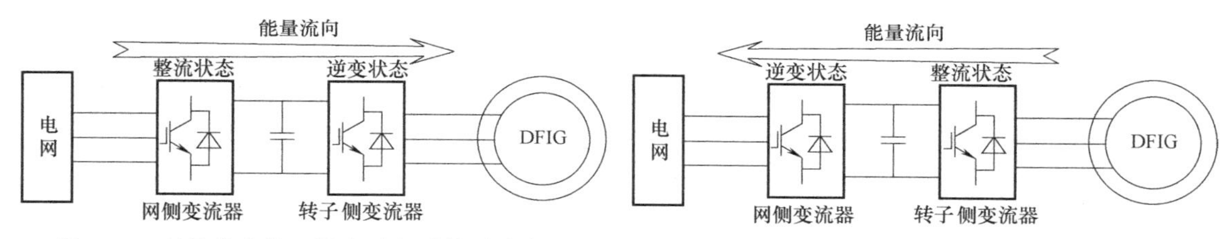

图3-80　双馈发电机亚同步运行时能量流向图　　图3-81　双馈发电机超同步运行时能量流向

当发电机的转速等于气隙旋转磁场的转速时，发电机处于同步速运行，变流器向转子提供直流励磁，作斩波器运行。此时，转子的制动转矩与转子的机械转速方向相反，与转子感应电流产生的转矩方向相同，定子和转子都向电网馈送电功率，实现能量双向流动。此外，网侧变流器还可以控制直流母线电压恒定以及调节网侧的功率因数，使整个风力发电系统的无功功率调节更加灵活。

当背靠背PWM-VSI进入稳定工作状态时，母线上的直流电压恒定，网侧变流器的三相桥臂由正弦脉宽调制规律驱动。当开关频率很高时，由脉宽调制基本原理可知，变流器的交流侧电压含有正弦基波电压和其他谐波的电压。由于电感的滤波作用，高次谐波电压产生的谐波电流非常小，形成非常近似于正弦的输入电流。如果只考虑电流和电压的基波，从电网侧看，网侧变流器可看作是一个可控的三相交流电压源。其基波等效电路如图3-82a所示。

由相量图可知，调节网侧变流器输出交流电压的幅值和相位，就能控制电感电流的大小以及电流与电网电压的相位角，从而使该变流器运行于几个不同的工作状态（见图3-82b）：

1）单位功率因数整流运行。此时，交流侧电流的基波具有完全正弦的波形，并与电网电压保持同相位，能量完全由电网侧流入整流器，从电网吸收的无功功率为零。

2）单位功率因数逆变运行。此时，交流侧电流的基波保持正弦并与电网电压反相，能量完全由直流侧流向电网，且电网和整流器之间没有无功功率的流动。

3）非单位功率因数运行状态。此时，交流侧电流的基波与电网电压具有一定的相位关系。当控制电网电流为正弦波形，且与电网电压具有 90°的相位差时，整流器可作为静止无功发生器运行。另外，在变流器非单位功率因数运行时，也可控制其交流侧电流为所需的波形和相位，即作为有源滤波器运行。

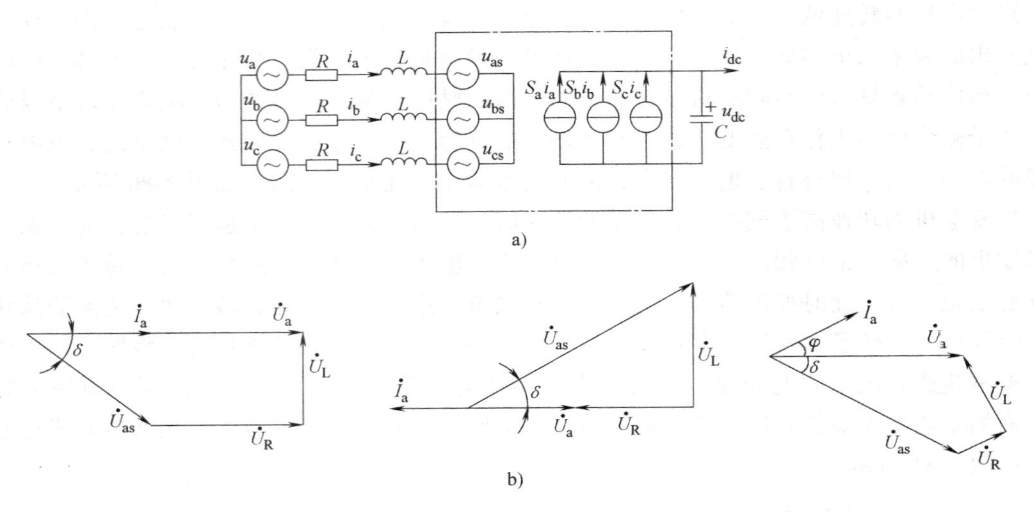

图 3-82 等效电路和相量图

其中，单位功率因数整流和逆变运行是变速恒频发电系统中网侧变流器的两个典型运行状态，由于功率因数可以做到 1，所以减小了谐波以及谐波对电网的危害，这一点正是背靠背 PWM-VSI 较其他变流器所具有的独特优点，使得它成为变速恒频发电系统中的主流变流器。

背靠背 PWM-VSI 的优点还有：PWM-VSI 是常用的三相功率变流器，理论成熟，部件生产专业化，价格有竞争力；在网侧逆变器和转子侧逆变器间采用电容耦合，除了可以提供保护外，还可以分别对两个逆变器进行独立控制和不对称补偿。

背靠背 PWM-VSI 的缺点是：直流母线上采用的大电容笨重、粗大，增加成本，同时影响整个系统寿命；开关损耗大；为防止电机绝缘体上出现高电压，引起轴承电流，需要使用输出平波电抗器，滤掉电压波峰。

3.6.3 全功率型变流器

全功率变流器是一种由直流环节连接两组电力电子变换器组成的背靠背变频系统。其中，发电机侧变频器接收感应发电机产生的有功功率，并将功率通过直流环节送往电网侧变频器。发电机侧变频器也用来通过感应发电机的定子端对感应发电机励磁。电网侧变频器接收通过直流环节输送来的有功功率，并将其送到电网，即它平衡了直流环节两侧的电压。根据所选的控制策略，电网侧变频器也用来控制功率因数或支持电网电压。

1. 变流系统组成

全功率型变流系统硬件组成框图如图 3-83 所示，主要分为整流电路、斩波升压电路、逆变电路三部分。各部分的功能如下：

1）发电机电容。功能是提供对非线性负载无功的补偿，使发电机端功率因数近似为 1，从而提高系统利用率。

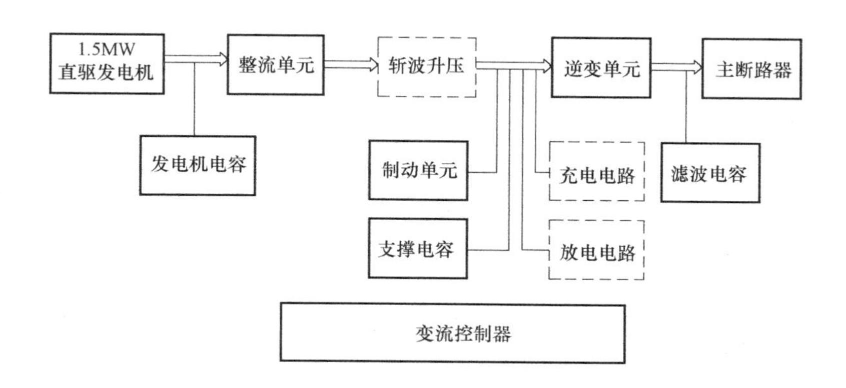

图 3-83　全功率变流系统硬件组成框图

2）整流单元。将发电机发出的交流电变换为直流电，还包括滤波电容，以抑制整流电压波动。

3）斩波（Boost）单元。控制整流后的电流，从而控制发电机输出功率。

4）直流母线电容。保证母线电压的平稳，为斩波电流和并网电流的控制提供基础。

5）预充电回路。在变流器运行前，直流母线没有电压时，通过专门的电阻为母线充电。它绕开了主断路器，在主断路器吸合前先将母线充电，以保护母线上电容不受电网的电压冲击。

6）网侧逆变单元。网侧逆变单元控制并网电流，同时控制直流母线电压，使其保持在稳定的范围内。

7）并网滤波电容。并网电流通过滤波器馈入电网系统，滤波器的作用是滤除并网电流中的高频谐波，满足电网对并网电流的要求。

2. 变流系统工作过程

变流系统的工作过程如下：由发电机发出的交流电，其电压和频率都很不稳定，随叶轮转速的变化而变化。经过发电机侧整流单元整流，变换成直流电；经过斩波升压，使电压升高到±600V，送到直流母线上；通过逆变单元把直流电逆变成能够和电网相匹配的形式送入电网。为了保护变流器系统的稳定，还设置了一个过电压保护单元，当直流母线上的能量无法正常向电网传递时，过电压保护单元可以将多余的能量在电阻上通过发热消耗掉，避免直流母线电压过高造成器件的损坏。

本章小结

本章主要介绍可用于风力发电系统的各类发电机及风力发电系统中很重要的电气设备变流器。可用于风力发电系统的感应式异步发电机有笼型和绕线转子式发电机；同步发电机有电励磁同步发电机和永磁式同步发电机；以及同时具有异步发电机和同步发电机特征的双馈式发电机。分别介绍了各类发电机的运行特性、组成的风力发电系统类型、并网运行保护电路及功率调节方法。

上述发电机特征总结为表 3-2。

表 3-2　发电机特征总结

	感应异步发电机	双馈异步发电机	电励磁同步发电机	直驱式永磁同步发电机
定子结构	三相绕组	三相绕组	三相绕组	三相绕组
转子结构	独立绕组	独立绕组	独立绕组	无独立绕组
励磁方式	感应励磁	交流励磁	直流励磁	永久磁铁
转速	高于同步转速	高于/低于同步转速	转速恒定	变化转速
功率调节	有功功率调节	有功、无功解耦调节	有功、无功耦合调节	有功功率调节

变流器是变速恒频风力发电系统电能传输过程中必不可少的电气设备，本章介绍了用于双馈式风力发电系统和永磁式同步发电系统中的两种变流器的电气构成，以及变流器的工作过程。

练　习　题

一、基本概念

磁路　转差率　RCC　同步发电机外特性　同步发电机调节特性　居里温度点　全功率型变流器　部分功率变流器　整流　斩波　逆变

二、填空题

1. 异步电机转子转速高于同步转速时（$n>n_1$），电机运行于________状态，电机中的电磁转矩为________转矩。

2. 转子电流控制器根据给定的电流值，通过改变________，改变发电机的转差率。

3. 磁路由________和________组成。

4. 当电励磁同步发电机负载电流发生变化时，为保持端电压不变，必须同时调节________。

5. 并网型感应异步发电机本身不发无功功率，其励磁电流需要从________获取。

6. 同步发电机________运行时，向电网输出滞后的无功功率；同步发电机________运行时，向电网输出容性无功功率。

7. 双馈发电机采用________励磁。

8. 当双馈发电机转速变化时，可调节________来维持 f_1 不变，以保证与电网频率相同，实现变速恒频控制。

9. 直驱型永磁风电机组变速恒频控制是在________回路中实现的。

10. 风力发电系统的变流技术主要有________、________、________。

11. 矢量控制的目的是实现对交流电机的________与________分别控制。

12. 当双馈发电机工作在超同步状态时，转子侧变流器工作在________状态，网侧变流器工作在________状态。

三、判断题

1. 送入电网的功率，感性无功分量越多越好。　（　）

2. 转子回路短路的感应式发电机不能控制无功功率。　（　）

3. 变速恒频风力发电系统的变流器串接在定子绕组回路中。　（　）

4. 笼型感应发电机转子旋转方向与同步转速旋转方向相同，转速低于同步转速。　（　）

5. 当系统中提供的无功功率不足时，电网电压将会升高。　（　）

四、选择题

1. 同步发电机工作在功率因数（　　）时，发电机定子电流最小。

A. 等于零　　B. 大于零　　C. 小于零　　D. 等于1

2. 双馈发电机发电运行时，转差功率（　　）。

A. 等于零　　B. 大于零　　C. 小于零　　D. 都有可能

3. 转子电流控制器与（　　）连接，构成一个电气回路。

A. 转子三相绕组　B. 定子三相绕组　C. 独立绕组

4. 外特性是同步发电机端电压和（　　）的关系曲线。

A. 负载电流　　B. 励磁电流　　C. 有功功率

5. 笼型感应发电机转子转速（　　）同步转速，旋转方向与同步转速旋转方向（　　）。

A. 等于 相同　　B. 大于 相同　　C. 小于 相反

五、简述题

1. 简述RCC控制系统的工作原理。
2. 与笼型感应发电机相比，双馈异步发电机有哪些性能优势？
3. 简述异步发电机的几种工作状态。
4. 笼型感应电机和绕线转子感应电机转子结构有什么不同？
5. 解释双馈式风力发电机的“双馈”的具体含义及电能输出方式。
6. 简述双馈发电机的三种发电运行状态及相应的功率传递关系。
7. 说明风电机组并网运行时，为什么要进行无功补偿。
8. 叙述双馈发电机网侧变流器和机侧变流器的功能和作用。
9. 简述双馈发电机励磁调节内容。
10. 简述变流器在风力发电系统中的作用。

第 4 章

风力发电机组的变桨、偏航及制动系统

变桨系统、偏航系统及制动系统是大型风力发电系统安全、稳定运行必不可少的子系统。本章详细介绍各子系统的机构组成和系统工作过程。

4.1 变桨系统

变桨距风电机组与定桨距风电机组相比，起动与制动性能好，风能利用率高，在额定功率点以上输出功率平稳。随着风电机组功率等级的增加，现代大型并网风电机组多数采用变桨距机组。

4.1.1 变桨系统的原理和功能

变桨距控制是通过叶片和轮毂之间的轴承机构，借助控制技术和动力系统转动叶片来改变叶片的桨距角，使叶片及整机承受的载荷较小，由此来改变翼型的升力，以达到改变作用在风轮叶片上的转矩和功率的目的。

变桨距控制时，叶片桨距角相对气流是连续变化的，可以根据风速的大小调节气流对叶片的攻角。当风电机组起动及风速低于额定风速时，桨距角处于可获取最大起动转矩的位置（30°~45°，依据风机实际情况而定），有较低的切入风速，当风轮转速达到额定转速时，再调节到0°。当风速超过额定风速时，叶片向小桨距角方向变化，从而使获取的风能减少，改变叶片的升力与阻力比，使风电机组获得优化的功率曲线，这样就保证了风轮输出功率不超过发电机的额定功率，风轮速度降低，使发电机组输出功率可以稳定在额定功率上，实现功率控制。当出现超过切出风速的强风、紧急停机或有故障时，可以使叶片迅速处于90°桨距角的顺桨位置，使风轮迅速进行空气动力制动而减速，既减小了负载对风电机组的冲击，又延长了风电机组的使用寿命，并有效地降低了噪声，避免了大风对风电机组的破坏性损害。

某变桨风电机组在不同风速条件下的桨距角见表 4-1。从表中的数据可见，通过改变桨距角，在风速大幅度增加时，风轮转速被有效地控制在额定转速以下。

表 4-1 不同风速条件下的桨距角

风速/(m/s)	6	8	10	12	14	16	18	20	22	24	26
风轮转速/(r/min)	5	8	17	19	22	25	28	21	23	25	27
桨距角/(°)	0	0	10	10	10	10	10	20	20	20	20

变桨系统原理如图 4-1 所示。变桨系统接收来自机组控制系统（上位机）的命令，经过变桨控制器对命令进行处理，通过预先设定的算法将控制信号转变为可调制的功率信号，驱

动执行器进行动作，从而驱动叶片变桨。在这个过程中，变桨系统与上位机和执行机构的通信，是控制的重要部分。

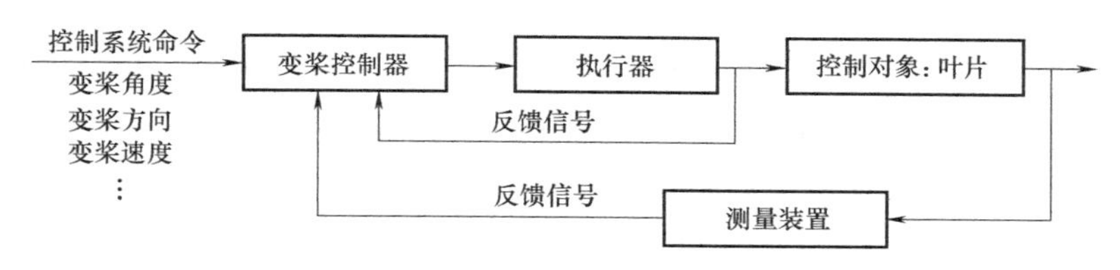

图 4-1 变桨系统原理图

为了提高系统的控制精度和动态特性，变桨系统使用闭环控制：对执行器的输出信息和控制对象的动作信息进行测量，并反馈给控制器，控制器再将实际的输出和动作信息与上位机给定的命令信息做比较，计算出两者的差值，然后根据这个差值调整输出，消除这个差值，从而使实际输出与上位机的控制命令相一致。因此，变桨系统需要实时采集控制对象的动作信息反馈，以作为执行器的输出信息的参考。

变桨距控制机组的优缺点如下：

1）优点：起动性好；制动机构简单，叶片顺桨后风轮转速可以逐渐下降；额定点以前的功率输出饱满；额定点以后的输出功率平滑；风轮叶根承受的静、动载荷小。

2）缺点：由于有叶片变距机构且轮毂较复杂，可靠性设计要求高，维护费用高；功率调节系统复杂，费用高。

4.1.2 变桨系统的工作状态

变桨距风电机组根据变桨系统所起的作用可分为三种运行状态，即风电机组的起动状态（转速控制）、欠功率状态（不控制）和额定功率状态（功率控制）。

1. *起动状态*

变距风轮的桨叶在静止时，桨距角为90°（见图4-2），这时气流对桨叶不产生转矩，整个桨叶实际上是一块阻尼板。当风速达到起动风速时，桨叶向0°方向转动，直到气流对桨叶产生一定的攻角，风轮开始起动，在发电机并入电网以前，变桨系统的桨距角给定值由发电机转速信号控制。转速控制器按一定的速度上升斜率给出速度参考值，变桨系统根据给定的速度参考值调整桨距角进行速度控制。在控制过程中，转速反馈信号与给定值进行比较，当转速超过发电机同步转速时，叶片桨距角就向迎风面积减小的方向转动一个角度；反之，则向迎风面积增大的方向转动一个角度。为了确保并网平稳，对电网产生尽可能小的冲击，变桨系统可以在一定时间内，保持发电机的转速在同步转速附近，寻找最佳时机并网。

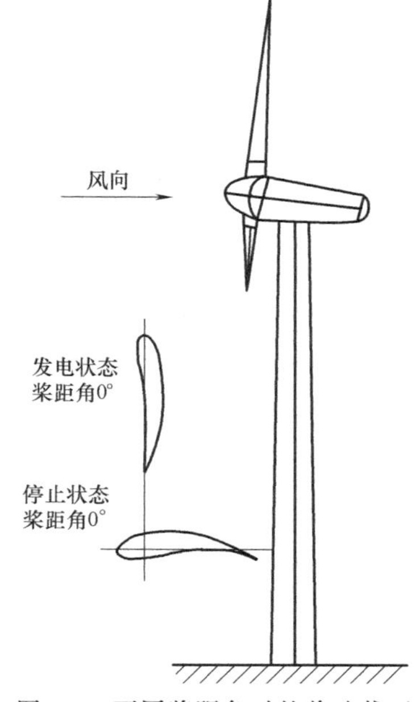

图 4-2 不同桨距角时的桨叶截面

2. *欠功率状态*

欠功率状态是指发电机并入电网后，由于风速低于额定风速，发电机在额定功率以下的低功率状态运行。在早期的变桨距风电机组中，对欠功率状态不加控制。这时的变桨距风电机组与定桨距风电机组相同，其功率输出完全取决于桨叶的气动性能。

这一阶段从理论上说，根据风速的变化，风轮可在限定的任何转速下运行，以便最大限度地获取能量，但由于受到运行转速的限制，不得不将该阶段分成两个运行区域：变速运行区域（C_p 恒定区）和恒速运行区域。为了使风轮能在 C_p 恒定区域运行，必须应用变速恒频发电技术，使风电机组转速能够被控制，以跟踪风速的变化。

3. 额定功率状态

当风速达到或超过额定风速后，风电机组进入额定功率状态。变桨机构开始工作，叶片相对自身的轴线转动，前缘（即叶片翼型的圆头部分）转向迎风方向，使得桨距角增大，攻角减小，升力也减小，使功率输出始终控制在额定功率值附近。

4. 制动状态

当遇到大风或需要气动制动时，桨距角又重新回到 90°，这个过程称为顺桨。若转动过程是后缘（即叶片翼型的尖部）转向迎风方向，则进入主动失速变桨过程。

4.1.3 液压变桨机构

液压控制系统具有传动力矩大、重量轻、刚度大、定位精确、液压执行机构动态响应速度快等优点。液压变桨系统结构简单、操作方便，能够保证快速、准确地把叶片调节至预定的桨距角位置。在额定风速下，可提高风能利用率，获得优质的电能输出，保证机组安全、可靠的运行。

液压变桨距机构根据其工作方式有独立变桨和统一变桨两种方式。

1. 独立变桨

独立变桨距方式中，每个桨叶都由独立的变桨距执行机构驱动，通过安装在轮毂内的三个液压缸、三套曲柄滑块机构分别驱动每个叶片。自然界的风在整个风轮扫及面上分布是不均匀的，独立桨叶控制可以根据各个桨叶上的风速不同进行调节，不仅能维持发电机输出功率，而且能减小桨叶拍打振动，因此独立桨叶控制比统一控制更具有优势。独立变桨距控制将桨叶负载分别由单一的执行机构承担，所以一般都采用电动机驱动，电动机通过主动齿轮带动桨叶轮毂内齿圈，使桨叶节距角发生改变。

独立变桨也可采用液压驱动，如图 4-3 所示。桨叶由油缸驱动，油缸安装于轮毂内，液压油通过液压集电环进入轮毂。该机构的工作过程是：主控系统根据检测到的功率，以一定的算法给出桨距角参考信号，通过集电环送给轮毂控制器；轮毂控制器根据主控指令驱动伺服比例阀使油缸活塞杆达到指定位置；偏心块将液压缸活塞杆的直线运动转变为使桨叶旋转的圆周运动，从而实现对桨距角的控制。由于风电机组的每个桨叶都有一套独立的液压伺服系统驱动，一个桨叶出现故障时，其他两个桨叶仍能正常工作，增加了系统的安全性。这种执行机构尤其适用于大型风电机组。

2. 统一变桨

液压站和液压缸放在机舱内，通过一套曲柄连杆机构由同步盘推动三个桨叶旋转。这种结构电气布线会很容易，降低了风轮重量和轮毂制造难度，维护也很容易，但要求传动机构的强度、刚度较高。图 4-4 所示为统一液压变桨距执行机构示意图。统一液压驱动变桨系统

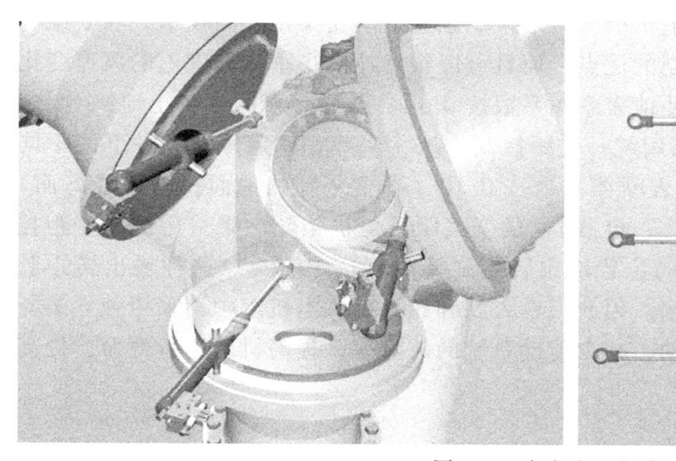
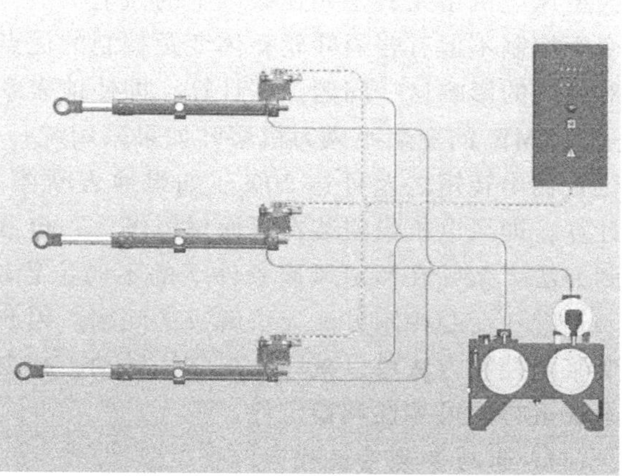

图 4-3　叶片独立变桨系统

主要由变桨驱动杆、三角法兰、连杆等部件组成，其结构示意图如图 4-5 所示。图 4-6 所示为风电机组上三角法兰的实物图。

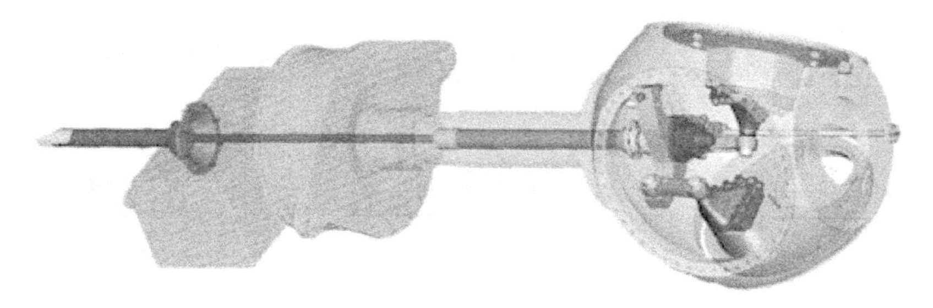

图 4-4　统一液压变桨距执行机构示意图

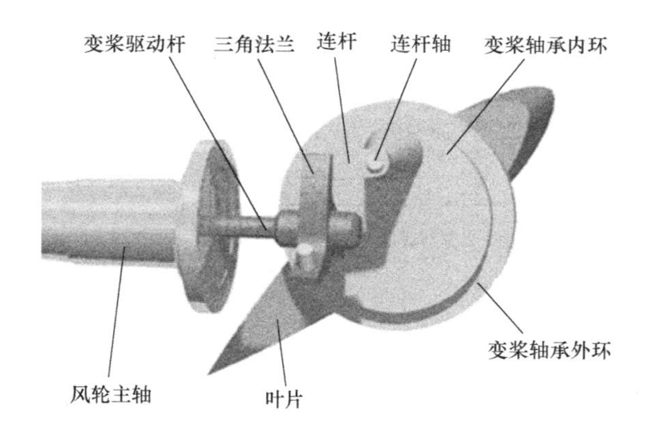

图 4-5　液压变桨系统组成

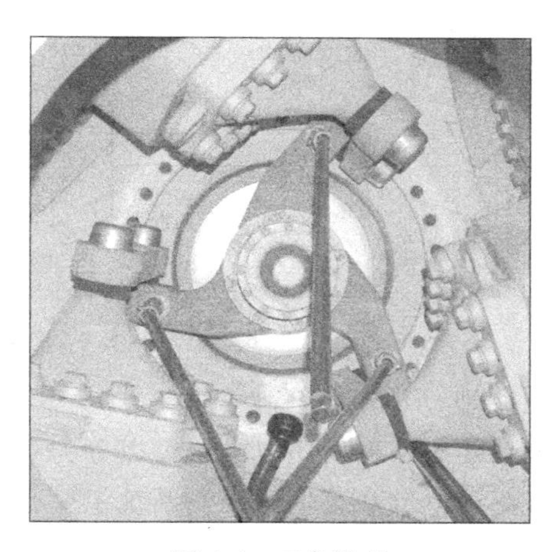

图 4-6　三角法兰

4.1.4　电动变桨系统

随着变频技术和永磁同步电动机技术的发展，电动执行机构以其适应能力强、响应快、精度高、结构简单、无泄漏、无污染和维护方便等优点，近年来得到了广泛的应用。目前，大型风电机组尤其是兆瓦级以上的风电机组，一般采用独立电动变桨距控制技术。独立桨叶变距控制不但有普通叶轮整体变距控制的优点，而且可以很好地解决垂直高度上的风速变化对风机的影响这一问题。据计算，即使地表摩擦系数按 0.14（长满短草的未耕土地）计算，一台 1MW 的变桨距风力机桨叶如果采用统一变距控制方法，桨叶在额定风速条件下的不同位置输出转矩之差可达 20%。如果地表摩擦系数按 0.10（平整坚硬的地面，湖面或海面）计算，即风电机组安装在近海风电场，一台 5MW 的变桨距风力机桨叶如果采用统一变距控制方法，桨叶在额定风速条件下的不同位置输出转矩之差也可达 19.8%。这种输出转矩脉动是统一变距控制方法无法解决的问题。因此，在大型和超大型风电机组中，采用独立桨叶变桨距控制方法可以减轻输出转矩脉动，减少传动系统的故障率，提高机组运行寿命，提高系统运行的可靠性和稳定性。

1. 电动变桨系统组成

独立电动变桨系统的组成如图 4-7 所示，每个桨叶都有独立的驱动电动机、伺服系统和控制系统，实现每支叶片 0°~90°的变桨距控制，变桨系统电源及通信由机舱柜通过安装在低速轴端的集电环供给。

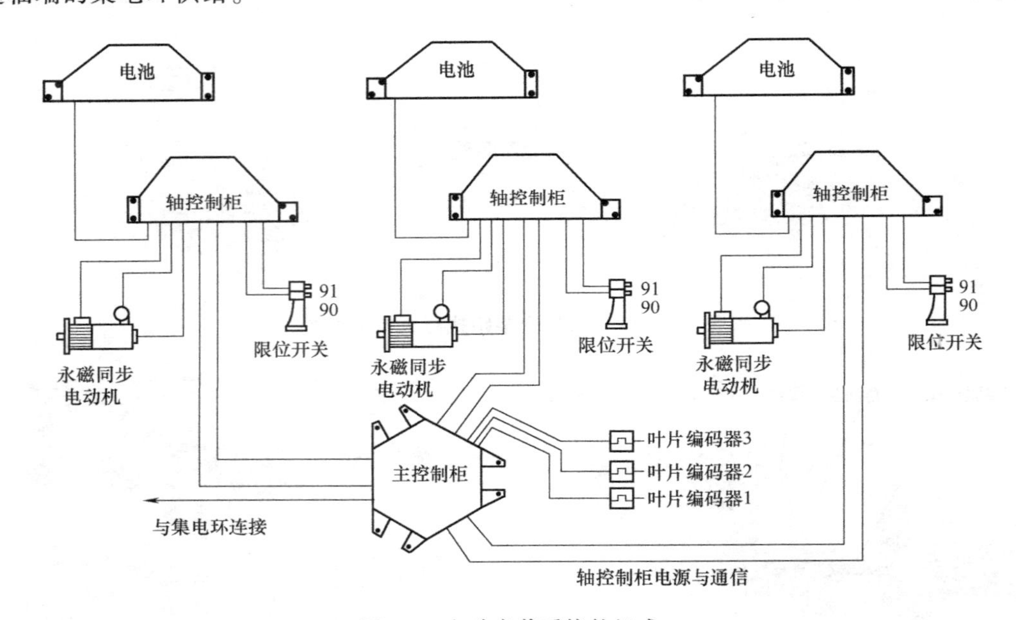

图 4-7　电动变桨系统的组成

（1）驱动电动机

电动变桨根据所用电动机可以分为直流伺服和交流伺服两种类型。

直流型电动变桨伺服控制系统主要有以下特点：

1）采用串励直流电动机，起动转矩大。对于转动重达数吨、直径数十米的叶片有优势。

2）由于采用直流无级调速，低速性能好。

3）不允许空载运行，否则会引起“飞车”。

4）电动机有碳刷，维修困难。

5）加后备电池比较方便。

交流型电动变桨伺服控制系统主要有以下特点：

1）采用交流永磁同步电动机或交流异步电动机，结构简单、维修工作量小。

2）代表了伺服控制系统的发展方向。

3）必须加 UPS，以便在电网突然断电或其他紧急情况停机时，变桨伺服系统可以通过自备的 UPS 短暂供电，使变桨系统完成收桨及采取预定的其他安全措施。

（2）电动变桨伺服系统

电动变桨伺服系统包括伺服驱动器、伺服电动机和减速机，均布置于轮毂内。伺服电动机是整个电动变桨系统的动力源，由伺服驱动器驱动，伺服电动机通过减速器上的主动齿轮与变桨轴承啮合，实现桨距角度的精确控制。

变桨系统常用的伺服电动机有异步电动机、无刷直流电动机和永磁同步电动机。表 4-2 所示为三种电动机的性能特征。伺服电动机不允许有自转，只有有控制信号时才旋转，无控制信号就停止，其转速的大小与控制信号成正比，必须具有较高的灵敏度。

表 4-2　三种伺服电动机的性能特征

性能	异步电动机	无刷直流电动机	三相永磁同步电动机
成本	较低	较高	较高
功率密度	最小	最大	较大
转矩/惯量	最小	一般	最大
速度范围	大	较小	较小
转矩/电流	较小	较大	较大
损耗	钢耗大	小	基速以上损耗大
制动	较难	容易	容易
转子位置传感器	增量编码器	绝对编码器	绝对编码器

减速机是调速传动装置，回转支承的内环安装在叶片上，叶片轴承的外环固定在轮毂上。伺服电动机带动减速器的输出轴小齿轮旋转，小齿轮与回转支承的内环啮合，从而带动回转支承的内环与叶片一起旋转，实现改变桨距角的目的。

（3）电动变桨控制系统

电动变桨控制系统由主控制柜（见图 4-8）和轴控制柜（见图 4-9）组成，主控柜内有电动变桨控制系统的主控制器，变桨系统必须要满足能够快速响应主控制器的命令，迅速将桨叶置于指定位置的同时还要满足三个叶片的桨距角一致，以及安全可靠运行的要求。主控柜与轴控制柜通过现场总线进行通信，整个系统的通信总线和电缆靠集电环与机舱内的主控制器连接。轴控制柜用来实现对电机的精确控制；电池柜（见图 4-10）用来提供备用电源。此外，变桨系统中还有变桨限位开关、叶片角度编码器，如图 4-11 所示。

2. 电动变桨系统工作原理

电动变桨系统原理如图 4-12 所示。每个桨叶采用一个带位置反馈的伺服电动机进行单独调节，绝对编码器采用光电编码器，安装在伺服电动机输出轴上，采集电动机的转动角度。

图 4-8　变桨主控制柜

图 4-9　变桨轴控制柜

图 4-10　电池柜

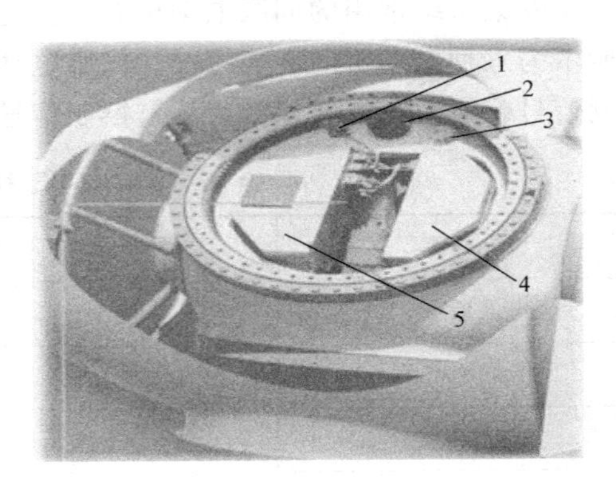

图 4-11　独立变桨机构

1—变桨限位开关　2—变桨减速器

3—叶片角度编码器　4—蓄电池箱　5—轴控制柜

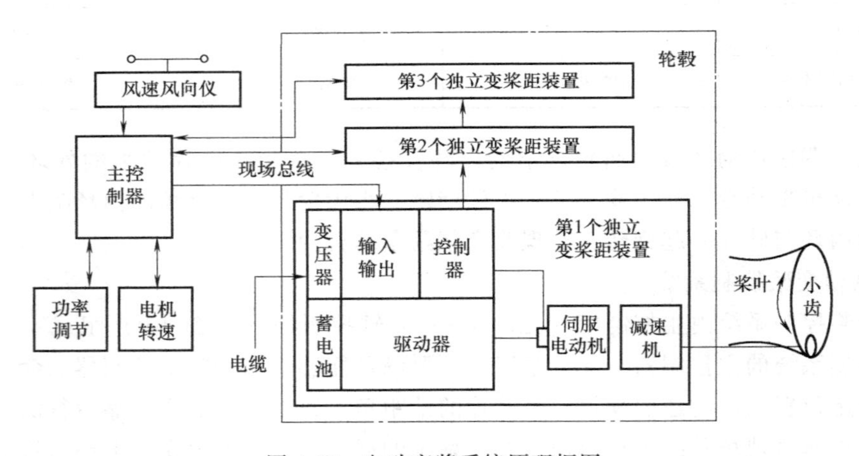

图 4-12　电动变桨系统原理框图

伺服电动机连接于减速机装置。输出的主动齿轮与回转支撑的内环齿圈相啮合处，带动叶片进行变桨距，实现对叶片桨距角的直接控制。在轮毂内齿圈的边上安装有非接触式位移传感器，用于检测内齿圈转动的角度，即直接反映桨距角的变化，当内齿圈转过一个角度，非接触式位移传感器输出一个脉冲信号。

变桨距控制根据安装在发电机后方输出轴上的光电编码器所测的位移值进行控制，非接触传感器作为冗余控制的参考值，它直接反映的是桨叶桨距角的变化，当发电机输出轴、联轴器或光电编码器出现故障时，即光电编码器与非接触式位移传感器所测数字不一致时，控制器便可知道系统出现故障。如果系统出现故障，控制电源断电时，电动机由蓄电池供电，60s 内将叶片调整到顺桨位置。

虽然独立变桨距控制与统一变桨距控制结构方式不一样，但是控制目标都是相同的，即稳定发电机的功率输出。因此，独立变桨距控制同样也分两个阶段：当风速低于额定风速时，叶片桨距角保持最优捕获风能的位置，一般为 0°左右，控制发电机转子转速，使风能利用系数保持最大值，发电机尽可能地输出最大的功率；当风速高于额定风速时，调节叶片桨距角，使发电机输出稳定在额定功率左右。在整个变桨距过程中，独立桨叶控制方式对应着三个控制量，即分别对每个桨叶进行单独控制；一个输出量，就是发电机的输出功率。

3. 电动变桨系统工作过程

（1）风力机在运行和暂停模式下，叶片连续变桨

连续变桨时伺服驱动器通过通信总线接收主控制器的变桨命令，输出一个较低频率的电压，使伺服电动机低速转动，通过齿轮箱带动桨叶缓慢进行变桨，变桨速度可低至 0.01°/s，只要改变变频器输出电压的相序，就能够改变伺服电动机的转向，通过电动机的正、反转使叶片向 90°或者 0°方向连续变桨。叶片的极限位置由位置传感器和行程开关来决定，从而保护桨叶角度不会超过安全范围。

（2）风力机在停止和紧急停止模式下，桨叶全顺桨

全顺桨时，伺服驱动器通过通信总线接收主控制器的变桨命令，由变频器输出一个较高频率，使伺服电动机高速转动，通过齿轮箱带动叶片快速顺桨，一般采用电动变桨系统的风力机全顺桨时变桨速度可达 15°/s，使叶片快速转到 90°。为了克服叶片高速转动时惯性的影响，防止变桨速度过快，在变频器直流母线上设置制动电阻，当叶片快速转动时，交流伺服电动机的转速将超过同步转速，电动机处于再生制动状态，变频器直流母线电压将上升，产生的能量将消耗在制动电阻上，从而为电动机提供制动力矩，为叶片提供阻尼作用。风力机在停止状态时，叶片在 90°位置上的定位则由一组电磁制动器来控制。

4. 变桨系统的保护

（1）备用电源

电动变桨系统必须配备备用电源，以防变桨系统的主电源供电失效后，在机组发生严重故障或重大事故的情况下由备用电源供电进行变桨操作，确保机组可以安全停机（叶片顺桨到 91°限位位置）。备用电源储备的能量是在保证变桨控制柜内部电路正常工作的前提下，足以使叶片以 10°/s 的速率，从 0°顺桨到 90°三次。当来自集电环的电网电压掉电时，备用电源直接给变桨控制系统供电，仍可保证整套变桨电控系统正常工作。

如果电动变桨系统出现故障，控制电源断电，伺服电动机由备用电源系统供电，15s 内将桨叶紧急调节为顺桨位置。在备用电源电量耗尽时，继电器节点断开，原来由电磁力吸合的制动齿轮弹出，制动桨叶，保持桨叶处于顺桨位置。

目前备用电源有三种类型：铅酸蓄电池、超级电容器和锂电池，这三种备用电源的优缺点如下：

铅酸蓄电池：电压稳定，容量较大，不需要均压控制，成本较低；充电速度慢，循环寿命相对少。

超级电容器：充电快，能在短时间充满，充电次数多，可瞬间大电流放电；成本高，放电时电压下降快，需要均压控制。

锂电池：能量密度较高，体积小，成本和寿命介于铅酸蓄电池和超级电容器之间；行业应用相对较少，行业供应链不完善，高温、低温特性较差。

备用电源并联在变频器的直流母线上，平时通过充电器浮充以保持充足的功率，一旦系统失电，备用电源立即不间断地为变频器的直流回路供电，由变频器驱动交流伺服电动机迅速使叶片全顺桨。风机主控系统需要定期检查备用电源的状态和备用电源供电变桨操作功能的正常性。

（2）变桨角度冗余监测

每个变桨系统都需要配备两个绝对值编码器，一个安装在电动机的非驱动端（电动机尾部），另一个也称作冗余绝对值编码器，安装在叶片根部变桨轴承内齿旁，它通过一个小齿轮与变桨轴承内齿啮合联动记录变桨角度，如图 4-13 和图 4-14 所示。

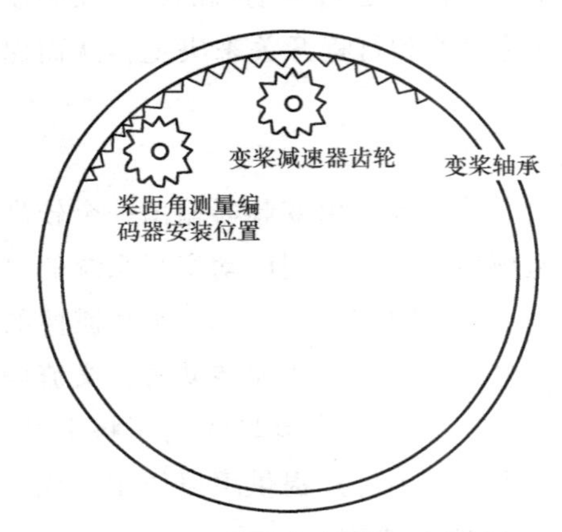

图 4-13　桨叶角度测量示意图

图 4-14　桨叶角度测量实物图

风机主控制器接收所有编码器的信号，而变桨系统只应用电动机尾部编码器的信号，只有当电动机尾部编码器失效时，风机主控制器才会控制变桨系统应用冗余编码器的信号。

为了验证冗余编码器的可利用性及测量精度，主控制器系统将两个编码器采集到的桨距角信号进行实时比较，冗余编码器完好的条件是两者之间角度偏差小于 2°。

（3）限位保护

每个叶片在 91°与 95°位置各安装一个限位开关，如图 4-15 所示，91°限位为主限位开关，95°限位为冗余限位开关。在主限位开关失效时，由冗余限位开关确保变桨电动机的安全制动。

变桨限位撞块、缓冲器和接近开关如图 4-16 所示。变桨限位撞块安装在变桨轴承内圈内侧，与缓冲器配合使用。当叶片变桨趋于最大角度时，变桨限位撞块会运行到缓冲器上起到变桨缓冲作用，如图 4-17 所示，以保护变桨系统，保证机组控制系统正常运行。

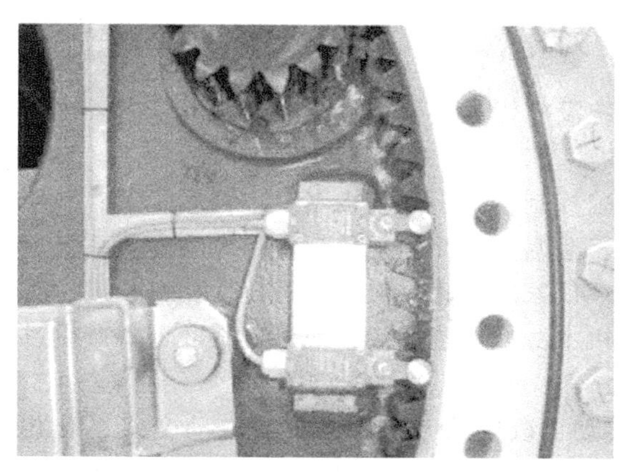

图 4-15　变桨机构限位开关

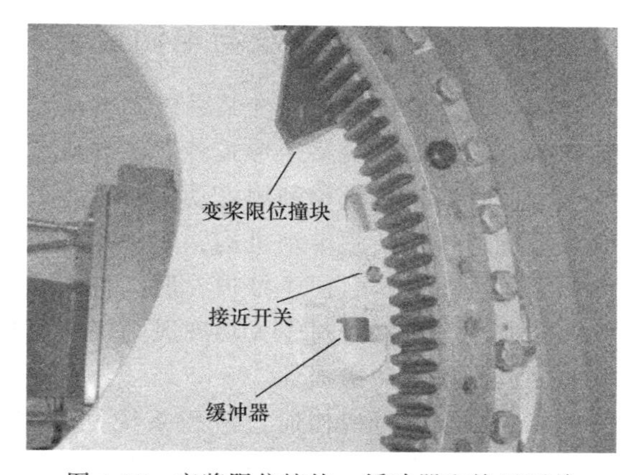

图 4-16　变桨限位撞块、缓冲器和接近开关

顺桨接近撞块安装在变桨限位撞块上，与顺桨接近开关配合使用，如图 4-17 所示。当叶片变桨趋于顺桨位置时，顺桨接近撞块就会运行到顺桨接近开关上方，接近开关将信号传递给变桨系统，提示叶片已经处于顺桨位置。

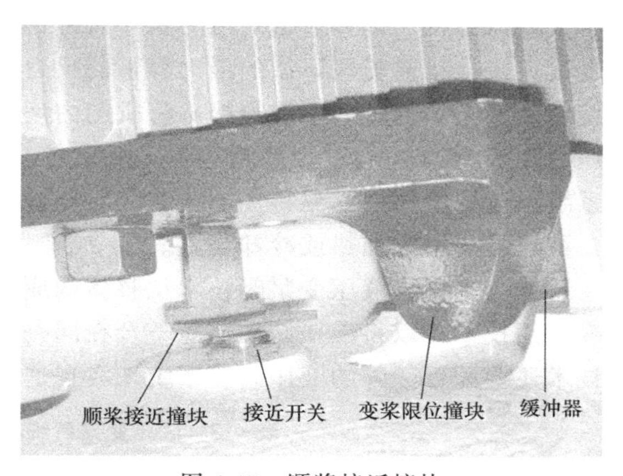

图 4-17　顺桨接近撞块

极限工作位置撞块安装在内圈内侧两个对应的螺栓孔上，如图 4-18a 所示。当变桨轴承趋于极限工作位置时（见图 4-18b），极限工作位置撞块就会运行到限位开关上方，与限位开关撞杆作用，限位开关撞杆安装在限位开关上，当其受到撞击后，限位开关会把信号通过电缆传递给变频柜，提示变桨轴承已经处于极限工作位置。

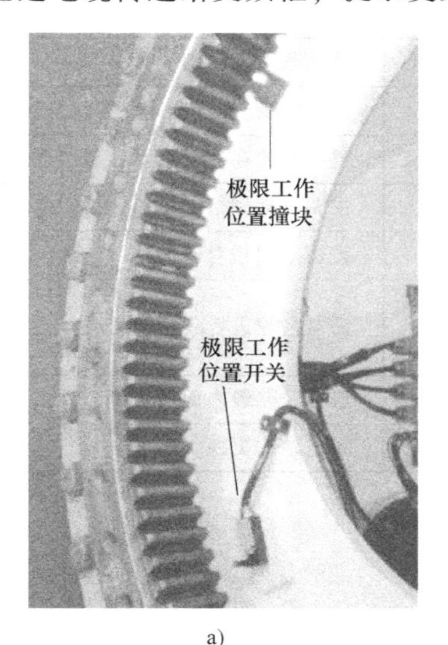

a)

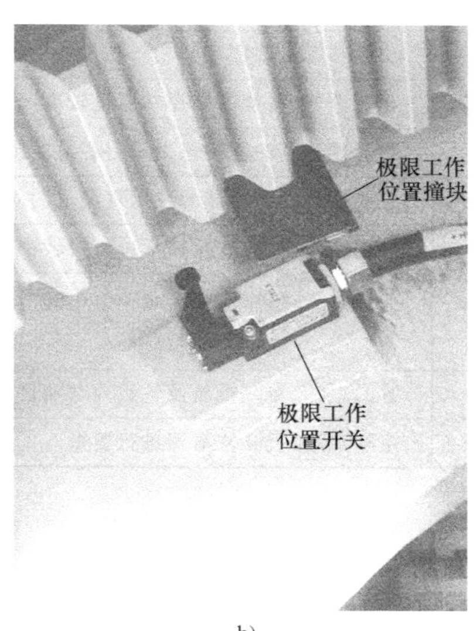

b)

图 4-18　极限工作位置开关及撞块

4.1.5 液压变桨系统与电动变桨系统的对比

从功能上来说，液压变桨系统和电动变桨系统没有优劣之分，从性能上来看，由于执行机构的不同，两种变桨距形式各有各的特点。

电动变桨执行机构利用电动机对桨叶进行单独控制，由于其结构紧凑、可靠，没有液压变桨系统那样复杂的传动机构，亦不存在非线性、泄漏、卡涩等现象。并且电动变桨系统造价低廉、适用性广、便于维护，所以得到许多生产厂家的青睐。但其动态特性相对较差，有较大的惯性，特别是对于大功率风力机。而且电机本身如果连续频繁地调节桨叶，将产生过量的热负荷使电动机损坏。

液压变桨执行机构通过液压系统推动桨叶转动，改变桨叶桨距角。与电动变桨系统相比，液压变桨系统的液压传动单位体积小、重量轻、动态响应好、转矩大并且无需变速机构，在失电时将蓄能器作为备用动力源对桨叶进行全顺桨操作而无须设计备用电源，特别适用于大型风力机。国外著名的风力机厂丹麦的 Vestas、德国的 Dewind、Repower 等都采用液压变桨方式，目前美国研制的最大容量的风力机也采用液压执行机构。但是，由于桨叶是不断旋转的，必须通过一个旋转接头将机舱内液压站的液压油管路引入旋转中的轮毂，液压油的压力在 20MPa 左右，因此制造工艺要求较高，难度较大，管路也容易产生泄漏现象。液压系统由于受液压油黏温特性的影响，对环境温度的要求比较高，对于在不同纬度使用的风机，液压油需增加加热或冷却装置。

总体上来说，液压变桨距技术从整体构成上来看比电动变桨距技术要略微简洁一些：液压变桨距技术可以将液压制动功能整合在同一个液压系统中来实现不同的功能，而电动变桨距技术还要配置额外的液压制动系统来实现这一功能。两种系统的对比见表 4-3。

表 4-3 液压变桨系统与电动变桨系统的对比

项目	液压变桨系统	电动变桨系统
桨距调节	基本无差别，油缸的执行(动作)速度比齿轮略快，响应频率快，转矩大	基本无差别。电路的响应速度比油路略快
紧急情况下的保护	功能基本无差别	功能基本无差别
	在低温下，蓄能器储存的能量较少	在低温下，蓄能器储存的能量较大
	蓄能器储存的能量通过压力容易实现监控	蓄能器储存的能量不容易实现监控
使用寿命	主要损耗件蓄能器的使用寿命大约 6 年	主要损耗件蓄能器的使用寿命大约 3 年
外部配套需求	占用空间小，轮毂及轴承可相对较小	占用空间相对较大
	无需对齿轮进行润滑，减少集中润滑的润滑点	需对齿轮进行集中润滑
环境清洁	容易漏油，造成机舱及轮毂内部油污	机舱及轮毂内部清洁
维护	定期对液压油、滤清器进行更换	蓄电池的更换

4.2 偏航系统

偏航系统是大型水平轴式风电机组必不可少的系统组成之一，是风电机组特有的伺服系统，如图4-19所示。偏航系统的作用主要有两个：一是与风电机组的控制系统相互配合，使风电机组的风轮始终处于迎风状态，充分利用风能，提高风电机组的发电效率；同时在风向相对固定时提供必要的锁紧力矩，以保障风电机组的安全运行。二是由于风电机组可能持续地一个方向偏航，为了保证机组悬垂部分的电缆不至于产生过度的扭绞而使电缆断裂、失效，在电缆达到设计缠绕值时能自动解除缠绕，即自动解缆。

图4-19　水平轴风电机组的偏航系统

4.2.1 偏航系统技术要求

1. 阻尼

为避免风电机组在偏航过程中产生过大的振动而造成整机的共振，偏航系统在机组偏航时必须具有合适的阻尼力矩。阻尼力矩的大小应根据机舱和风轮质量总和的惯性力矩等来确定。其基本的确定原则是确保风电机组在偏航时动作平稳顺畅，不产生振动。只有在阻尼力矩的作用下，机组的风轮才能够定位准确，充分利用风能进行发电。

2. 偏航转速

并网型风电机组的风轮轴和叶片轴在机组正常运行时不可避免地产生陀螺力矩，这个力矩过大将对风电机组的寿命和安全造成影响。为减少这个力矩对风电机组的影响，偏航系统的偏航转速应根据风电机组功率的大小并通过偏航系统力学分析来确定。根据实际生产和目前国内已安装的机型的实际状况，偏航系统的偏航转速推荐值见表4-4。

表4-4　偏航转速推荐值

风电机组功率/kW	100~200	250~350	500~700	800~1000	1200~1500
偏航转速/(r/min)	≤0.3	≤0.18	≤0.1	≤0.092	≤0.085

3. 润滑

偏航系统必须设置润滑装置，以保证驱动齿轮和偏航齿圈的润滑。目前，国内机组的偏航系统一般都采用润滑脂和润滑油相结合的润滑方式，定期更换润滑油和润滑脂。

4. 密封

偏航系统必须采取密封措施，以保证系统内的清洁和相邻部件之间的运动不会产生有害的影响。

5. 表面防腐处理

偏航系统各组成部件的表面处理必须适应风电机组的工作环境。风电机组比较典型的工作环境除风况之外，还要考虑各种环境（气候）条件的影响。

4.2.2 偏航系统组成

偏航系统由偏航控制机构和偏航驱动机构两大部分组成。其中，偏航控制机构包括风向传感器、偏航控制器、解缆传感器等几部分；偏航驱动机构包括偏航轴承、偏航驱动装置、偏航制动器（或偏航阻尼装置）、偏航液压回路等几部分。

根据风电机组偏航系统齿圈位置的不同，一般有外齿驱动形式和内齿驱动形式，如图 4-20 所示。图 4-21 所示为外齿驱动偏航系统执行机构的安装图。

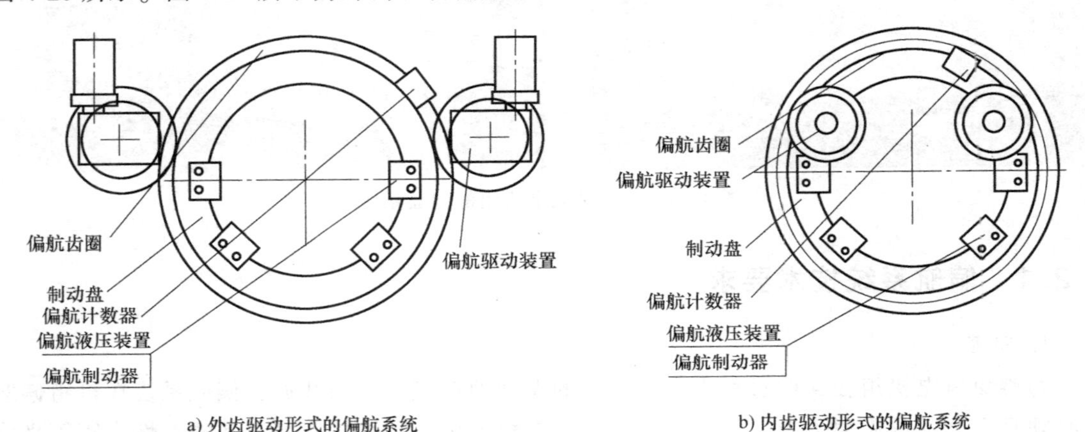

图 4-20　不同形式的偏航驱动系统结构简图

1. 偏航轴承

偏航轴承的轴承内外圈分别与机组的机舱和塔体用螺栓连接。轮齿可采用内齿或外齿形式。外齿形式是轮齿位于偏航轴承的外圈上，加工比较简单，如图 4-22 所示；内齿形式是轮齿位于偏航轴承的内圈上，啮合受力效果较好，结构紧凑，如图 4-23 所示。具体采用内齿形式还是外齿形式，应根据机组的具体结构和总体布置进行选择。

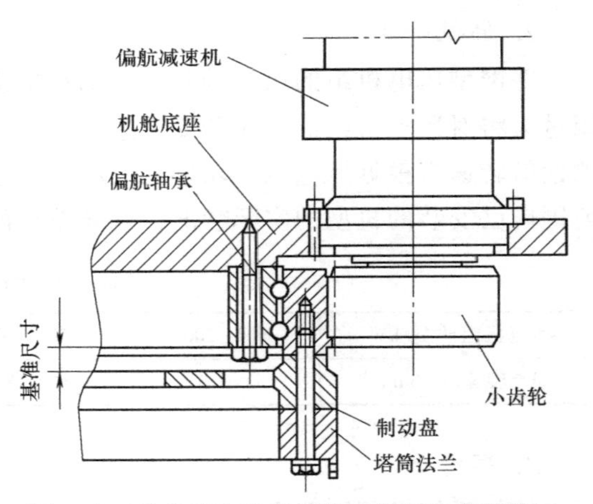

图 4-21　外齿驱动偏航系统执行机构的安装图

2. 偏航驱动装置

偏航驱动装置用于提供偏航运动的动力，在对风和解缆时，偏航驱动装置驱动机舱相对于塔架旋转。驱动装置的结构如图 4-24 所示，由电动机、减速器、传动齿轮、轮齿间隙调整机构等组成。一般驱动电动机安置在机舱中，通过减速器驱动输出轴上的小齿轮，小齿轮与固定塔架上的偏航大齿圈啮合，驱动机舱偏航对风或解缆。由于偏航速度低，驱动装置的减速器一般采用立式行星减速器。传动齿轮一般采用渐开线圆柱齿轮。

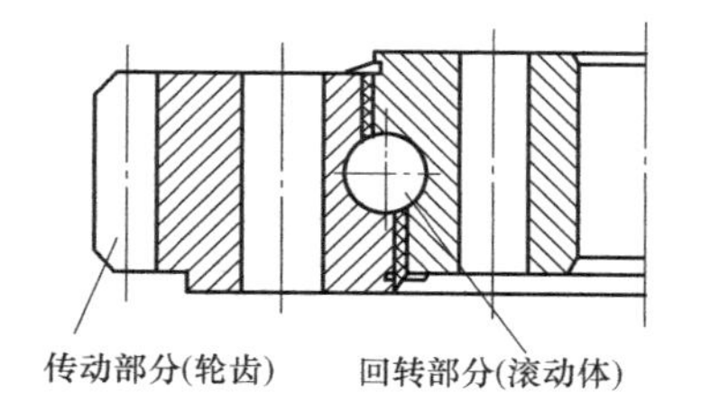

图 4-22　外齿形式的滚动偏航轴承结构图和实物图

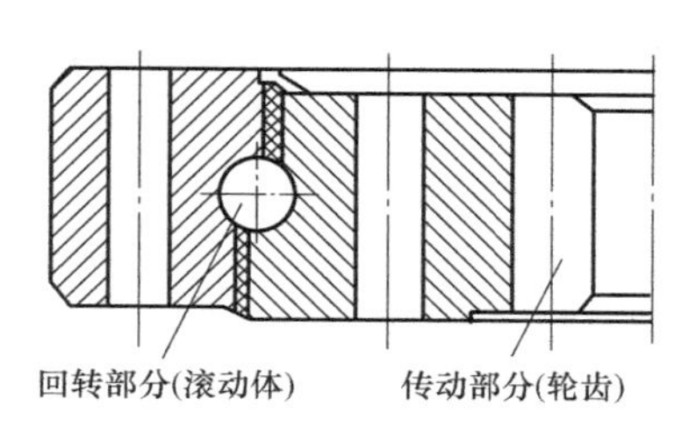

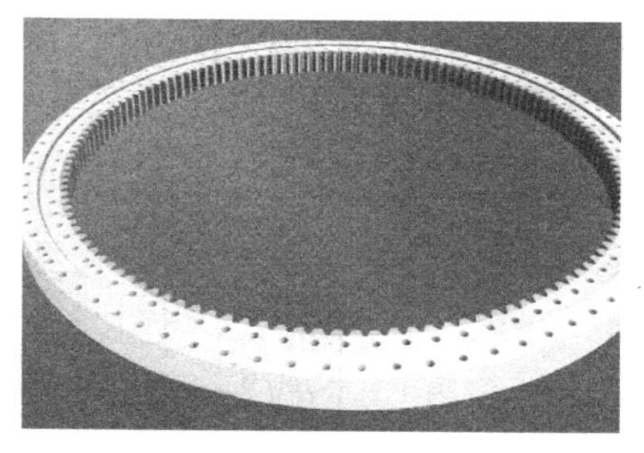

图 4-23　内齿形式的滚动偏航轴承结构图和实物图

3. 偏航制动装置

偏航制动装置主要用于风电机组不偏航时，避免机舱因偏航干扰力矩而做偏航振荡运动，防止损伤偏航驱动装置。

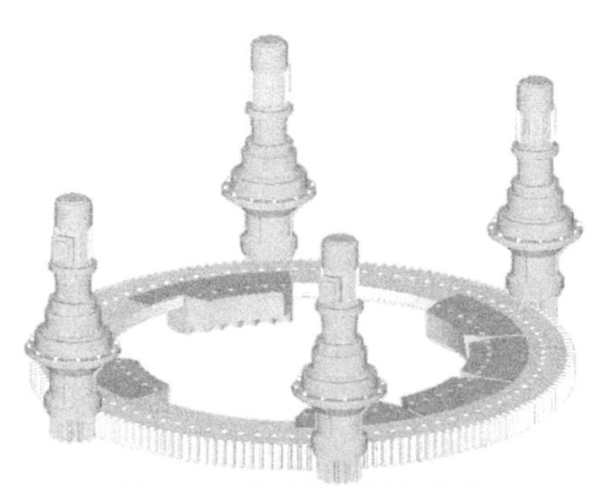

图 4-24　偏航驱动装置结构

偏航制动装置由制动盘和偏航制动器组成。制动盘通常位于塔架或塔架与机舱的适配器上，一般为环状，制动盘的材质应具有足够的强度和韧性，如果采用焊接连接，材质还应具有比较好的可焊性，此外，在机组寿命期内制动盘不应出现疲劳损坏。制动盘的连接、固定必须可靠牢固。偏航制动器是偏航系统中的重要部件，在机组偏航过程中，制动器提供的阻尼力矩应保持平稳。一般采用液压拖动的钳盘式制动器，如图 4-25 所示，图 4-26 所示为偏航制动器的布置情况。

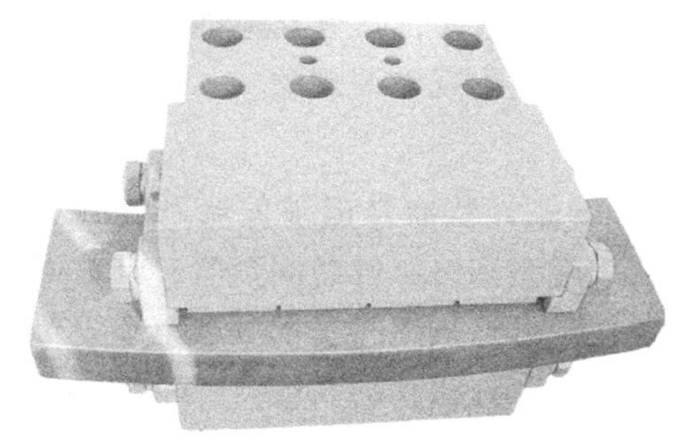

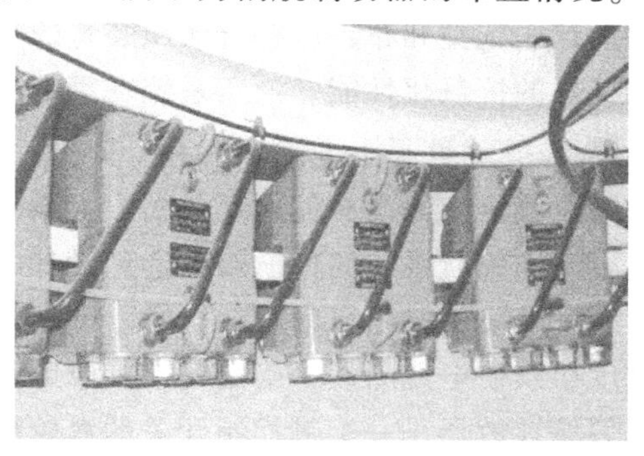

图 4-25　偏航制动器

图 4-26　偏航制动器的布置

制动器由制动钳体和制动衬块组成。制动钳体一般采用高强度螺栓连接，用经过计算的足够的力矩固定于机舱的机架上。制动衬块应由专用的摩擦材料制成，一般推荐用铜基或铁基粉末冶金材料制成，铜基粉末冶金材料多用于湿式制动器，而铁基粉末冶金材料多用于干式制动器。一般每台风机的偏航制动器都备有2个可以更换的制动衬块。

制动器可以采用常闭式和常开式两种结构，常闭式制动器是有动力的条件下处于松开状态，常开式制动器则相反，在有动力的条件下处于锁紧状态。两种形式相比较并考虑失效保护的要求，一般采用常闭式制动器，如图4-27所示。其制动和阻尼作用的原理是：制动衬块抵住制动盘端面，由油缸中的弹簧的弹力产生制动和阻尼作用。当要求机组做偏航动作时，从接头的油管通入的压力油压紧弹簧，使机舱能够在偏航驱动装置的带动下旋转。油缸中压力油压力大小确定制动器的松开程度及阻力矩的数值。

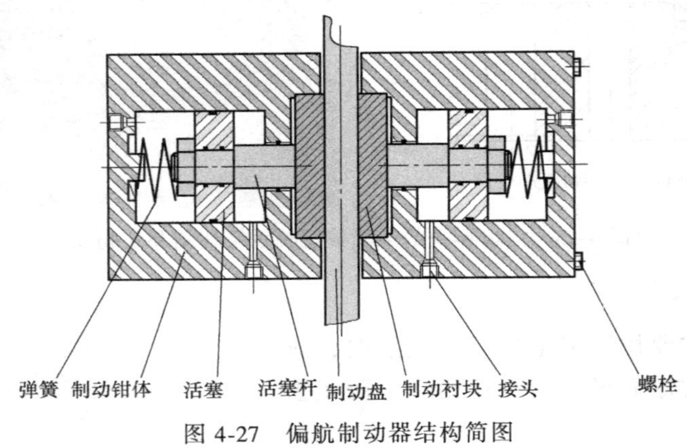

图4-27　偏航制动器结构简图

在制动状态，工作油压较高可使机舱固定不动，当偏航对风时，制动器由制动状态转变为具有20~30bar（$1bar=10^5Pa$）背压的阻尼状态，所以运动是平稳的。当在规定的气候条件下，要求电缆解缆时，制动器改变为松闸状态，此时机舱整圈反转并解缆。

4. 偏航液压系统

并网型风电机组的偏航系统一般都设有液压装置，液压装置的作用是拖动偏航制动器松开或锁紧。一般液压管路采用无缝钢管制成，柔性管路连接部分采用合适的高压软管。油路连接组件需通过试验保证偏航系统所要求的密封性和能承受工作中出现的动载荷。液压元器件的设计、选型和布置应符合液压装置的有关具体规定和要求。液压管路应能够保持清洁并具有良好的抗氧化性能。液压系统在额定的工作压力下不应出现渗漏现象。

5. 偏航计数器和位移传感器

偏航系统中都设有偏航计数器，如图4-28所示。偏航计数器是记录偏航系统旋转圈数的装置，当偏航系统的偏航圈数达到设计所规定的初级解缆和终级解缆圈数时，计数器给控制系统发信号使机组自动进行解缆。计数器的设定条件是根据机组悬垂部分的电缆不至于产生过度扭绞使电缆断裂来确定的，其原则是要小于电缆所允许扭转的角度。

偏航计数器是一个带控制开关的涡轮蜗杆装置，一般有两种类型：一类是机械式，带有一套齿轮减速系统，当位移到达设定位置时，传感器即接通触点（或行程开关）启动解缆程序解缆；另一类是电子式，由控制器检测两个在偏航齿环（或与其啮合的齿轮）近旁的接近开关发出的脉冲，识别并累积机舱在每个方向上转过的净齿数（位置），当达到设定值时，控制器即启动解缆程序解缆。

偏航位移传感器是两个并排安放的接近开关，如图 4-29 所示。当金属物体在其检测范围内经过时，接近开关磁场会发生明显变化，内部电路会输出电压脉冲，通过检测脉冲数量或者脉冲频率就可以实现相应的计数，用以采集和记录偏航位移。位移一般以当地北向为基准，有方向性，如果信号收集 N1、N2、N1、N2、…，说明机舱头转到一个方向，如果信号收集 N2、N1、N2、N1、…，说明机舱头转到另一个方向。传感器的位移记录是控制器发出电缆解扭（解缆）指令的依据。

图 4-28　偏航计数器

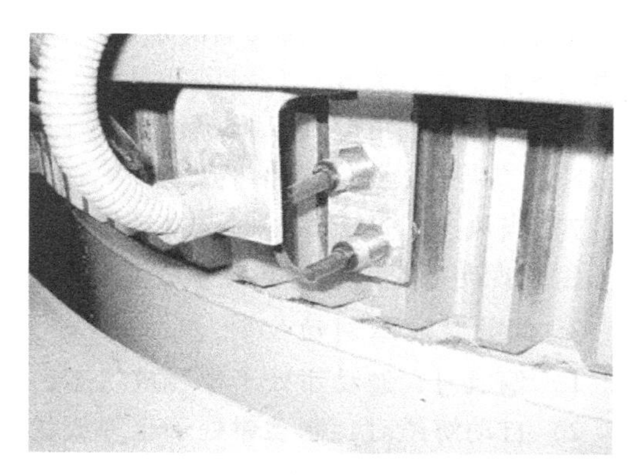
图 4-29　偏航位移传感器

4.2.3　偏航系统的控制

偏航控制系统是一个随动系统，通过风向传感器检测风向信息，满足偏航条件即执行偏航动作，偏航控制系统框图如图 4-30 所示。

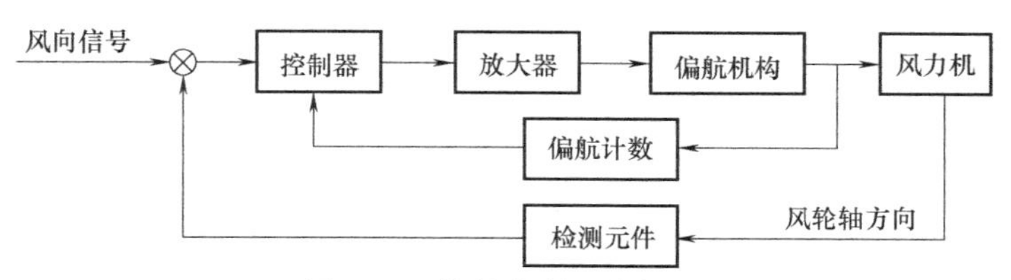

图 4-30　偏航控制系统框图

风电机组连续地检测风向角度变化，并连续计算单位时间内平均风向。风电机组根据平均风向判断是否需要偏航，防止在风扰动下频繁偏航。如果风轮方向与风向夹角超过设定角度，风电机组将执行偏航对风，当此角度到达设定角度之内时，风电机组停止偏航。

当偏航条件具备时，风电机组释放偏航制动，偏航电动机动作，执行偏航任务。

1. 偏航自动对风

1）风电机组无论处于运行状态还是待机状态（风速>3m/s），均能主动对风。偏航额定速度 0.8°/s。

2）低风速下（风速小于 9m/s），对风误差大于 8°，延时 210s，偏航自动对风。

3）高风速下（风速大于 9m/s），对风误差大于 15°，延时 20s，偏航自动对风。

4）在风机加速或发电运行状态下，如果风向突变，对风误差超过 70°，风机先正常停机，对风偏航后，再重新起动。

2. 自动解缆

1）机组在待机模式下，如果偏航圈数大于两周（750°），开始自动解缆。

2）若偏航角度大于690°，左偏航解缆，若小于-690°，右偏航解缆。

3）当偏航角度在±40°以内时，自动解缆停止。

4）或者解缆至偏航角度小于一圈（360°以内），机舱对风误差在±30°以内时，自动解缆停止。

5）如果偏航角度大于690°（或小于-690°）而没有自动解缆，则当角度达到±750°时，触动扭缆限位开关，风机报偏航位置故障正常停机，复位后进入待机状态时，应能够自动起动。

6）如果偏航角度大于750°（或小于-750°）时触动扭缆安全链限位开关，风机报安全链故障紧急停机，需手动偏航解缆。

7）当风速超过25m/s时，自动解缆停止。

需要说明的是，上述角度值仅是参考值，实际值根据需要设定。

3. 偏航时液压制动控制

1）偏航时，制动钳处于半释放状态，偏航系统压力为20~30bar。

2）自动解缆时，制动钳处于全释放状态。

4.2.4 扭缆保护

偏航动作会导致机舱和塔架之间的连接电缆发生扭绞，如图4-31所示。因此，在电缆引入塔筒处（即塔筒顶部），安装有扭缆开关，用于机械扭缆保护，如图4-32所示。扭缆开关单元由行程限位开关、钢丝绳（带塑料保护层）和钢球组成。扭缆开关安装在塔顶平台的背面，钢丝绳的一端拴着钢球，另一端拴在机组悬垂部分的电缆束中的一根电缆上，如图4-33所示。随着电缆束的扭转，钢丝绳不断缠绕在电缆束上，因为其长度固定，以致连在扭缆开关上的金属线全部绕在电缆束上（金属线的长度可以在电缆上绕3.5圈），钢丝绳

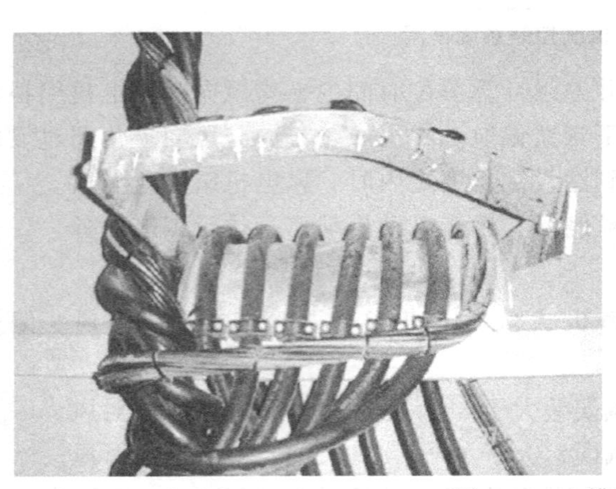

图4-31 电缆扭缆

会牵引着钢球拉动行程限位开关的触点，由于开关触点串接在机组安全链电路中，因此触点动作后安全链被切断，促使机组紧急停机。

a) 扭缆开关

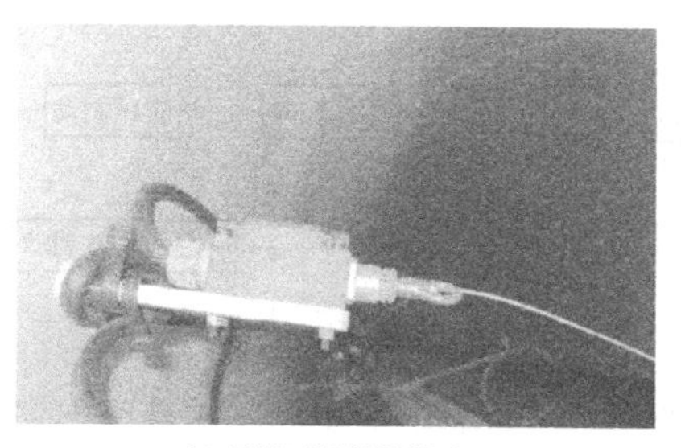

b) 扭缆开关放松状态

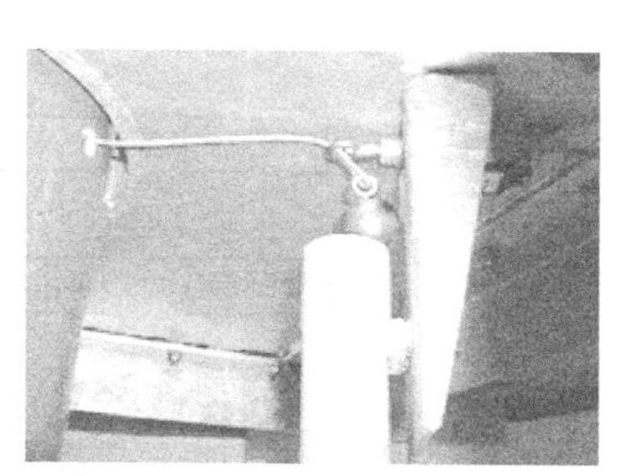

c) 扭缆开关被激活

图 4-32　扭缆开关及扭缆开关的状态

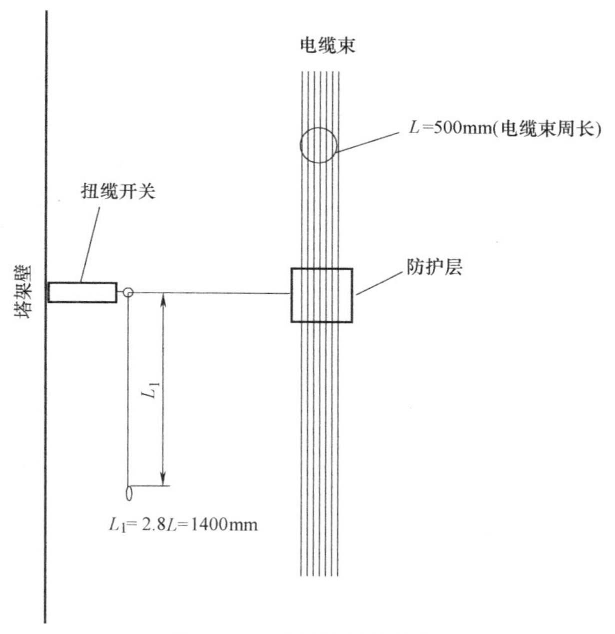

图 4-33　扭缆开关的安装

扭缆保护装置是偏航系统必须具有的装置，它是出于失效安全目的而安装在偏航系统中的，其作用是当偏航系统的偏航动作失效，如偏航计数器或计算机控制失灵，机舱持续向一个方向偏航时间过长，致使电缆的扭绞达到威胁机组安全运行的程度，而触发该装置，使机组进行紧急停机。因此，这个装置是独立于控制系统的，是电缆扭转的最后一级保护，其控制逻辑具有最高级别的权限。这一级动作完全由硬件来实现，一旦这个装置被触发，则机组必须进行紧急停机。

4.3　制动系统

风电机组通常装有机械制动和空气动力制动两套制动系统，以确保无论是风况、电网需求、机组自身情况还是输入的停机指令，即能在任何运行条件下使风轮静止或空转，可见制动系统在风电机组中的重要性。制动系统工作原理如图 4-34 所示。

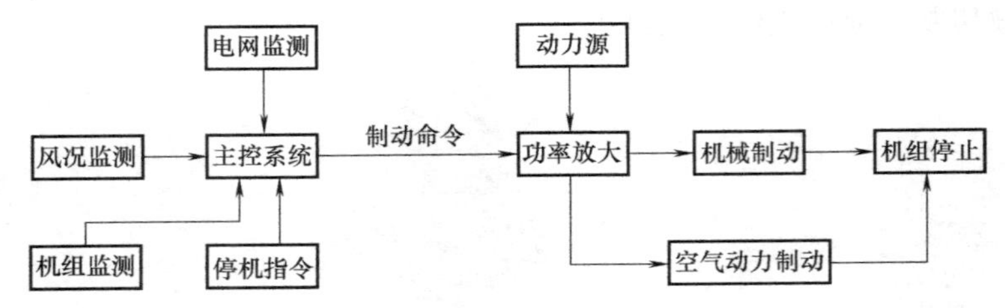

图 4-34 制动系统工作原理

当需要机组停机时，主控系统都会发出制动指令，通过空气制动系统使风力机转速降低直至停机。紧急停机状态下，空气动力制动和机械制动同时动作，确保风电机组在短时间内停机。

4.3.1 空气动力制动

空气动力制动也称作气动制动，是大型风电机组的主要制动装置。对于定桨恒速风电机组，气动制动机构是叶尖扰流器；对于具有变桨机构的风电机组，气动制动机构是变桨机构。

定桨距机组的叶尖扰流器安装在叶片端部，其长度大约占叶片总长度的 15%，通过不锈钢丝绳与叶片根部的液压油缸的活塞杆相连接，图 4-35 所示为带有叶尖扰流器的叶尖剖面图，图 4-36 所示为叶尖扰流器实物图。

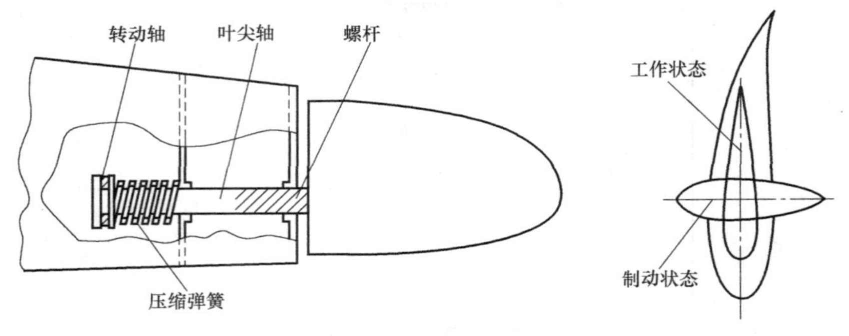

图 4-35 带有叶尖扰流器的叶尖剖面图

图 4-36 叶尖扰流器实物图

当风电机组处于运行状态时，在液压缸活塞杆拉力的作用下，抵消叶尖转动离心力，叶尖与叶片组成完整的叶片，起吸收风能的作用。液压系统提供的液压油通过旋转接头进入安装在桨叶根部的液压缸，压缩叶尖扰流器机构中的弹簧，使叶尖扰流器与桨叶主体连为一体。当风电机组需要停机时，液压系统释放液压油，叶尖扰流器在离心力作用下向外飞出，并通过转动轴带动螺杆，按设计的轨迹转过 90°，形成阻尼板，在空气阻力下起制动作用。由于叶尖部分处于距离轴最远点，整个叶片作为一个长的杠杆，使扰流器产生的气动阻力相当高，足以使风电机组在几乎没有任何磨损的情况下迅速减速，这一过程即为叶片空气动力制动。图 4-37 所示为叶片正常运行时和叶尖扰流器制动时的叶尖位置。

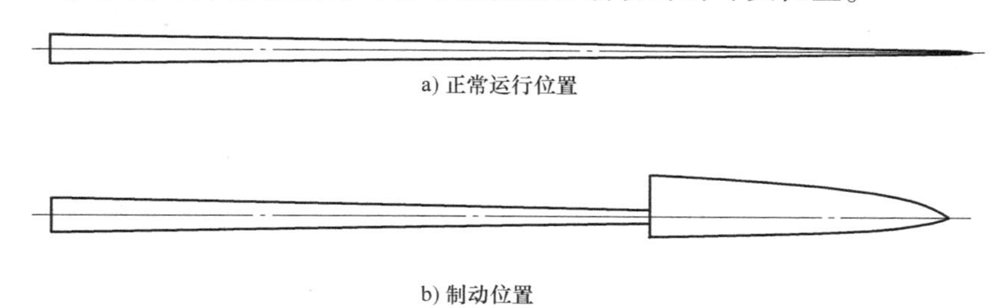

图 4-37　叶尖扰流器的两种位置

变桨距风力机通过变桨系统制动。制动时，由液压或者伺服电动机驱动叶片执行顺桨动作，叶片平面旋转至与风向平行时停止。

在变桨距风电机组中，只要变桨距到顺桨，即叶片弦线顺着风向，就形成一个高效的空气动力制动，正常变桨速度 3°/s 即可（各机型有所不同），这也是功率控制的要求。依靠变桨距来实现紧急制动的风电机组，每个叶片需要独立制动，而且要求当来自机舱的电源或液压驱动瞬间切断时，仍能可靠进行空气动力制动。

4.3.2　机械制动

机械制动机构是风电机组安全保护系统的辅助制动机构。在第一级制动系统失效的情况下会被激活，与仍然有效的叶片变桨校准系统相结合，实现对转轴的制动。在风电机组中，为了减小制动转矩，缩小制动器尺寸，通常将机械制动装置装在高速轴上，在结构允许的情况下，也可以装在低速轴上，这样可以做到制动时保护齿轮箱不受制动力矩的瞬时突加载荷的影响。

机械制动机构一般由液压系统、制动盘、制动夹钳和辅助部分（管路和保护配件等）组成。其中制动夹钳固定，制动盘随轴一起转动，如图 4-38 所示。制动夹钳有一个预压的弹簧制动力，液压力通过油缸中的活塞将夹钳打开。机械制动机构的预压弹簧制动力，一般要求在额定负载下脱网时能够保证风电机组安全停机。但在正常停机的情况下，液压力并不是完全释放的，即在制动过程中只作用了一部分弹簧力。因此，在液压系统中设置了一个特殊的减压阀和蓄能器，以保证在制动过程中不完全提供弹簧的制动力。为了监视机械制动机构的内部状态，夹钳内部装有温度传感器和指示制动片厚度的传感器。

风电机组中常用盘式制动器，制动器沿制动盘轴向施力，制动轴不受弯矩，径向尺寸小，制动性能稳定。常用的盘式制动器有钳盘式（点盘式）、全盘式及锥盘式三种。风电机组制动系统多用钳盘式制动器。

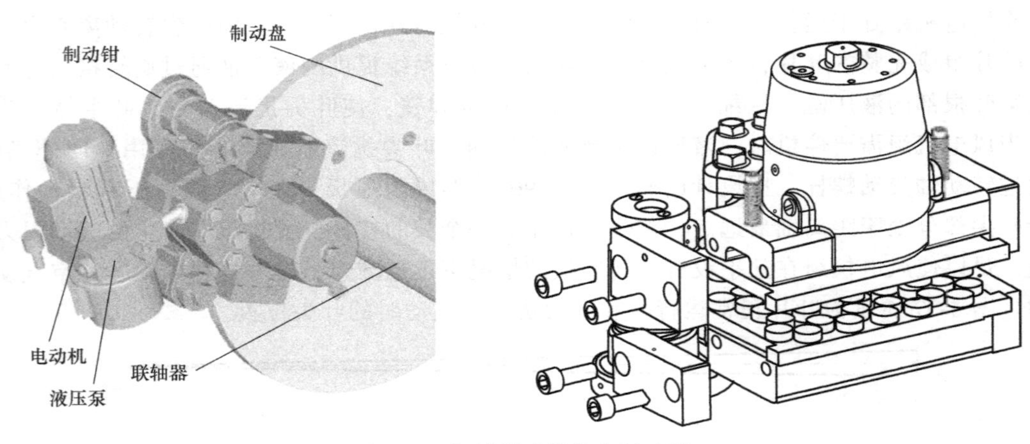

图 4-38　机械制动机构和制动钳

图 4-39 所示为钳盘式制动器，制动块压紧制动盘而制动。由于摩擦面仅占制动盘的一小部分，故又称点盘式，因其形状也叫碟式制动器。主要由制动盘、液压缸、制动钳和油管等组成。制动块由摩擦片和其金属背板组成，一个制动器有 2~4 块。制动块及其驱动装置安装在横跨制动盘的夹钳支架中，总称制动钳。制动盘随轮轴转动。液压缸固定在制动器底板上。制动钳上的摩擦片在制动盘两侧。液压缸活塞在液压作用下，推动摩擦片压向制动盘产生摩擦制动，使其停下来。

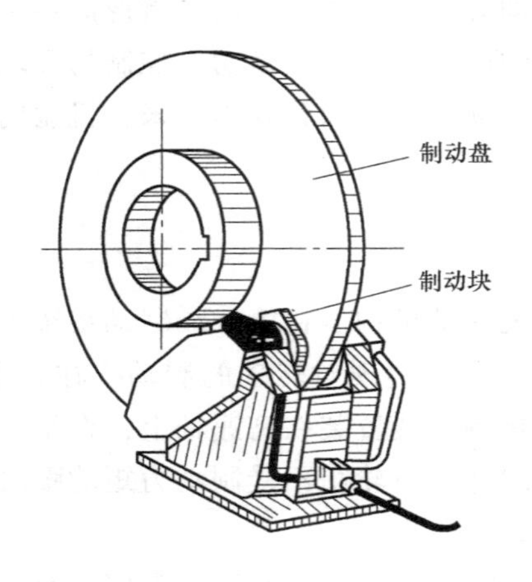

图 4-39　钳盘式制动器

为了不使制动轴受到径向力和弯矩，钳盘式制动缸应成对布置。制动转矩较大时，可采用多对制动缸，如图 4-40 所示。必要时可在制动盘中间开通风沟，如图 4-41 所示，以降低摩擦温升，还应采取隔热散热措施，以防止液压油温过高而使液压油变质。

按照工作状态可以将制动器分为常闭式和常开式。常闭式制动器靠弹簧或重力的作用经常处于制动状态，当机组运行时，使制动器松开。与此相反，常开式制动器经常处于松开状态，只有施加外力时才能使其紧闸。利用常闭式制动器的制动机构称为被动制动机构，其安全性比较好。利用常开式制动器的制动机构称为主动制动机构，主动制动机构可以得到较大的制动力矩。

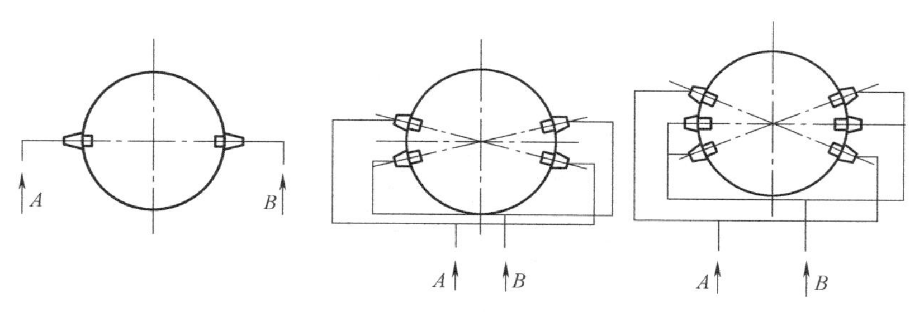

图 4-40 多对制动缸组合安装

常闭固定钳式制动器如图 4-42 所示，在制动盘 1 的两侧对称布置两个相同的制动缸 2，制动缸固定在基架 3 上。制动缸构造如图 4-43 所示，蝶形弹簧 7 压活塞 9 后推动杆顶 8，使摩擦块 2 压制动盘 1 而紧闸。A 管通入液压油后，活塞 9 压蝶形弹簧 7 而松闸。这种制动器的体积小、质量轻、惯量小、动作灵敏，调节油压可改变制动转矩，改变垫片 5 的厚度可调弹簧张力。必要时还可以装磨损量指示器 6。

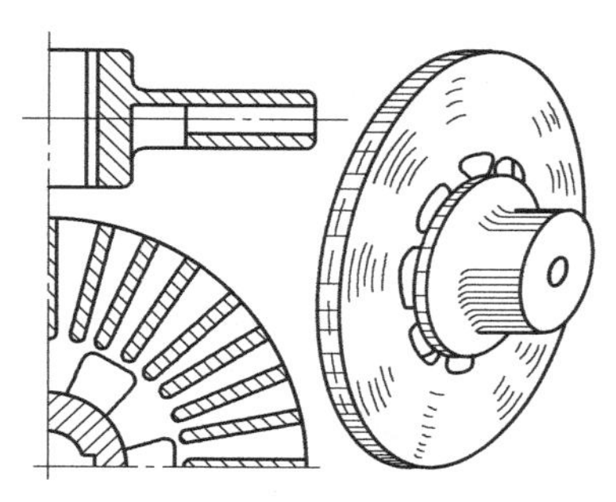

图 4-41 带有通风沟的制动盘

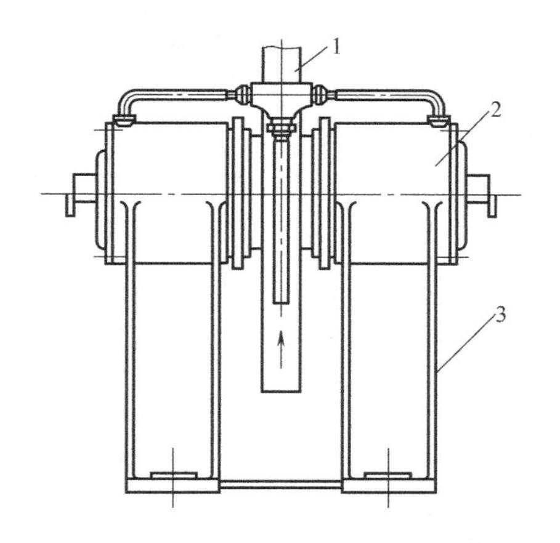

图 4-42 常闭固定钳式制动器

1—制动盘 2—制动缸 3—基架

常开固定钳式制动器如图 4-44 所示，摩擦块底板 4 通过销轴 6 和平行杠杆组 5 固定在基架 2 上。弹簧 8 使制动器常开。制动时，将液压油通入油缸 7，同时压缩弹簧 8 而紧闸。平行杠杆组 5 能使摩擦元件与制动盘 3 保持平行。

常开浮动钳式制动器如图 4-45 所示。制动缸 6 由销轴 12 与基架 11 铰接，借螺栓 9 及弹簧 10 定位。制动时，液压油由进油孔 7 进入制动缸推动活塞 5，使摩擦块 4 压紧制动盘 3，由于制动缸为浮动，故活塞 5 同时也使摩擦块 2 压紧制动盘。制动缸卸压后，弹簧 10 使制动松闸。

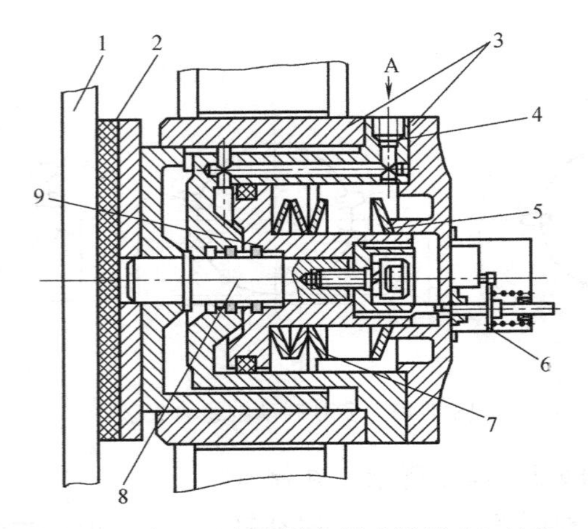

图 4-43 常闭固定卡钳式制动器制动缸结构

1—制动盘 2—摩擦块 3—缸体 4—导引部分 5—垫片 6—磨损量指示器 7—蝶形弹簧 8—顶杆 9—活塞

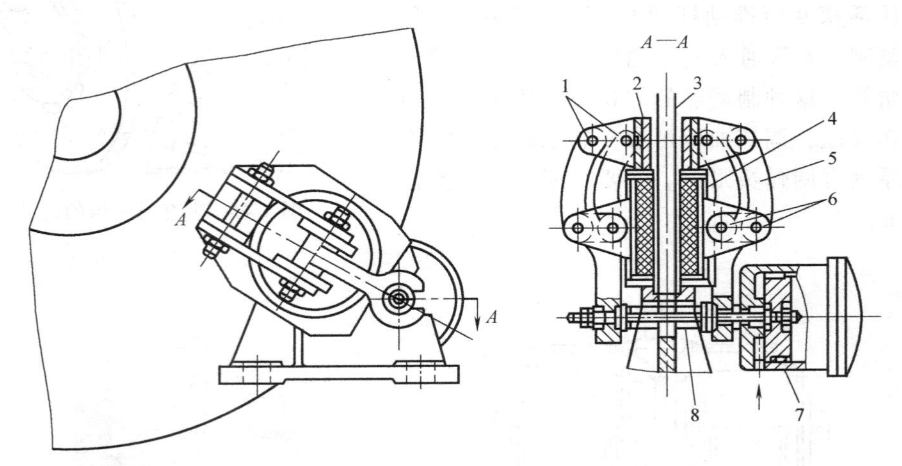

图 4-44 常开固定钳式制动器

1、6—销轴 2—基架 3—制动盘 4—摩擦块底板 5—平行杠杆组 7—油缸 8—弹簧

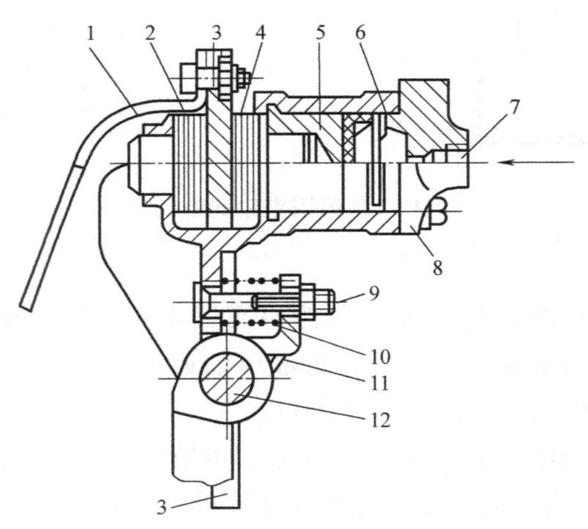

图 4-45 常开浮动钳式制动器

1—轮辐 2、4—摩擦块 3—制动盘 5—活塞 6—制动缸 7—进油孔

8—缸盖 9—螺栓 10—弹簧 11—基架 12—销轴

本章小结

本章介绍了大型风电机组的变桨系统、偏航系统和制动系统的类型、机构组成及各子系统的工作过程。

变桨系统根据变桨执行机构驱动方式分为液压变桨和电动变桨两种方式。这两种方式各有优缺点，目前在不同厂家生产的机组中都有应用。

偏航系统的作用是对风、提供锁紧力矩和自动解缆。

制动系统包括空气动力制动和机械制动。定桨距风力机采用叶尖扰流器方式进行空气动力制动。变桨距风力机依靠变桨机构进行顺桨实现气动制动。机械制动只有在紧急停机和机组调试/维修时通过液压系统操作投入。

上述三个系统在风电机组运行中起着重要的作用，除了掌握其系统组成、执行机构动作过程外，尤其要掌握基于机组失效安全设计的保护系统。

练　习　题

一、基本概念

偏航计数器　失效安全　自动解缆　扭缆保护

二、填空题

1. 变桨系统根据执行机构的类型可分为________和________。
2. 变桨系统根据其工作方式可分为________和________两种方式。
3. 变桨控制系统通过改变桨距角，可实现风机的________控制和________控制。
4. 当输出功率小于额定功率时，桨距角保持在________位置。
5. 风机稳定运行时，偏航制动器处于________状态。
6. 风机运行时，机舱锁紧力矩是由________提供的。
7. 扭缆保护装置由________和________组成。

三、判断题

1. 风机稳定运行时，偏航制动器处于投入状态。（　）
2. 机组正常运行时，偏航系统没有压力输出。（　）
3. 空气制动是大型风电机组的主要制动装置。（　）

四、选择题

1. 扭缆保护装置动作后，机组控制系统将进行（　）。

A. 正常停机　B. 紧急停机　C. 暂停　D. 报警

2. 机组正常停机时，需要投入（　）。

A. 机械制动　B. 气动制动　C. 机械制动和气动制动

五、简述题

1. 电动变桨系统为什么配有备用电源？如何考虑备用电源的储备能量？
2. 变桨系统有哪些保护？
3. 叶尖扰流器的作用是什么？
4. 偏航系统的作用是什么？
5. 偏航计数器和偏航位移传感器的作用是什么？
6. 风电机组在运行过程中为什么会出现扭缆？如何实现解缆和扭缆保护？
7. 简述大型风电机组制动系统组成及工作原理。

第 5 章

风力发电机组的液压系统

风电机组液压系统是以有压液体为介质，实现动力传输和运动控制的系统，它为风电机组中所有使用液压作为驱动力的装置提供动力。

在定桨距风电机组中，液压系统的作用主要是提供气动制动和机械制动的动力，实现风电机组的开机和停机。在液压变桨距风电机组中，液压系统的作用则是控制变桨距机构，实现风电机组的功率控制，同时也用于机械制动及偏航控制系统。

5.1 液压系统概述

5.1.1 液压系统的基本组成

液压系统是由液压元件和液压回路构成的。液压元件是由数个不同的零件构成，用以完成特定功能的组件，如液压缸、液压马达、液压泵、控制阀、油箱、过滤器、蓄能器、冷却器和管接头等。液压回路是完成某种特定功能，由元件构成的典型环节。图 5-1 所示为一个最基本的液压传动系统。

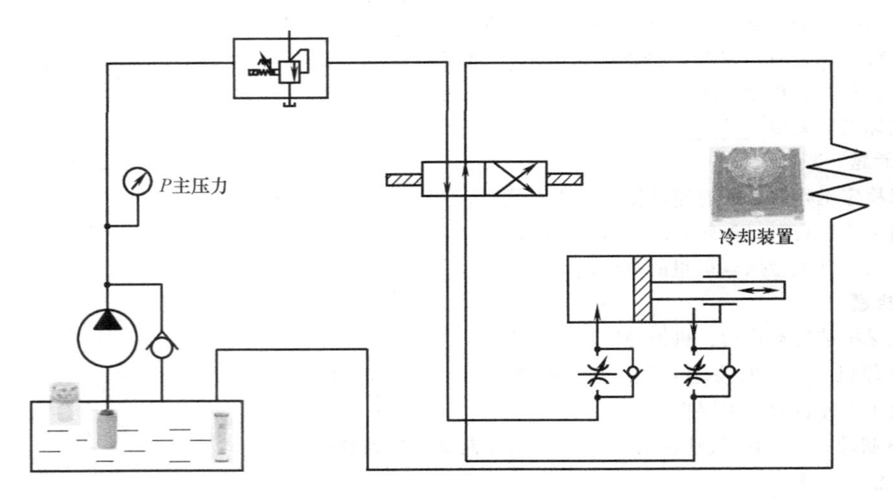

图 5-1 液压传动系统

液压系统元件包括动力元件、控制元件、执行元件以及辅助元件。

1. 动力元件

动力元件是指供给液压系统压力油，把电动机输出的机械能转换成液压能，从而推动整个液压系统工作的装置，比如液压泵。

2. 控制元件

控制元件主要指各种液压阀，其作用是在液压系统中控制和调节液体的压力、流量（流速）和流动方向，以及信号的转换和放大。

3. 执行元件

执行元件用于将液压能转换为机械能，以驱动工作部件运动。其形式有做直线运动的液压缸、做旋转运动的液压马达、做摆动的液压摆动马达等。

4. 辅助元件

辅助元件是传递压力能和液体本身调整所必需的液压辅件，其作用是储油、保压、滤油、检测等，并把液压系统的各元件按要求连接起来，构成一个完整的液压系统。

辅助元件主要包括各种管接头、油管、油箱、过滤器、蓄能器、热交换器、密封装置和压力计等。

5. 工作介质

液压系统的工作介质是液压油，它是液压系统中传递能量的流体，有各种矿物油、乳化油和合成型液压油等几大类。

5.1.2 液压系统元件

1. 液压泵

液压泵是一种能量转换装置，用于将机械能转换成液压能，向液压系统输送压力油，推动执行元件做功。

液压泵的种类很多，按结构和原理的不同有齿轮泵、叶片泵、柱塞泵和螺杆泵等。其中，齿轮泵和叶片泵多用于中低压系统，柱塞泵多用于高压系统。图5-2所示为风电机组中常见的齿轮泵。

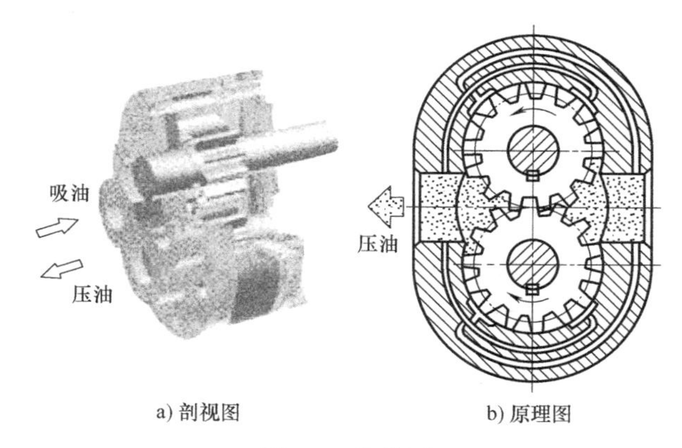

a) 剖视图　　b) 原理图

图5-2　齿轮泵

齿轮泵中，两个相同的齿轮在一个紧密配合的壳体内相互啮合旋转，两个啮合的轮齿将泵体、前后盖板和齿轮包围的密闭容积分为两部分：轮齿进入啮合的一侧密闭容积减小，经压油口排油；退出啮合的一侧密闭容积增大，经吸油口吸油。随着驱动轴的旋转，泵就不间断地输出高压油液。

2. 液压阀

液压阀的结构型式多样，可以根据不同的方式进行分类：

根据控制方式不同，液压阀可分为开关式控制阀、定值控制阀和比例控制阀。根据控制功能不同，液压阀可分为压力控制阀、流量控制阀和方向控制阀。

(1) 压力控制阀

在液压系统中，用于控制油液的压力，或者利用压力作为信号控制执行元件和电气元件动作的阀，称为压力控制阀。它利用的是油液压力作用在阀芯的力与弹簧力相平衡的原理。按照压力控制阀的不同作用，可将其分为溢流阀（安全阀）、减压阀、顺序阀、压力继电器等。

1）溢流阀。溢流阀有直动型和先导型两种。以直动型为例，如图 5-3 所示，阀体上的进油口连接泵的出口，出口接油箱，相当于并联在液压回路中。溢流阀是常闭的，在原始状态，阀芯在弹簧力的作用下处于最下端位置，进出油口隔断。当液压力大于或等于弹簧力时，阀芯上移，阀口打开，进口压力油经阀口流回油箱。因此，溢流阀主要用于控制系统压力，还可起卸荷的作用，防止系统超载。

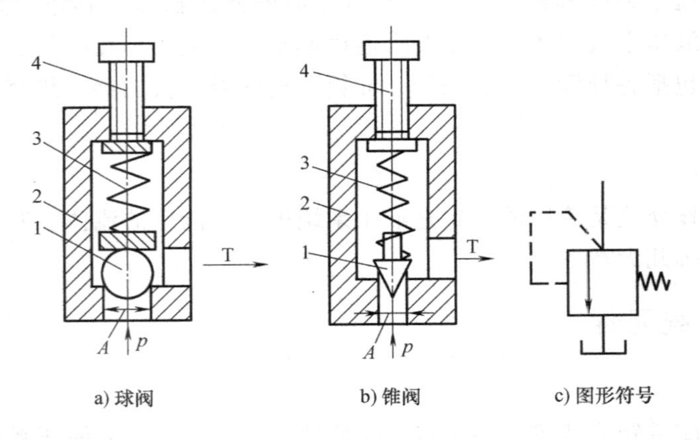

a) 球阀　b) 锥阀　c) 图形符号

图 5-3　直动型溢流阀

1—阀芯　2—阀体　3—调压弹簧　4—调压手轮

溢流阀在定量泵节流调速系统中作为定压阀、安全阀使用。溢流阀和电磁换向阀集成电磁溢流阀，它可以在执行机构不工作时使泵卸载，如图 5-4 所示。

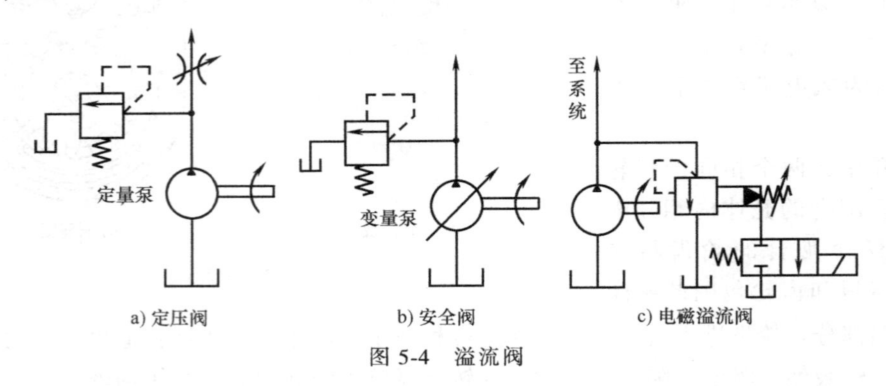

a) 定压阀　b) 安全阀　c) 电磁溢流阀

图 5-4　溢流阀

2）减压阀。减压阀如图 5-5 所示，用于降低系统中某一回路的压力。减压阀可以使出口压力基本稳定，并且可调。减压阀是常开的，串联在回路中。在液压系统中，如果不同设备需要不同压力，则可使用减压阀，其出口压力由调压弹簧设定。

3）压力继电器。压力继电器如图 5-6 所示，它是利用液体压力来启闭电气触点的液电信号转换器。当系统压力达到压力继电器设定压力时，发出信号，控制电气元件动作，实现系统的工作程序切换。

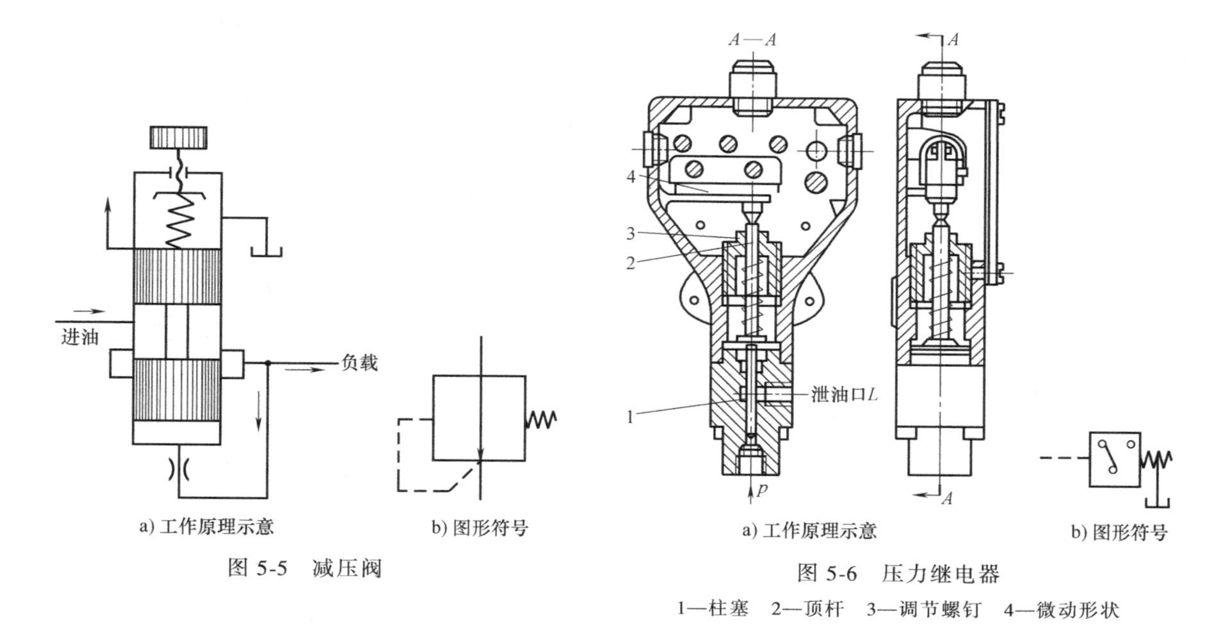

图 5-5 减压阀

图 5-6 压力继电器

1—柱塞 2—顶杆 3—调节螺钉 4—微动形状

(2) 流量控制阀

流量控制阀用于控制液体流量。它依靠改变控制口的大小，调节通过阀的液体流量，以改变执行元件的运动速度。流量控制阀包括节流阀、调整阀、分流集流阀等。其中，节流阀如图 5-7 所示，阀体上有进油口和出油口。阀芯端开有三角形尖槽对称布置，旋转阀芯即可轴向移动改变阀口的过流面积。

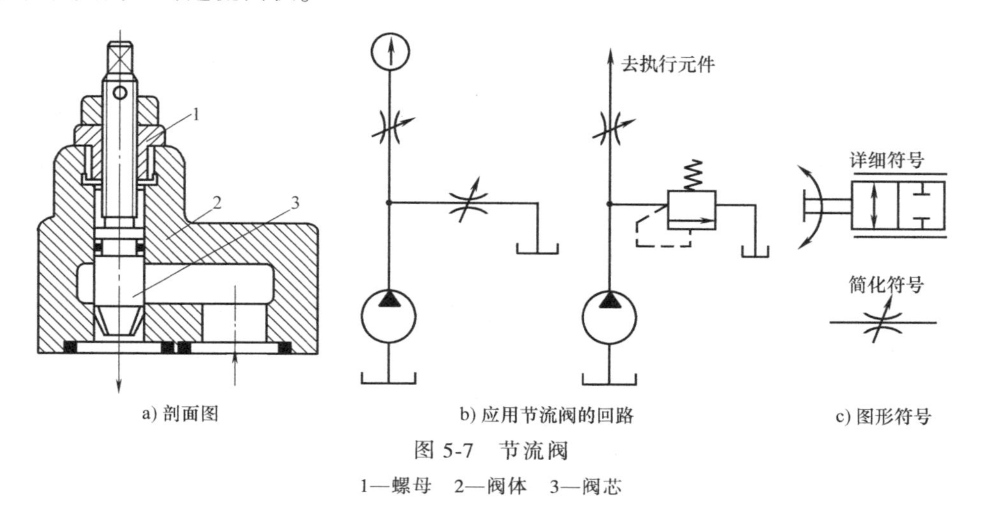

图 5-7 节流阀

1—螺母 2—阀体 3—阀芯

(3) 方向控制阀

方向控制阀是通过阀芯和阀体间相对位置的改变，来接通或断开油路，从而控制液压系统中油液流动方向，即控制执行机构的启动、停止或者改变运动方向的阀。

方向控制阀是液压系统中使用数量最多的控制元件，按用途可分为单向阀和换向阀两大类。其中，单向阀又分为普通单向阀和液控单向阀。

普通单向阀又称逆止阀或止回阀，逆止阀控制油液只能沿一个方向流动，不能反向流动。要求其正向液流通过时压力损失小，反向截止时密封性能好。逆止阀由阀体、阀芯和弹簧等零件构成，图 5-8 所示为单向逆止阀。

液控单向阀是带有控制口的单向阀，当控制口通压力油时，油液也可以反向流动，如图 5-9 所示。

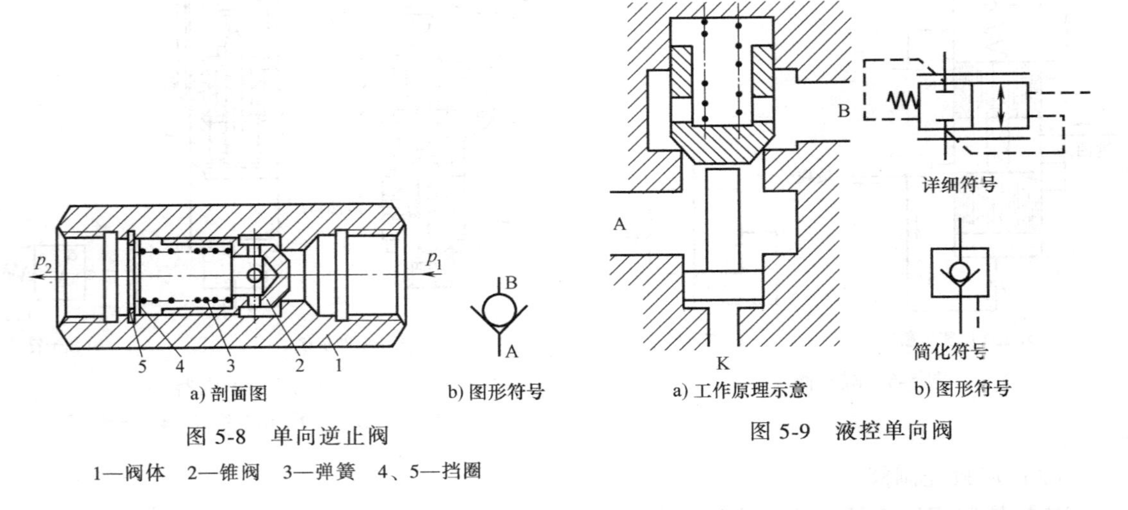

a) 剖面图　b) 图形符号

图 5-8　单向逆止阀

1—阀体　2—锥阀　3—弹簧　4、5—挡圈

a) 工作原理示意　b) 图形符号

图 5-9　液控单向阀

换向阀是利用阀芯位置的变化改变阀体上各油口连通或断开的状态，改变油流方向从而改变执行机构的运动方向、起动或停止。

换向阀的种类很多，按操作阀芯运动的方式可分为手动、机动、电磁动、弹簧控制、液动、液压先导控制及电液动等，换向阀操作方式符号如图 5-10 所示。

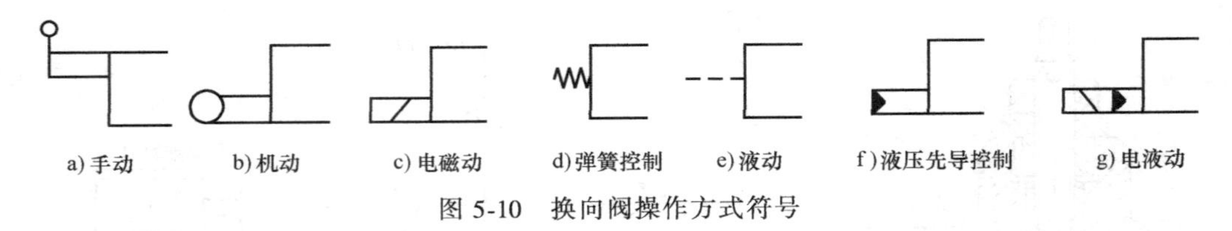

a) 手动　b) 机动　c) 电磁动　d) 弹簧控制　e) 液动　f) 液压先导控制　g) 电液动

图 5-10　换向阀操作方式符号

换向阀按结构型式可分为座阀式、滑阀式和转阀式。其中，滑阀式换向阀按工作位置数又可分为二位、三位、四位等；按通路数又可分为二通、三通、四通、五通等。在液压符号中，方格表示位，箭头表示通路数，见表 5-1。

表 5-1　换向阀示例

位和通	结构原理图	图形符号
二位二通	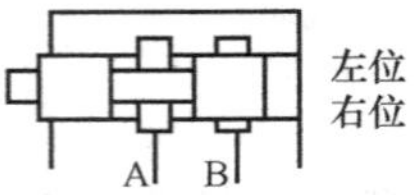 左位 右位 A B	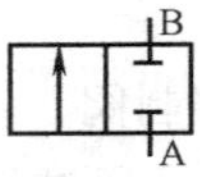 B A
二位三通	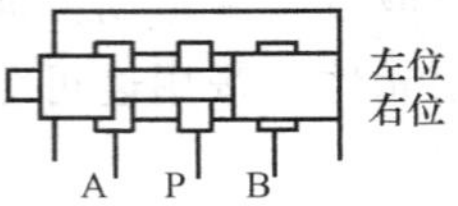 左位 右位 A P B	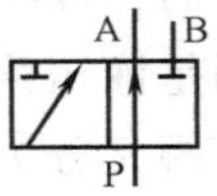 A B P

（续）

位和通	结构原理图	图形符号
二位四通	左位 右位 B P A T	A B P T
二位五通	左位 右位 T_1 A P B T_2	A B T_1 P T_2
三位四通	左位 中位 右位 A P B T	A B P T
三位五通	左位 中位 右位 T_1 A P B T_2	A B T_1 P T_2

注：“位”为稳定工作位置；“通”为对外接口。

电磁换向阀利用电磁铁的吸力控制阀芯换位的换向阀，图 5-11 所示为三位四通电磁换向阀。图 5-11a 为电磁换向阀结构示意图，其中 P 孔连接的是压力油，T 孔连接的是回油，A 和 B 为工作油孔。当电磁换向阀不工作时，电磁铁失磁，阀芯在两侧弹簧力作用下处于中间位置，A 和 B 油孔完全被阀塞封堵。图 5-11b 为电磁换向阀的实物图。当电磁阀左侧线圈励磁时，阀芯在电磁力作用下向右侧移动，P 孔和 A 孔连通，即压力油进入工作油孔 A，工作油孔 B 和回油孔 T 连通，如图 5-11c 所示；反之，当电磁阀右侧线圈励磁时，阀芯在电磁

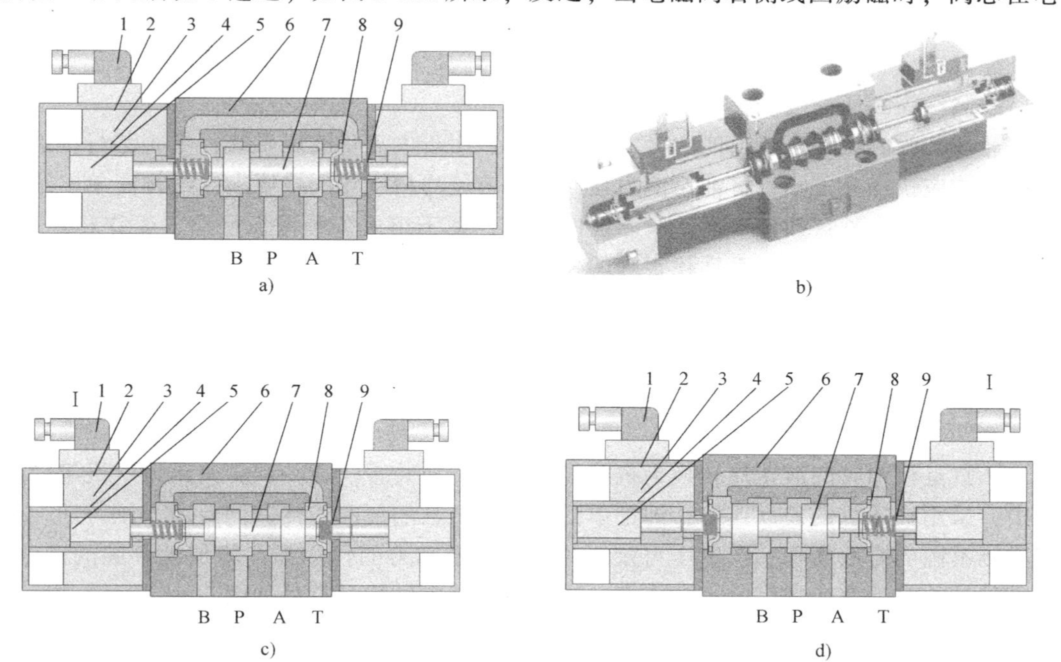

图 5-11　电磁换向阀

1—电插头　2—壳体　3—电磁铁　4—隔磁套　5—衔铁　6—阀体　7—阀芯　8—弹簧座　9—弹簧

力作用下向左侧移动，P 孔和 B 孔连通，压力油进入工作油孔 B，工作油孔 A 和回油孔 T 连通，如图 5-11d 所示。当电磁阀失磁后，在弹簧力的作用下，阀芯回到中间位置，即图 5-11a 位置。

电液比例阀如图 5-12 所示，电液比例阀是用比例电磁铁代替普通电磁换向阀电磁铁的液压控制阀。它通过比例放大器控制，根据输入电信号连续成比例地控制系统流量和压力。其成本相对电液伺服阀低，抗污染能力强，广泛应用于风电机组的液压系统中。如果需要更高的阀性能，可以在阀或者电磁铁上接装一个位置传感器，提供一个与阀芯位置成比例的电信号，此位置信号向阀的控制器提供一个反馈，使阀芯可以由一个闭环配置来定位。

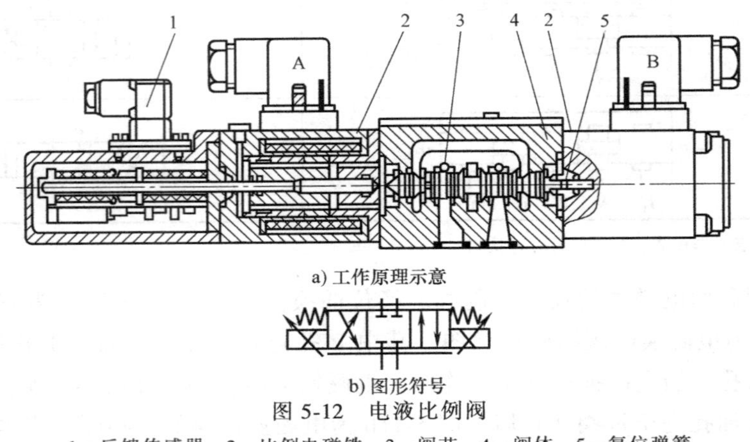

a) 工作原理示意

b) 图形符号

图 5-12　电液比例阀

1—反馈传感器　2—比例电磁铁　3—阀芯　4—阀体　5—复位弹簧

（4）插装阀

二通插装阀是插装阀基本组件（阀芯、阀套、弹簧和密封圈）插到特别设计加工的阀体内，配以盖板、先导阀组成的一种多功能的复合阀。因每个插装阀基本组件有且只有两个油口，故被称为二通插装阀，早期又称为逻辑阀。

二通插装阀的特点是流通能力大、压力小，适用于大流量液压系统；主阀芯行程短、动作灵敏、响应快、冲击小；抗油污能力强，对油液过滤精度无严格要求；结构简单、维修方便、故障少、寿命长；插件具有一阀多能的特性，便于组成各种液压回路，工作稳定可靠；插件具有通用化、标准化、系列化很高的零件，可以组成集成化系统。

二通插装阀由插装元件、控制盖板、先导阀和插装块体四部分组成。图 5-13 所示为二通插装阀的结构及符号，图 5-14 所示为其实物图。

插装阀可以组合成各式方向控制阀，最基本的应用是组合成单向阀，如图 5-15 所示。

3. 液压缸

液压缸是将输入的液压能转换为机械能的能量转换装置。在一些变桨距风电机组的液压系统中，采用液压缸的差动连接，即把单活塞杆液压缸的两腔连接，同时通入压力油，利用活塞两侧不同的有效面积，产生压力差，在压力差推动力的作用下，增加无杆腔的进油量，并提高其进油时活塞或缸体的运动速度。液压缸的基本结构及符号如图 5-16 所示。

4. 油箱

油箱是液压油的存储器，如图 5-17 所示。另外，由于摩擦生热，油温升高，油液可以回到油箱中进行冷却，使油液的温度控制在适当的范围。而且油箱可以逸出油中的空气，沉

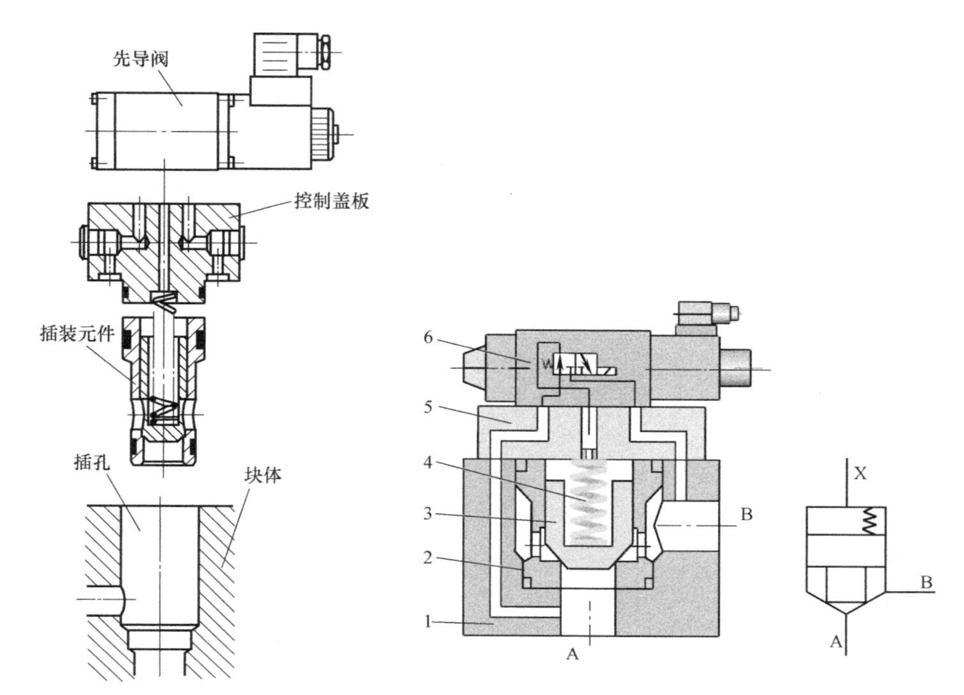

图 5-13　二通插装阀的结构及符号

1—插装块体　2—阀套　3—阀芯　4—弹簧　5—控制盖板　6—先导阀

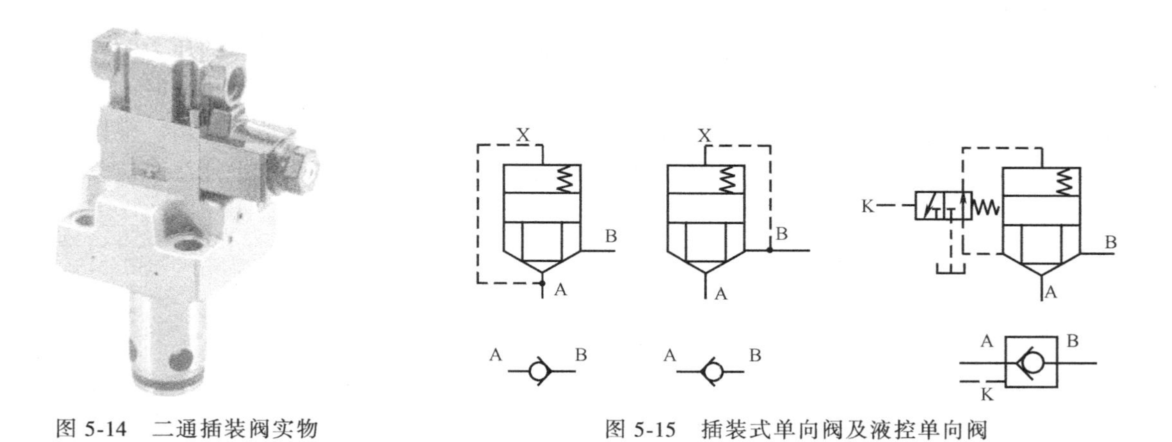

图 5-14　二通插装阀实物

图 5-15　插装式单向阀及液控单向阀

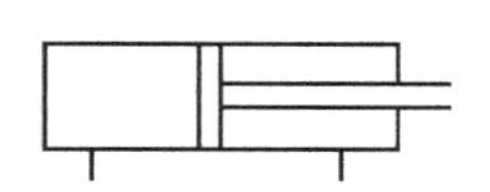

图 5-16　液压缸的结构及符号

淀油中的杂质，清洁油液。

常用油箱有总体式和分离式两种。总体式是利用机体空腔作为油箱，维修不便且散热性能较差；分离式不但结构布置灵活，维修也方便。

5. 过滤器

图 5-18 所示为过滤器剖面图及图形符号。过滤器用于净化油液中的杂质，控制其污染。油中杂质是造成液压系统故障的主要原因之一，杂质会造成运动零件的急剧磨损、划伤，破坏配合表面的精度。大颗粒的杂质还有可能使阀芯卡死，堵塞节流口、阻尼小孔等，造成这些元件的动作失灵，甚至使液压系统不能工作。

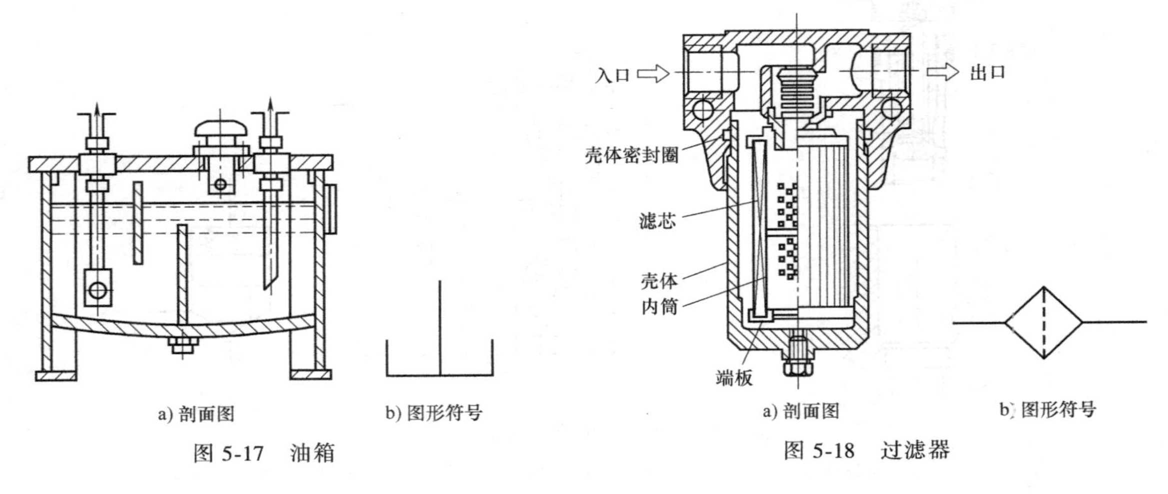

a) 剖面图　b) 图形符号

图 5-17　油箱

a) 剖面图　b) 图形符号

图 5-18　过滤器

6. 蓄能器

蓄能器用于存储和释放液体的压力能。当系统的压力高于蓄能器内液体的压力时，系统中的液体充进蓄能器，直到蓄能器内外压力相等；当蓄能器内压力高于系统压力时，蓄能器中的液体流到系统中，使系统压力升高，直到气体压力与系统压力再次达到平衡，维持一个动态平衡。另外，蓄能器还可以吸收压力脉冲和减小液压冲击，并作为辅助能源和应急能源使用。

囊式蓄能器剖面图及实物图如图 5-19 所示，它主要由壳体、囊、进油阀和充气阀等组成，气体和液体由囊隔离。壳体通常为无缝耐高压的金属外壳。囊用丁腈橡胶、丁基橡胶、乙烯橡胶等耐油、耐腐蚀橡胶作为原料，与充气阀一起压制而成。进油阀是一个由弹簧加载的菌形提升阀，用来防止油液全部排出时气囊挤出壳体之外而损伤。充气阀用于蓄能器工作前为囊充气，蓄能器工作时则始终关闭。

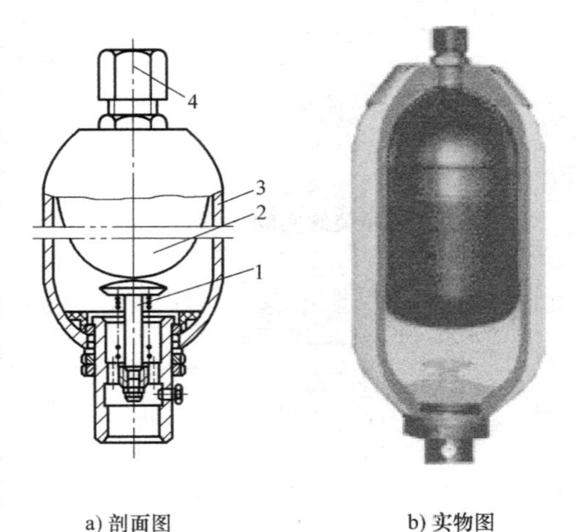

a) 剖面图　b) 实物图

图 5-19　囊式蓄能器

1—进油阀　2—囊　3—壳体　4—充气阀

囊式蓄能器具有惯性小、反应灵敏、尺寸小、重量轻、安装简单、维护方便等优点。在液压系统中，其作用主要有：

1）用于储存能量和短期大量供油。液压缸在慢速运动时需要流量较小，快速时则较大，在选择液压泵时，应考虑快速时的流量。液压系统设置蓄能器后，可以减小液压泵的容量和驱动电动机的功率。在图5-20中，当液压缸停止运动时，系统压力上升，压力油进入蓄能器储存能量。当换向阀切换使液压缸快速运动时，系统压力降低，此时蓄能器中压力油排放出，与液压泵同时向液压缸供油。这种蓄能器要求容量较大。

2）用于系统保压和补偿泄漏。如图5-21所示，当液压缸夹紧工件后，液压泵供油压力达到系统最高压力时，液压泵卸荷，此时液压缸靠蓄能器来保持压力并补偿漏油，减少功率消耗。

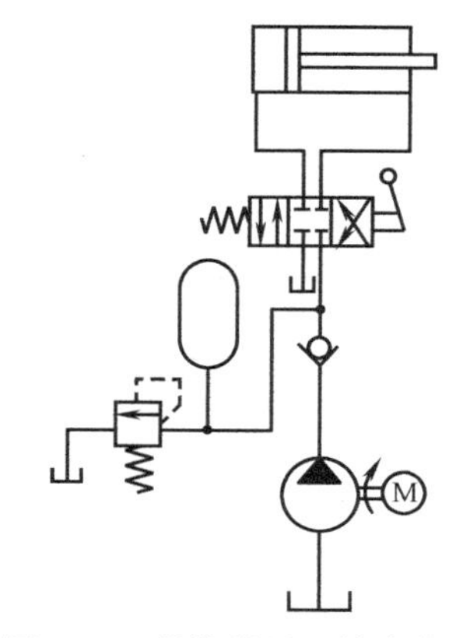

图5-20　蓄能器用于储存能量

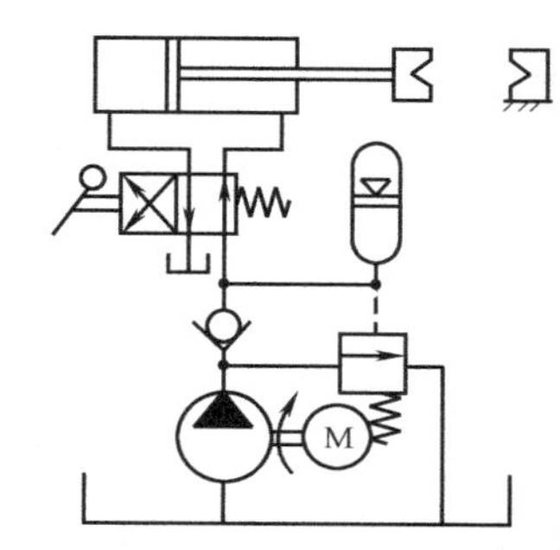

图5-21　蓄能器用于系统保压和补偿泄漏

3）用作应急油源。液压设备在工作中遇到特殊情况（如停电、液压阀或泵发生故障等）时，蓄能器可作为应急动力源向系统供油，使某一动作完成，从而避免事故发生。图5-22所示为蓄能器用作应急油源，正常工作时，蓄能器储油，当发生故障时，则依靠蓄能器提供压力油。

4）用于吸收脉动压力。蓄能器与液压泵并联，可吸收液压泵流量（压力）脉动（见图5-23）。对这种蓄能器的要求是容量小、惯性小、反应灵敏。

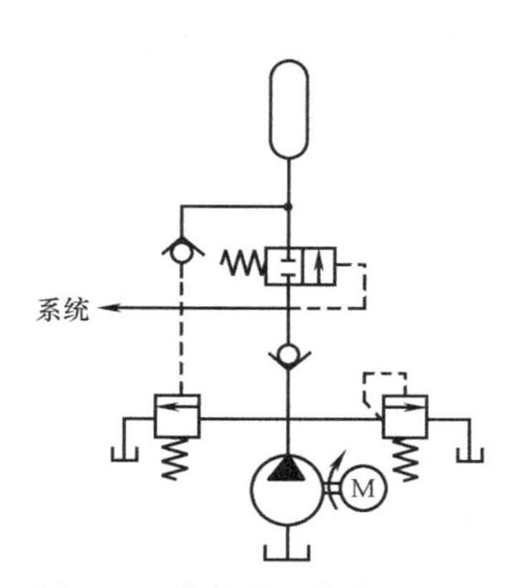

图5-22　蓄能器用作应急油源

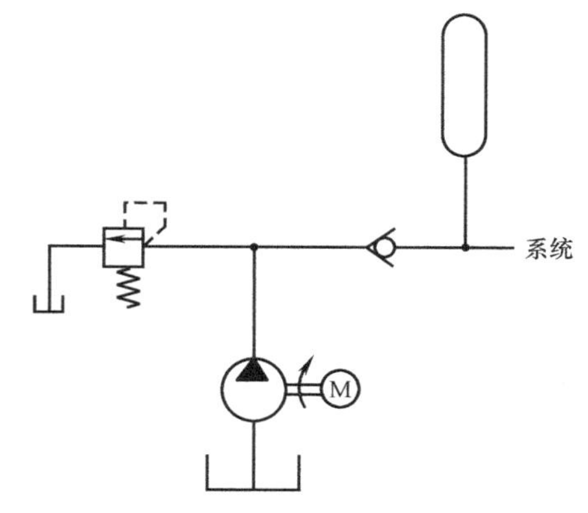

图5-23　蓄能器用于吸收脉动压力

5）用于缓和冲击压力。如图5-24所示，当阀突然关闭时，由于存在液压冲击，会使管路破坏、泄漏增加，损坏仪表和元件，此时蓄能器可以起到缓和液压冲击的作用。用于缓和冲击压力时，要选用惯性小的气囊式、隔膜式蓄能器。

7. 热交换器

热交换器按照在系统中热量传递方向的不同，可以分为冷却器和加热器。它们都是为了维持系统正常的油液温度。

由于摩擦作用以及系统能量损失转换成的热量作用，会使油液温度升高，黏性下降，容易发生泄漏。长时间的油温过高，会使油液氧化、设备密封老化，影响系统正常工作。这种情况需要设置冷却器。冷却方式可以是风冷、水冷和冷媒三种形式。

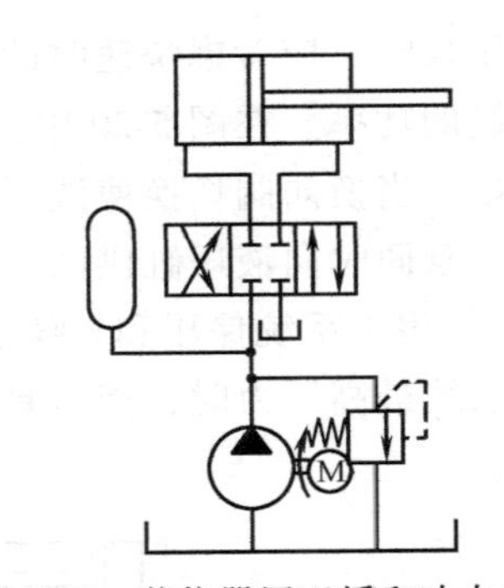

图 5-24　蓄能器用于缓和冲击压力

反之，如果系统工作在低温环境下，油温过低，油液黏性过大，会使设备动作困难、压力损失大、振动加剧，此时系统应设置加热器。加热器的加热方式可以是热水加热、蒸汽加热或电加热。

8. 密封装置

密封装置用于防止系统油液的内外泄漏，以及外界异物、灰尘等杂质的进入，保证系统建立正常的压力。

5.1.3　液压系统设计原则

液压系统的设计和结构应满足有关标准的要求，并应考虑下列因素：

1）元件（泵、管路、阀门、液压缸）的尺寸应适当，以保证其所需的反应时间、动作速度、作用力，以及运行期间液压组件中的压力波动可能导致的疲劳破坏。

2）控制功能与安全系统应能完全分离；液压系统应设计为无压力或液压失效情况下，系统仍能处于安全状态。

3）液压缸（如风轮制动机构、叶片变桨距机构、偏航制动机构等）仅在具有压力时才能实现其安全功能，液压系统应设计成在动力供给失效后能使机组保持在安全状态的时间不少于 5 天。

4）机组设计应满足运行气候条件（油/液体黏度、可能的冷却、加热等）。

5）泄漏不应对其功能产生有害影响，如出现泄漏应能进行监控，并对风电机组进行相应的控制。

6）如液压缸在液压动作下沿两个方向移动，应设计成“液压加载”式。

7）布置管路时，应考虑组件间的相互运动和由此产生的作用于管路上的动应力。

5.1.4　风电机组液压系统设计条件

液压行业是机械工业中十分成熟的行业，具有专业化生产的优势，所以风力发电机组的液压系统都是由风力发电机组总装厂进行设计，委托液压件厂生产制造零部件，在风机总装时进行液压系统的安装。在与液压件厂的技术协议或设计任务书中，必须明确以下内容：

1）风电机组的额定功率。

2）风电机组的结构型式及工作方式、系统工作的环境温度等级（高温：-25～50℃；常温：-20～40℃；低温：-30～40℃）、湿度及其变化范围。

3）对于高温和易燃环境、外界扰动（如冲击、振动等）、高海拔（1000m 以上）、严寒地区以及高精度、高可靠性等特殊情况下的系统设计、制造及使用要求。

4）液压执行元件、液压泵站、液压阀台及其他液压装置的安装位置。

5）液压执行机构的性能、运动参数、安装方式和有关特殊要求（如保压、泄压、同步精度及动态特性等）。

6）操作系统的自动化程度和联锁要求。

7）系统使用工作油的种类。

8）用户电网参数。

5.2 液压传动系统的工作原理

液压传动系统的工作原理图是使用国家标准规定的代表各种液压元件、辅助元件及连接形式的图形符号，绘成用以表示一个液压系统工作原理的简图。它是按照液压系统控制流程的逻辑关系绘出的图样，描述了液压系统的工作原理。

5.2.1 带有换向阀的液压系统

图 5-25 所示为一液压系统工作原理图。当电动机带动液压泵运转时，液压泵从油箱经滤油器吸油，并从其排油口排油，即把经过液压泵获得了液压能的油液排入液压系统。

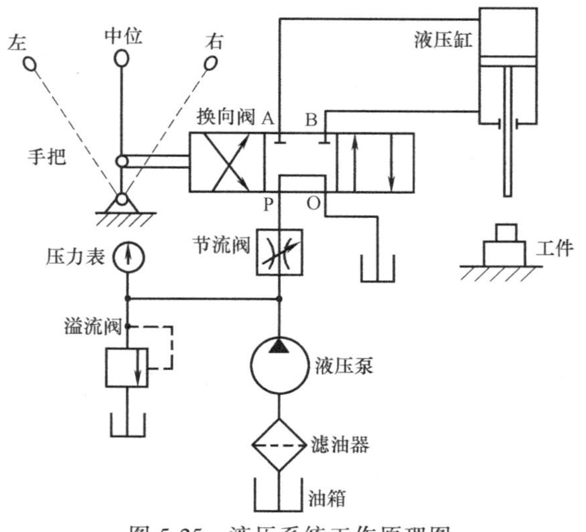

图 5-25　液压系统工作原理图

在图 5-25 中所示状态下，换向阀手柄位于中位，液压泵排出的油液经排油管、节流阀、换向阀 P 口、换向阀 O 口，最后流回油箱。

如果把换向阀手柄推到左位，则该阀阀芯把 P、A 两口连通，同时 B、O 两口也被连通，液压泵排出的油液经 P、A 两口流至液压缸上腔；同时，液压缸下腔的油液经 B、O 两口流回油箱，这样液压缸上腔进油、下腔回油，活塞在上腔油压的作用下带动活塞杆一起向下运动。当活塞向下运动到液压缸下端极限位置时，运动停止，然后可根据具体需要使溢流阀保压停止，或使活塞杆返回原位。

如果需要活塞杆向上运动返回原位，则应把换向阀手柄推向右位，这时 P、B 两口被阀芯通道连通，同时 A、O 两口也被连通。液压泵排出的油液经 P、B 两口流至液压缸下腔；同时，液压缸上腔的油液经 A、O 两口流回油箱。这样，液压缸下腔进油、上腔回油，活塞在下腔油压的作用下，连同活塞杆向上运动返回原位。

通过换向阀手柄进行左、中、右位置的变换，可以分别实现液压缸活塞杆的伸、停、缩三种运动状态，进而实现活塞杆不断地往复运动。

5.2.2 液压系统中的比例控制技术

比例控制技术是介于开关控制技术和伺服控制技术之间的过渡技术，比例控制型液压系统采用的控制元件是比例控制阀。它具有控制原理简单、控制精度高、抗污染能力强、价格适中的特点，因此在变桨距风电机组中得到普遍应用。

1. 位置反馈原理

比例控制技术的基本工作原理是根据输入电信号电压值的大小，通过放大器将该输入电压信号（一般在0~±9V之间）转换成相应的电流信号，图5-26所示为比例控制技术应用于位置反馈。这个电流信号作为输入量被送入比例电磁铁，从而产生和输入信号成比例的输出量：力或位移。该力或位移又作为输入量加给比例阀，后者产生一个与前者成比例的流量或压力。

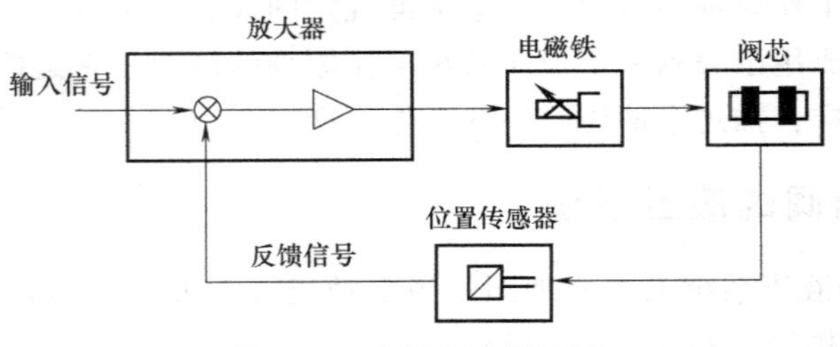

图5-26 位置反馈原理图

通过这样的转换，一个输入电压信号的变化，不但能控制执行元件和机械设备上工作部件的运动方向，而且可对其作用力和运动速度进行无级调节。此外，还能对相应的时间过程，例如在一段时间内流量的变化、加速度的变化或减速度的变化等进行连续调节。当需要更高的阀性能时，可在阀或电磁铁上接装一个位置传感器，以提供一个与阀芯位置成比例的电信号。此位置信号向阀的控制器提供一个反馈，使阀芯可以由一个闭环配置来定位。一个输入信号经放大器放大后的输出信号再去驱动电磁铁，电磁铁推动阀芯，直到来自位置传感器的反馈信号与输入信号相等时为止。此技术能使阀芯在阀体中准确定位，而由摩擦力、液动力或液压力所引起的任何干扰都被自动纠正。其中位置传感器通常是用于阀芯位置反馈的传感器。

2. 位移传感器

差动变压位移传感器（Linear Variable Differential Transformer，LVDT）是用于阀芯位置反馈的位移传感器，如图5-27所示。LVDT由绕在与电磁铁推杆相连的铁心上的一个一次线圈和两个二次线圈组成。一次线圈由高频交流电源供电，它在铁心中产生变化磁场，该磁场通过变压器作用在两个二次线圈中感应出电压。如果两个二次线圈对置连接，则当铁心居中时，每个线圈中产生的感应电压将抵消，产生的净输出为零。随着铁心离开中心移动，一个二次线圈中的感应电压升高而另一个线圈中的感应电压降低，于是产生一个净输出电压，其大小与运动量成比例而相位移指示运动方向。该输出可送至一个相敏整流器（解调器），该整流器将产生一个与运动成比例且极性取决于运动方向的直流信号。

3. 控制放大器

控制放大器原理如图5-28所示，输入信号可以是可变电流或电压。根据输入信号的极

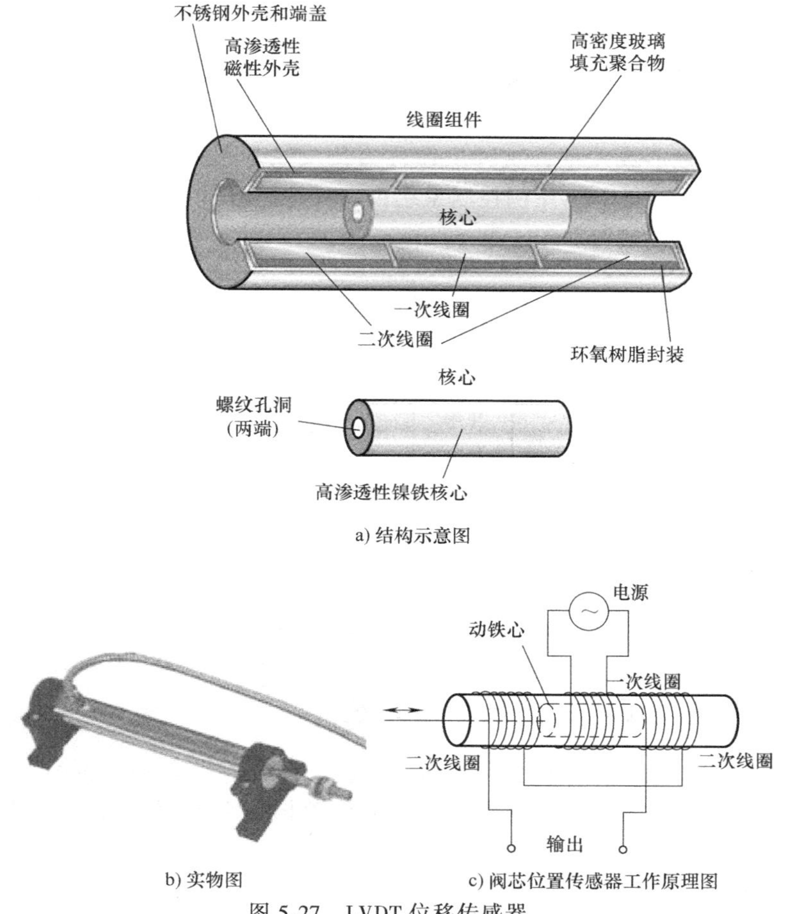

a) 结构示意图

b) 实物图　　c) 阀芯位置传感器工作原理图

图 5-27　LVDT 位移传感器

性，阀芯两端的电磁铁将有一个通电，使阀芯向某一侧移动。两个运动方向设置了单独的增益调整，可对阀的特性进行微调或设定最大流量。斜坡发生器可根据需要启用或禁止。放大器针对每个输出极设置了死区补偿，即通过电子方法消除阀芯遮程的影响。使用位置传感器的比例阀意味着阀芯是由位置控制的，即阀芯在阀体中的位置仅取决于输入信号，而与流量、压力或摩擦力等无关。位置传感器提供一个 LVDT 反馈信号，此反馈信号与输入信号相加所得到的误差信号，驱动放大器的输出级。

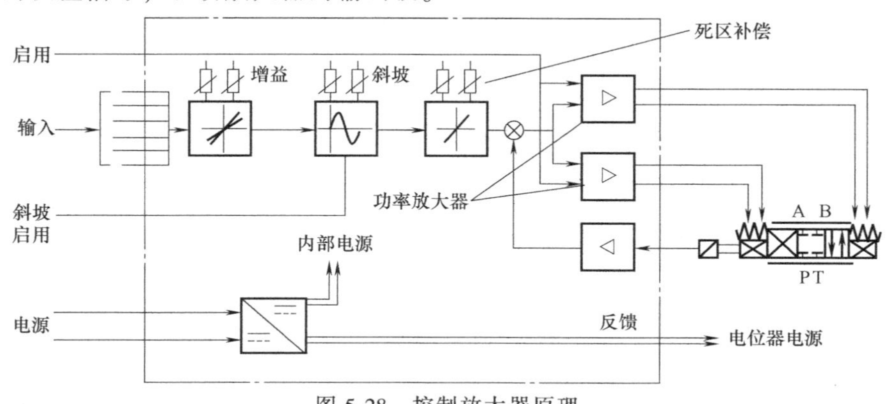

图 5-28　控制放大器原理

4. 闭环反馈控制

在控制系统中，将被控对象的输出信号回送到系统的输入端，并与给定值进行比较而形成偏差信号，以产生对被控对象的控制作用，这种控制形式称为反馈控制。反馈信号与给定信号符号相反，即总是形成差值，这种反馈称为负反馈。用负反馈产生的偏差信号进行调节，是反馈控制的基本特征。当比例控制系统设有反馈信号时，可实现控制精度较好的闭环控制，闭环控制比例系统框图如图 5-29 所示。

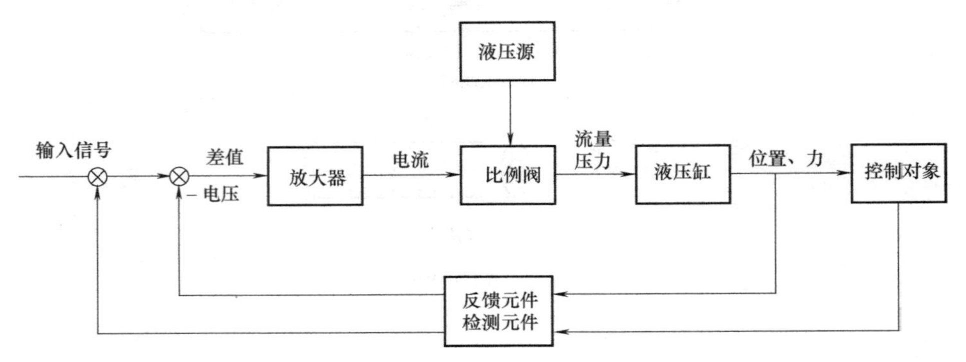

图 5-29　闭环控制比例系统框图

5.2.3　带有电液伺服阀的液压伺服系统

液压伺服系统以其响应速度快、负载刚度大、控制功率大等独特的优点在工业控制中得到广泛应用。电液伺服系统通过使用电液伺服阀，将小功率的电信号转换为大功率的液压动力，从而实现了一些重型机械设备的伺服控制。液压伺服系统是使系统的输出量，如位移、速度或力等，能自动、快速而准确地跟随输入量的变化，与此同时，输出功率被大幅放大。

液压变桨距的液压伺服系统如图 5-30 所示，叶片的转动会产生节流现象，而起到调节

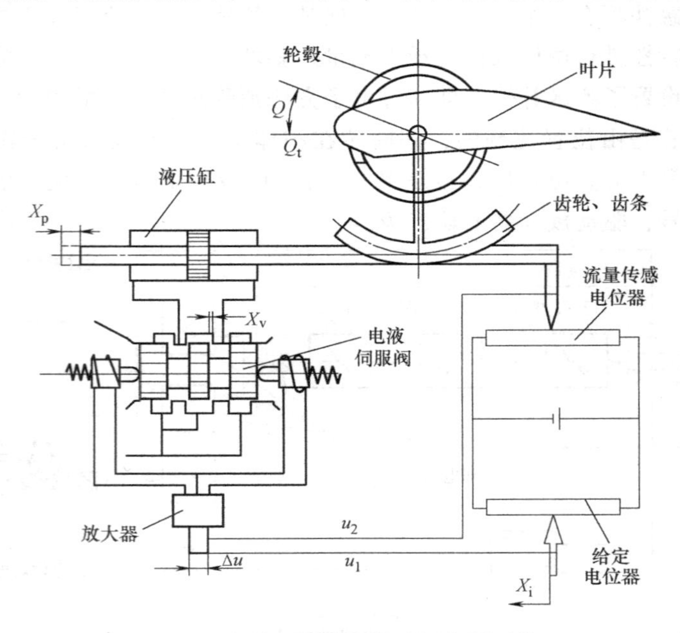

图 5-30　液压变桨距的液压伺服系统

流量的作用。叶片转动由液压缸上的齿条带动扇形齿轮来实现。这个系统的输入量是电位器的给定值 X_i，对应这一给定值，有一定的电压输出给放大器，放大器将电压信号转换成电流信号并加到伺服阀的电磁线圈上，使阀芯相应地产生一定的开口量 X_v。阀开口 X_v 使油液进入液压缸右腔，推动活塞杆上的齿条向左移动，带动叶片偏转，同时液压缸活塞杆也带动电位器的触点左移。液压缸左腔的油液则经伺服阀流回油箱。当活塞杆移动量 X_p 所对应的电压与 X_i 对应的电压相等时，电压差为零，放大器输出电流为零，伺服阀关闭，液压缸带动叶片停在相应位置。

图 5-30 所示实例中采用了反馈控制，电位器是反馈装置，偏差信号是给定信号电压与反馈信号电压在放大器输入端产生的 Δu。

5.3 风力发电机组中的典型液压系统

5.3.1 风电机组的液压站

风电机组的液压系统是风机的公共服务系统，它为风力发电机组中一切使用液压作为驱动力的装置，如变桨系统、机械制动系统、偏航制动提供动力，如图 5-31 所示。

图 5-32 所示为液压系统中的液压站，由泵-电机组、阀块、过滤器及附件等组成，用于提供操作系统所需的压力和流量，并控制油液的清洁度。

图 5-31 风电机组的液压系统

液压站中的油泵是间歇性工作的，其起停由压力继电器控制，当泵停止工作时，系统压力由蓄能器保持。系统工作压力设定范围一般是 130 ~ 145bar，当系统油压低于 130bar 时，压力继电器控制油泵起动；当系统压力达到 145bar 时，油泵停止工作。在运行、暂停和停止状态，油泵根据压力继电器的信号自动工作，在紧急停机状态，油泵被迅速断路而关闭。油泵工作过程如图 5-33 所示。

5.3.2 变桨控制

变桨距系统的主要作用是通过调节叶片对气流的攻角，改变风力机的能量转换效率，从而控制风电机组的功率输出；在机组需要停机时提供空气动力制动。变桨距执行机构是变桨距风电机组的一个重要组成部分，与定桨距机组相比，变桨距风电机组起动和制动性能好，风能利用系数高，在额定功率点以上输出功率平稳。

1. 变桨控制原理

液压变桨距系统是一个自动控制系统，主要由变桨控制器、转换器、液压控制单元、执行机构、位移传感器等组成。图 5-34 所示为液压变桨距系统原理框图。

液压变桨距控制机构属于电液伺服系统，变桨距液压执行机构是桨叶通过机械连杆机

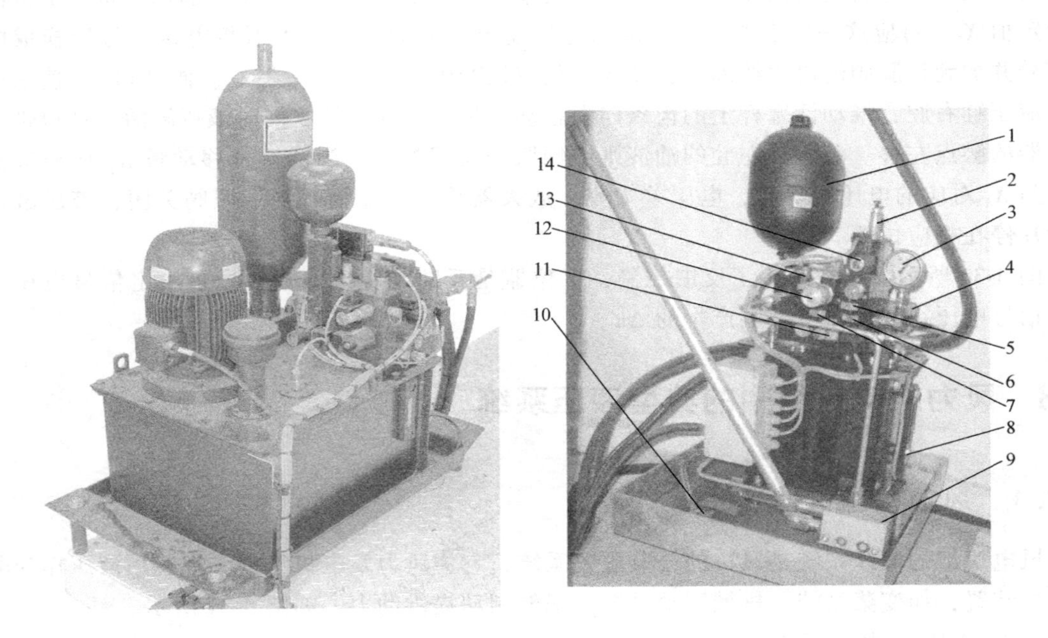

图 5-32　液压站

1—蓄能器　2—偏航余压阀　3—压力表　4—空气过滤器　5~7—手阀　8—油位计　9—手动泵　10—放油球阀　11—压力继电器　12、14—电磁阀　13—安全阀

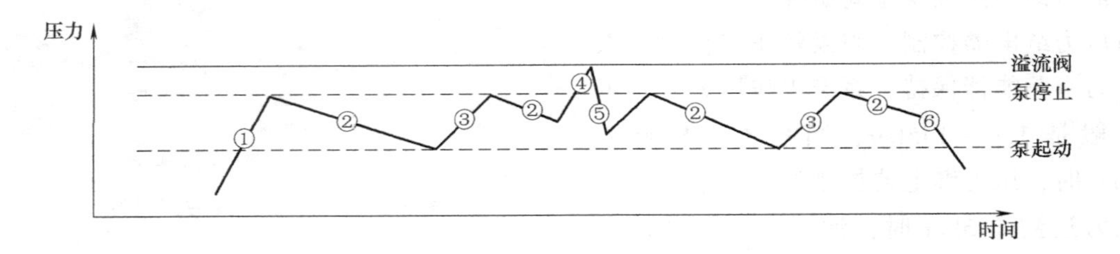

图 5-33　油泵工作过程示意图

①—开机时液压泵起动　②—内泄漏引起的压力下降　③—液压泵重新起动　④—温升引起的压力升高　⑤—电磁阀动作引起的压力下降　⑥—停机时电磁阀打开引起的压力下降

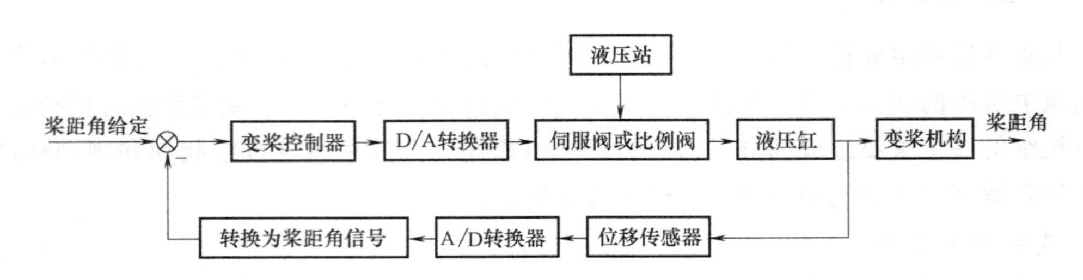

图 5-34　液压变桨距系统原理框图

构与液压缸相连，桨距角的变化同液压缸位移基本成正比。

变桨控制系统的桨距控制是通过比例阀来实现的。在图 5-35 中，控制器根据功率或转速信号给出一个-10~10V 的控制电压，通过比例阀控制器转换成一定范围的电流信号，控制比例阀输出流量的方向和大小。点画线内是带控制放大器的比例阀，设有内部 LVDT 反馈。变距油缸按比例阀输出的方向和流量操纵叶片桨距在-5°~88°之间运动。为了提高整个变桨系统的动态性能，在变桨距油缸上也设有 LVDT 位置传感器。

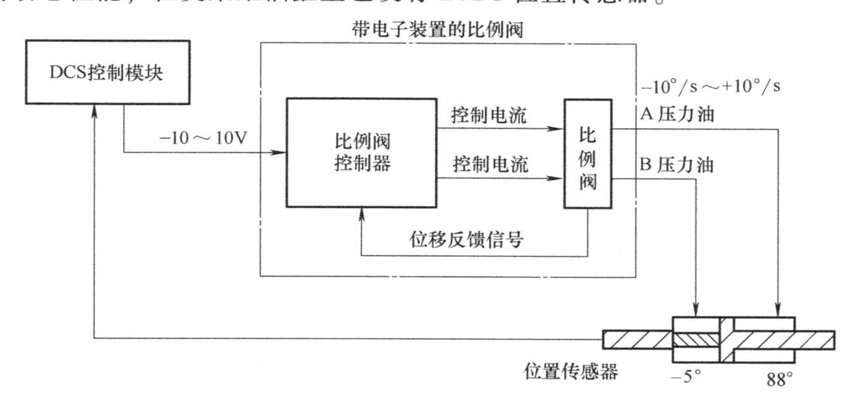

图 5-35　桨距控制示意图

LVDT 输出信号是比例阀上滑阀位置的测量值，控制电压和 LVDT 信号相互间的关系，如图 5-36 所示。变距速度由控制器计算给出，以 0° 为参考中心点，图 5-36 给出了控制电压和变桨速率的关系。

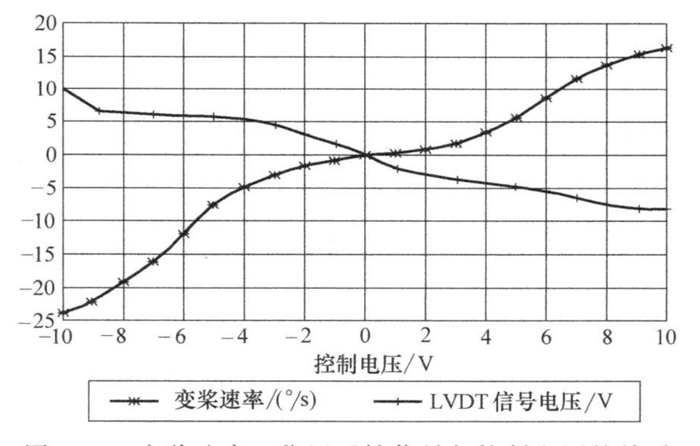

图 5-36　变桨速率、位置反馈信号与控制电压的关系

液压系统工作过程如图 5-37~图 5-40 所示。

2. *液压泵站*

图 5-37 为液压变桨距风电机组液压系统图。图中各元件均为不带电的初始状态，粗线回路表示具有系统压力。

液压泵站的动力源是齿轮泵，为变桨回路、制动器回路和偏航制动回路所共用。液压泵安装在油箱油面以下，由油箱上部的电动机驱动。泵的流量变化由负载而定。

液压泵由压力传感器 12 的信号控制。压力油从泵通过高压滤油器 10 和单向阀 11.1 传送到蓄能器 16-1。阀 11.1 在泵停止时阻止回流。滤油器上装有旁通阀和污染指示器，它在旁通阀打开前起作用。在滤油器前后有两个压力表插接器（M1 和 M2），它们用于测量泵的压力或滤油器两端的油压。当 M1 和 M2 点压差超过 5bar 时，说明过滤器有堵塞。溢流阀 13 是防止泵在系统压力超过 145bar 时继续向系统泵油的安全阀，即当系统油压超过 145bar 而油泵仍不停止工作时，溢流阀 13 打开，油液直接排回油箱，保证系统压力稳定。

节流阀 18.1 用于抑制蓄能器预压力，并在系统维修时释放来自蓄能器 16 的压力油。

油箱上装有油位开关 2，监测油箱油位，以防油溢出或泵在无油情况下运转。

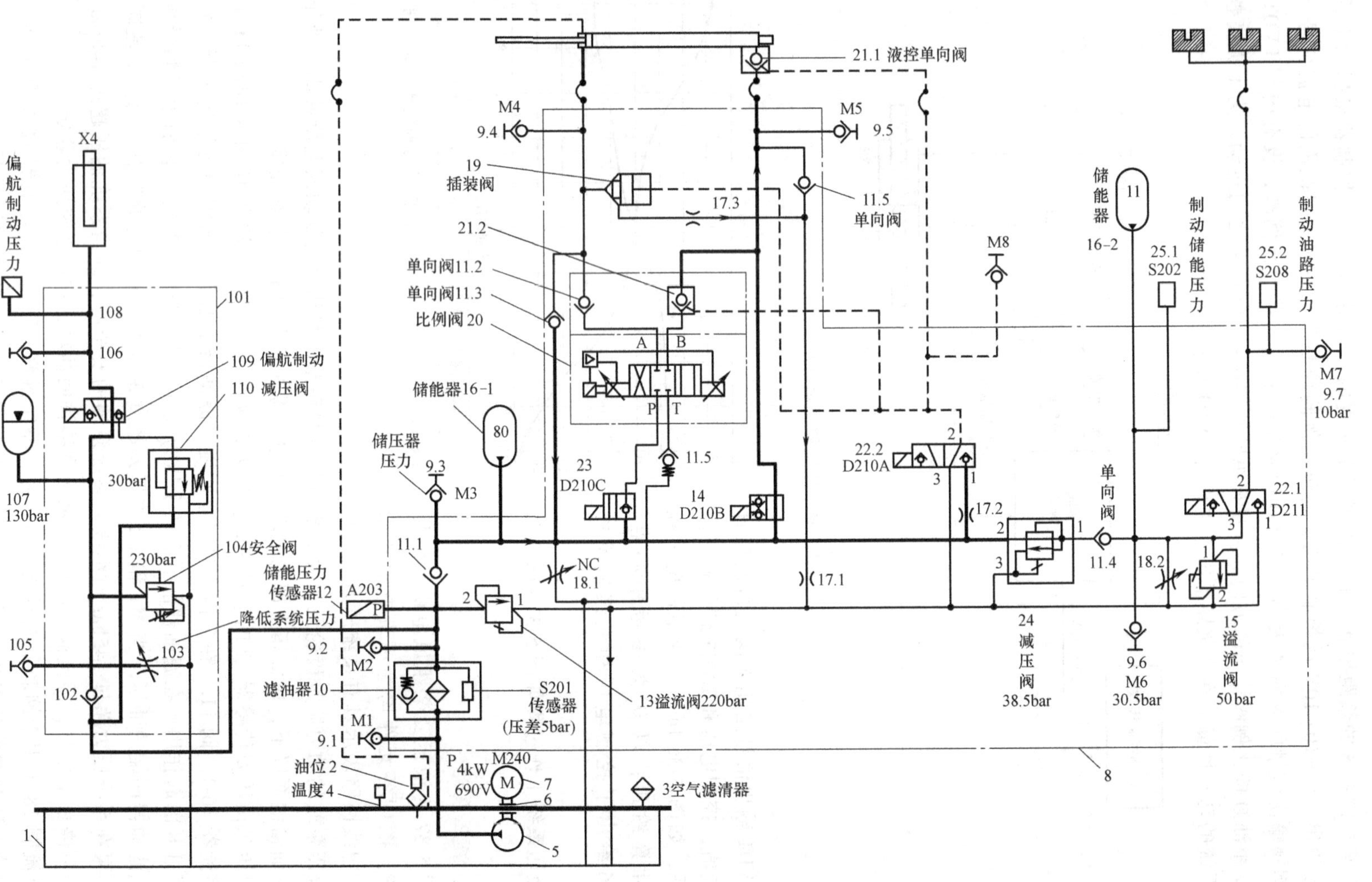

图 5-37 变桨距风电机组液压系统示意图

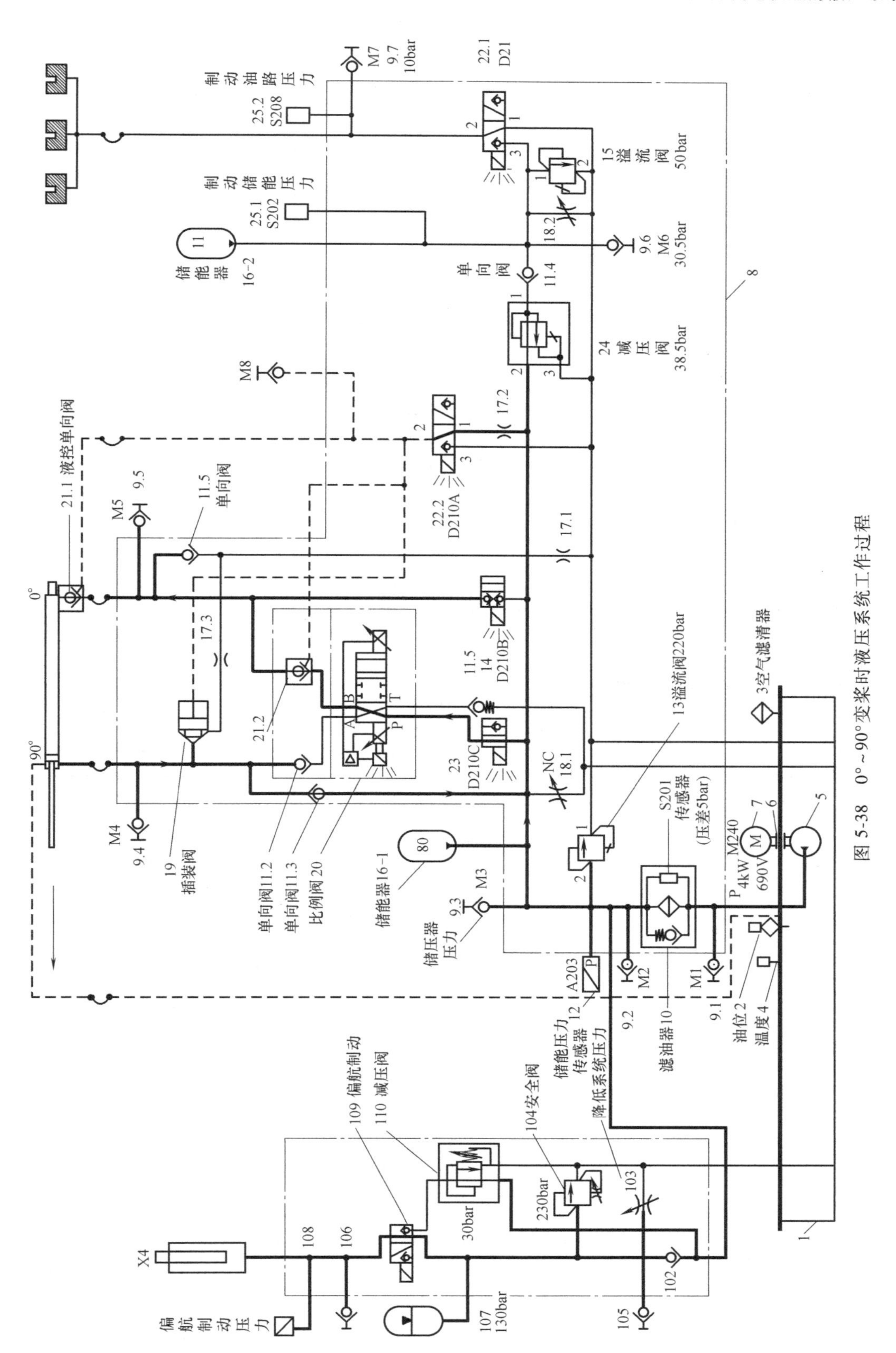

图 5-38　0°～90°变桨时液压系统工作过程

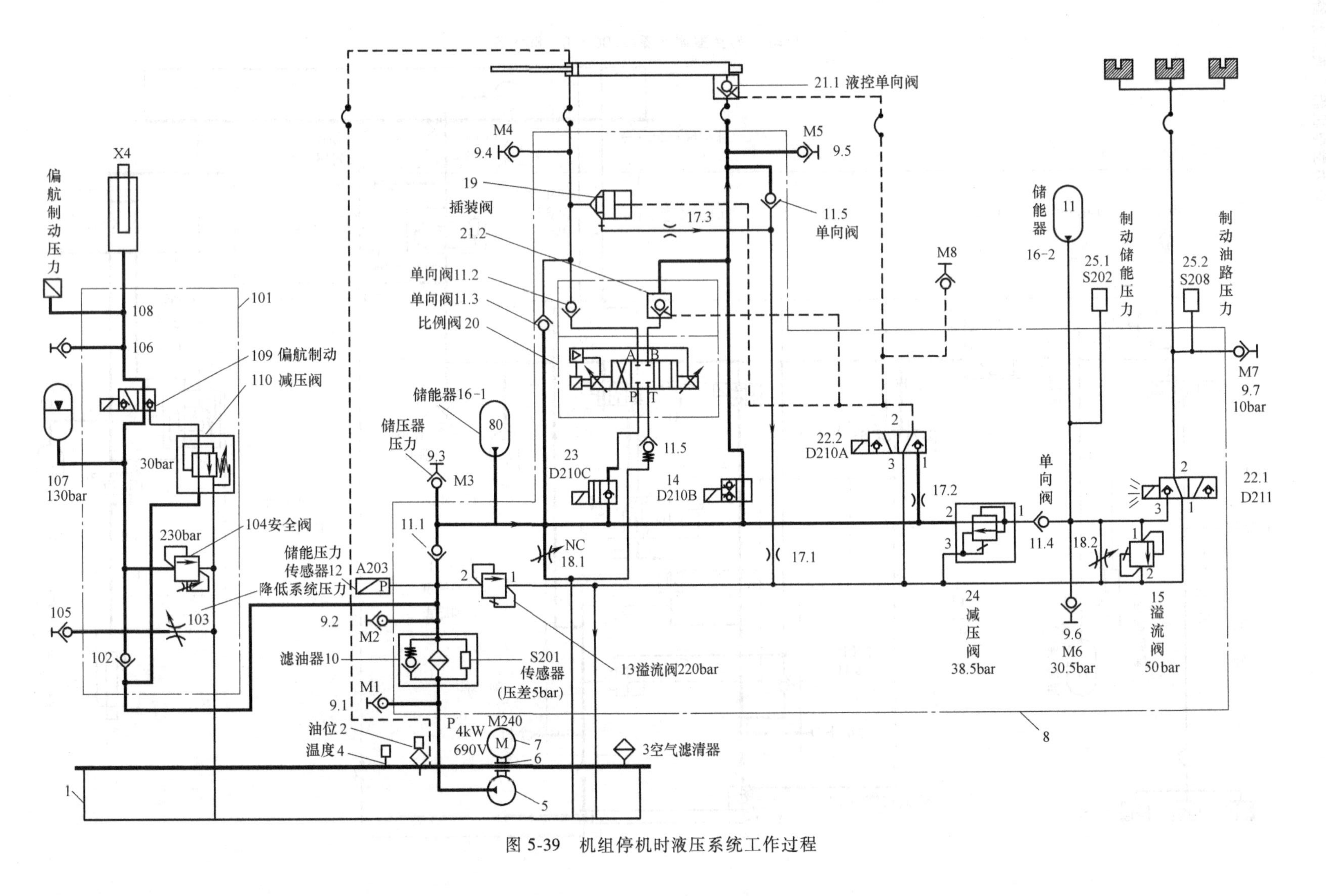

图 5-39　机组停机时液压系统工作过程

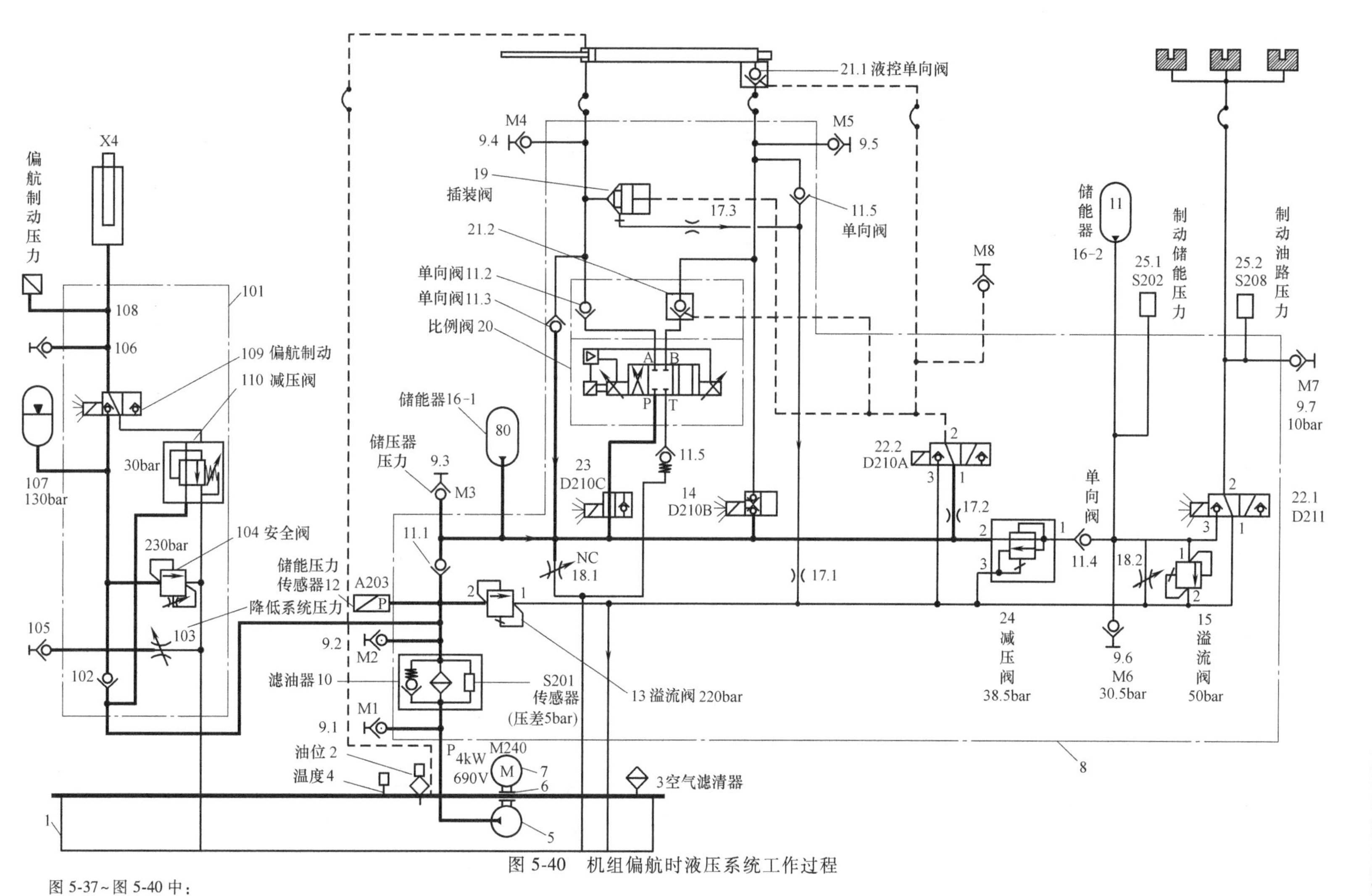

图 5-40 机组偏航时液压系统工作过程

图 5-37~图 5-40 中：

1—油箱 2—油位开关 3—空气滤清器 4—温度传感器 5—液压泵 6—联轴器 7—电动机 8—主模块 9—压力测试口 10—滤油器 11—单向阀 12—压力传感器 13—220bar 溢流阀 14、22、23—电磁阀 15—50bar 溢流阀 16—蓄能器 17—节流阀 18—可调节流阀 19—插装阀 20—比例阀 21—液控单向阀 24—减压阀 25—压力开关油箱内装有 PT100 温度传感器以检测油箱内的油温，出线盒装在油箱上部。油温过高时会导致报警，以免在高温下泵的磨损。

3. 液压变桨过程

风电机组处于正常工作状态时，如图 5-38 所示。电磁阀 23、14 及 22.2 带电。电磁阀 22.2 带电后，控制油路导通，插装阀 19 受控关闭，液控单向阀 21.1 和 21.2 受控反向导通，允许活塞向右移动。

当控制系统有 0°→90°方向变桨指令输出时，比例阀 20 左侧线圈带电，系统压力油通过电磁阀 23 到达比例阀 20 的 P 口，比例阀左侧线圈带电后，P-B、A-T 连通。压力油通过液控单向阀 21.2 和 21.1 进入油缸右侧无杆腔一侧，油缸的活塞向左侧移动，油缸左腔内的油被排挤。由于节流阀 18.1 为常闭阀，所以油缸左腔被排挤出的油液经单向阀 11.3、电磁阀 23 和比例阀 20 又进入油缸右腔。如此，桨叶在 0°~90°范围内调节，变桨角度根据控制系统输出到比例阀工作线圈上的电压大小而定。变桨达到控制系统指定桨叶角度时，比例阀 20 失电，阀芯处于中间位置（完全关闭），切断进入油缸的油路，油缸停止运动。

当控制系统有 90°→0 方向变桨指令输出时，比例阀 20 右侧线圈带电，P-A、B-T 连通，压力油通过单向阀 11.2 进入油缸有杆腔一侧，油缸活塞在压力油作用下向右侧移动，油缸右腔油被排挤，通过液控单向阀 21.1 和 21.2、比例阀 20 的 B-T、单向阀 11.5 流回油箱。桨叶在 90°~0°范围内调节。

在比例阀至油箱的回路上装有 1bar 单向阀 11.5。该单向阀确保比例阀 T 口上总是保持 1bar 压力，避免比例阀阻尼室内的阻尼“消失”导致该阀不稳定而产生振动。

5.3.3 停机控制

机组的机械制动由泵系统通过减压阀 24 供给压力源。

蓄能器 16-2 是确保制动系统在蓄能器 16-1 或泵没有压力的情况下也能完成制动操作。

可调节流阀 18.2 用于抑制蓄能器 16-2 的预充压力，或在维修制动系统时，释放制动器油缸中的油。

压力开关 25.1 是常闭的，当蓄能器 16-2 上的压力降低于 15bar 时断开并报警。

压力开关 25.2 用于检查制动压力上升，包括制动器动作时的压力。

溢流阀 15 防止制动系统在减压阀 24 误动作或在蓄能器 16-2 受外部加热时，系统压力过高。过高的压力（即过高的制动转矩），会造成对传动系统的严重损坏。

单向阀 11.4 阻止回流油向蓄能器 16-2 方向流动。

1. 正常停机

机组正常停机是指由控制系统发出的停机指令，此时电磁阀 23、14、22.2 失电，电磁阀的位置如图 5-39 所示。

电磁阀 22.2 失电后，插装阀 19、液控单向阀 21.1、21.2 的控制油液经电磁阀 22.2 排回油箱，此时液控单向阀 21.1 和 21.2 的作用等同于普通单向阀。油从蓄能器 16-1 经电磁阀 14、液控单向阀 21.1 进入油缸右腔，活塞向左侧移动，油缸左腔的油液被排挤，通过插装阀 19、节流阀 17.3 及 17.1 排回油箱，桨叶顺桨，机组停机。此时，比例阀不参与控制。

电磁阀 22.2 失电后，液控单向阀 21.1 不再保持在双向打开位置，而是单向导通，等同于普通单向阀，只允许压力油进入油缸右侧。从而使来自风的变桨力不能将油缸活塞向右侧推动，避免向0°的方向调节叶片桨距。

2. 紧急停机

机组运行及处于正常停机或暂停状态时，电磁阀22.1是带电的，制动卡钳处于释放状态。紧急停机时，所有电磁阀都处于失电状态，如图5-37所示。压力油通过电磁阀14实现叶片顺桨。同时，制动系统由泵站通过减压阀24供给压力油，经电磁阀22.1进入制动卡钳油缸，机组机械制动，进行紧急停机。

在停机或暂停状态，液压泵会自动停/起运转。顺桨所需动力部分来自蓄能器16-1的压力油，部分直接来自泵5的压力油。紧急停机时，泵很快断电，顺桨驱动压力只来自蓄能器16-1 。为了防止在紧急停机时，蓄能器内油量不够变桨油缸一个行程，紧急顺桨还将借助来自风的自变桨力完成，即油缸左腔被排挤出的油液通过插装阀19、节流阀17.3、单向阀11.5和21.1重新回到油缸右腔重复循环，补充油液的不足。

紧急顺桨的速度由两个节流阀17-1和17-2控制并限制到约9°/s。

5.3.4 偏航控制

蓄能器107用于保持偏航回路的压力，当泵停止工作时，如果回路中压力有所下降，蓄能器107适当补充，保持所需的锁紧力矩稳定。安全阀104可保持偏航回路压力不至过高，如果回路压力高于230bar，安全阀打开，油液被排回油箱。减压阀110为机组偏航对风提供必需的阻尼力矩，避免风电机组在偏航过程中产生过大的振动而造成整机的共振。阻尼力矩的大小要根据机舱和风轮质量总和的惯性力矩来确定，其基本的确定原则为确保风电机组在偏航时应动作平稳顺畅，不产生振动。只有在阻尼力矩的作用下，机组的风轮才能够定位准确，充分利用风能进行发电。

机组在正常运行时，如果没有偏航指令，偏航制动电磁阀109是不带电的，阀的位置如图5-38所示，压力油经过单向阀102、电磁阀109进入偏航制动卡钳，并保持压力。当控制系统输出偏航指令时，电磁阀109带电，如图5-40所示。偏航制动器中的高压油经电磁阀109、减压阀110流回油箱，减压阀保持30bar的偏航阻尼。

5.4 润滑与冷却系统

风电机组属于大型的高精度、高价值运转设备，所有轴承、齿轮等部件均处于频繁起停、高负荷连续运转的工况下，且风力发电场大多集中在拥有巨大风能资源的高山、荒野、海滩、海岛等偏远地区，其恶劣的自然环境对设备造成严重侵害，加之设备高度较高，维修保养十分不便。因此，对其保养维护提出更高、更严格的要求，以确保风电机组可靠稳定地长期运转。由于风电机组润滑部位分散，如变桨及齿轮、偏航系统及齿轮、齿轮箱和主轴轴承等，大型风电机组对这些部件采用自动润滑，即不连续但周期性对各润滑点定量供油，使运动副保持适当的润滑油膜。

5.4.1 齿轮箱润滑与冷却系统组成

齿轮箱的润滑与冷却十分重要，良好的润滑与冷却能够对齿轮和轴承起到足够的保护作用，此外还可减小齿轮摩擦和磨损，使轴承具有较高的承载能力，防止齿轮产生胶合、疲劳点蚀等故障，同时还可吸收冲击和振动。齿轮箱润滑与冷却系统如图 5-41 所示，主要由泵单元、冷却单元、齿轮油加热单元、监测单元、连接管路组成。

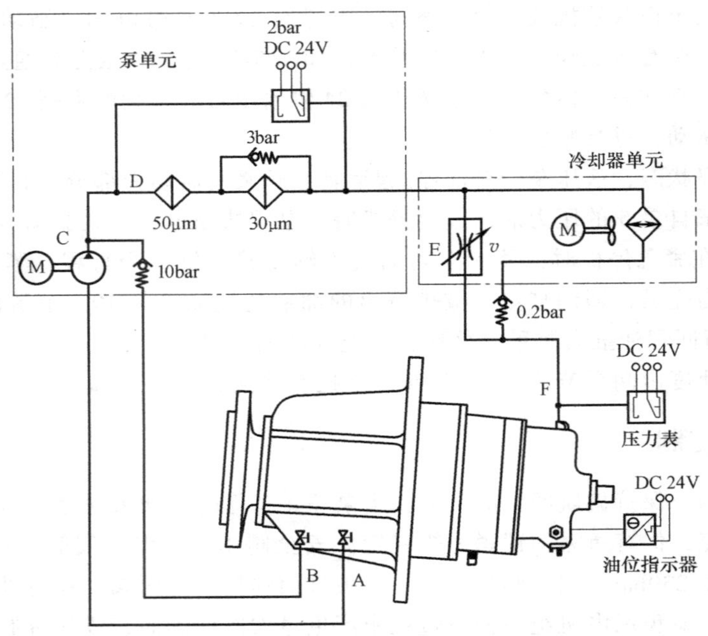

图 5-41　齿轮箱润滑与冷却系统

1. 泵单元

齿轮箱的泵单元如图 5-42 所示，主要有电动机、油泵、过滤器、DC 24V/2bar 的压差继电器。

图 5-42　齿轮箱泵单元

齿轮油泵为齿轮箱的润滑、冷却系统提供足够的油源。

过滤器有 10μm 精滤和 50μm 粗滤两级过滤。过滤器串联在循环润滑油路系统中，确保持续过滤齿轮油。在两级过滤两端设有 DC 24V/2bar 的压差继电器，当压差超过 2bar 时，压差继电器闭合使执行元件动作，该回路导通，对两级过滤器起到安全保护的作用，同时发送故障信号。

2. 冷却单元

冷却单元由温控阀和热交换器组成，当系统油温过高时，温控阀控制回路中的压力油，送到热交换器进行热量交换。

温控阀是自力式调节阀中的一种，自力式调节阀是一种依靠流经阀内介质自身的压力或温度作为能源驱动阀门自动工作，不需要外接电源和二次仪表的调节阀。当被控介质温度变化时，调节阀内的感温元件随着温度变化而膨胀或收缩。被控介质温度高于设定值时，感温元件膨胀，推动阀芯关闭阀门，减少热媒的流量；被控介质的温度低于设定值时，感温元件收缩，复位弹簧推动阀芯开启，增加热媒的流量。图 5-43 所示为温度调节阀和阀芯。

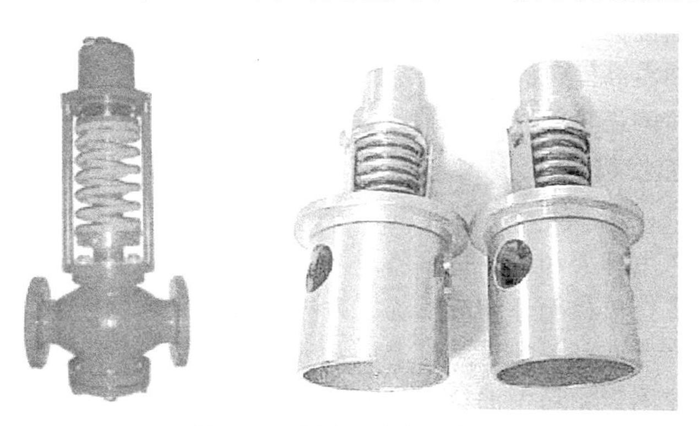

图 5-43 温度调节阀和阀芯

3. 齿轮油加热单元

齿轮油加热单元由加热器、温度控制器、温度传感器组成，如图 5-44 所示。

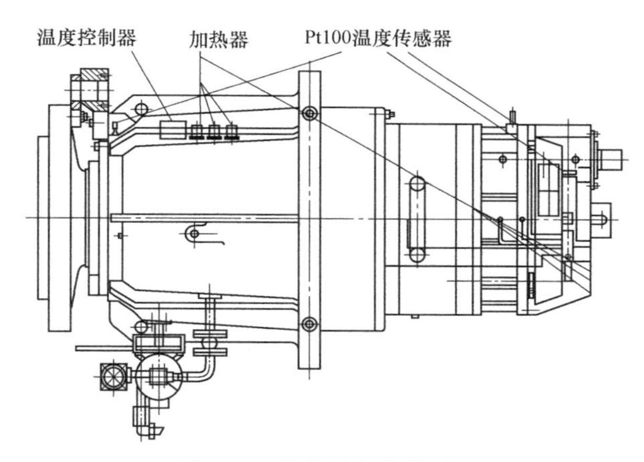

图 5-44 齿轮油加热单元

温度控制器用于监测齿轮箱的最高油温，设置值为 80℃，当达到设定温度时，控制齿轮箱停机。

加热器的作用是当齿轮箱工作环境温度较低时，对齿轮箱润滑油进行加热，以确保齿轮箱内部的润滑油保持在一定的黏度范围。当油温升高到设定值时，停止加热，系统自动控制。

油温传感器用于监测齿轮箱油温，同时进行相应的控制：

0℃——油冷系统工作的最低温度。

5℃——齿轮箱加热器起动温度。

10℃——齿轮箱加热器停止工作温度。

35℃——油泵电动机从高速切换低速温度。

40℃——油泵电动机从低速切换高速温度。

45℃——温控阀 TB45 开始动作温度。

50℃——风扇电动机停止工作的最低温度（油温下降时，温度低于 50℃停止）。

55℃——风扇电动机开始工作的最低温度。

75℃——机组因油温高开始限功率温度。

80℃——机组因油温高停机温度。

轴温传感器用于监测齿轮箱高速轴轴承温度，当轴承温度达到 90℃时，机组限功率运行，当轴温达到 95℃时停机。

4. 监测单元

监测单元主要有压力开关和油位指示器。

压力开关是用于安全监控循环润滑系统压力的开关。在运行过程中，根据制造商设定的开关压力动作，不允许改变开关的压力设定值。

油位指示器用于监测齿轮箱中油位，为常闭继电器，当油位低于设定值时，回路断开并报警。

5.4.2 齿轮箱润滑与冷却系统工作过程

1. 齿轮箱润滑与冷却技术要求

齿轮箱在部分或全负荷下运行时，齿轮泵必须始终保持运行状态。

空载状态时，齿轮油泵必须定期投入运行以保证轴承和齿轮能得到充分的润滑。

在停机状态且机械制动处于抱闸状态时，齿轮油泵必须定期开启和关闭，确保当叶轮受到风冲击而使侧面有间隙的部件发生相对移动时，齿轮可得到润滑。

在完全停机状态时，其运行方式为 30s 运行时间和 30min 停机时间，这个运行周期必须保证。如果润滑油的温度低于 10℃，齿轮油泵开始工作，直至油温高于 20℃；如果润滑油温度低于-20℃，齿轮油泵停止工作。

齿轮油温度高于 5℃时，风力机允许运行；在 45℃以下时，齿轮油主要是润滑效果；在油温高于 45℃、低于 55℃时，为油冷泵冷却效果。高于 55℃时，油冷风扇起动，低于 50℃时，油冷风扇停止；齿轮油温度高于 75℃ ，则限制功率，高于 80℃时故障停机。

2. 齿轮箱冷却系统工作过程

齿轮箱油冷却循环工作过程如下：

(1) 系统启动

齿轮油温低于 0℃时不启动油冷系统，加热器起动对齿轮油进行加热，使油温升到 0℃，油冷系统可以启动，即油冷系统最低启动温度为 0℃。

(2) 油泵自循环【A→C→B 过程】

油泵出口 C 点受控油压动作，当机组刚起动时，由于齿轮箱油温较低，所以齿轮油黏度大，造成系统内压力升高。当 C 点油压大于或等于 10bar 时，泵出口的 10bar 单向阀打开，齿轮油直接通过单向阀流回齿轮箱。这样设计的目的一方面是加速油的循环，加快温升；另一方面是保护过滤器单元免受损坏。

(3) 齿轮油循环过程【A→C→D→E→F 过程】

油温低于 45℃时，温控阀 E 不动作，冷却器被旁路随着齿轮油的循环，齿轮油温度不断升高，油压逐渐下降，当 C 点油压大于或等于 3bar 而小于 10bar 时，10bar 单向阀关闭，3bar 单向阀打开，将 10μm 精滤旁路，齿轮油经 50μm 粗滤、3bar 单向阀、温控阀流回齿轮箱。旁路10μm精滤的目的是保护精过滤器。

随着回路中油温继续上升，油压继续下降，当C点油压低于3bar时，3bar单向阀关闭，齿轮油经10μm精滤、50μm粗滤、温控阀流回齿轮箱。无论何种情况，未经过滤的油液绝不允许进入齿轮箱内各润滑部位。当润滑油温度低于30℃时，过滤器的压差信号器报警信号示为无效，而当润滑油温度高于30℃时，若滤芯堵塞压力达到3bar时压差信号器发报警信号，提示更换滤芯。

当油温上升到40℃时，油泵由低速切换到高速；当油温下降到35℃时，油泵由高速切换到低速。

（4）齿轮油冷却过程

齿轮油温大于或等于45℃时，温控阀关闭，齿轮油先经过两级过滤网过滤后，再进入冷却器，最后流回齿轮箱构成回路。系统通过PLC控制并采用高速泵，同时保证80L/min的油流量。

油冷风扇的起动是通过系统PLC控制的，PLC的设定值（可变的）通常为60℃，当系统接收到油温传感器的温度达到60℃时，油冷风扇起动。

5.4.3 轴承自润滑系统

由于大型风电机组的价格越来越高，对于机组可利用率的要求也越来越高，所以很多的大型风电机组都安装了自动润滑系统。

风电机组采用的自动润滑系统具有如下优点：

1）系统安装方便，结构紧凑，易检查维修。

2）可以保证各润滑点准确润滑，大大提高润滑零部件的使用寿命。

3）通过监控系统可以很快地检查润滑部位的润滑状态。

4）减轻工作量，操作安全。

兆瓦级变速恒频风电机组的自动润滑内容包括四个部分，分别是变桨轴承自动润滑系统、主轴自动润滑系统、发电机轴承自动润滑系统和偏航轴承自动润滑系统，如图5-45所示。各个位置使用的自动润滑系统的外形和结构基本相同，差异的只是容量和供电等方面。

1. 自润滑系统结构及工作原理

风电机组采用的自动润滑系统主要由电动润滑泵、自动控制器、润滑小齿轮、存储罐、安全阀、递进式分配器（包括一、二级分配器或更多）、管路等元件组成，如图5-46所示。图5-47所示为发电机自动注油器示意图。

图5-46中，自动润滑系统向各个润滑点泵注是通过润滑泵提供泵压给各个分配器而实现的。当系统接通电源后，自动控制器按预先设置的时间周期性地输出24V直流电，自动起动或停止润滑泵，完成吸脂、泵脂过程。润滑脂通过泵芯升压后经安全阀，通过主分配器按预先调好的比例定量地进入各个润滑点。高压油脂通过分配器时，分配器上的探测器给泵一个信号，泵运行至分配器设定的运行次数后，即进入泵停止间隔时间，当间隔时间至设定时间后，泵又开始工作，如此循环。当泵运行时，如30min内泵没有接收到分配器的信号，泵将停止转动并报警。安全阀限定系统最高压力，当高压油脂的压力超过了安全阀限定压力时，高压油脂将从安全阀溢回存储罐，从而使润滑泵以及系统高压管路不受损坏，保护各元件。分配器的作用是根据各个润滑部位的需要对润滑脂进行合理分配。

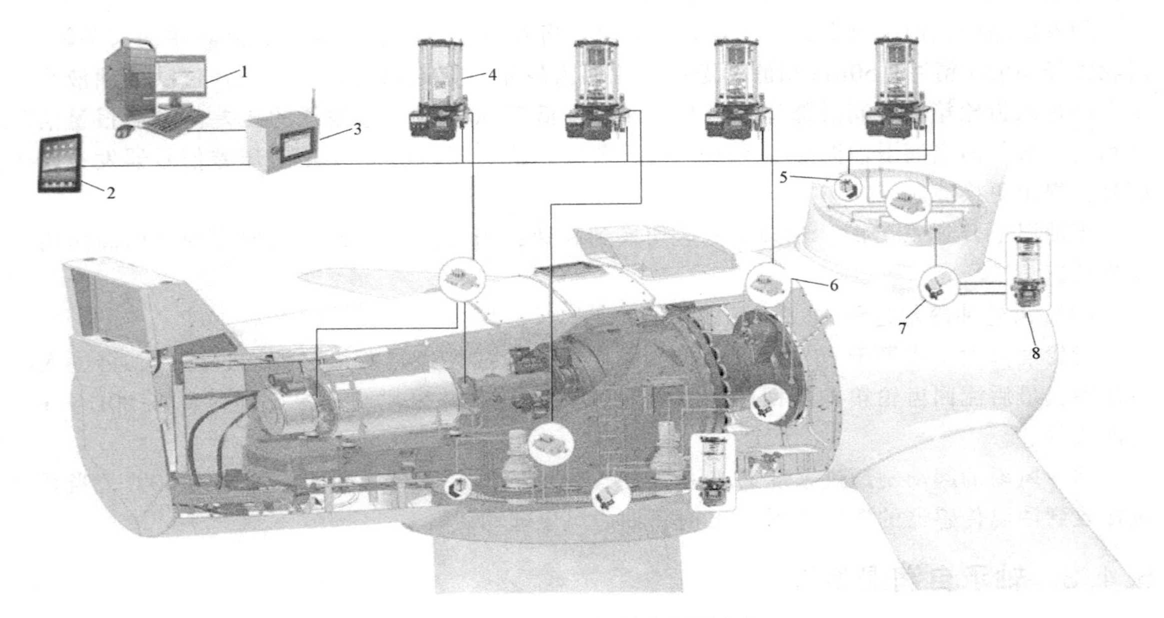

图 5-45　风电机组的自润滑内容

1—远程集控中心计算机　2—移动控制终端　3—主控箱　4—润滑泵

5—润滑小齿轮　6—分配器　7—吸排脂器　8—液压泵

对于轴承内圈齿轮的润滑，主要是通过作用在润滑小齿轮上的润滑点泵油，然后与带动轴承内圈旋转的驱动齿轮啮合，进而实现对驱动齿轮的润滑，驱动齿轮实现对轴承内圈的润滑。润滑小齿轮如图 5-48 所示。被润滑齿轮的齿面宽度决定了润滑小齿轮的个数及中心轴上润滑接口的个数。风电机组变桨系统及齿轮使用 3 个润滑小齿轮，偏航系统及齿轮使用 1 个润滑小齿轮。

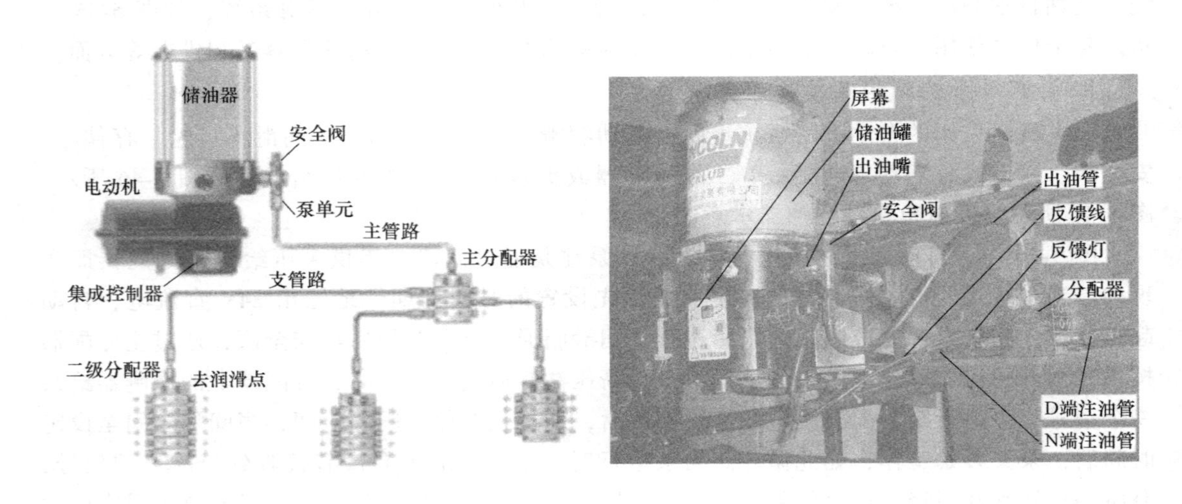

图 5-46　风电机组自动润滑系统

图 5-47　发电机自动注油器

2. 变桨自动润滑系统

变桨齿轮自动润滑系统如图 5-49 所示，其作用是定期自动地为变桨齿轮的摩擦部位提供所需的新润滑剂，以确保轴承、齿轮达到最佳的使用状态，并延长其使用寿命。

系统由一个带回油装置的安全阀保护，如果发生堵塞，油脂可以从安全阀溢出。溢出的油脂通过回油装置送回泵内，避免环境污染。油位以及润滑循环的完成情况由油位传感器监控。当注油泵内油脂过少需要补充新油脂时，油位传感器发报警信号。

图 5-48　润滑小齿轮

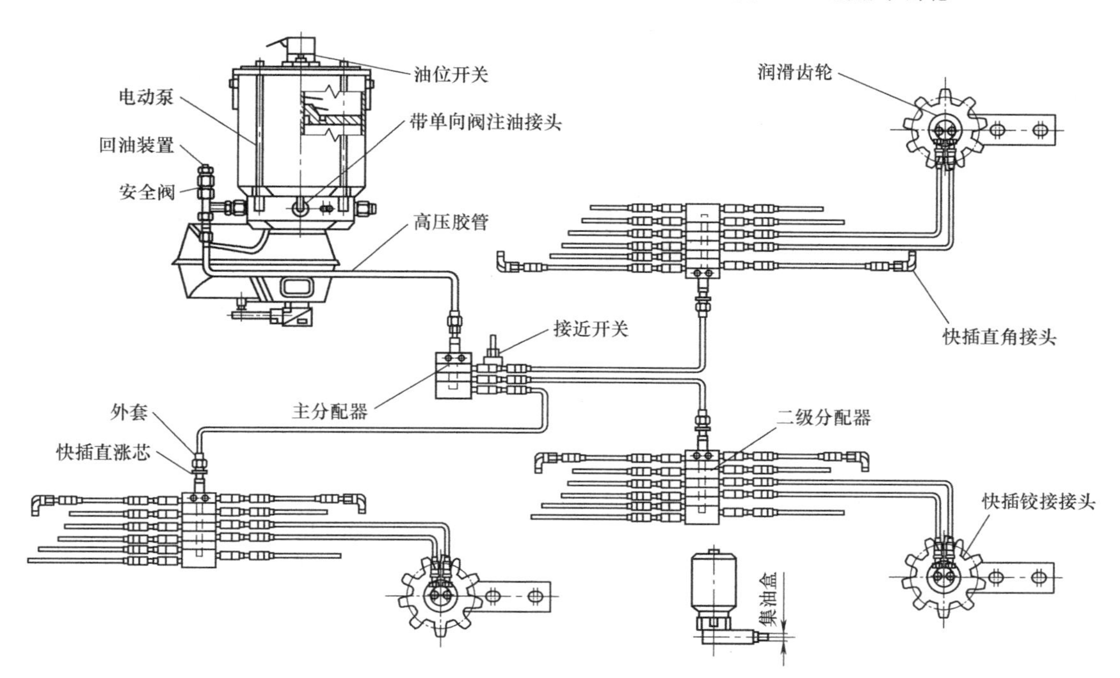

图 5-49　变桨齿轮自动润滑系统

注油泵的供油通过主分配器分成三路，然后再通过二级分配器分流到三个润滑小齿轮上去，这个小齿轮安装在轮毂上并与变桨驱动小齿轮啮合。自动润滑泵、主分配器及二级渐近式分配器如图 5-50 ~ 图 5-52 所示。

主轴轴承自动润滑系统、发电机轴承自动润滑系统和偏航轴承自动润滑系统的组成和工作原理也与此基本相同。图 5-53 所示为主轴轴承自动润滑系统，图 5-54 所示为偏航轴承接触面润滑。

图 5-50　自动润滑泵

图 5-51　主分配器

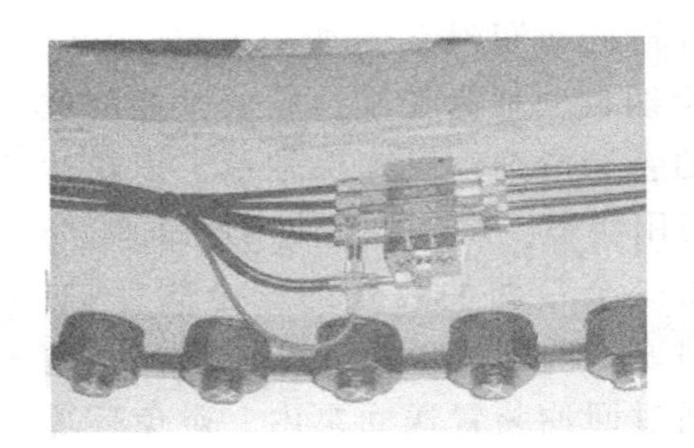

图 5-52　渐进式分配器

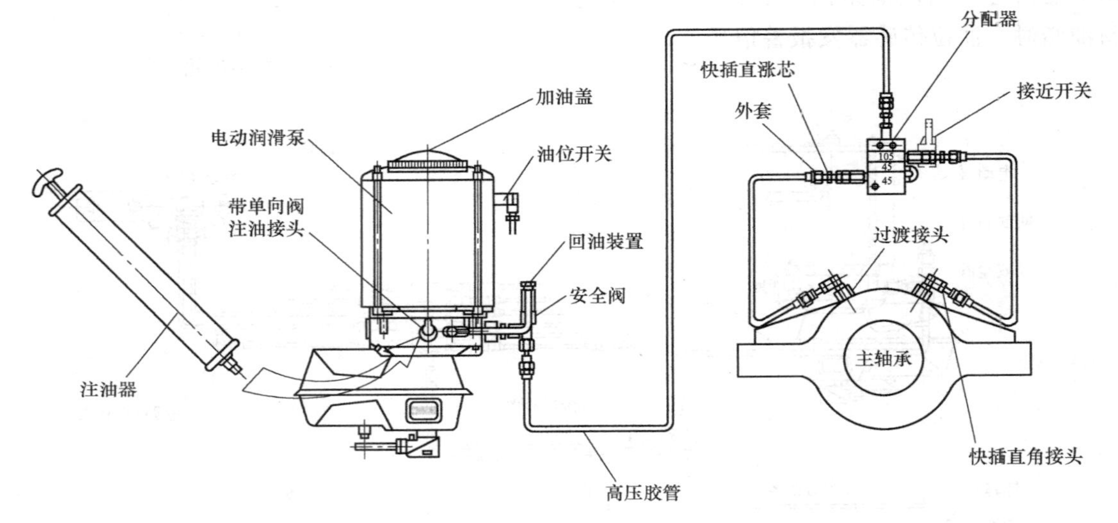

图 5-53　主轴轴承自动润滑系统

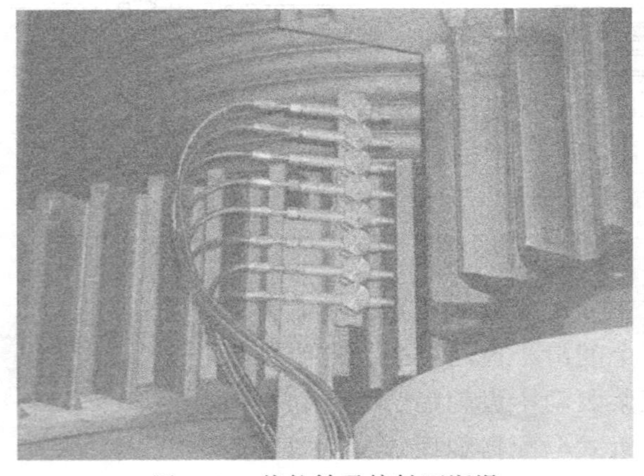

图 5-54　偏航轴承接触面润滑

本章小结

液压系统是风电机组的一个公共服务系统，为风电机组上一切使用液压作为驱动力的装置（如变桨、偏航和制动系统）提供动力。

液压系统由液压元件和液压回路组成，其中液压元件包括动力元件、执行元件、控制元件以及辅助元件。本章讲解了风电机组液压系统中常用的调节压力、流量和方向的液压阀的工作原理。在此基础上，介绍了变桨系统、偏航系统和机械制动系统在各种工况下的动作过程。

润滑和冷却系统也是风电机组重要的一部分，由于风电机组工作环境的特殊性，采用自润滑系统，本章介绍了自润滑系统元件组成和系统工作过程。

练　习　题

一、基本概念

伺服控制　比例阀　阻尼偏航　LVDT

二、填空题

1. 液压系统由________、________、________和________四部分组成。

2. 液压伺服阀是一种根据输入的________信号连续成比例地控制系统________或________的液压控制阀。

3. 1bar=________Pa。

4. 压力阀利用的是作用在阀芯上的________和________相平衡的原理工作的。

三、判断题

1. 液压变桨距控制系统的桨距控制是通过流量控制阀来实现的。（　　）

2. 减压阀一般并联在某一支路上起减压与保压本支路的作用。（　　）

四、选择题

1. 溢流阀在液压系统中采用（　　）方式。

A. 串联　　B. 并联　　C. 两者都可

2. （　　）不受控制系统的指令控制。

A. 电磁阀　　B. 溢流阀　　C. 节流阀

3. 符号代表（　　）。

A. 二位两通电磁换向阀　　B. 二位单通电磁换向阀

C. 二位三通电液换向阀　　D. 二位四通电液换向阀

4. 液压系统中用于保证系统安全、防止系统超载、起卸荷作用的是（　　）。

A. 溢流阀　　B. 减压阀　　C. 流量阀

5. 减压阀保持（　　）压力不变。

A. 进口　　B. 出口　　C. 管路中

五、简述题

1. 液压系统中的控制元件有哪几种类型？

2. 风力机液压系统中为何加装温控系统？叙述其工作过程。

3. 风电机组中液压站的功能是什么？

4. 液压系统中储能器的作用是什么？

5. 简述比例控制技术在液压变桨风电机组中的应用。

6. 简述冷却系统中温控阀的工作原理。

第6章 风力发电机组运行与控制

风力发电是利用风能进行发电，而风能是非可控能源，这就要求风电机组在风能有效利用范围内，随着风况的变化调整风电机组的运行状态，最大可能地捕获风能。控制系统是风电机组正常运行的核心，贯穿到机组每个部分，负责机组从起动并网到运行发电过程中的控制任务，同时要保证风电机组在运行中的安全。

6.1 风力发电机组的运行

6.1.1 风力机的最佳功率

风力机的特性通常由一簇功率系数 C_P 的无因次性能曲线来表示，其定义为

$$C_P = \frac{P_m}{\frac{1}{2}\rho v^3 A} \tag{6-1}$$

式中 P_m——风力机输出功率（W）；

ρ——空气密度（kg/m^3）；

v——来流速度（m/s）；

A——风轮面积（m^2）。

风能利用系数是风力机叶尖速比 λ 的函数，如图 6-1 所示。

$C_P(\lambda)$曲线是桨叶节距角的函数。从图 6-1 中可以看到，$C_P(\lambda)$曲线对桨叶节距角的变化规律：当桨叶桨距角逐渐增大时，$C_P(\lambda)$曲线将显著地缩小。

如果保持节距角不变，用一条曲线就能描述出它作为 λ 的函数的性能，并可以表示从风能中获取的最大功率。图 6-2 是一条典型的 $C_P(\lambda)$曲线。

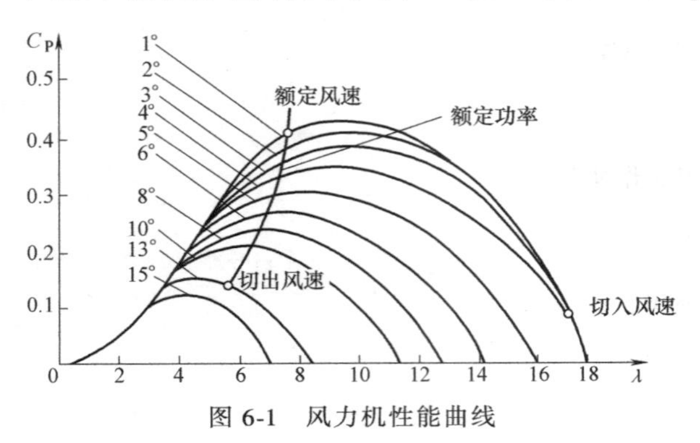

图 6-1　风力机性能曲线

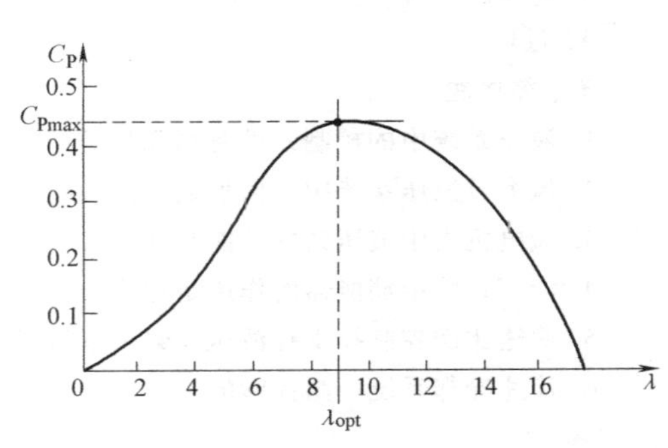

图 6-2　桨距角不变时风力机的性能曲线

叶尖速比可以表示为

$$\lambda=\frac{R\omega_{t}}{v}=\frac{v_{t}}{v} \tag{6-2}$$

式中 ω_t——风力机风轮角速度（rad/s）；

R——叶片半径（m）；

v——主导风速（m/s）；

v_t——叶尖线速度（m/s）。

由式（6-1）可得，风力机从风中捕获的机械功率为

$$P_{m}=\frac{1}{2}\rho AC_{P}v^{3} \tag{6-3}$$

由式（6-3）可见，在风速给定的情况下，风轮获得的功率将取决于风能利用系数。如果在任何风速下，风力机都能在 C_{Pmax} 点运行，便可增加其输出功率。根据图6-2，在任何风速下，只要使得风轮的叶尖速比 $\lambda=\lambda_{opt}$，就可维持风力机在 C_{Pmax} 下运行。因此，在风速变化时，只要调节风轮转速，使其叶尖速度与风速之比保持不变，就可获得最佳的功率系数。这就是变速风电机组进行转速控制的基本目标。

对于图6-2所示情况，获得最佳风能利用系数的是

$$\lambda=\lambda_{opt}=9 \tag{6-4}$$

这时，$C_P=C_{Pmax}=0.43$，而从风能中获取的机械功率为

$$P_{m}=kC_{Pmax}v^{3} \tag{6-5}$$

式中 k——常系数，$k=1/2\rho A$。

设 v_{ts} 为同步转速下的叶尖线速度，即

$$v_{ts}=2\pi Rn_{s} \tag{6-6}$$

式中 n_s——发电机同步转速下的风轮转速。

对于任何其他转速 n，有

$$\frac{v_{t}}{v_{ts}}=\frac{n}{n_{s}}=1-s \tag{6-7}$$

根据式（6-2）、式（6-4）和式（6-7），可以建立给定风速 v 与最佳转差率 s（最佳转差率是指在该转差率下，发电机转速使得风力机运行在最佳的功率系数 C_{Pmax}）的关系式

$$v=\frac{1-s}{\lambda_{opt}}=\frac{1-s}{9} \tag{6-8}$$

这样，对于给定风速的相应转差率可由式（6-8）来计算。

但是由于风速测量的不可靠性，很难建立转速与风速之间直接的对应关系。实际上并不是根据风速变化来调整转速的。

为了不用风速控制风力机，可以修改功率表达式，以消除对风速的依赖关系，按已知的 C_{Pmax} 和 λ_{opt} 计算 P_{opt}。如用转速代替风速，则可以导出功率是转速的函数，三次方关系仍然成立，即最佳功率 P_{opt} 与转速的三次方成正比：

$$P_{opt}=\frac{1}{2}\rho AC_{Pmax}[(R/\lambda_{opt})\omega_{t}]^{3} \tag{6-9}$$

从理论上讲，输出功率是无限的，它是风速三次方的函数。但实际上，由于机械强度和

其他物理性能的限制，输出功率是有限度的，超过这个限度，风电机组的某些部分便不能工作。因此，变速风电机组受到两个基本限制：

1）功率限制，所有电路及电力电子器件受功率限制。

2）转速限制，所有旋转部件的机械强度受转速限制。

6.1.2 风电机组的稳态工作点

风力机和发电机的功率-转速特性曲线的交点就是风力发电机组的稳态工作点。当外部条件（如负载、风速和空气密度等）和自身的参数确定、风电机组经过动态调整后，将工作在某一平衡工作点，即稳态工作点。这个工作点取决于风力机、发电机的功率（或转矩）-转速特性。

图 6-3 表示的是风力机在不同风速下的功率-转速特性，以及发电机经由齿轮箱速比转换后的功率-转速特性曲线。由图可见，当风速一定时，对应于某一特定转速，风力机有一个最大输出功率。在不同风速下，风力机输出功率最大点的连线叫作最佳风能利用系数曲线。图中的垂直线是同步发电机随风速增加而功率增大的情形。发电机自身的转速虽然很高，但处于齿轮箱低速端的风力机，其转速却是比较低的。异步发电机以略高于电网频率所对应的转速运行，因而它的特性曲线与同步发电机的特性曲线略有差异。直流发电机的功率随着转速的增加而增加，并且其特性曲线形状非常接近风力机的最佳功率系数曲线。但是，直流发电机由于自身固有的维修保养费用高昂、功率质量比小、无法使用高压绕组等缺点，除特殊场合外，已经不再作为发电机使用。

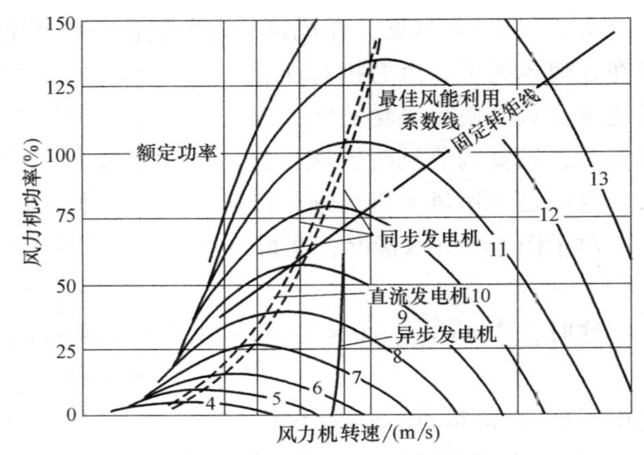

图 6-3 风电机组的稳态工作点

控制系统的任务就是在保证机组安全可靠运行的前提下，使风力发电机组的稳态工作点尽可能靠近风力机的最佳风能利用系数曲线，以获得尽可能多的发电量，达到良好的经济效益。同时，在风速超过额定值时，使输出功率保持稳定。

6.1.3 变桨变速恒频运行

1. 风电机组运行区域

变桨变速型风电机组的优越性在于：低风速时它能够根据风速变化，通过变桨调节保持最佳叶尖速比以获得最大风能利用系数；高风速时利用风轮转速变化，储存或释放部分能量，提高传动系统的柔性，使功率输出更加平稳。

变速风力发电机的运行可分为几个阶段：

1）起动阶段，发电机转速从静止上升到切入转速，在达到切入风速前，发电机并没有工作，不涉及变速控制，只是风轮在做机械转动。

2）最佳叶尖速比运行区，机组切入电网后运行在额定风速以下的区域，开始发电，根据风速的变化，变速风力发电机可在限定的任何转速下运行，最大限度地获取能量。

3）恒转速运行区，叶轮转速保持恒定。

4）恒功率运行区，机械和电气极限要求转子速度和输出功率维持在限定值以下，功率输出恒定。

如图 6-4 所示，风力机运行有三个工作区：

1）工作区 B：$v_c \leqslant v \leqslant v_b$，变速、最佳叶尖速比工作区。

2）工作区 C：$v_b \leqslant v \leqslant v_r$，恒速、可变叶尖速比工作区。

3）工作区 D：$v_r \leqslant v \leqslant v_f$，变速、恒功率工作区。

以上三式中，v_c 是切入风速，v_b 是最大允许风力机转速，v_r 是额定风速，v_f 是大风停机风速。

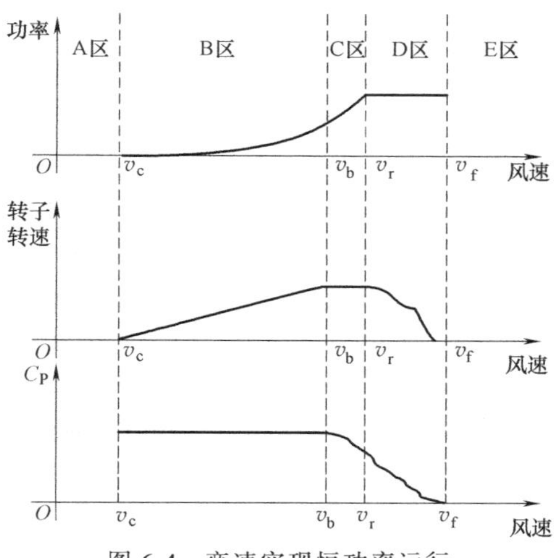

图 6-4　变速实现恒功率运行

按照变速型风力机的运行特点，基本的控制策略为：低风速段，恒定 C_P 值运行，保持最佳叶尖速比，最大能量捕获效率，直到转速达到极限，然后按照恒定转速控制，直到功率最大，然后恒功率控制。

图 6-5 为某 1MW 变速恒频机组变速运行方式，对应的风速范围是：

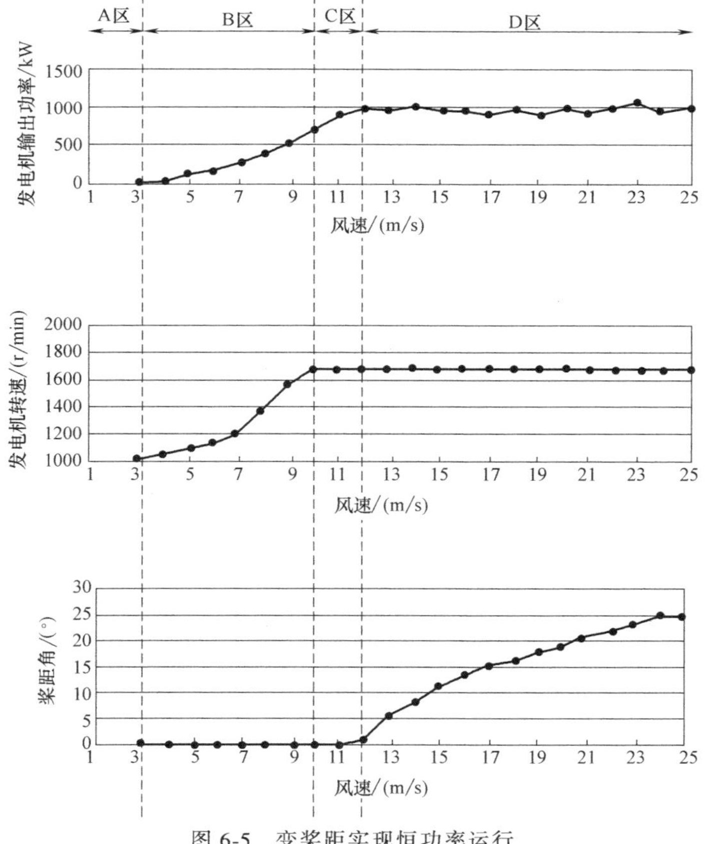

图 6-5　变桨距实现恒功率运行

1）无负载 A 区：小风挂机状态，0~4m/s。

2）部分负载 B 区：变速、最佳叶尖速比运行区，4~10m/s。

3）额定转速运行 C 区：10~12m/s。

4）全负载 D 区：限制功率输出区，12~25m/s。

图 6-4 和图 6-5 在恒功率阶段有所不同，图 6-4 通过变速实现恒功率控制，而图 6-5 通过变桨距实现恒功率控制。

图 6-6 是一台额定功率为 1.8MW、额定风速为 14m/s 的风力机实测曲线。14m/s 是功率限制系统的起动风速，当风速高于 14m/s 时，风力机进行额定功率发电。但是在风速为 14m/s 时，风力机的功率系数 C_P 却并不是最高的，最高功率系数 C_{Pmax} 出现在风速为 8m/s 时。

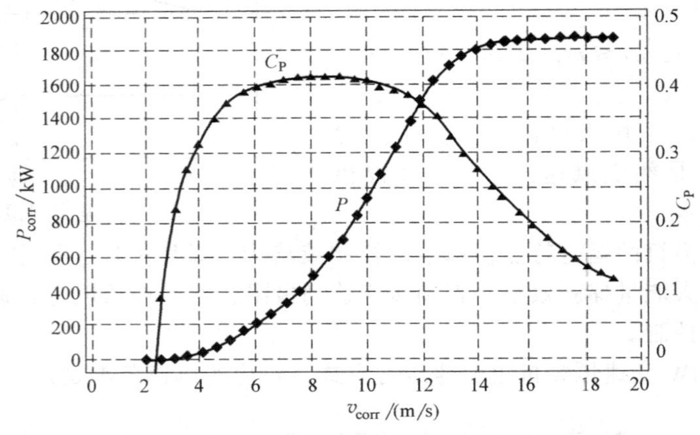

图 6-6　1.8MW 风力机系统的功率曲线

2. 风电机组运行过程

变桨变速恒频风电机组运行过程如图 6-7 所示。

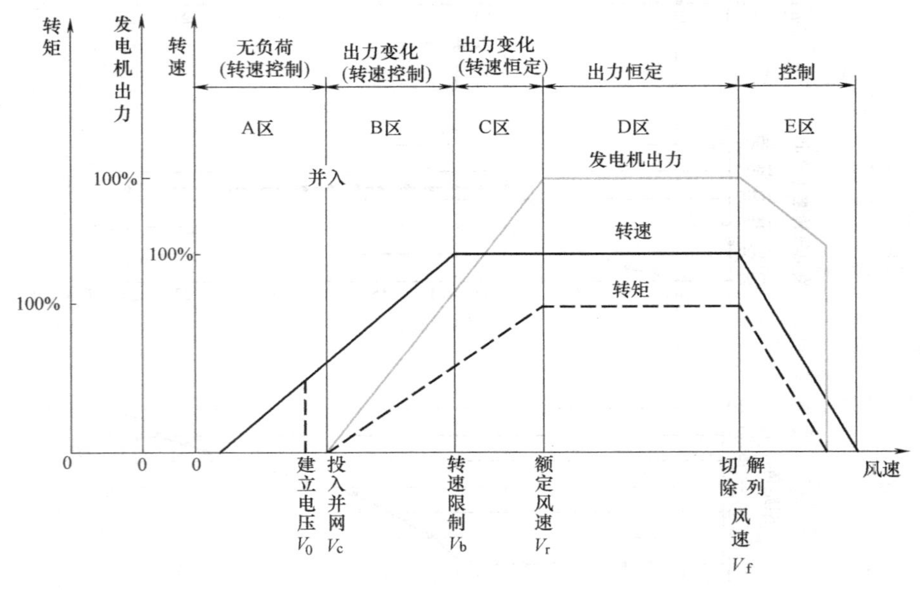

图 6-7　风电机组运行过程

（1）起动阶段

运行在A区，此时风速较低，风力机带动发电机转动，随着风速的增加，发电机转速一定时，开始建立电压，此后便保持额定电压。

（2）并入系统阶段

当发电机转速接近额定转速时，发电机自动捕捉同期点，使发电机侧和系统侧的频率、电压、相位一致或吻合，并自动并入电力系统。

（3）升负荷阶段

B区，风力机出力随风速的上升而增大，直到机组限定转速。

（4）限定转速阶段

C区，风电机组达到限制转速，随着风速增大，机组出力继续增加。

（5）额定负荷运行

D区，风速达到额定风速时，风力机开始额定出力。风速超过额定风速后，由于风力机的调速机制，使发电机的出力不再增加。风力机的风能转换效率降低。

（6）顺桨或变桨

E区，风速上升到切除风速时，由于机械强度方面的原因，风力机须停止运行。可采取顺桨动作，同时实施制动。电气系统中的断路器分闸，风力机与电力系统解列。

上述运行程序是理想风速下的情况，实际运行中往往在某几个阶段之间反复。

6.1.4 风电机组的工作状态

风电机组总是工作在如下状态之一：运行状态、暂停状态、停机状态、紧急停机状态。

1. 四种工作状态的主要特征

（1）运行状态：（风速3~25m/s）

机械制动松开；允许机组并网发电；偏航系统投入自动；液压系统保持工作压力；变桨距系统选择最佳工作状态；发电机出口开关闭合；操作面板显示“运行”状态。

（2）暂停状态：（风速为0~3m/s）

机械制动松开；液压泵保持工作压力；自动偏航保持工作状态；变桨距顺桨；风电机组空转或停止，没有发电；操作面板显示“暂停”状态。

这个工作状态在调试风电机组时非常有用，因为调试风力机的目的是要求机组的各种功能正常，而不一定要求发电运行。

（3）停机状态

机械制动松开；变桨距顺桨；液压系统保持工作压力；偏航系统停止工作；操作面板显示“停机”状态。

（4）紧急停机状态

机械制动与气动制动同时动作；叶片紧急顺桨后变桨系统停止工作；偏航系统停止工作；紧急电路（安全链）开启；控制器所有输出信号无效；控制器仍在运行和测量所有输入信号。操作面板显示“紧急停机”状态。

当机组处于紧急停机状态时，所有接触器断开，控制系统输出信号被旁路，不会激活任何执行机构。除非手动进行复位，否则无法启动。

将上述四种工作状态总结在表6-1中。

表 6-1　风电机组的四种工作状态

运行状态	暂停状态	停机状态	紧急停机状态
机械制动松开	机械制动松开	机械制动松开	机械制动与气动制动同时动作
机组并网发电	风电机组空转		控制系统处于监测状态，输出信号被旁路
偏航系统投入自动	自动偏航保持工作状态	偏航系统停止工作	
液压系统保持工作压力	液压系统保持工作压力	液压系统保持工作压力	
变桨处于最佳角度	变桨距顺桨	变桨距顺桨	

2. 工作状态之间的转换

每种工作状态可看作风电机组的一个活动层次，运行状态处在最高层次，急停状态处在最低层次，如图 6-8 所示。

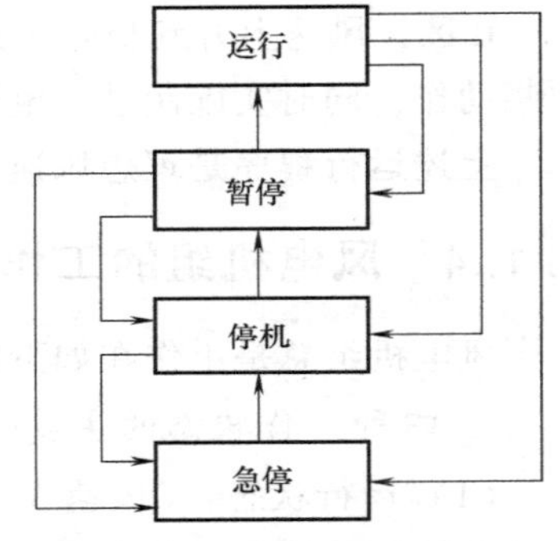

图 6-8　工作状态之间转换

风电机组的四种工作状态之间及运行层次之间可以实现转换，工作状态及运行层次的转换原则：提高工作状态及运行层次时必须一层一层地上升，这种过程确定系统的每个故障是否被检测；降低工作状态及运行层次时可以一次一层或多层，当系统在状态转变过程中检测到故障时则自动进入停机状态。这种工作状态之间的转变方法是基本的控制策略，它主要的出发点是确保机组的安全运行。控制系统根据机组不同的工作状态，按设定的控制策略对偏航系统、液压系统、变桨距系统、制动系统、晶闸管等进行操作，实现状态之间的转换。

当系统在运行状态中检测到故障，并且判定这种故障是致命的，那么风电机组不得不从运行的工作状态直接转到紧急停机状态，即可以立即实现而不需要通过暂停状态和停止状态。

当工作状态转换时，系统的动作过程如下：

（1）工作状态层次上升

急停→停机：如果停机状态的条件满足，则：①关闭急停电路；②建立液压工作压力；③松开机械制动。

停机→暂停：如果暂停的条件满足，则：①起动偏航系统；②对变桨距风电机组，接通变桨距系统压力阀。

暂停→运行：如果运行的条件满足，则：①核对风电机组是否处于上风向；②叶尖阻尼板回收或变桨距系统投入工作；③根据所测转速，发电机是否可以切入电网。

（2）工作状态层次下降

紧急停机：紧急停机也包含了三种情况，即停止→急停、暂停→急停和运行→急停。其主要控制指令为：①打开急停电路；②置所有输出信号于无效；③机械制动投入；④逻辑电路复位。

停机：停机操作包含了两种情况，即暂停→停机和运行→停机。

暂停：其主要控制指令为：①如果发电机并网，调节功率降到0后通过晶闸管切出发电机；②如果发电机没有并入电网，则降低风轮转速至0。

暂停→停机：其主要控制指令为：①停止自动调向；②打开气动制动或变桨距机构回油阀。

运行→停机：其主要控制指令为：①变桨距系统停止自动调节；②打开气动制动或变桨距机构回油阀；③发电机脱网。

6.1.5 风电机组安全运行的基本条件

风电机组在起停过程中，机组各部件将受到剧烈的机械应力的变化，而对安全运行起决定作用的是风速变化引起的转速变化，所以转速控制是机组安全运行的关键。风电机组的运行是一项复杂的操作，涉及的问题很多，如风速的变化、转速的变化、温度的变化、振动等，这些都直接威胁风电机组的安全运行。

1. 控制系统安全运行的必备条件

1）风电机组的开关出线侧相序必须与并网电网相序一致，电压标称值相等，三相电压平衡。

2）风电机组硬件安全链运行正常。

3）偏航系统处于正常状态，风速仪和风向标处于正常运行的状态。

4）制动和控制系统液压装置的油压、油温和油位在规定范围内。

5）齿轮箱油位和油温在正常范围内。

6）各项保护装置均在正常位置，并且保护值均与批准设定的值相符。

7）各控制电源处于接通位置。

8）监控系统显示正常运行状态。

9）在寒冷和潮湿地区，停止运行一个月以上的风电机组投入运行前应检查绝缘装置，合格后才允许起动。

10）经维修的风电机组的控制系统在启动前，应办理工作票终结手续。

2. 风电机组工作参数的安全运行范围

1）风速。自然界风的变化是随机的、没有规律的，当风速在3~25m/s的规定工作范围时，只对风电机组的发电有影响，当风速变化率较大且风速超过25m/s时，会对机组的安全性产生威胁。

2）转速。风电机组的风轮转速通常低于30r/min，发电机的最高转速不超过额定转速的30%，不同型号的机组数字不同。当风电机组超速时，对机组的安全将产生严重威胁。

3）功率。在额定风速以下时，不做功率调节控制，超过额定风速时应做限制最大功率的控制，通常安全运行的最大功率不允许超过设计值的20%。

4）温度。运行中风机的各部件都会引起温升，通常控制器环境温度应为0~30℃，齿轮箱油温小于120℃，发电机温度小于150℃，传动等环节温度小于70℃。

5）电压。发电电压允许的波动范围为设计值的10%，当瞬间值超过额定值的30%时，视为系统故障。

6）频率。风电机组的发电频率应限制在50Hz±1Hz，否则视为系统故障。

7）压力。机组的许多执行机构由液压执行机构完成，所以各液压站系统的压力必须被监控，由压力开关设计额定值来确定。

3. 系统的接地保护安全要求

1）配电设备接地，变压器、开关设备和互感器外壳、配电柜、控制保护盘、金属构架、防雷设施及电缆头等设备必须接地。

2）塔筒与地基接地，接地体应水平敷设。塔内和地基的角钢基础及支架要用截面25mm×4mm的扁钢相连作接地干线，塔筒做一组，地基做一组，两者相连形成接地网。

3）接地网以闭合环形式为好，当接地电阻不满足要求时，可以附加外引式接地体。

4）接地体的外缘应闭合，外缘各角应做成圆弧形，其半径不宜小于均压带间距的一半，埋设深度应不小于0.6m，并敷设水平均压带。

5）变压器中性点的工作接地和保护地线，要分别与人工接地网连接。

6）避雷线宜设单独的接地装置。

7）整个接地网的接地电阻应小于40Ω。

8）电缆线路的接地电缆绝缘损坏时，电缆的外皮、铠甲及接线头盒均可带电，要求必须接地。

9）如果电缆在地下敷设，两端都应接地。低压电缆除在潮湿的环境须接地外，其他正常环境不必接地。高压电缆任何情况都应接地。

6.2 风力发电机组的控制

6.2.1 控制系统的基本组成及结构

风电机组的控制系统是风电机组的重要组成部分，负责机组从起动并网到运行发电过程中的控制任务，同时要保证风电机组在运行中的安全。它不仅要监视电网、风况和机组的运行参数，在各种正常或故障情况下脱网停机，以保证运行的安全性和可靠性，还要根据风速和风向的变化，对机组进行优化控制，以保证机组稳定、高效的运行。因此，风电控制系统的基本目标分为三个层次：保证风电机组安全可靠运行；获取最大能量；提供良好的电力质量。

风电机组控制系统的基本结构如图6-9所示，分为三个层次：轮毂内的变桨主控制箱、机舱内的PLC控制从站和塔架基部主控制器。变桨主控制箱与机舱内的PLC控制从站采用RS422串行通信，机舱控制从站与塔基主控制器采用Fastbus光纤通信，塔基主控制器与现场监控PLC采用以太网通信，通过网络与风电场SCADA系统相连。

风电机组控制过程如图6-10所示。传感器负责采集反映风力发电系统工作状态的各个模拟量、数字量等工作参数信息，并输入处理器系统，处理器系统负责处理传感器输入信号并发出输出信号控制执行机构动作，实现相应控制，如变桨距控制、转速控制、最大功率点跟踪控制、功率因数控制、偏航控制、并网控制、停机制动控制等。处理器系统通常由计算机或微型控制器和可靠性很高的硬件安全链组成，以实现机组运行过程中的各种控制功能，同时必须满足当发生严重故障时，能够保障机组处于安全状态。

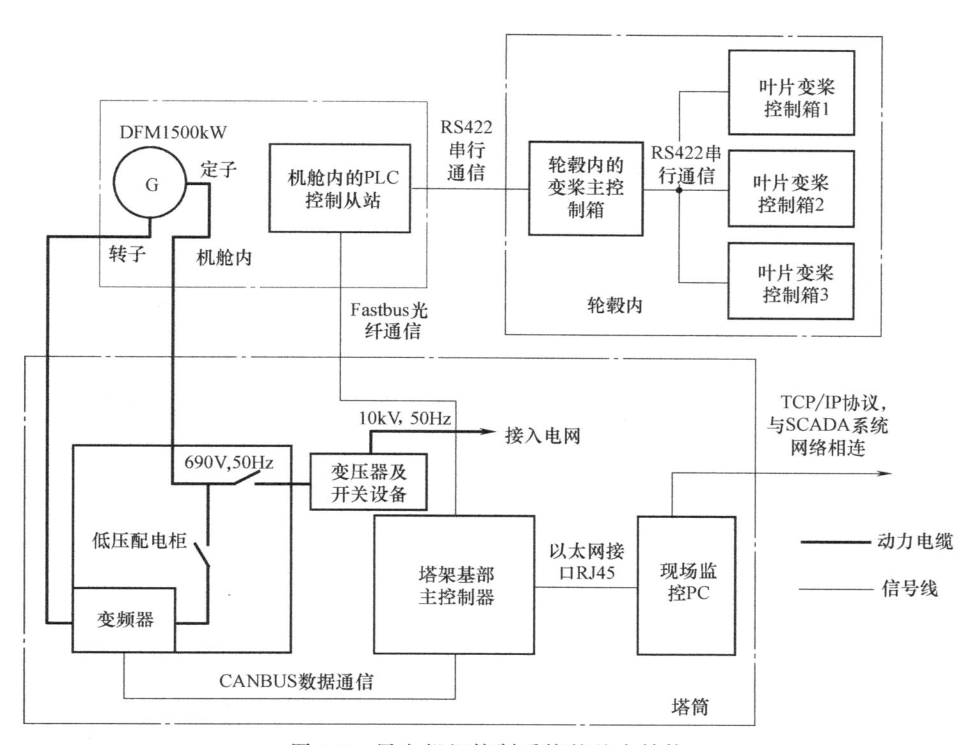

图 6-9　风电机组控制系统的基本结构

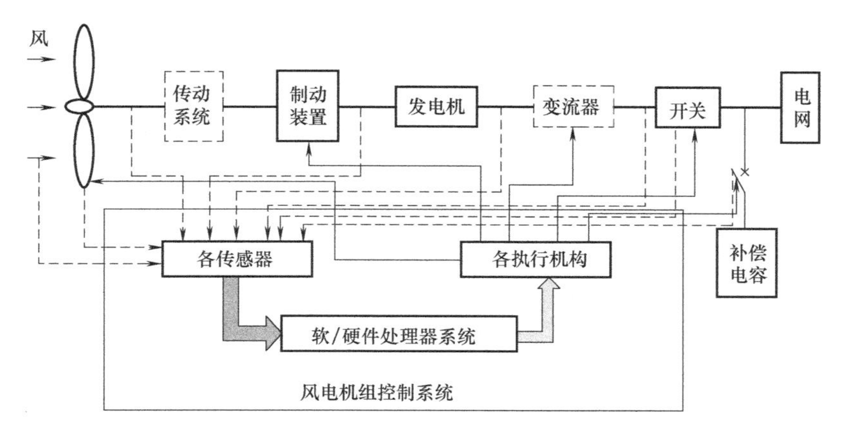

图 6-10　风电机组控制系统

控制系统结构示意图如图 6-11 所示。

针对上述结构，大多数风电机组的控制系统都采用模块化分布式布置，采用分布式布置的最大优点是许多控制功能模块可以直接布置在控制对象的位置，如图 6-12 所示，就地进行采集、控制、处理，避免了各类传感器、信号线与主控制器之间的连接，避免了各类传感器和舱内执行机构与地面主控制器之间大量的通信线路及控制线路。主控制器通过各类安装在现场的模块，对电网、风况及风电机组运行参数进行监控，并与其他功能模块保持通信，对各方面的情况做出综合分析后，发出各种控制指令。

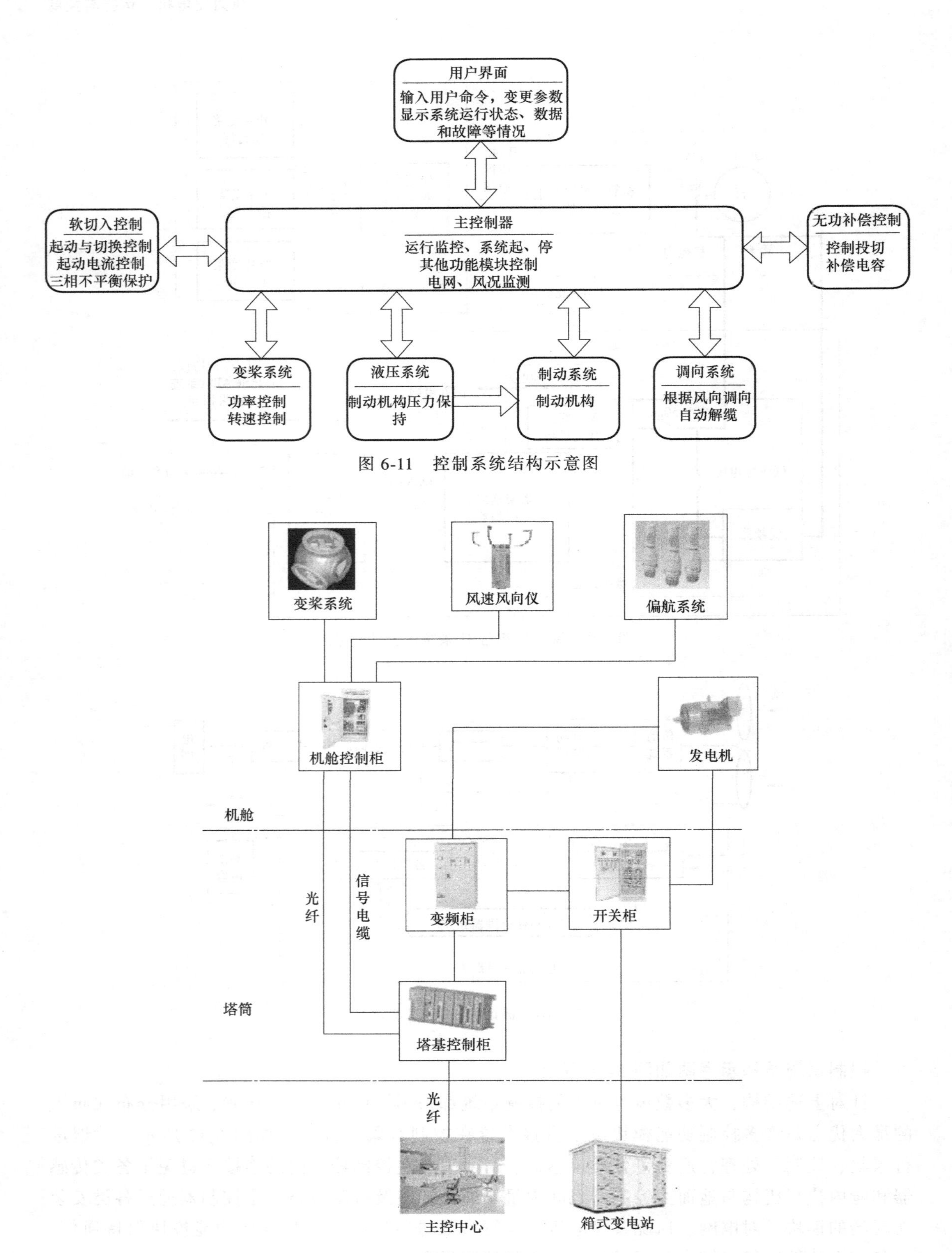

图 6-11　控制系统结构示意图

图 6-12　风电机组控制系统结构示意图

主控系统硬件结构如图6-13所示。机舱核心控制部分占一组模块，由通信模块和输入/输出模块组成。通信模块提供通信接口和人机界面接口，可选择工业触摸屏或笔记本式计算机作为人机界面；输入/输出模块提供数字量和模拟量的输入/输出、温度输入及通信接口，可实现风速、风向、转速、位置、温度、压力等信号的测量与控制，同时可实现与振动传感器和轮毂内变桨系统的通信。

塔基控制部分有两组模块，一组由主控模块、通信模块、电网测量模块和输入/输出模块组成，另一组为单独的通信模块。三个通信模块通过光缆可实现塔上塔下控制组之间的通信环网，塔基通信模块同时提供人机界面接口和与变流系统的CAN现场总线协议通信。主控制模块实现控制软件的运行，电网测量模块实现对电网参数，如电压、电流的采集和计算。

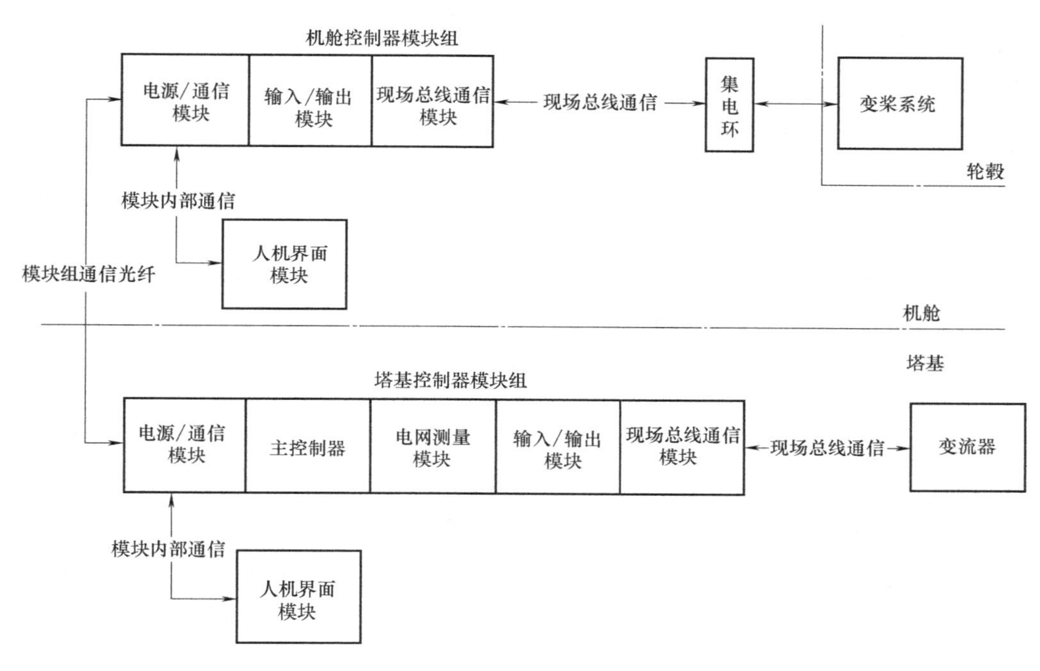

图6-13　主控系统硬件结构

主要模块功能如下：

1）主控制器模块：主要完成数据采集及输入/输出信号的处理，进行逻辑功能判定，输出外围执行机构指令，与机舱柜通信，接收机舱信号，返回控制信号，与变流器通信，控制转子电流实现无功有功调节，与风电场中央监控系统通信，交互信息。实现机组变速恒频运行、并网和制动、偏航自动对风、自动解缆、发电机和主轴自动润滑、主要部件的除湿加热和散热器的起停。对定子侧和转子侧的电压、电流测量，监视电压、电流和频率，对发电量进行统计。实现系统安全停机、紧急停机、安全链复位等功能。

2）输入/输出模块：提供数字量和模拟量的输入/输出，可实现风速、风向、转速位置、温度、压力等信号的测量与控制。

3）通信模块：通信模块提供通信接口和人机界面接口，实现塔上塔下控制组之间的通信。

4）电源模块：为控制系统提供电源。

5）电网测量模块：实现对电网参数，如电压、电流、功率的采集和计算。

6）人机界面接口：计算机与操作人员的交互窗口，实现风电机组运行操作、状态显示、故障监测和数据记录。

6.2.2 控制系统的功能

风电机组的运行需要一个全自动控制系统，它必须能控制机组自动起动，控制叶片桨距的机械调节装置及在正常和非正常情况下停机。除了控制功能，系统用于监测以提供运行状态、风速、风向等信息。该系统是以计算机为基础，一般具备远程控制及监测功能。控制系统具有以下主要功能：

1. 起动控制

风电机组的起动控制包括几个步骤：准备状态、小风起动或大风起动、桨距角二次调整、并网。

1）准备状态：当风速 10min 平均值在系统工作区域内，在温度等外部因素满足起动条件时，风电机组进入准备状态。风电机组检查润滑系统，并要求变流器做好准备，桨距角调整到合适的迎风角，随后风电机组开始起动。

2）小风起动或大风起动：根据当前平均风速是否大于额定风速选择小风起动或大风起动过程。小风起动桨距角初始目标值（如 15°）要小于大风起动初始目标值（如 30°），变桨系统会按着预定的变桨速率（如 2°/s）向目标值变桨。

3）桨距角二次调整：控制器将桨距角目标值二次设定，调整到最佳桨距角（如 0°），并将发电机转速设置为风轮稳定运行时所允许的最低发电机转速。

4）并网：当发电机转速大于额定转速的 20%并持续 5min，但未达到额定转速 60%时，发电机进入电网软拖动状态。正常情况下，风电机组转速连续增高，当转速达到软切入转速时，机组进入软切入状态；当变流器检测到发电机转速已经在并网同步转速范围之内后，转子侧变流器根据发电机转速进行发电机转子励磁，检测定子感应电压与电网电压同频、同相、同幅后，并网接触器闭合，完成并网。

2. 停机控制

风电机组根据不同的触发条件执行不同的停机程序，如正常停机、快速停机、紧急停机等。

1）正常停机：仍然采用变桨变速闭环控制，变桨以正常速度到顺桨位，将转矩设置为 0，断开发电机，偏航继续运行。

2）快速停机：快速顺桨，功率为 0 时断开发电机，偏航继续运行。

3）紧急停机：由安全链动作引发，变桨蓄电池驱动顺桨，立即断开发电机，高速轴制动会同时或延时后动作，偏航停止运行。

3. 偏航控制

与偏航控制相关的几个重要过程为偏航标定、偏航等待、偏航跟踪、偏航解缆等。

1）偏航标定：标定机舱 0 点位置，一般是手动标定。

2）偏航等待：偏航系统处于等待状态时，偏航电动机处于停止状态，同时监视扭缆报警信号和偏航误差信号，当满足解缆或偏航条件时，进行解缆或偏航。

3）偏航跟踪：若平均风速大于偏航要求的最低风速（如2.5m/s）且偏航误差连续超过设定值（如±8°）一段时间（如20s），则起动偏航电动机，进行左或右偏航跟踪。当偏航误差进入设定的范围（如±3°）后，则退出偏航跟踪，进入偏航等待。

4）偏航解缆：在偏航等待状态时，出现左或右偏扭缆报警信号，则进行解缆操作，使偏航系统右偏或左偏。当机舱位置进入相对机舱0点的设定范围（如±40°）内或进入相对机舱0点的±360°范围内，且偏航误差在较小的范围（如±30°）内，则停止解缆操作，进入偏航等待状态。

4. 功率控制逻辑

对于变速恒频风电机组，为了保证最大的风能捕获能力，在不同的风速段和工作条件下，会采取不同的控制方法。

1）起动或停机时：限制并网或脱网功率的变桨变矩耦合控制。

2）额定转速以下：机组转速跟随风速变化的发电机转矩控制。

3）机组运行于额定转速但小于额定风速：保持稳定转速的变矩变桨耦合控制。

4）额定风速以上：保持稳定功率输出的变矩变桨耦合控制。

5. 软切入控制

风力发电机组在进入电网运行时，必须进行软切入控制，当机组脱离电网运行时，也必须进行软脱网控制。通常软并网装置主要由大功率晶闸管和有关控制驱动电路组成，通过不断监测机组的三相电流和发电机的运行状态，控制主回路晶闸管的延迟导通角，以控制发电机的端电压，达到限制起动电流的目的。在发电机转速接近同步转速时，旁路接触器动作，将主回路晶闸管断开，软切入过程结束，软并网成功。通常限制软切入电流为额定电流的1.5倍。

6.2.3 控制系统的基本要求

1）开机并网控制。当风速10min平均值在系统工作区域内，机械制动松开，叶片开始变桨，风力作用于风轮旋转平面上，风机慢慢起动，当转速即将升至发电机同步转速时，软起动装置使发电机连入电网呈异步电动机状态，促使转速快速升高，待软起动结束旁路接触器动作，机组并入电网运行。

2）对风控制。风机在工作风速区时，应根据机舱的控制灵敏度，确定每次偏航的调整角度。由风向标判定机舱与风向的偏离角度，根据偏离的程度和风向传感器的灵敏度，时刻调整机舱偏航电动机的运行状态。

3）功率调节。当风机在额定风速以上并网运行时，一旦发生过载，必须进行变距调节，减小风轮的捕风能力，以便达到调节功率的目的，通常桨距角的调节范围在0°~90°。

4）软切入控制。风电机组在进入电网运行时，必须进行软切入控制。通常软并网装置主要由大功率晶闸管和有关控制驱动电路组成。控制目的是通过不断监测机组的三相电流和发电机的运行状态，限制软切入装置通过控制主电路晶闸管的导通角，以控制发电机的端电压，达到限制起动电流的目的。在电机转速接近同步转速时，旁边路接触器动作，将主电路晶闸管断开，软切入过程，软并网成功。

6.3 风力发电机组的并网

在风电机组的起动阶段，需要对发电机进行并网前调节以满足并网条件（发电机定子电压和电网电压的幅值、频率、相位均相同），使之能安全地切入电网，进入正常的并网发电运行模式。发电机并网是风力发电系统正常运行的“起点”，其主要的要求是限制发电机在并网时的瞬变电流，避免对电网造成过大的冲击。当电网的容量比发电机的容量大得多时(大于25倍)，发电机并网时的冲击电流可以不予考虑。但风电机组的单机容量越来越大，目前已经发展到兆瓦级水平，机组并网对电网的冲击已不能忽视。后果比较严重的不但会引起电网电压的大幅下降，而且还会对发电机组各部件造成损坏。更为严重的是，长时间的并网冲击，甚至还会造成电力系统的解列以及危及其他发电机组的正常运行。因此，必须通过合理的发电机并网技术来抑制并网冲击电流，并网技术已成为风力发电技术中的一个不可忽视的环节。

6.3.1 风电并网对电网的影响

风电属于不稳定能源，受风力、风机控制系统影响很大，特别是存在高峰负荷时期风电场可能出力很小，而非高峰负荷时期风电场可能出力很大的问题。

随着风能在能源消耗总量中所占的比重越来越大，风电的接入规模同样也在急剧扩大，然而由于风能和常规能源之间存在差异性，所以大规模接入将会对目前的电网产生消极影响，主要有电能质量、电网稳定性及电网规划调度三方面。

1. 电能质量

电力系统的电能质量指标主要包括电压及频率偏差、电压波动、电压闪变及谐波问题。

（1）频率稳定问题

大型电网具有足够的备用容量和调节能力，风电进入一般不必考虑频率稳定性问题，但是对于孤立运行的小型电网，风电带来的频率偏移和稳定性问题是不容忽视的。

为保证电网安全稳定运行，电网正常应留有2%~3%的机组旋转备用容量。由于风电具有随机波动特性，其发电出力随风力大小变化，为保证正常供电，电网需根据并网的风电容量增加相应的旋转备用容量，风电上网越多，旋转备用容量也越多。以火电为主的电网，火电机组的频繁起停费用较高，一台50 MW机组起停一次将消耗约5万元成本。为了满足风电机组并网运行，必须以降低网内其他电厂和整个电网运行的经济性作为代价。

（2）电压稳定问题

大型风电场及其周围地区，常常会有电压波动大的情况，主要有以下三种：风电机组起动时，仍然会产生较大的冲击电流；单台风电机组并网对电网电压的冲击相对较小，但并网过程至少持续一段时间后（几十秒）才消失。多台风电机组同时直接并网会造成电网电压骤降，因此多台风电机组的并网需分组进行，且要有一定的间隔时间；当风速超过切出风速或发生故障时，风力发电机会从额定出力状态自动退出并网状态，风电机组的脱网会导致电网电压的突降，而机端较多的电容补偿由于抬高了脱网前风电场的运行电压，引起了电网电压的急剧下降。

（3）电压闪变及谐波问题

由于风能本身存在随机性、间歇性与不稳定性的特点，导致风速与风向经常发生变化，这直接影响到整个风力发电系统的运行工况，使得风电机组的输出功率呈波动性变化，在一些极端工况下，整个风场将会出现风机集体从电网解列的情况，这样对电网的冲击会非常大。以上这些因素都容易引起电网电压波动与闪变。目前几乎所有的风电系统均采用了电力电子变流器来实现风机的功率变换与控制功能，但由此带来的问题就是电力电子设备对电网的谐波污染以及可能发生谐振。过量的谐波注入将会影响用电负载的稳定运行，可能导致设备发热甚至烧毁。

风电给系统带来谐波的途径主要有两种：一种是风力发电机本身配备的电力电子装置，可能带来谐波问题。对于直接和电网相连的恒速风力发电机，软起动阶段要通过电力电子装置与电网相连，会产生一定的谐波，不过过程很短，发生的次数也不多，通常可以忽略。但是对于变速风力发电机则不然，变速风力发电机通过整流和逆变装置接入系统，如果电力电子装置的切换频率恰好在产生谐波的范围内，则会产生很严重的谐波问题，随着电力电子器件的不断改进，这一问题也在逐步得到解决。另一种是风力发电机的并联补偿电容器可能和线路电抗发生谐振，在实际运行中，曾经观测到在风电场出口变压器的低压侧产生大量谐波的现象。

2. 电网稳定性

在电网稳态稳定性方面，对于传统的恒速风电机组而言，由于其在向电网发出有功的同时也吸收无功，风电场运行过度依赖系统无功补偿，限制了电网运行的灵活性。因此可能导致电网电压的不稳定，国内主流的变速恒频双馈机组由于采用了有功、无功的解耦控制技术，具有一定的输出功率因数调节能力，但是就目前看来，此项功能在国内尚未在风场监控系统中得到有效利用，加之风电机组本身的无功调节能力有限，所以仍然对电压稳定性造成一定影响。

在暂态稳定性方面，随着风电容量占电网总容量的比重越来越大，电网故障期间或故障切除后风电场的动态特性将可能影响电网的暂态稳定性，变速恒频双馈机组相比传统的恒速机组在电网故障恢复特性上较好，但在电网故障时可能存在为保护自身设备而大量从电网解列的问题，这将带来更大的负面影响，风电的间歇性、随机性增加了电网稳定运行的潜在风险。主要体现在：①风电引发的潮流多变，增加了有稳定限制的送电断面的运行控制难度；②风电发电成分增加，导致在相同的负荷水平下，系统的惯量下降，影响电网动态稳定；③风电机组在系统故障后可能无法重新建立机端电压，失去稳定，从而对地区电网的电压稳定造成破坏。

3. 电网规划与调度

我国风能资源最为丰富的地区主要分布在“三北一南”地区，即东北、西北、华北和东南沿海，其中绝大部分地区处于电网末梢，距离负荷中心比较远，大规模接入后，风电大发期大量上网，电网输送潮流加大，重载运行线路增多，热稳定问题逐渐突出。随着风电开发的规模扩大，其发出电能的消纳问题将日益凸显。鉴于目前国内大多数风电场都是在原有电网基础上规划的，风能的间隙性势必将导致电能供需平衡出现问题，进而产生不必要的机会成本。为了平衡发电和用电之间的偏差，就需要平衡功率。对平衡功率的需求，随着风电场容量的增加而同步增长，根据不同国家制定的规则，风电场业主或者电网企业负责提供平衡功率。一旦输电系统调度员与其签约，它将成为整个电网税费的一部分，由所有的消费者承担。

风电并网增大调峰、调频难度，风电的间歇性、随机性增加了电网调频的负担。风电属于不稳定能源，受风力、风机控制系统影响很大，特别是存在高峰负荷时期风电场可能出力很小，而非高峰负荷时期风电场可能出力很大的问题，风电的反调峰特性增加了电网调峰的难度。由于风能具有不可控性，所以需要一定的电网调峰容量为其调峰。一旦电网可用调峰容量不足，那么风场将不得不限制出力。风电容量越大，这种情况就会越发严峻。

由于风电场一般分布在偏远地区，呈现多个风电场集中分布的特点，每个风电场都类似于一个小型的发电厂，风电场可以模拟成等值机，这些等值机对电网的影响因机组本身性能的差别而不同，为了实现这些分散风电场的接入，欧洲提出了建立区域风电场调度中心的要求，国内目前只是对单个的风电场进行运行监控，随着风电场布点的增多和发电容量的提高，与火力发电类似的风电监控中心将不断建成，或者建立独立的风电运行监控中心。风电场运行监控中心与电网调度中心的协调和职责划分也是未来需要明确的问题。

并网风电容量的不断增加，使无条件全额收购风电的政策与电网调峰和安全稳定运行的矛盾逐渐凸显。为此，有关电网积极采取各种措施，尽最大努力接纳风电，同时积极与政府有关部门和发电企业进行沟通，在必要时段采取限制风电出力的措施来保证电网安全稳定运行。但随着风电接入规模的进一步扩大，矛盾会越发突出。

6.3.2 风电并网运行要求

根据 GB/T 19963—2011《风电场接入电力系统技术规定》，并网运行的风电场有功功率、无功电源及电网运行适应性方面应满足以下要求：

1. 风电场有功功率

1）风电场应配置有功功率控制系统，具备有功功率调节能力。

2）具有参与电力系统调频、调峰和备用的能力。

3）当风电场有功功率在总额定出力的 20%以上时，场内所有运行机组应能够实现有功功率的连续平滑调节，并能够参与系统有功功率的控制。

4）风电场应能够接收并自动执行电力系统调节机构下达的有功功率及有功功率变化的控制指令，风电场有功功率及有功功率变化应与电力系统调度机构下达的给定值一致。

5）在正常运行情况下，风电场并网、风速增长及正常停机过程中，风电场有功功率变化应当满足电力系统安全稳定运行的要求，其变化限值的推荐值见表 6-2。

表 6-2 风电场有功功率变化限值的推荐值

风电场装机容量/MW	10min 有功功率变化最大限值/MW	1min 有功功率变化最大限值/MW
<30	10	3
30～150	装机容量/3	装机容量/10
>150	50	15

2. 风电场无功电源

1）风电场的无功电源包括风电机组及风电场无功补偿装置。风电场安装的风电机组应满足功率因数在超前 0.95 至滞后 0.95 的范围内动态可调。

2）当风电机组的无功容量不能满足系统电压调节需要时，应在风电场集中加装适当容量的无功补偿装置，必要时加装动态无功补偿装置。

3. 风电场运行适应性

1）当风电场并网点电压在标称电压的90%~110%之间时，风电机组应能正常运行；当风电场并网点电压超过标称电压的110%时，风电场的运行状态由风电机组的性能确定。

2）当电力系统频率波动时，风电场的运行要满足表6-3的要求。

表6-3 电力系统频率波动对风电场运行的要求

电力系统频率范围	要求
低于48Hz	根据风电场内风电机组允许运行的最低频率而定
48~49.5Hz	每次频率低于49.5Hz时，要求风电场具有至少运行30min的能力
49.5~50.2Hz	连续运行
高于50.2Hz	每次频率高于50.2Hz时，要求风电场具有至少运行5min的能力，并执行电力系统调度机构下达的降低出力或高周切机策略，不允许停机状态的风电机组并网

6.3.3 笼型感应异步发电机并网

目前国内外大量采用的是交流异步发电机，其并网方法也根据电机的容量不同和控制方式不同而变化。异步发电机投入运行时，由于靠转差率来调整负荷，所以对机组的调速精度要求不高，不需要同步设备和整步操作，只要转速接近同步转速时就可并网。显然，风电机组配用异步发电机不仅控制装置简单，而且并网后也不会产生振荡和失步，运行非常稳定。然而，异步发电机并网也存在一些特殊问题：如直接并网时产生的过大冲击电流造成电压大幅度下降会对系统安全运行构成威胁；本身不发无功功率，需要无功补偿；当输出功率超过其最大转矩所对应的功率时会引起网上飞车，过高的系统电压会使其磁路饱和，无功励磁电流大量增加，定子电流过载，功率因数大大下降；不稳定系统的频率过于上升，会因同步转速上升而引起异步发电机从发电状态变成电动状态，不稳定系统的频率过大下降，又会使异步发电机电流剧增而过载等。所以运行时必须严格监视并采取相应的有效措施才能保障风电机组的安全运行。

1. 异步风力发电机的并网方式

(1) 直接并网方式

如图6-14所示，这种方式只要求发电机转速接近同步转速（即达到99%~100%同步转速）时，即可并网，使风电机组运行控制变得简单，并网容易。但在并网瞬间存在三相短路现象，供电系统将受到4~5倍发电机额定电流的冲击，系统电压瞬时严重下降，以至引起低电压保护动作，使并网失败。所以这种并网方式只有在与大电网并网时才有可能。

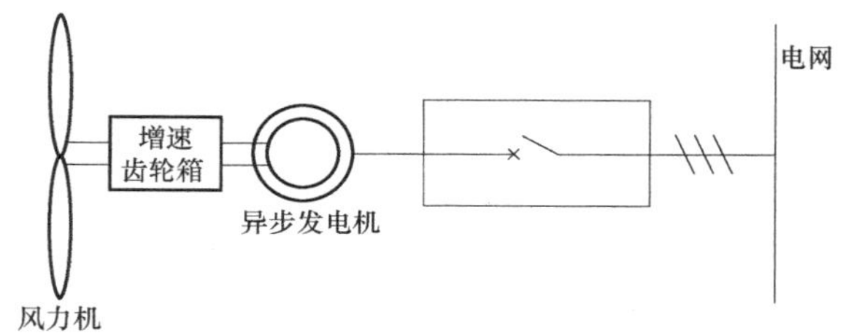

图6-14 异步风力发电机直接并网

(2) 准同期并网方式

与同步发电机准同步并网方式相同，在转速接近同步转速时，先用电容励磁，建立额定电压，然后对已励磁建立的发电机电压和频率进行调节和校正，使其与系统同步。当发电机的电压、频率、相位与系统一致时，将发电机投入电网运行。采用这种方式，若按传统的步骤经整步到同步并网，则仍需要高精度的调速器和整步、同期设备，不仅要增加机组的造价，而且从整步达到准同步并网所花费的时间很长，这是所不希望的。该并网方式合闸瞬间尽管冲击电流很小，但必须控制在最大允许的转矩范围内运行，以免造成网上飞车。由于它对系统电压影响极小，所以适合于电网容量比风电机组容量大不了几倍的情况使用。

（3）降压并网方式

这种并网方式就是在发电机与系统之间串接电抗器（见图 6-15），以减少合闸瞬间冲击电流的幅值与电网电压下降的幅度。由于电抗器、电阻等串联组件要消耗功率，并网后进入稳定运行时，应将电抗器、电阻退出运行。这种要增加大功率电阻或电抗器的并网方式，其投资随着机组容量的增大而增大，经济性较差。它适用于小容量风电机组（采用异步发电机）的并网。

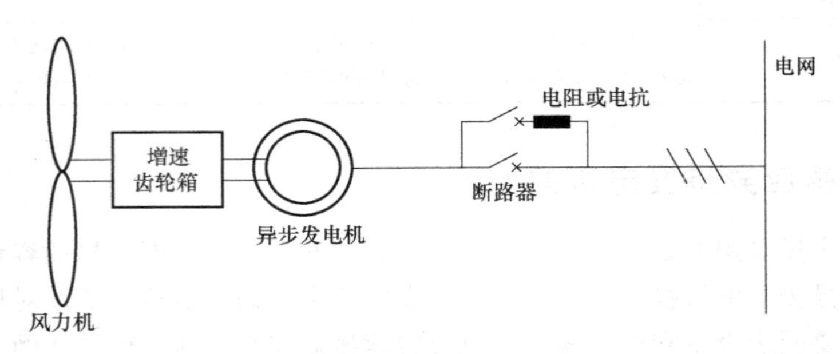

图 6-15　异步风力发电机降压并网

（4）软并网（SOFT CUT-IN）技术

晶闸管软并网是在感应发电机的定子和电网之间每相串入一只双向晶闸管，通过控制晶闸管的导通角来控制并网时的冲击电流，从而得到一个平滑的并网暂态过程，如图 6-16 所示。其并网过程如下：当风力机将发电机带到同步转速附近时，在检查发电机的相序和电网的相序相同后，发电机输出端的断路器闭合，发电机经一组双向晶闸管与电网相连，在微机的控制下，双向晶闸管的触发延迟角由 180°～0°逐渐打开，双向晶闸管的导通角则由 0°～180°逐渐增大，通过电流反馈对双向晶闸管的导通角实现闭环控制，将并网时的冲击电流限制在允许的范围内，从而异步发电机通过晶闸管平稳地并入电网。并网的瞬态过程结束后，当发电机的转速与同步转速相同时，控制器发出信号，利用一组断路器将晶闸管短接，异步发电机的输出电流将不经过双向晶闸管，而是通过已闭合的断路器流入电网。但在发电机并入电网后，应立即在发电机端并入功率因数补偿装置，将发电机的功率因数提高到 0.95 以上。

晶闸管软并网对晶闸管器件和相应的触发电路提出了严格的要求，即要求器件本身的特性要一致、稳定；触发电路工作可靠，控制极触发电压和触发电流一致；开通后晶闸管电压降相同。只有这样，才能保证每相晶闸管按控制要求逐渐开通，发电机的三相电流才能保证平衡。

在晶闸管软并网的方式中，目前触发电路有移相触发和过零触发两种。其中，移相触发的缺点是发电机中每相电流为正负半波的非正弦波，含有较多的奇次谐波分量，对电网造成谐波污染，因此必须加以限制和消除；过零触发是在设定的周期内，逐步改变晶闸管导通的

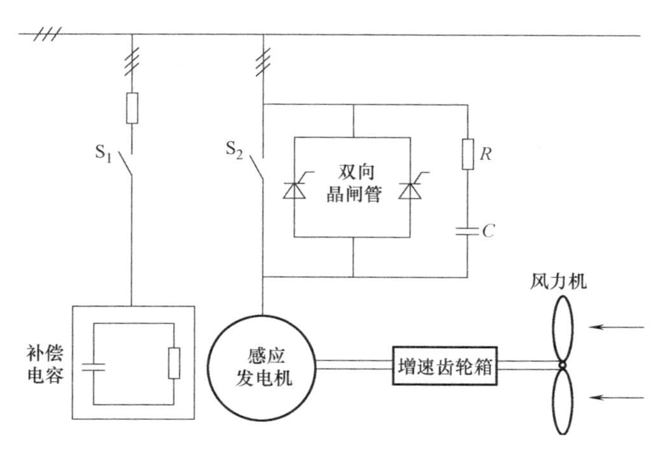

图 6-16　异步发电机经晶闸管并网

周波数，最后实现全部导通，因此不会产生谐波污染，但电流波动较大。

在并网过程中，电流互感器电路测出发电机的实际输出电流，经整流、滤波和 A/D 转换后送至 PLC（可编程序控制器），与基准值比较，并把此比较值作为晶闸管控制角大小的依据，将此信号经 D/A 转换送至触发板与采样的同步电压信号共同产生晶闸管的触发信号。通过这种限流控制方式可实现发电机的软并网。其软并网系统结构框图如图 6-17 所示。

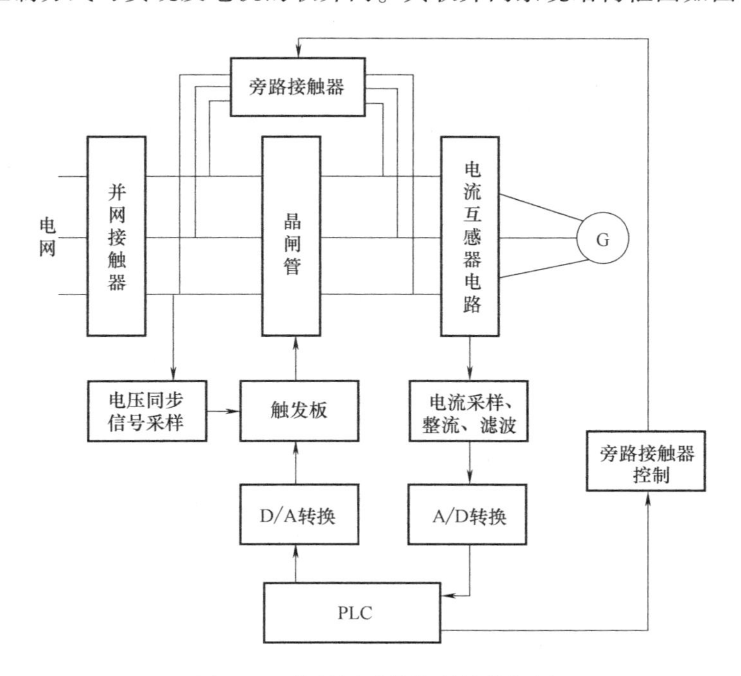

图 6-17　软并网系统控制结构框图

2. 笼型感应发电机并网运行特点

1）发电机励磁消耗的无功功率，取自电网。应选用较高功率因数发电机，并在机端并联电容。

2）绝大部分时间处于轻载状态，要求在中低负载区效率较高，希望发电机的效率曲线平坦。

3）风速不稳，易受机械应力冲击，希望发电机有较软的机械特性曲线，S_{max} 绝对值要大。

4）并网瞬间与电动机起动相似，存在很大的冲击电流，应在接近同步转速时并网，并加装软起动限流装置。

3. 笼型感应发电机并网运行注意事项

并网运行的风力异步发电机，当电网电压变化时对其有一定的影响，当电网电压下降过大时，发电机也会出现飞车；而当电网电压过高时，发电机的励磁电流将增大，功率因数下降，严重时将导致发电机过载运行。因此对于小容量的电网，一方面选用过载能力大的发电机，另一方面配备可靠的过电压和欠电压保护装置。

6.3.4 双馈发电机并网

变速恒频的双馈风力发电机（DFIG）转子采用交流励磁后，与电网之间构成柔性连接。所谓柔性连接，是指可根据电网电压、电流和 DFIG 的转速，通过控制机侧变流器来调节 DFIG 转子励磁电流，从而精确地控制 DFIG 定子电压，使其满足并网条件。

双馈发电机并网的优点是交流励磁、可以调节转速和无功功率、空气动力学效率相对较高、变流器容量小、噪声低；缺点是部分功率馈入转子、电气效率低、成本较高。

对于双馈发电机，并网过程是通过控制变流器来控制转子交流励磁完成的。当机组转速接近电网同步转速时，即可通过对转子交流励磁的调节来实现并网。由于双馈发电机转子励磁电压的幅值、频率、相位、相序均可根据需要来调节，所以对通过变桨实现转速控制的要求并不严格，通过上述控制容易满足并网条件要求。双馈发电机并网原理示意图如图 6-18 所示，并网过程如下：

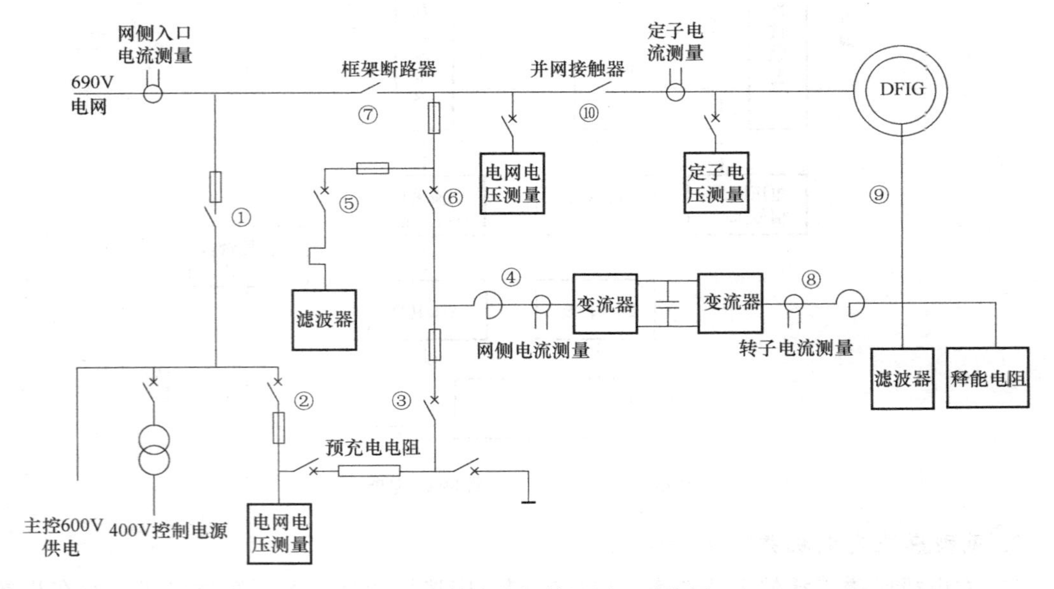

图 6-18　双馈发电机并网原理示意图

首先是预充电，即通过预充电回路对直流母线进行限流充电。电网侧变流器起动时，先闭合预充电回路①-②-③-④，当直流侧电压达到交流电网电压有效值的1.2倍时切出预充电回路①-②-③，电网侧主接触器⑦闭合，同时投入交流滤波单元⑤、准备电网侧变流器调制⑥。当电网侧变流器建立起稳定的直流母线电压后，且发电机转速在运行范围内，机侧变流器开始运行，通过⑧-⑨为发电机转子提供交变励磁电流，使定子侧感应出交流电压，当定子侧空载电压的大小、相位和频率与电网侧一致时，闭合并网开关⑩，机组并网运行，开始功率调节和最大功率跟踪。此时，①-②-③回路切出，⑦-⑤、⑥-④-⑧-⑨-⑩投入。

双馈风电机组并网起动时序如图6-19所示。

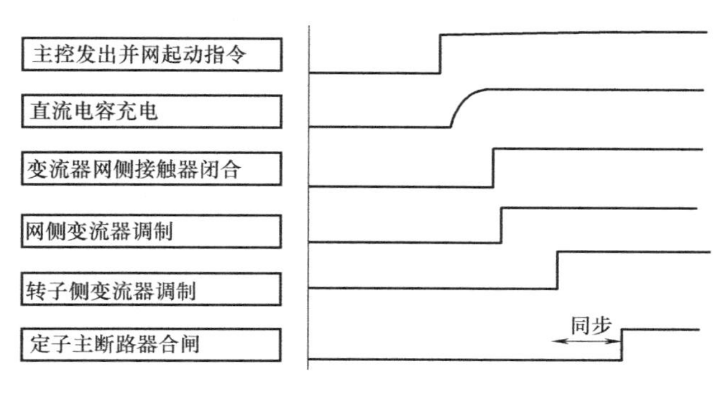

图6-19　双馈风电机组并网起动时序

6.3.5　直驱式同步发电机并网

同步发电机在运行中，由于既能输出有功功率，又能提供无功功率，周波稳定，电能质量高，已被电力系统广泛采用。然而，把它移植到风电机组上效果却不甚理想，这是由于风速时大时小，随机变化，作用在转子上的转矩极不稳定，并网时其调速性能很难达到同步发电机所要求的精度。并网后若不进行有效的控制，常会发生无功振荡与失步等问题，在重载下尤为严重。这就是在相当长的时间内，国内外风电机组很少采用同步发电机的原因。但近年来随着电力电子技术的发展，通过在同步发电机与电网之间采用变频装置，从技术上解决了这些问题，采用同步发电机的方案又引起了重视。

直驱式同步发电机全功率变换并网优点是可以调节转速和无功功率，空气动力学效率相对较高、噪声低、无齿轮箱；缺点是变流器容量大、电气效率低、发电机体积大、成本高。

直驱式同步发电机的并网过程是通过控制全功率变流器来完成的，如图6-20所示。直驱式同步发电机采用的交-直-交全功率变流器处于发电机与电网之间，并网前首先启动网侧变流器调制单元给直流母线预充电，接着启动机侧变流器调制单元并检测机组转速，同时追踪电网电压、电流波形与相位。当发电机达到一定转速时，通过全功率变流器控制的功率模块和变流器网侧电抗器、电容器的*LC*滤波作用使系统输出电压、频率等于电网电压、频率，同时检测电网电压与变流器网侧电压之间的相位差，当其为零或相等（过零点）时实现并网发电。

电网侧变流回路由预充电回路、电网侧主开关、*RC*滤波单元、熔断器、平波电抗器及三相电压源型PWM变流器构成。启动时首先闭环预充电开关，为直流侧充电，待电压达到母线额定电压的80%时，闭合主回路断路器，切出预充电开关，PWM变换器开始调制，建立稳定的直流母线电压。

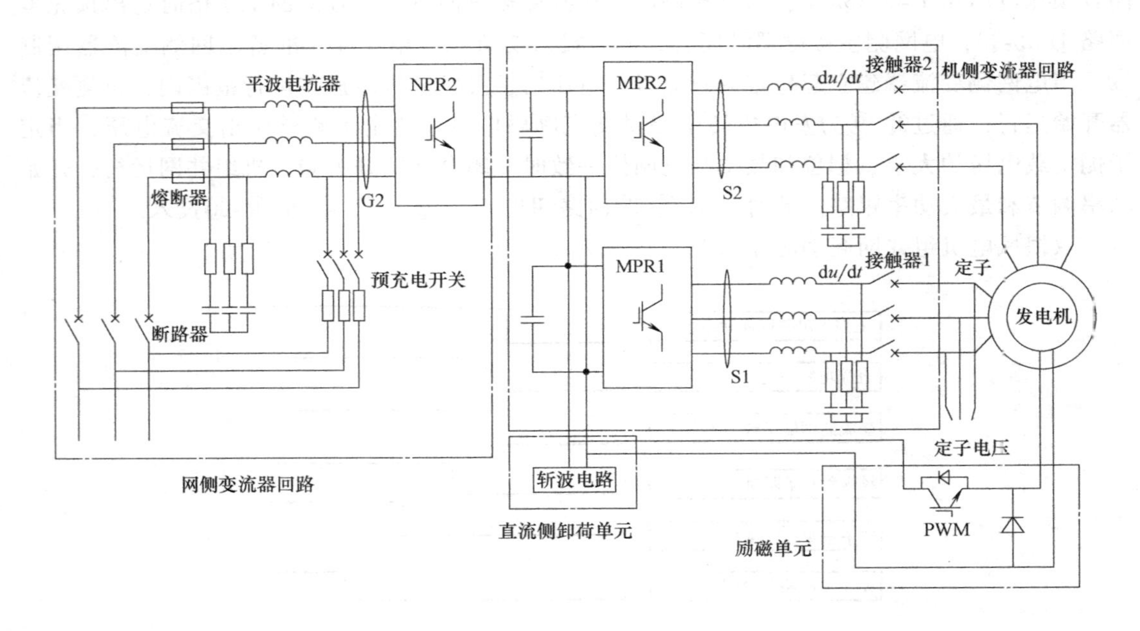

图 6-20　直驱式同步发电机并网原理示意图

机侧变流器回路由电压源型 PWM 变流器、机侧 du/dt 回路、定子开关等构成。启动时直流侧电压已稳定建立，电网侧主回路断路器闭合，此时闭合机侧定子开关，机侧 PWM 变换器开始调制。直驱式发电机并网起动时序如图 6-21 所示。

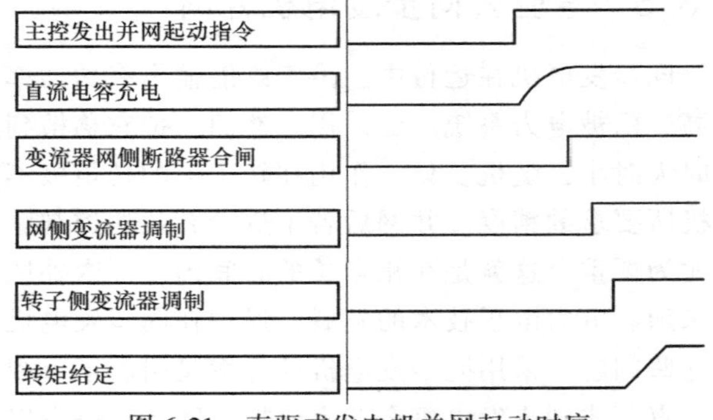

图 6-21　直驱式发电机并网起动时序

通过图 6-19 和图 6-21 的对比，可见直驱式发电机在并网过程中不需要“同步”阶段，在发电机连接到电网的整个过程中，通过发电机和变流器的电流均在系统控制之下。

双馈风电机组的同步化是以电网三相交流电压和发电机定子三相交流电压的幅值、频率、相位、相序的吻合来实现的，这个过程需要通过控制发电机这一复杂的多变量、非线性机电系统来实现，因而具有一定的难度。

直驱式发电机全功率变换是以发电机侧变流器对发电机三相交流空载电压的追随来实现的，其动态过程，变流器直流侧电压保持稳定，因电力电子器件的控制速度相对于发电机的机械速度变化而言要快得多，所以要实现是非常容易而迅速的，相当于 PWM 控制将稳定的直流电压逆变为某一特定的三相交流电压，可以直接将测量到的定子三相交流电压转换后作为发电机侧变流器控制的输入给定。

在并网起动指令发出到转矩加载过程中，机组应通过变桨执行机构的调节作用使发电机转速基本稳定，这样发电机定子端电压的相位、频率和幅值也就保持了基本稳定。

6.4 风力发电机组的脱网

风电机组各部件受其物理性能的限制，当风速超过一定的限度时，必需脱网停机。例如风速过高将导致叶片大部分严重失速，受剪切力矩超出承受限度而导致过早损坏。因而在风速超出允许值时，风电机组应退出电网。由于风速过高引起的风电机组退出电网有以下几种情况。

1. 大风脱网

风速过大会使叶片严重失速造成过早损坏。当风速持续10min，平均值大于25m/s时，机组可能出现超速和过载，为了机组的安全，这时风机必须进行大风脱网停机。风机先进行顺桨收回叶片，待功率下降后脱网。只要转速没有超出允许限额，只需执行正常停机。当风速回到工作风速区后，风机开始恢复自动对风，待转速上升后，风机又重新开始自动并网运行。

2. 小风和逆功率脱网

小风和逆功率停机是将风电机组停在待风状态，当10min平均风速小于小风脱网风速或发电机输出功率低到一定负值后，风电机组不允许长期在电网运行，必须脱网，处于自由状态，风电机组靠自身的摩擦阻力缓慢停机，进入待风状态。当风速再次上升时，风电机组又可自动旋转起来，达到并网转速，风电机组又投入并网运行。

3. 普通故障脱网

机组运行时发生参数越限、状态异常等普通故障后，风电机组进入普通停机程序，风电机组进入普通停机程序，机组投入气动制动，软脱网，待低速轴转速低于一定值后，再投机械制动，如果是由于内部因素产生的可恢复故障，计算机可自行处理，无需维护人员到现场，即可恢复正常开机。

4. 紧急故障脱网

当系统发生紧急故障如风电机组发生飞车、超速、振动及负载丢失等故障时，风电机组进入紧急停机程序，机组在迅速收回桨叶的同时投入机械制动，防止故障进一步加深。

5. 安全链动作停机脱网

安全链动作停机指电气控制系统软保护控制失败时，为安全起见所采取的硬性停机，即气动制动、机械制动和脱网同时动作，风电机组在几秒内停下来。

表6-4列出了七种不同的风电机组停机过程。前五种由风电机组控制系统执行，后两种由安全系统执行。

表6-4 风电机组停机过程

停机程序	变桨系统动作	发电机动作	偏航系统是否继续工作	机械制动是否投入
正常停机	功率设置点降到0，发电机断开，速度设置点降低到0。叶片在正常的变桨速度上		是	否
慢速停机	正常变桨速度	在0功率断开	是	否
快速停机	快速变桨速度	在0功率断开	是	否

（续）

停机程序	变桨系统动作	发电机动作	偏航系统是否继续工作	机械制动是否投入
电网失电停机	正常变桨速度	电网失电或电气故障断开	否	否
变桨故障停机	变桨电池组连接	在 0 功率断开	是	否
安全系统停机	变桨电池组连接	立刻断开	否	是
紧急停止按钮停机	变桨电池组连接	立刻断开	否	是

正常停机程序使用功率变桨-速度和转矩-速度控制环来控制停机，停机过程是开环的。正常变桨速度是4°/s，快速变桨速度是8°/s。变桨速度是由变桨系统的能力和变桨动作的实际阻力（受控于变桨轴承的和变桨电机转动惯量）决定的。目前蓄电池收桨的速度为12°/s。

6.5 低电压穿越

6.5.1 基本定义

低电压穿越（Low Voltage Ride Through，LVRT）是指在电网故障或扰动引起风电场并网点的电压跌落至一定值的情况下，风电场内的风电机组应能保持不脱网连续运行，甚至向电网提供一定的无功功率支持电网恢复，直到电网恢复正常，从而“穿越”这个低电压时间（区域）。

电网故障是电网的一种非正常运行形式，主要有输电线路短路或断路，如三相对地、单相对地以及线间短路或断路等，尤其电网瞬态短路引起电压暂降在实际运行中经常出现，而其中绝大多数的故障在继电保护装置的控制下在短时间内（通常不超过0.8s）能恢复，即重合闸。在这个短暂时间内，电网电压大幅度下降。并网风力发电机与传统的常规并网发电设备最大的区别在于，其在电网故障期间并不能维持电网的电压和频率，这对电力系统的稳定性非常不利。当风电装机比例较低时，可以允许风电场在电网发生故障及扰动时切除，不会引起严重后果。但当风电装机比例较高时，高风速期间，由于输电网故障引起的大量风电切除会导致系统潮流的大幅变化，甚至可能引起大面积的停电而带来的频率稳定问题。因此，要求风电机组必须在极短时间内做出无功功率调整来支持电网电压，从而保证风电机组不脱网，避免出现局部电网内风电成分的大量切除而导致的系统供电质量恶化。

6.5.2 低电压穿越要求

LVRT是对并网风电机组在电网出现电压跌落时仍保持并网的一种特定的运行功能要求。由于各国电网情况有所不同，所以对低电压穿越要求略有不同。图6-22为中国标准的低电压穿越特性曲线，我国对于风电装机容量占其他电源总容量比例大于5%的省（区域）级电网，要求该电网区域内运行的风电场应具有低电压穿越能力。

1. 不脱网要求

风电场并网点电压跌至20%标称电压时，风电场内的风电机组能够保证不脱网运行

625ms；风电场并网点电压在发生跌落后2s内能够恢复到标称电压的90%时，风电场内的风电机组能够保证不脱网连续运行。625ms为后备保护时间（500ms）加上保护启动与开关动作时间（不超过125ms）。此外，风电场最低突起电压取为0.2pu主要是考虑了当风电场送出线路发生适中故障时，风电场并网点的电压大都降低到0.2pu以下，此时允许风电场切除。

电力系统发生不同类型故障时，若风电场并网点考核电压全部在图6-22中电压轮廓线及以上的区域内，风电机组必须保证不脱网连续运行；否则，允许风电机组切除。

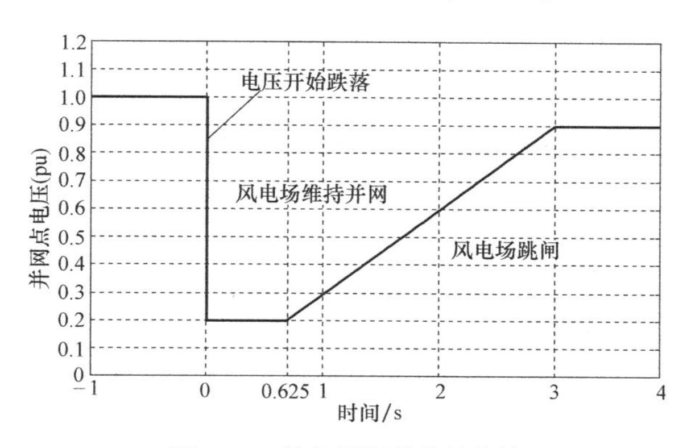

图6-22　低电压穿越特性曲线

2. 故障清除后有功恢复要求

有功功率在电力系统故障清除后应快速恢复，自故障清除时刻开始，以每秒至少10%额定功率的功率变化率恢复至故障前的值。

3. 动态无功支撑要求

风电场内动态无功包括风电机组及动态无功补偿装置。动态无功补偿装置应具有自动调节功能。

总装机容量在百万千瓦级规模及以上的风电场群，当电力系统发生三相短路故障引起的电压跌落时，每个风电场在低电压穿越过程中应具有的动态无功支撑能力包括两方面：

1）自并网点电压跌落出现的时刻起，动态无功电流控制的响应时间不大于75ms，持续时间不小于550ms。

2）风电场注入电力系统的动态无功电流$I_T \geq 1.5\times(0.9-U_T)I_N$（$0.2 \leq U_T \leq 0.9$）。

动态无功电流控制的响应时间指风电场内动态无功电源自并网点电压异常升高或降低达到触发设定值开始，直到无功电源实际输出值的变化量达到控制偏差量（为控制目标值与初始值之差）的90%所需的时间。75ms包括故障检测时间（10~20ms）、控制算法计算时间（10~20ms）及一次设备（风电机组或无功补偿装置）发出无功电流至90%控制偏差量所需时间（20~35ms）之和。

6.5.3　低电压对风力发电机组的影响

在电网出现故障导致电压跌落后，会给电机带来一系列暂态过程，如图6-23所示，机组有功功率、无功功率、机端电压等振荡，机组转速升高，严重危害风机本身及其控制系统的安全运行。一般情况下，若电网出现故障，风机就实施被动式自我保护而立即解列，并不考虑故障的持续时间和严重程度，这样能最大限度地保障风机的安全，在风力发电的电网穿透率（即风力发电占电网的比重）较低时是可以接受的。然而，当风电在电网中占有较大比例时，若风机在电压跌落时仍采取被动保护式解列，则会增加整个系统的恢复难度，甚至可能加剧故障，最终导致系统其他机组全部解列，因此必须采取有效的 LVRT 措施，以维护风场电网的稳定。但是，各种风电机组支持电网恢复正常状态电压的能力是不同的。

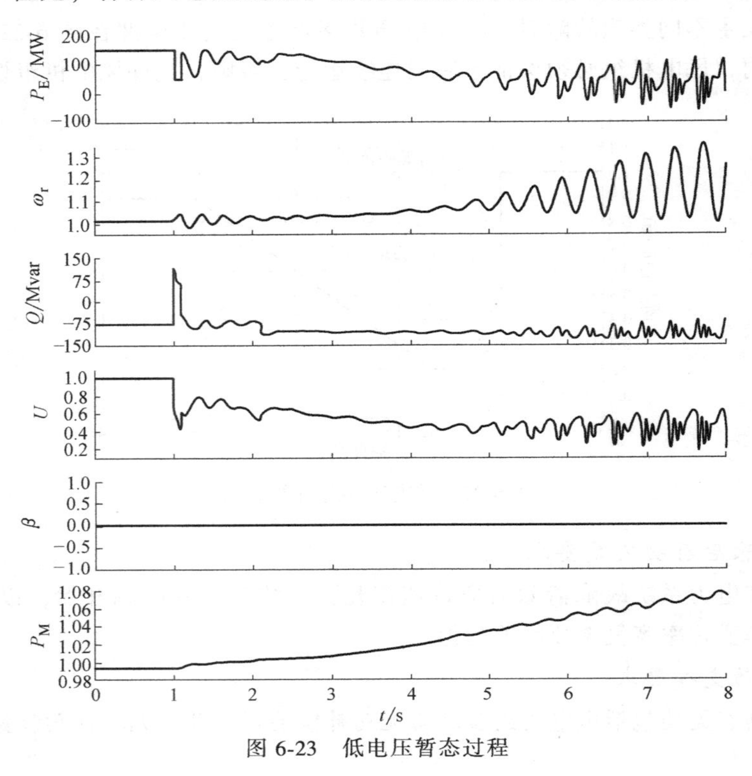

图 6-23　低电压暂态过程

1. 恒速恒频直接并网笼型异步机组（SCIG）

恒速恒频直接并网笼型发电系统如图 6-24 所示，异步发电机没有励磁回路，给定转速条件下，异步发电机电磁转矩与电机端口电压的关系为

$$T_e = KSU^2 \tag{6-10}$$

转子运动方程为

$$J\frac{d\omega}{dt} = T_m - T_e - T_0 \tag{6-11}$$

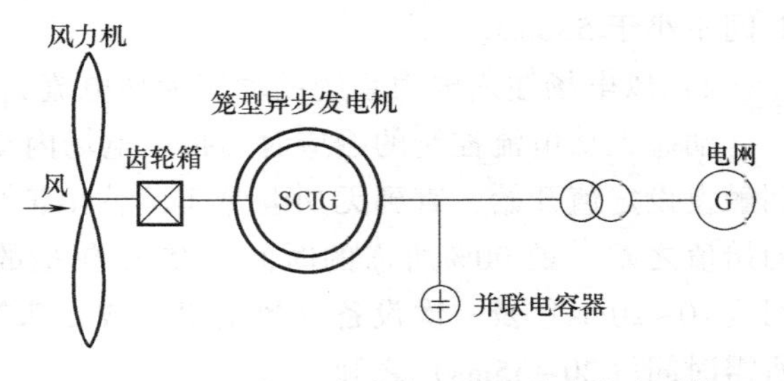

图 6-24　恒速恒频直接并网笼型异步发电系统

由式（6-10）和式（6-11）可见，电压跌落期间，笼型异步发电机的电磁转矩会衰减导致转速的飞升。最简单的方法是在可靠判断出现故障后，利用快速变桨来减小输入机械转矩 T_m，限制转速上升。这种方法需要风电机组有很好的变桨性能。此外，由于笼型异步发电机没有励磁回路，运行时反而需要吸收电网的无功，这种类型的风电系统自身不能够支持电压恢复，而且会使电压恢复更困难。实现 LVRT 的另一个方案是采用静态同步补偿器来调节电压。与静态无功补偿器相比，该方法的补偿电流不依赖于连接点电压，所以补偿

电流在电压下降时不会降低，但是成本相对较高。

2. 双馈风力发电系统（DFIG）

双馈感应发电系统如图6-25所示，定子直接接入电网，转子通过交-直-交（AC-DC-AC）变流器与电网相连。

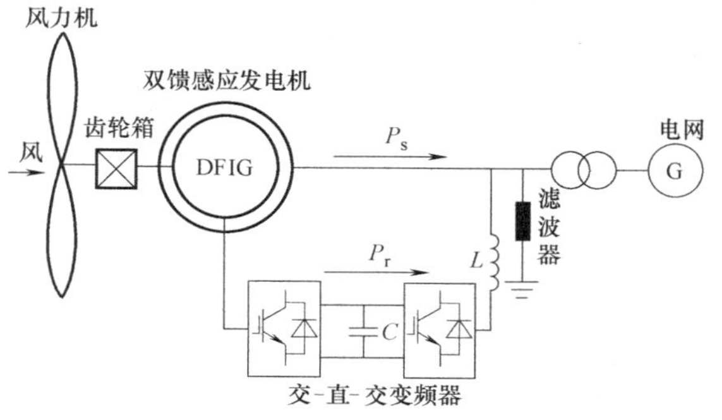

图6-25　双馈感应发电系统

双馈感应发电机同笼型异步发电机一样，也是定子侧直接连接电网。这种直接耦合使得电网电压的降落直接反映到发电机定子端电压上，导致定子磁链出现直流成分，不对称故障时还会出现负序分量。定子磁链的直流量和负序分量相对于以较高转速运转的发电机转子会形成较大的转差（转差频率分别在 ω_s 和 $2\omega_s$ 附近，ω_s 为同步角频率），从而感应出较大的转子电动势并产生较大的转子电流，导致转子电路中的电压和电流大幅增加。对于笼型异步发电机，从电压跌落到恢复的时间内，其笼型转子能承受此短时过电流而不会受损烧毁。而DFIG转子侧接有AC-DC-AC变流器，其电力电子器件的过电压、过电流能力有限。如果对电压跌落不采取控制措施限制故障电流，较高的暂态转子电流会对脆弱的电力电子器件构成威胁。而控制转子电流会使变流器电压升高，过高的电压一样会损坏变流器且变流器输入输出功率的不匹配也可能导致直流母线电压的上升或下降（与故障时刻电机超同步速或次同步速有关）。因此DFIG的LVRT实现较为复杂。

DFIG转子侧变流器实现发电机有功、无功的解耦控制。网侧变流器控制其和电网之间无功的交换以及实现直流侧电压的稳定控制。当电网电压大幅度跌落时，为了保护变流器，需要将转子侧变流器切除，此时变流器不具备提供无功的能力。

3. 直驱永磁风力发电系统（PMSG）

直驱式永磁同步风力发电系统如图6-26所示，发电机定子经变流器接入电网，与电网解耦，虽然电网电压的降落不会对发电机有大的影响，但会导致输出功率减小，而发电机的输出功率瞬时不变，显然功率不匹配将导致直流母线电压上升，势必会威胁电力电子器件安全，这就要求网侧变流器能实现LVRT。此外，在电网故障期间，直驱式永磁同步发电机不从电网吸收无功功率，因而在不进行无功补充的情况下，也不会加剧电网电压崩溃。当电网电压跌落时，电网侧变流可工作于静止同步补偿器状态，输出动态无功功率。由于直驱式风电机组所配备的变流器容量等同于发电机容量，所以发出无功功率的容量也比双馈异步发电机组更大，更有利于电网电压的恢复。

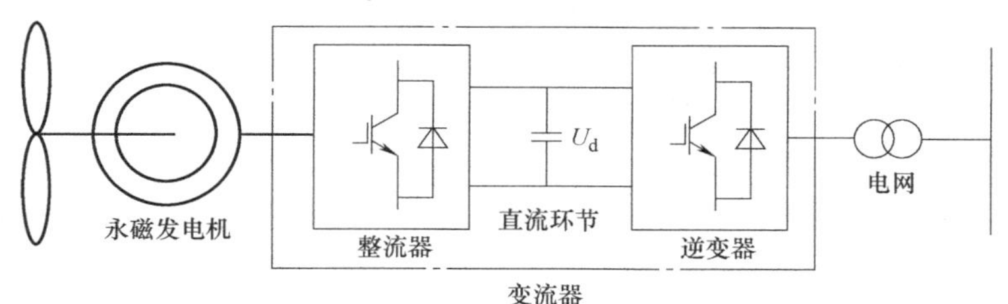

图6-26　直驱永磁风力发电系统

6.5.4 风电机组低电压穿越保护

当电网电压大幅度下降时，发电机电磁转矩变得非常小，工作在低负载状态。由于发电机定子磁链不能跟随电压突变，会产生直流分量，而转速由于惯性并没有显著变化，较大的转差率就导致了转子线路的过电压和过电流，造成直流侧电压升高，以及发电机侧有功、无功功率的振荡。本质上，可认为发电机的电磁暂态能量并未改变，但电网电压下降导致发电机定子侧能量传输能力下降。

目前，DFIG 低电压穿越问题的解决方案主要有两种：一种是改进转子励磁变流器控制算法，如定子磁链的消磁方法、采用现代控制理论的方法等；另一种是增加硬件拓扑的方法，常见的是在转子侧加设暂态能量泄放通道来保护设备，如在转子回路中加转子释能电阻（Crowbar）保护电路或在直流母线上加直流泄放保护电路（Chopper），如图 6-27 所示。

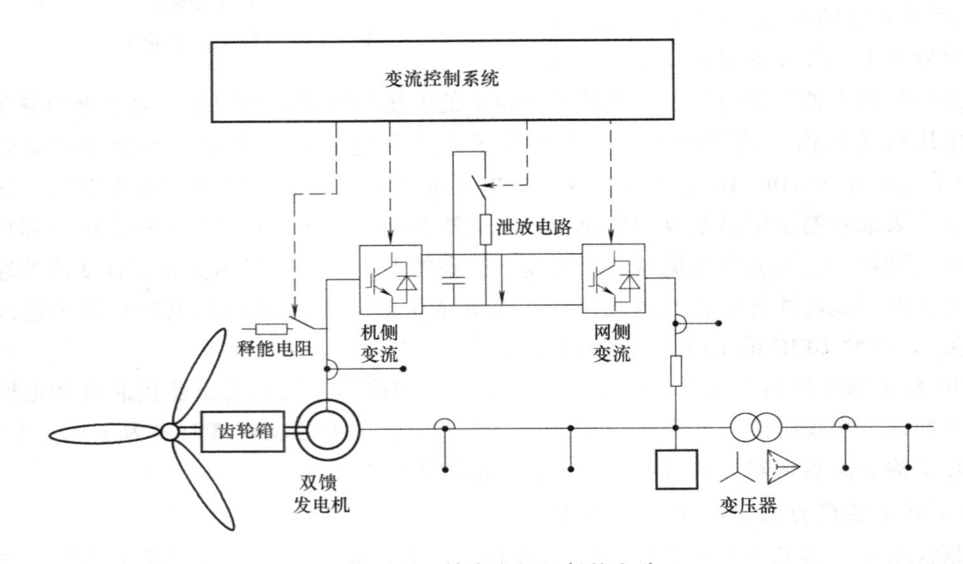

图 6-27 双馈发电机组保护电路

当电网电压大幅跌落时，双馈发电机呈现出电感特性，从电网吸收大量的无功功率，如果没有无功功率的补充，将加剧电网电压的崩溃。这样在有功功率基本为零的情况下，双馈发电机组被要求发出无功功率以支撑电网电压，即在短暂的瞬态表现为无功调相器，在电网电压恢复后，风电机组也恢复原有发电状态。暂态过程中，风电机组发出无功功率的能力主要取决于电压水平、发电机的特性参数和电机侧 IGBT 桥的最大允许电流。

对于全功率变换的直驱式风电机组而言，发电机与电网隔离，从而对电网故障的适应性可完全由变流器来实现。电压跌落期间，永磁风力发电机的主要问题在于能量不匹配导致直流电压的上升，因而可以考虑从变流器设计入手，选择器件时放宽电力电子器件的耐压和过电流值，并提高直流电容的额定电压。这样在电压跌落时，可以把直流母线的电压限定值调高，以储存多余的能量，并允许网侧逆变器电流增大，以输出更多的能量。但是考虑到器件成本，增加器件额定值是有限度的，而且在长时间和严重故障下，功率不匹配会很严重，有可能超出器件容量，因此这种方法较适用于短时的电压跌落故障。此外，还可以考虑减小电机的发电功率来平衡功率（采取变桨控制，变桨可从根本上减小风机的输入功率，有利于电压跌落时的功率平衡）。对于更长时间的深度故障，可以考虑采用额外电路单元储存或消耗多余能量。

永磁风力发电机实现 LVRT 的主要措施有：①选择耐压和过电流值比较大的电力电子器件；②增加辅助网侧变流器；③在直流母线上接储能系统或 Buck 变换器。

目前常用的方法是与双馈发电机组类同，为泄放发电机的电磁暂态能量，在变流器直流侧加设泄放电路（Chopper）来保护变流器和电容，如图 6-28 所示。

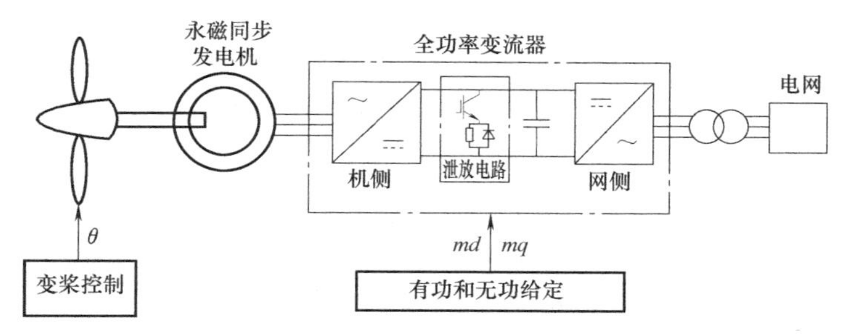

图 6-28　直驱式风电机组的直流侧泄放保护电路

风电机组大型化趋势和大型、特大型风电基地建成并网，低电压穿越已经成为制约兆瓦级风力发电机组大规模并网的主要技术瓶颈。当风电装机达到百万千瓦、千瓦甚至更大的风电基地时，低电压穿越必不可少。风电机组为实现低电压穿越，除了变流系统外，机组的变距系统和主控制系统都要做特殊的控制设计，以防止风机超速和控制失效。

6.6　风功率预测

风力发电具有很大的随机性、间歇性和不可控性。我国多数风电还具有反调峰的特性，在不进行风电功率预测的情况下，电网中要留有风电最大出力的旋转备用容量来平衡风电的波动，这种方式在电网中风电接入比例较小时尚可应对，随着风电的大规模开发，特别是千万千瓦级风电基地的建设，通过旋转备用克服风电波动的方式将无法适应，同时也给电网的安全稳定运行造成极大的隐患。

6.6.1　预测的概念及意义

以风电场的历史功率、历史风速、地形地貌、数值天气预报、风电机组运行状态等数据建立风电场输出功率的预测模型，将风速、风向、气温、气压等的 SCADA 实时数据，等高线、障碍物、粗糙度以及数值天气预报数据通过一定的方法转换到风电机组轮毂高度的风速、风向作为模型的输入，然后根据功率曲线得到风电场的出力，并根据风电场的效率进行修正，这就是风功率预测。简单来说，就是对未来一段时间内风电场所能输出的功率大小进行预测，以便安排调度计划。

丹麦、德国、西班牙等风电技术较发达国家，已经普遍应用风电场功率短期预测技术，为风电比重的不断提高提供了必要条件。与欧洲的分布式风力发电方式不同，中国大部分风电场是集中在一个区域内的大容量风电场（可达百万千瓦甚至千万千瓦级），风能的间歇性对于接入电网的影响将更加突出。因此，开展风电场功率短期预测的研究与开发，对于中国实现大规模开发风电场是必要的和急迫的。风电功率预测的意义如下：

1）优化电网调度，根据风电场预测的出力曲线优化常规机组的出力，使电力调度部门能够提前为风电出力变化及时调整调度计划，从而减少系统的旋转备用容量，节约燃料，降低电力系统运行成本。这是减轻风电对电网造成不利影响、提高系统中风电装机比例的一种有效途径。

2）优化电力市场中风电的价值，满足电力市场交易需要，为风力发电竞价上网提供有利条件。从发电企业（风电场）的角度来考虑，将来风电一旦参与市场竞争，与其他可控的发电方式相比，风电的间歇性将大大削弱风电的竞争力，而且还会由于供电的不可靠性受到经济惩罚。提前一两天对风电场出力进行预报，将在很大程度上提高风力发电的市场竞争力。

3）便于安排机组维护和检修，提高风电场容量系数。风电场可以根据预报结果，选择无风或低风时间段，即风电场出力小的时间，对设备进行维修，从而提高发电量和风电场容量系数。

6.6.2 预测分类及方法

1. 预测分类

（1）按时间尺度分类

按时间分为长期预测、中期预测、短期预测和超短期预测。

长期预测。以“年”为预测单位。长期预测主要应用场合是拟建风电场设计的可行性研究，用来预测风电场建成之后每年的发电量。这种预测一般要提前数年进行。方法主要是根据气象站20~30年的长期观测资料和风电场测风塔至少一年的测风数据，经过统计分析，再结合要装风电机组的功率曲线，来测算风电场每年的发电量。

中期预测。以“天”“周”或“月”为预测单位。中期预测主要是提前一周对每天的功率进行预测，主要是为了风电场安排运行维护计划和优化电厂调度。方法是基于数值天气预报的预测方法（Numerical Weather Prediction，NWP）。数值天气预报是根据大气实际情况，在一定的初值和边值条件下，通过大型计算机作数值计算，求解描写天气演变过程的流体力学和热力学的方程组，预测未来一定时段的大气运动状态和天气现象的方法。

短期预测。以“小时”为预测单位。一般是提前1~48h（或72h）对每小时的功率进行预测，时间分辨率不小于15min，预测未来3天内的风电输出功率。目的是便于电网合理调度，保证供电质量，为风电场参与竞价上网提供保证。

根据使用数值天气预报与否，短期预测还可以分为两类：一类是使用数值天气预报的预测方法，一类是不使用数值天气预报的预测方法，叫作基于历史数据的预测方法。

超短期预测。以“分钟”或“几分钟”为预测单位。一般是提前几小时或几十分钟进行预测，目的是为了风电机组控制的需要。方法一般是持续法，也可以采用单纯的基于历史数据的方法，但为了提高超短期预测的准确度一般也要考虑数值天气预报模型。

（2）按预测对象范围分类

根据预测对象范围的不同，可以分为对单台风电机组功率的预测、对整个风电场功率的预测和对一个较大区域（数个风电场）的预测。

对单台风电机组在“分钟”数量级的预测（超短期预测），是为了控制的需要和稳定电能质量。对于一个风电场或更大区域范围在“小时”数量级的预测（短期预测，一般低于72h），是为了市场交易的需要、运行维修计划的需要和安全供应的需要，前两项的受益者是风电场运行者，后项受益者是电网运行者。

2. 预测方法

根据风电功率预测模型的不同可分为物理方法、统计方法、学习方法以及上述模型组合方法。

（1）物理方法

根据风电场周围等高线、粗糙度、障碍物、气压、气温等信息，采用数值天气预报（NWP）模型预测风速，通常将其结果作为其他统计模型的输入量或用于新建风电场的功率预测。物理方法的预报时效一般为几十个小时。

（2）统计方法

通常不考虑风速变化的物理过程，根据历史数据进行统计分析，找出天气状况与风电场出力的关系，然后根据实测数据和数值天气预报数据对风电场输出功率进行预测。这种方法的预报时效不超过6个小时。

（3）组合方法

利用不同模型提供的信息并发挥各自优势，选择合适的加权平均形式得到组合预测模型。组合形式通常包括物理和统计方法的组合、短期和中期预测模型的组合以及统计模型之间的组合。与单一模型预测相比，采用组合方法的风功率预测可减少较大误差的出现，使准确度有所提高，预报时效为几十个小时。

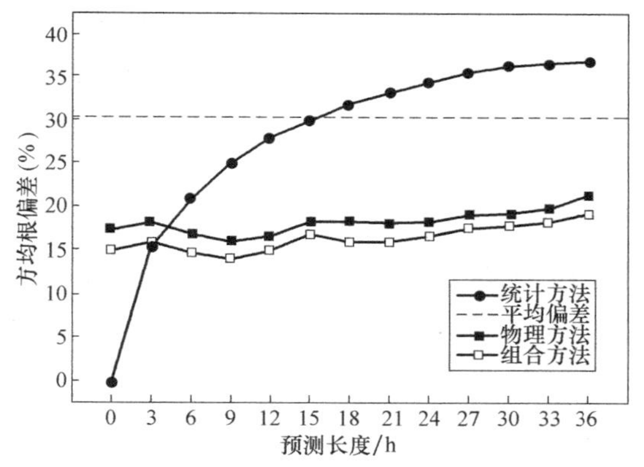

图6-29　不同预测长度和不同预测方法的方均根偏差

图6-29以方均根偏差方式对比了针对不同预测长度采用不同预测方法时的预测效果，可见，组合方法预测偏差相对于另外两种方法要低。物理方法和组合方法的预测效果比较相近，并且比较稳定，适用于较长时间的预测。而统计方法适用于短期预测，进行较长时间的预测时偏差则较大，高于平均偏差。

6.6.3　预测方法的优缺点及适应范围

1. 风速的预测方法

在进行中期以上的功率预测时，基于风速的预测方法就是前面提到的“物理方法”。

在进行短期预测时，基于风速的预测方法主要分两步来完成：首先利用风速模型预测出风力发电机风轮轮毂高度的风速、风向，并且计算出风速与风轮扫过平面正交的风速分量；然后利用风力发电机的功率曲线计算出发电机的实际输出功率。这里的风速模型采用统计方法或者学习方法来建立，输入量通常是历史风速序列和实时采集的风速。

2. 基于功率的预测方法

基于功率的预测方法就是不考虑风速的变化过程，利用统计方法或学习方法，根据历史功率序列建立模型，并利用实时数据对发电量进行短期预测，或者根据历史数据找出天气和输出功率间的关系并利用实时数据和 NWP 信息对发电量进行中期预测。在短期预测时，这种方法的输入信号仅仅需要大型风电场中的每个风力发电机的电压和电流数据。把每个风力发电机都看作一个“数据采集装置”，这样整个风电场发电功率预测模型所输入的时间序列数据包含的信息更全面、更准确。这种预测方法既可以降低数据采集的成本，又可以提高数据采集的质量，增加预测准确度。而且在现代化的大型风电场中都会建立风力发电机的远程监控系统，在这个系统中会对所有风力发电机的所有信号进行采集和记录，因此可以直接将其中风力发电机输出功率的实时数据用来进行风电场的发电功率预测，不需要增加额外的成本。

物理模型主要考虑的是一些物理量，比如数值天气预报得到的天气数据（风速、风向、气压等），风电场周围的信息（等高线、粗糙度、障碍物等）以及风电机组的技术参数（轮毂高、穿透系数等）。其目的是找到风电机组轮毂高度处的风速最优估计值，然后用模型输出统计模块（MOS）减小存在的误差，最后根据风电场的功率曲线计算风电场的输出功率。由于天气预报每天只更新几次，所以这种模型通常适用于相对较长期的预测，比如提前 6h。在不同的风向和温度条件下，即使风速相同，风电场输出功率也不相等，因此风电场功率曲线是一族曲线，同时还应考虑风电机组故障和检修的情况。对整个区域进行风电功率预测时，可采用如下方法：一种方法是对所有的风电场输出功率进行预测，然后求和得到风电功率；另一种方法是只对几个风电场进行预测，然后用一种扩展算法得到整个区域的风电场输出功率。

统计学模型可以不考虑风速变化的物理过程，而根据历史统计数据找出天气状况与风电场出力的关系，然后根据实测数据和数值天气预报数据对风电场数据功率进行预测。不引入数值天气预报（NWP）的统计学模型对于提前 3~4h 的风电功率预测结果是可以满足精度要求的，但对于提前更长时间的预测结果，精度是不够的。目前的统计学模型预测方法主要有卡尔曼滤波法、随机时间序列法、模糊逻辑法、人工神经网络方法（Artificial Neural Networks，ANN）、混合专家经验法（Mixture of Experts，ME）、最近邻搜索（Nearest Neighbour Search，NNS）、蚁群优化（Particle Swarm Optimization，PSO）和支持向量机（Support Vector Machines，SVM）等。

本章小结

变桨变速恒频风电机组运行时受到转速极限和功率极限的约束，因此在有效风能利用范围内，随风速的变化，分别采取恒定 C_P、恒定转速和恒定功率的控制策略。机组运行时有起动、并网、暂停及停止四种工作状态，不同的状态下控制系统执行的控制程序不同。

本章还介绍了不同类型风力发电系统并网方法和不同情况下的脱网。

低电压穿越和风功率预测是电力系统对并网运行风电机组的要求，目的都是保障电力系统的安全、稳定运行，同时对风电场及风电机组也有重要意义。

练　习　题

一、基本概念

稳态工作点　功率-转速特性　最佳风能利用系数　低电压穿越　风功率预测

二、填空题

1. 风力发电机的四种运行状态分别是：________、________、________、________。

2. 变速恒频风电机组在额定风速以下时，发电机输出功率未达到额定功率，此时控制目标为________________________。

3. 当风电机组运行于功率恒定区时，如果风速继续增大，将通过变桨系统，________桨距角，________风能利用系数 C_P，以维持机组的输出功率稳定在额定值。

4. 风电机组控制系统分________、________、________三个层次。

5. 风力发电机的稳态工作点取决于风力机和发电机的________特性。

6. $C_P(\lambda)$曲线是________的函数。

三、判断题

1. 待机状态时，风轮处于顺风状态。　　　（　　）

2. 风电机组在运行状态或待机状态时均能主动对风。　　　（　　）

3. 额定转速时，风力机具有最大的功率系数。　　　（　　）

4. 并网运行的风电机组，可根据风速信号自动进入起动状态或从电网切出。　　　（　　）

四、选择题

1. 当出现小风或逆功率脱网时，控制系统会将风电机组停在（　　）状态。

A. 急停　　B. 停止　　C. 暂停　　D. 运行

2. 在待机状态，风轮处于（　　）状态。

A. 迎风　　B. 顺风　　C. 任意

3. 当机组由紧停切换为停机状态时，主控系统动作过程是（　　）。

① 关闭紧停电路　② 建立液压工作压力　③ 启动偏航系统　④ 松开机械制动

⑤ 对风，判断机组是否处于上风向　⑥ 接通变桨系统压力阀

A. ①②③④　　B. ①②⑤⑥　　C. ①②④　　D. ①②③④⑤⑥

4. 中长期风功率预测主要用于（　　）。

A. 机组优化控制　　B. 电网合理调度　　C. 安排机组检修　　D. 风电场规划

5. 当电网电压跌落时，会造成直流侧电压（　　）。

A. 升高　　B. 降低　　C. 不变　　D. 不确定

五、简述题

1. 并网运行的风电机组有哪几种脱网情况？简述停机控制过程。

2. 说明风电机组控制系统的结构。

3. 风电机组控制系统的目标是什么？

4. 简述风电机组四种工作状态。

5. 并网运行的大型风电机组为什么要求具备低电压穿越能力？

6. 风功率预测的意义是什么？

7. 风功率预测有几种分类？

第 7 章

风电场 SCADA 系统

SCADA（Supervisory Control And Data Acquisition）系统，即数据采集与监视控制系统，在电力系统中应用广泛，尤其在远动系统中占有重要地位，可以对现场的运行设备进行监视和控制，以实现数据采集、设备控制、测量、参数调节以及各类信号报警等各项功能。

7.1 风电场 SCADA 系统概述

7.1.1 SCADA 系统结构

大型风力发电场一般工作于恶劣的环境中，在无人值守的情况下，采用 SCADA 系统对几十台或上百台风力发电机进行集群控制，如图 7-1 所示，以实现数据采集、设备控制、测量、参数调节及各类信号报警等功能。

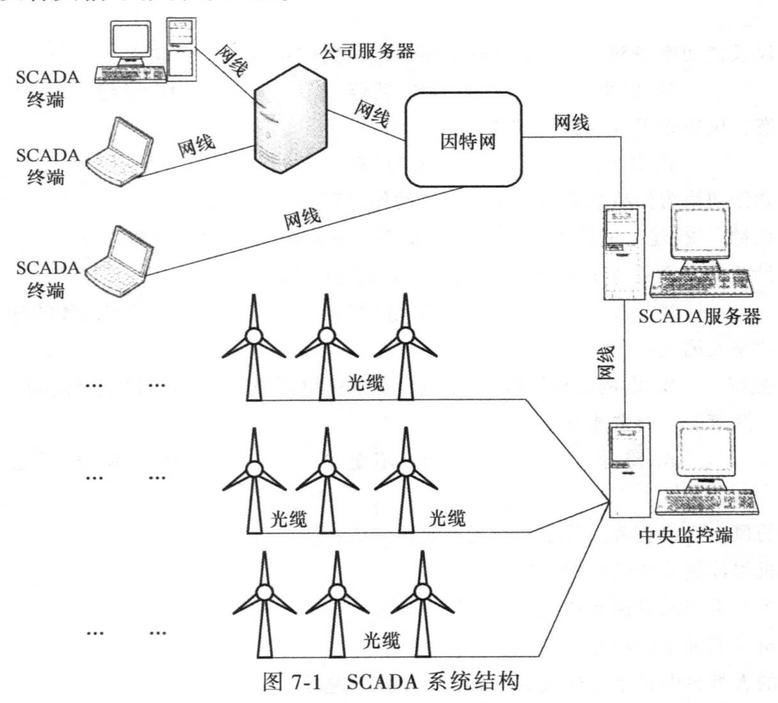

图 7-1 SCADA 系统结构

风电场的监控网络可分三个层次：就地监控、中央监控和远程监控，如图 7-2 所示。其中，粗线为光纤网络，细线为双绞线网络。

就地监控部分：布置在每台风力发电机组塔筒的控制柜内，对本台风机的运行状态进行监控，完成传感器和控制器之间的数据和命令的传递，并对其产生的数据进行采集。

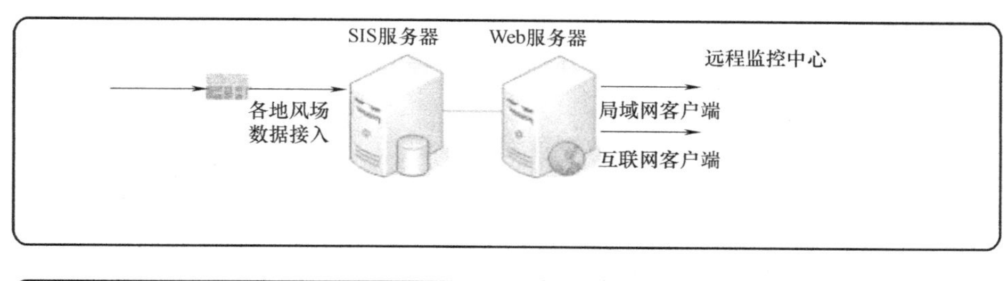

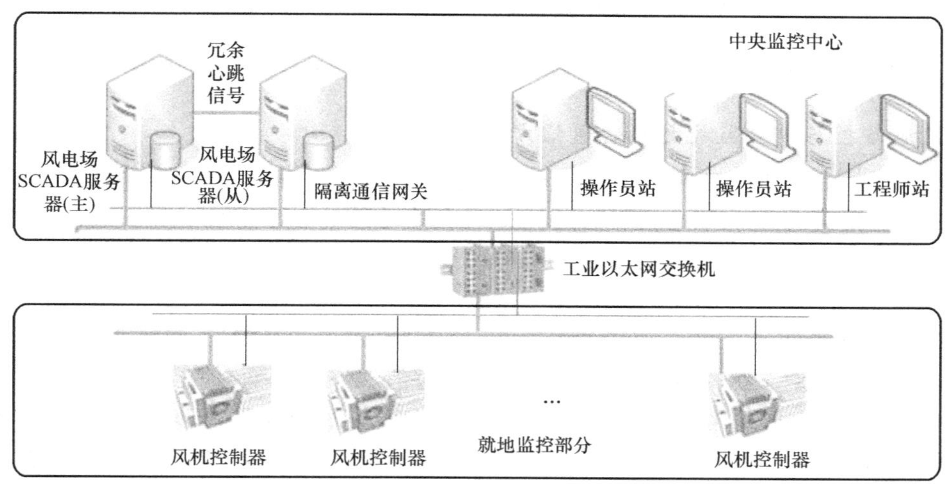

图 7-2 风电场监控系统网络拓扑图

中央监控部分：一般布置在风电场控制室内，监控一个风电场的运行状况，工作人员可以从控制室的屏幕上监控风电场内所有风机状态，根据画面的切换随时控制和了解风电场风力发电机的运行和操作，并施以控制。中央监控系统一般采用双闭环的网络结构。每个闭环网络支持 20~50 台的风电机组。可根据现场安装环境，配置多个闭环网络。每个闭环网络配置一台工业级交换机，其型号和每台风电机组配置的工业交换机相同。

远程监控部分：对分布在不同地区风电场的风电机组和场内变电站的设备运行情况及生产运行数据进行实时采集和监控，使监控中心能够及时准确地了解各风电场的生产运行状况。一般通过调制解调器等通信方式访问中控室主机进行控制。

在服务器机柜中，每个闭环网络也需要配置一台工业级交换机，其型号和每台风电机组配置的交换机相同。服务器是整个网络系统的核心，它为网络用户提供服务，并管理整个网络。根据服务器在网络中所承担的任务和所提供功能的不同，服务器又分为 SIS 服务器、Web 服务器、SCADA 主从服务器。

SIS［Supervisory Information System in plant level（厂级监控信息系统）］服务器，主要处理实时数据，完成生产过程的监控和管理，故障诊断和分析，性能计算、分析和经济负荷调度等。

Web 服务器提供网上信息浏览服务。

SCADA 系统具有以下特点：

1）完全独立的第三方软件，操作具有透明和可追踪的特点。

2）独立的风电机组、电网和气象站远程通信接口单元。

3）可实现远程访问及控制。

4）可根据风电机组制造商、风电场开发人员、运行人员和投资者的需要进行扩展定制以满足不同层面的要求。

5）统一的图形接口、报告格式和数据库结构。

6）自动生成的风场功率曲线可以验证实际的发电量及收益是否达到了期望值。

7）气象站接口单元用于独立的风速和气象参数监视及分析。

8）电网和子站接口单元用于整个风场电气系统的监控。

7.1.2 风电场通信方式

1. 就地监控与中央监控之间的通信方式

就地监控与中央监控之间的通信方式主要分为有线和无线两种。在有线方式中，上、下位机之间的距离为1~5km。因此，采用RS-485总线、PROFIBUS现场总线和以太网。随着风电场容量的增大以及海上风电场对视频监控需求的提高，光纤以太网成为更合适的方式。

（1）RS-485总线

RS-485采用半双工工作方式，支持多点数据通信。RS-485总线网络拓扑一般采用终端匹配的总线型结构，即采用一条总线将各个节点串接起来，不支持环形或星形网络。数据信号采用差分传输方式，也称作平稳传输，使用一对双绞线，一线定义为A，另一线定义为B，GND为C。RS-485通信方式的连接示意图如图7-3a所示。

（2）光纤

点对点传输距离由光纤类型而定，多模光纤为3km，单模光纤为25km。光纤传输在抗干扰性上有着明显的优势，且传输距离远，适用于电磁环境复杂、雷击多、风电机组分布远的风电场所，整套通信费用较高，光纤通信的连接示意图如图7-3b所示。

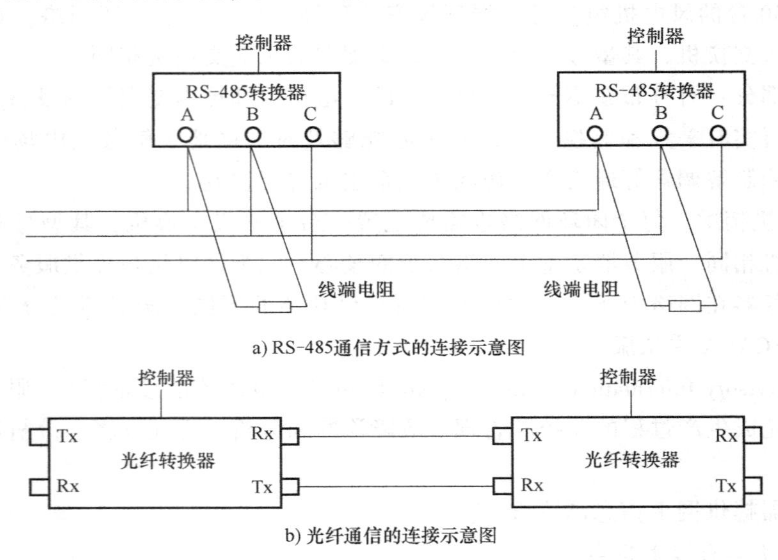

图7-3 RS-485通信方式与光纤通信方式

各台风电机组都有自己独立的控制系统，即下位机控制系统，对于每台风电机组来说，即使没有上位机的参与，也能安全稳定地工作。所以相对于整个监控系统来说，下位机控制系统是一个子系统，具有在各种异常工况下单独处理风电机组故障，保证风电机组安全稳定运行的能力。从整个风电场的运行管理来说，每台风电机组的下位控制器都应具有与上位机进行数据交换的功能，使上位机能随时了解下位机的运行状态并对其进行常规的管理性控制，为风电场的管理提供方便。为了实现上述功能，下位机控制系统应能将机组的数据、状态和故障情况等通过专用的通信装置和接口电路与中央控制室的上位计算机通信，同时上位机应能向下位机传达控制指令，由下位机的控制系统执行相应的动作，从而实现远程监控功能。

风电机组与上位机之间的通信通常采用光纤连接，通信设备主要有交换机、光电转换器、光纤跳线、光纤连接器等，如图 7-4 所示。

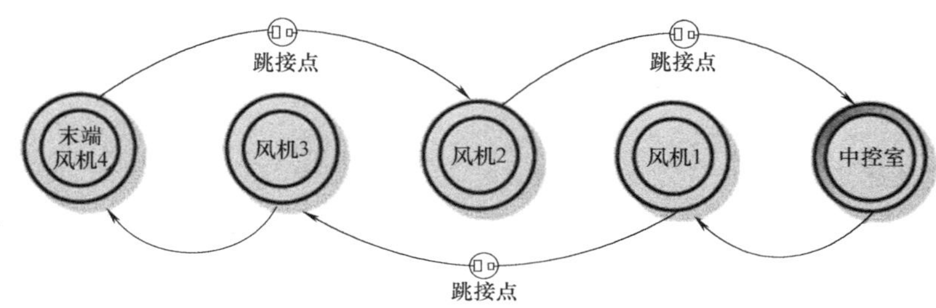

图 7-4　风机与中央监控之间的通信

2. 中央监控与远程监控的通信方式

中央监控与远程监控用于保障一个地区的多个风电场的协调控制。由于风电远程监控中心与其所属风电场的距离遥远且风电场分布分散的特点，在风电远程监控中心与其风电场之间建设专网成本过高，因此利用 Internet 通道实现互联是经济、可行的方案。如图 7-5 所示，风电远程监控中心与其所属的各风电场采用虚拟专用网络（VPN）设备连接互联网，实现风电远程监控中心应用服务器和风电场应用服务器的通信。VPN 设备可保证风电场端及风电远程监控中心端网络的有效访问及网络安全。风电远程监控中心工作站可通过公司内部网络以浏览器的方式直接访问安装在应用服务器上的风电场中央监控 SCADA 系统，实现对风电场运行信息的远程管理。

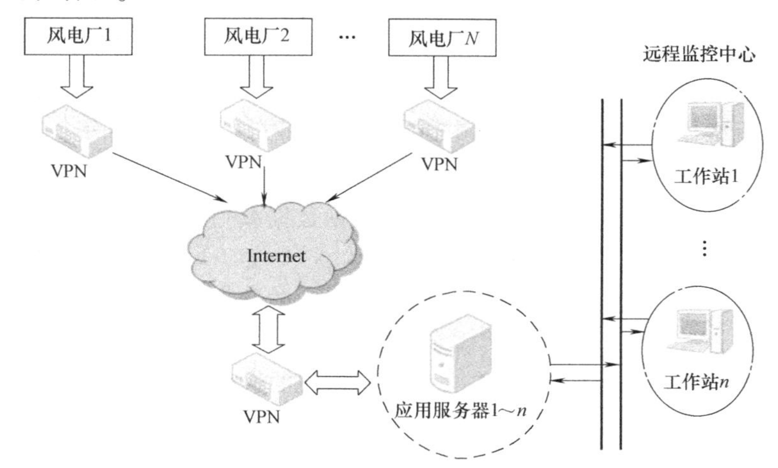

图 7-5　风电场中央监控与远程监控的通信方式

7.1.3 SCADA系统功能

1. 完整实时数据展现

SCADA系统应具备核心数据库系统，实现风电场所有风电机组、继电保护、风速、发电量、售电量等运行情况的远程监视和接收汇总，使各级部门都能及时地了解风电机组运行状态和发电状况。

系统可以实现运行参数的汇总与展示：

1）电网参数，包括电网电压、电流、电网频率、功率因数等。电压故障检测，包括电网电压闪变、过电压、低电压、电压跌落、相序故障、三相不对称等。

2）气象参数，包括风速、风向、环境温度等。

3）机组状态参数，包括风轮转速、发电机转速、发电机线圈温度、发电机前后轴承温度、齿轮箱油温度、齿轮箱前后轴承温度、液压系统油温、油压、油位、机舱振动、电缆扭转、机舱温度等。

2. 实现风机远程控制

可以根据生产需求，实现对单台、回路及全部风机进行故障复位、远程停机及启动远程控制操作，方便对风机的集中管理。并可根据电网实时参数，外部气象条件参数，按照设定好的控制策略，实现对风机起停、复位的远程控制。

1）主控系统检测电网参数、气象参数、机组运行参数，当条件满足时，启动偏航系统执行自动解缆、对风控制，释放机组的制动盘，调节桨距角度，风车开始自由转动，进入待机状态。

2）当外部气象系统监测的风速大于某一定值时，主控系统启动变流器系统开始进行转子励磁，待发电机定子输出电能与电网同频、同相、同幅时，合闸出口断路器实现并网发电。

3）风电机组功率、转速调节根据风力机特性，当机组处于最佳叶尖速比 λ 运行时，风电机组将捕获最大的能量，虽理论上机组转速可在任意转速下运行，但受实际机组转速限制、系统功率限制，在有效的风速范围内分为以下几个运行区域：变速运行区域、恒速运行区域和恒功率运行区。额定功率内的运行状态包括变速运行区（最佳的 λ）和恒速运行区。

3. 数据统计与查询

进行风电场发电量统计；风速、温度等平均值处理；查询设定时间段内风机历史工作状态、数据；风电机组可利用率分析等。历史数据长期保存，不少于20年。

4. 曲线图

1）风速曲线图。根据设定的时间段，自动根据数据差值，描绘风速变化轨迹，并根据设定的起始风速及区间，自动统计成数据表格形式。

2）趋势图。可以将风机所有变量在设定时间段内的数据记录获取到表格，并以曲线方式表现。

3）风频图。查询设定时间段内，各风速区间出现的次数，以柱状图的形式表现。

4）关系对比图。在同一曲线控件内同时显示两个不同变量在同一时间段内的线性对比关系。

5. 有功功率跟踪控制功能

风电场正式运行过程中，为避免风力强度较高时，风力发电电量传输到电网中的功率过大，需要根据风机在不同的风力情况下，自动控制开启不同数量的风机，使风力发电的功率按照计划的输送功率进行运行，因此系统在设计实施过程中专门加入了有功功率跟踪控制功能。

6. 逻辑控制功能

单个风机都设定是否参与自动发电量控制（AGC）单元。在运行过程中，如果因为检修或者其他原因，可以手动将某一台或多台风机停止参与AGC，在该情况下，自动控制的时候不再将该风机参与自动运算。

停风机自动控制单元。在当前时间情况下，比较当前所有风机的总体发电功率和设定的有功功率数据差，在总体发电功率大于有功功率的时候，停止部分风机的运行。

手动投入情况。界面设有手动输入框，可以人工输入设定功率，系统自动判断该设定为较高优先级，自动根据输入的数据控制风机的运行。

风机运行的判断。在实际发电功率曲线和设定功率曲线差值较大，实际发电功率较小的情况下，自动起动风机的运行。

控制单元会根据预先设定的限值与实时数据进行比对，根据控制策略实现对风机的手动或者自动投切，从而达到各个回路的负荷平衡。

7.1.4 SCADA系统主要界面

1. SCADA系统界面要求

1）控制界面友好。在编制监控软件时，应充分考虑风电场运行管理的要求，使用汉语菜单，操作简单，尽可能为风电场的管理提供方便。

2）能够显示各台机组的运行数据，如每台机组的瞬时发电功率、累计发电量、发电小时数、风轮及电机的转速和风速、风向等，将下位机的这些数据调入上位机，在显示器上显示出来，必要时还应当用曲线或图表的形式直观地显示出来。

3）显示各风电机组的运行状态，如开机、停机、偏航、变桨以及手/自动控制等情况。通过各风电机组的状态了解整个风电场的运行情况，这对整个风电场的管理是十分重要的。

4）能够及时显示各机组运行过程中发生的故障。在显示故障时，应能显示出故障的类型及发生时间，以便运行人员及时处理及消除故障，保证风电机组的安全和持续运行。

5）能够对风电机组实现集中控制。值班员在集中控制室内，只需对标明某种功能的相应键进行操作，就能对下位机进行改变设置和状态，实施控制，如开机、停机和左右偏航等。但这类操作必须有一定的权限，以保证整个风电场的运行安全。

6）系统管理。监控软件应当具有运行数据的定时打印和人工即时打印以及故障自动记录的功能，以便随时查看风电场运行状况的历史记录情况。

2. SCADA系统的主要界面示例

SCADA系统的主要界面一般包括风电场主界面、各台风电机组界面、报警图、趋势图、操作控制界面、监控系统网络界面及升压站界面等。图7-6所示为某风电场SCADA系统中参数监测界面和机组运行状态显示界面示例。

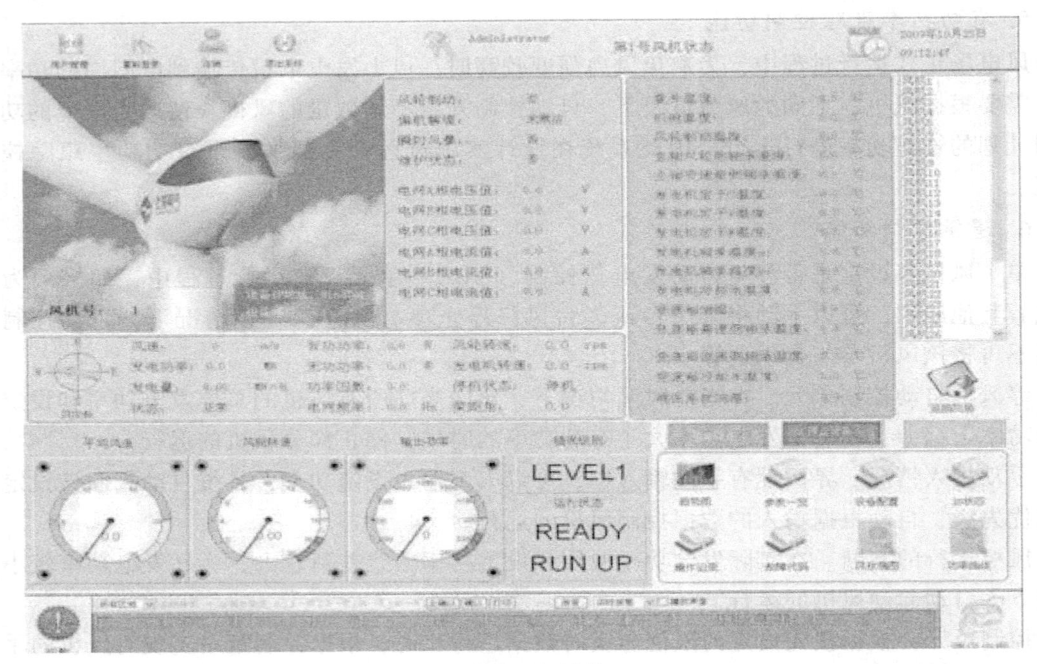

a) 机组参数及风况参数

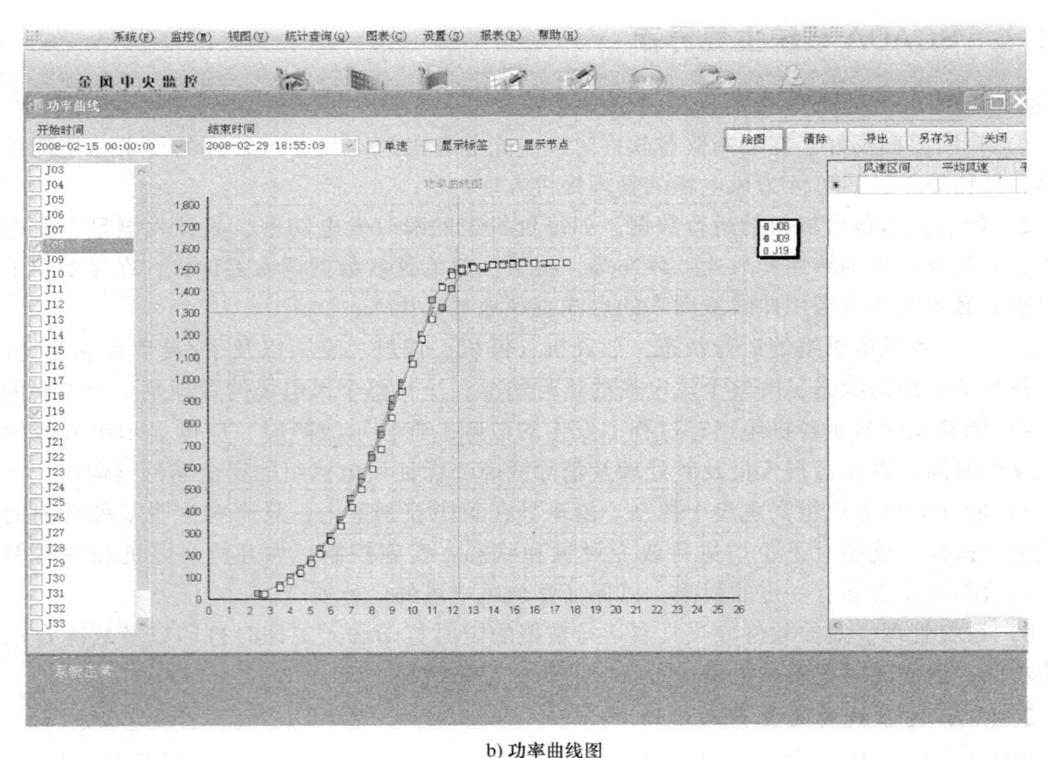

b) 功率曲线图

图 7-6 SCADA 系统界面示例

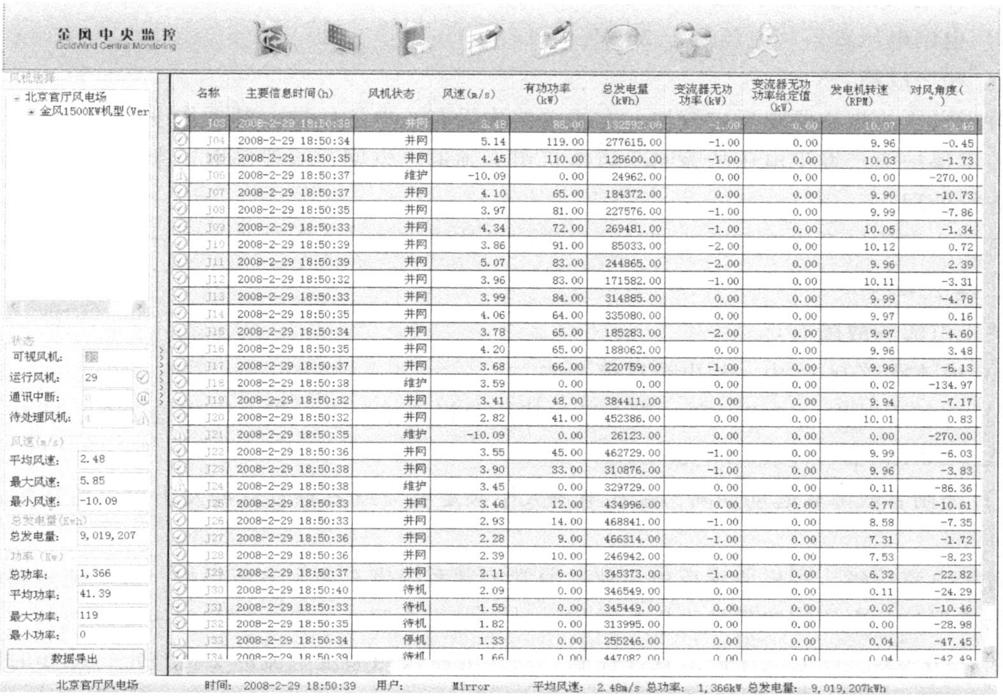

金风中央监控
GoldWind Central Monitoring

风机选择
北京官厅风电场
金风1500KW机型(Ver

状态
可视风机: 33
运行风机: 29
通讯中断: 0
待处理风机: 4
风速(m/s)
平均风速: 2.48
最大风速: 5.85
最小风速: -10.09
总发电量(Kwh)
总发电量: 9,019,207
功率(Kw)
总功率: 1,366
平均功率: 41.39
最大功率: 119
最小功率: 0
数据导出

名称	主要信息时间(h)	风机状态	风速(m/s)	有功功率(kW)	总发电量(kWh)	变流器无功功率(kW)	变流器无功功率给定值(kW)	发电机转速(RPM)	对风角度(°)
J03	2008-2-29 18:50:38	并网	3.48	88.00	132592.00	-1.00	0.00	10.07	-3.46
J04	2008-2-29 18:50:34	并网	5.14	119.00	277615.00	-1.00	0.00	9.96	-0.45
J05	2008-2-29 18:50:35	并网	4.45	110.00	125600.00	-1.00	0.00	10.03	-1.73
J06	2008-2-29 18:50:37	维护	-10.09	0.00	24962.00	0.00	0.00	0.00	-270.00
J07	2008-2-29 18:50:37	并网	4.10	65.00	184372.00	0.00	0.00	9.90	-10.73
J08	2008-2-29 18:50:35	并网	3.97	81.00	227576.00	-1.00	0.00	9.99	-7.86
J09	2008-2-29 18:50:33	并网	4.34	72.00	269481.00	-1.00	0.00	10.05	-1.34
J10	2008-2-29 18:50:39	并网	3.86	91.00	85033.00	-2.00	0.00	10.12	0.72
J11	2008-2-29 18:50:39	并网	5.07	83.00	244865.00	-2.00	0.00	9.96	2.39
J12	2008-2-29 18:50:32	并网	3.96	83.00	171582.00	-1.00	0.00	10.11	-3.31
J13	2008-2-29 18:50:33	并网	3.99	84.00	314885.00	0.00	0.00	9.99	-4.78
J14	2008-2-29 18:50:35	并网	4.06	64.00	335080.00	0.00	0.00	9.97	0.16
J15	2008-2-29 18:50:34	并网	3.78	65.00	185283.00	-2.00	0.00	9.97	-4.60
J16	2008-2-29 18:50:35	并网	4.20	65.00	188062.00	0.00	0.00	9.96	3.48
J17	2008-2-29 18:50:37	并网	3.68	66.00	220759.00	-1.00	0.00	9.96	-6.13
J18	2008-2-29 18:50:38	维护	3.59	0.00	0.00	0.00	0.00	0.02	-134.97
J19	2008-2-29 18:50:32	并网	3.41	48.00	384411.00	0.00	0.00	9.94	-7.17
J20	2008-2-29 18:50:32	并网	2.82	41.00	452386.00	0.00	0.00	10.01	0.83
J21	2008-2-29 18:50:35	维护	-10.09	0.00	26123.00	0.00	0.00	0.00	-270.00
J22	2008-2-29 18:50:36	并网	3.55	45.00	462729.00	-1.00	0.00	9.99	-6.03
J23	2008-2-29 18:50:38	并网	3.90	33.00	310876.00	-1.00	0.00	9.96	-3.83
J24	2008-2-29 18:50:38	维护	3.45	0.00	329729.00	0.00	0.00	0.11	-86.36
J25	2008-2-29 18:50:33	并网	3.46	12.00	434996.00	0.00	0.00	9.77	-10.61
J26	2008-2-29 18:50:33	并网	2.93	14.00	468841.00	-1.00	0.00	8.58	-7.35
J27	2008-2-29 18:50:36	并网	2.28	9.00	466314.00	-1.00	0.00	7.31	-1.72
J28	2008-2-29 18:50:36	并网	2.39	10.00	246942.00	0.00	0.00	7.53	-8.23
J29	2008-2-29 18:50:37	并网	2.11	6.00	345373.00	-1.00	0.00	6.32	-22.82
J30	2008-2-29 18:50:40	待机	2.09	0.00	346549.00	0.00	0.00	0.11	-24.29
J31	2008-2-29 18:50:33	待机	1.55	0.00	345449.00	0.00	0.00	0.02	-10.46
J32	2008-2-29 18:50:35	待机	1.82	0.00	313995.00	0.00	0.00	0.00	-28.98
J33	2008-2-29 18:50:34	停机	1.33	0.00	255246.00	0.00	0.00	0.04	-47.45
J34	2008-2-29 18:50:39	待机	1.66	0.00	447082.00	0.00	0.00	0.04	-42.49

北京官厅风电场　时间: 2008-2-29 18:50:39　用户: Mirror　平均风速: 2.48m/s 总功率: 1,366kW 总发电量: 9,019,207kWh

c) 列表显示界面

图 7-6　SCADA 系统界面示例（续）

7.2　风力发电机组运行监测

7.2.1　电参数监测

电参数是发电设备的力重要性能指标。对电量的监测主要为电压和电流传感器，由原始数据可进一步分析得到有功、无功、谐波、闪变、不平衡度等参数，表征了风电机组的发电性能和对电网的适应能力。而变流、变桨等子系统的电参数监测是为了实时了解其运行状态。风电机组的电量监测除监测其运行功能外，还承担了在异常情况下的保护职能。

风电机组需要持续监测的电力参数包括电网三相电压、电网频率、发电机输出的三相电流、发电机功率因数等。无论风电机组是处于并网状态还是脱网状态，这些参数都被监测，用于判断风电机组的起动条件、工作状态及故障情况，还用于统计风电机组的有功功率、无功功率和总发电量。此外，还根据电参数，主要是发电机有功功率和功率因数来确定补偿电容的投入与切出。

1. 电压测量

电压测量主要检测以下故障：

1）电网冲击相电压超过 450V，0.2s。

2）过电压相电压超过 433V，50s。

3）低电压相电压低于 329V，50s。

4）电网电压跌落相电压低于 260V，0.1s。

5）相序故障。

对于电压故障，要求反应较快。在主电路中设有过电压保护，其动作设定值可参考冲击电压整定保护值。发生电压故障时，风电机组必须退出电网，一般采取正常停机，而后根据情况进行处理。

电压测量值经平均值算法处理后，可用于计算机组的功率和发电量的计算。

2. 电流测量

关于电流的故障有：

1）电流跌落 0.1s 内一相电流跌落 80%。

2）三相不对称，三相中有一相电流与其他两相相差过大，相电流相差 25%，或在平均电流低于 50A 时，相电流相差 50%。

3）晶闸管故障软起动期间，某相电流大于额定电流或者触发脉冲发出后电流连续 0.1s 为 0。

对于电流故障，同样要求反应迅速。通常控制系统带有两个电流保护，即电流短路保护和过电流保护。电流短路保护采用断路器，动作电流按照发电机内部相间短路电流整定，动作时间 0~0.05s。过电流保护由软件控制，动作电流按照额定电流的 2 倍整定，动作时间为 1~3s。

电流测量值经平均值算法处理后与电压、功率因数合成为有功功率、无功功率及其他电参数。

电流是风电机组并网时需要持续监视的参量，如果切入电流不小于允许极限，则晶闸管导通角不再增大，当电流开始下降后，导通角逐渐打开直至完全开启。并网期间，通过电流测量可检测发电机或晶闸管的短路及三相电流不平衡信号。如果三相电流不平衡超出允许范围，控制系统将发出故障停机指令，风电机组退出电网。

3. 频率

持续测量电网频率。测量值经平均值算法处理与电网上、下限频率进行比较，超出时风电机组退出电网。

电网频率直接影响发电机的同步转速，进而影响发电机的瞬时出力。

4. 功率因数

功率因数通过分别测量电压相位角和电流相位角获得，经过移相补偿算法和平均值算法处理后，用于统计发电机有功功率和无功功率。

由于无功功率导致电网的电流增加，线损增大，且占用系统容量，所以送入电网的功率，感性无功分量越少越好，一般要求功率因数保持在 0.95 以上。为此，风电机组使用了电容器补偿无功功率。考虑到风电机组的输出功率常在大范围内变化，补偿电容器一般按不同容量分成若干组，根据发电机输出功率的大小来投入与切出。这种方式投入补偿电容时，可能造成过补偿。此时会向电网输入容性无功。

电容补偿并未改变发电机运行状况。补偿后，发电机接触器上电流应大于主接触器电流。

5. 功率

功率可通过测得的电压、电流、功率因数计算得出，用于统计风电机组的发电量。

风电机组的功率与风速有固定函数关系，如测得功率与风速不符，可以作为风电机组故障判断的依据。当风电机组功率过高或过低时，可以作为风电机组退出电网的依据。

7.2.2 风力参数监测

风电机组的运行受风况的影响很大，会直接影响机组的运行效果。此外，气压和冰冻也会影响风机的运行，针对气候变化进行的机组控制模式的调整是风电机组控制技术发展的重要方向。目前对风力参数的监测主要有风速和风向。

1. 风速

风速通过机舱外的风速仪测得，由于风速仪处于风轮的下风向，本身并不精确，一般不用来产生功率曲线。计算机每秒采集一次来自于风速仪的风速数据；每10min计算一次平均值，风电场常用的风速表示方法如下：

1）3s平均风速。在风力机运行过程中，只要检测到3s内的平均风速超出了风力机的最大切出风速，风力机就会停机。

2）10min平均风速。风力机在起动过程中，只要10min平均风速达到风力机的切入速度，风力机就会起动。

3）年平均风速。根据年平均风速，可以得知该地区的风能资源是否丰富，是否具有开发风电场的意义。

4）有效风速。有效风速是指风力机的起动和停机之间的风速。

2. 风向

气象上把风吹来的方向确定为风的方向。风向的测量单位用方位表示，如图7-7所示。如陆地上，一般用16个方位表示，海上多用36个方位表示；在高空则用角度表示。用角度表示风向，是把圆周分成360°，北风（N）是0°（即360°），东风（E）是90°，南风（S）是180°，西风（W）是270°，其余的风向都可以由此计算出来。

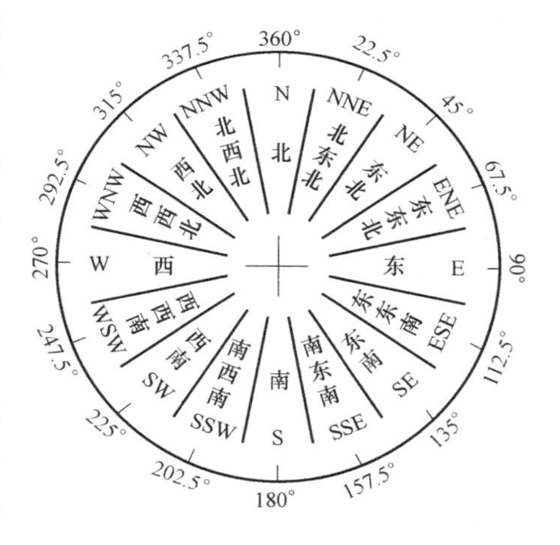

图7-7 风向16方位图

7.2.3 机组运行参数监测

表7-1列举了联合动力UP-1.5MW风力发电机的测点，风电机组运行参数监测内容与此大同小异。

表7-1 UP-1.5MW风力发电机测点清单

	测点名称	元件	规范	主控侧接点
1	主轴承温度1	PT100	-200°~850°	X20-75,76
2	液压站油温油位开关	压力开关	0-1(开关量)	X10-39,40,41

（续）

	测点名称	元件	规范	主控侧接点
3	主轴承温度 2	PT100	−200°～850°	X20-77,78
4	齿箱润滑油入口油温	PT100	−200°～850°	X20-83,84
5	齿轮箱润滑油油温	PT100	−200°～850°	X20-85,86
6	齿轮箱高速轴输出端	PT100	−200°～850°	X20-79,80
7	齿轮箱高速轴输入端	PT100	−200°～850°	X20-81,82
8	发电机前轴承温度	PT100	−200°～850°	X20-107,108
9	发电机后轴承温度	PT100	−200°～850°	X20-109,110
10	发电机入口风温	PT100	−200°～850°	X20-105,106
11	发电机出口风温	PT100	−200°～850°	X20-111,112
12	风机振动	风机振动传感器		X20-1,2,3,4,5
13	偏航角度及位置	偏航编码器及扭缆开关	−750°～750°	X20-54～63
14	叶轮锁定状态	叶轮锁定接近开关	0-1(开关量)	X10-26～31
15	齿轮箱润滑油泵杂质开关	压力开关	0-1(开关量)	X10-5,6
16	齿箱入口压力	齿箱入口压力开关	0-1(开关量)	X10-3,4
17	发电机绕组温度(U1,V1,W1,U2,V2,W2)	PT100	−200°～850°	X20-93～104
18	偏航润滑脂油位	油位开关	0-1(开关量)	X214-3,4,5
19	发电机转速	发电机编码器	0～1800 转	变流器端子
20	高速轴制动磨损、制动压力	制动磨损及压力开关	0-1(开关量)	X10-42,43,44,45

1. 转速

风电机组转速的测量有发电机输入端转速、齿轮箱输出端转速、风轮转速、偏航转速等。

机组转速测量信号用于控制风电机组并网和脱网，还可用于起动超速保护系统，风轮或发电机转速超过额定转速的110%时，超速保护动作，风电机组主控停机。此外，变速运行机组，使机组转速跟踪风速变化，实现功率特性优化控制。

风轮转速和发电机转速可以相互校验。如果不符，则提示风电机组故障。

2. 温度

风电机组在工作时需要监测工作环境、电气元件与机械设备的工作环境。在设备劣化或过载的情况下，温度值可以很直观地反映设备运行故障。风电机组工作时需要测量的温度有：①齿轮箱油温；②高速轴承温度；③发电机温度；④前主轴承温度；⑤后主轴承温度；⑥控制盘温度（主要是晶闸管的温度）；⑦控制器环境温度。

温度过高会引起风电机组退出运行，在温度降至允许值时，仍可自动起动风电机组运行。

发电机温度测量通常在三相绕组及前后轴承里面各装有一个PT100温度传感器，发电机在额定状态下的温度为130～140℃，一般在额定功率状态下运行5～6h后达到这一温度。当温度高于150～155℃时，风电机组将会因温度过高而停机。当温度降落到100℃以下时，风电机组又会重新起动并入电网（如果自起动条件仍然满足）。发电机温度的控制点可根据当地情况进行现场调整。

3. 机舱振动

风电机组运行工况与一般旋转机械相比较为复杂，经常在变速变载荷条件下工作，在风的作用下，扭矩、弯矩和轴向推力使其相关部件容易发生变形，进而产生附加的结构应力。

这些力作用在轴承上，极易产生各种故障隐患。机舱振动监测可以反映机组的异常振动，过振时及时发出报警或动作机组安全链，对机组实施有效的保护。除监测机舱振动外，还有桨叶振动监测，过振时也会引发机组正常停机。

4. 电缆扭转

发电机电缆及所有电气、通信电缆均从机舱直接引入塔筒，直到地面控制柜。如果机舱连续向同一个方向偏航，将会引起电缆严重扭转，因此机组运行时需要对电缆扭转程度进行监测。

5. 机械制动状况

在机械制动系统中装有制动片磨损指示器，如果制动片磨损到一定程度，控制器将显示故障信号，这时必须更换制动片后才能起动风电机组。

在连续两次动作之间，有一个预置的时间间隔，使制动装置有足够的冷却时间，以免重复使用使制动盘过热。根据不同型号的风电机组，也可用温度传感器来取代设置延时程序。这时制动盘的温度必须低于预置的温度才能起动风电机组。

6. 油位

风力发电机的油位监测包括润滑油位、液压系统油位。

7.2.4 风力发电机组监测点布置

图 7-8 所示为风电机组的主要监测点，包括桨叶、风轮、主轴承、齿轮箱、发电机、机舱和塔架等部件的监测。

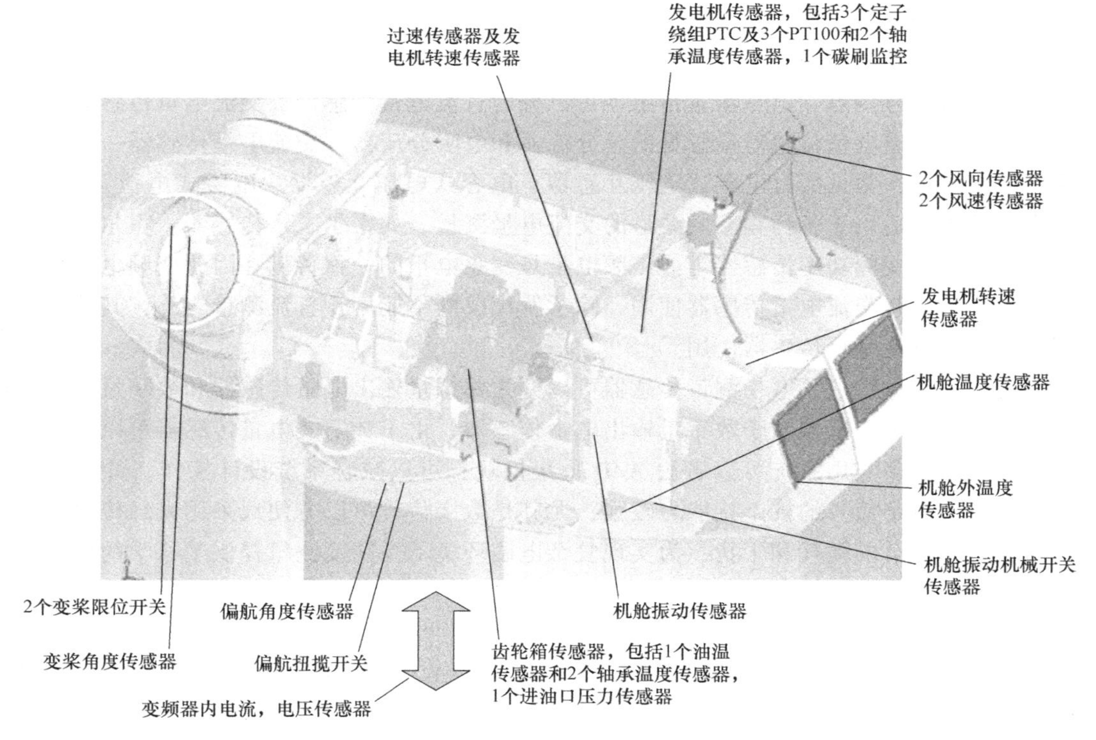

图 7-8　风电机组主要监测点位置

对桨叶的监测有变桨角度、桨叶位置、叶片载荷。变桨角度和桨叶位置监测传感器安装于变桨轴承上。叶片载荷监测采用沿叶轴方向预埋应变传感器的方法。

风轮主要是监测风轮的转速。

主轴承的监测有轴承振动、轴承温度。

齿轮箱的监测有油温、轴承温度、进口油压。

发电机主要监测转速、定子绕组温度、轴承温度。

机舱监测有机舱振动、机舱温度、机舱偏航角度和偏航限位。

塔架主要监测由不均衡的风轮载荷作用产生的振动，当其振动过强或其振动频率与塔架本身的自振频率接近而引起共振时将造成严重的破坏作用，所以控制系统一方面以控制变桨操作为手段，可以参与对不均衡的风轮载荷的控制；另一方面也必须监测塔架的振动情况。

7.3 风力发电机组上常用的传感器

传感器是一种能够反映被测对象情况的检测装置，能感受到被测量的信息，并能将感受到的信息按一定规律变换成为电信号或其他所需形式的信息输出，以满足信息的传输、处理、存储、显示、记录和控制等要求。

在风电机组状态监测系统中，主要使用的传感器包括加速度传感器、压力传感器、位置传感器、温度传感器、液位传感器、电压电流互感器等。

7.3.1 电量测量传感器

电量测量传感器是一种将被测电量参数（如电流、电压、功率、频率、功率因数等信号）转换成直流电流、直流电压并隔离输出模拟信号或数字信号的装置。

根据输入信号特点，电量测量传感器可以分为直流电量传感器、交流电量传感器和变频电量传感器。直流电量传感器最常见的是分流器和电阻分压器。交流电量传感器一般适用于工频正弦波测量，常见的有电磁式电压互感器、电容式电压互感器、电磁式电流互感器等。变频电量传感器适用于各种频率及波形的交流电量测量。如霍尔电压传感器、霍尔电流传感器、罗氏线圈及变频功率传感器等。工频电量是变频电量的一种特例，因此变频电量传感器通常可以作为工频交流电量传感器使用。除了罗氏线圈不能用于直流测量之外，其他几种传感器还可作为直流电量传感器使用。

根据输出信号特点，电量测量传感器可以分为模拟量输出电量传感器和数字量输出电量传感器，变频功率传感器属于数字量输出电量传感器。由于数字式电量传感器可以直接输出数字量，对于许多应用系统可以省去 A/D 采集模块，可以减轻系统设计工作。并且，相对模拟量而言，数字信号的抗干扰能力较强，尤其是数字信号可以方便地采用光纤传输，可以完全避免传输环节的损耗和干扰，为实现复杂电磁环境下高精度测量提供了科学的保障。

7.3.2 风速传感器

风速传感器安装在机舱后部的传感器支架上，可 360°范围测量，如图 7-9 所示。信号及电源电缆通过中空的传感器支架穿入机舱，接入机舱柜模块接口。一般来说，风速传感器安装没有特殊要求，而风向传感器上的指向标记必须正对机舱机头或者规定的方向，以保证检测的机舱偏离主风向角度准确。为防止结冰，风向传感器能根据环境温度采取适度的自动加热。

图 7-9　机舱外部风速风向仪的安装

目前风电场所用的风速仪主要有机械式和超声波式两种。机械式风速仪有风杯式和螺旋桨式两种，利用机械部件旋转来感应风速大小。

1）风杯风速仪。风杯风速仪的感应部分一般由三个风杯等距离固定在架子上，风杯呈圆锥形或半球形，由轻质材料制成。风杯和架子一同安装在垂直的旋转轴上，旋转轴可以自由转动，所有风杯都顺着同一方向。

风杯风速仪是个阻力装置，如图 7-10 所示。当风从左边吹来，风杯 a 平行于风向，几乎不产生推动作用；风杯 b 的凹面迎着风，凹面迎风阻力大；风杯 c 的凸面迎着风，凸面迎风阻力小。于是风杯 b 和 c 在垂直于风杯轴方向上产生压力差，在这个压差的作用下，风杯顺着凸面方向顺时针旋转。风速越大，起始的压力差越大，风杯转动速度越快。风杯 b 顺风转动，受风的压力相对减小，相反风杯 c 逆风转动，受风的压力相对增大，于是风压差不断减小，如果风速不变，经过一定时间后，作用在三个风杯上的风压差为零，风杯达到一个平衡转速。

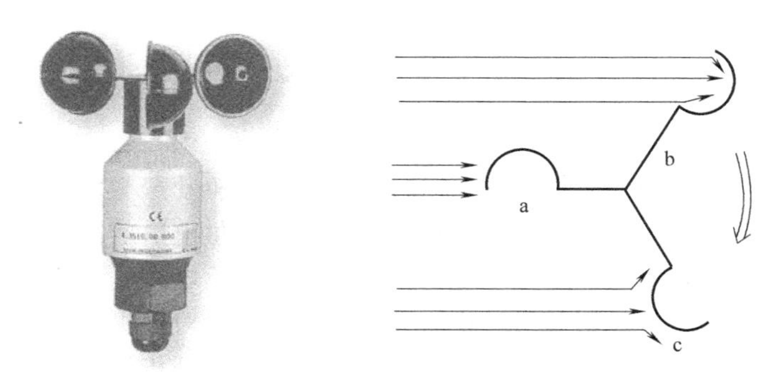

图 7-10　风杯风速仪及其原理

在风速仪转轴下部驱动一个被包围在定子中的多极永磁体。根据风杯的转速指示器测出随风速变化的电压，显示出相对应的风速值。风杯风速仪对起动风速要求不高，风速有 1~2m/s 时就可以起动。风杯风速仪具有一定的滞后性，风杯随风加速快，但是减速慢，风杯达到匀速转动的时间比风速的变化慢，如当风速较大又很快地变小甚至为 0 时，由于惯性作用，风杯继续转动，不会很快停下来。这种滞后性使得风杯风速仪测量风速不够准确，通常测量风速在 0~20m/s 时比较准确。

2）螺旋桨式风速仪。螺旋桨式风速仪如图 7-11 所示，它是桨叶式风速仪的一种。桨叶式风速仪由若干片桨叶按一定的角度等距离安装在同一垂直面内，桨叶有平板叶片的风车式和螺旋桨式，其中包括 3~4 叶的螺旋桨式桨叶比较常见，叶片也是由轻质材料制成，桨叶正对风向。在升力的作用下旋转，旋转速度正比于风速。螺旋桨式风速仪起动风速较高，灵敏度不及风杯式风速仪。

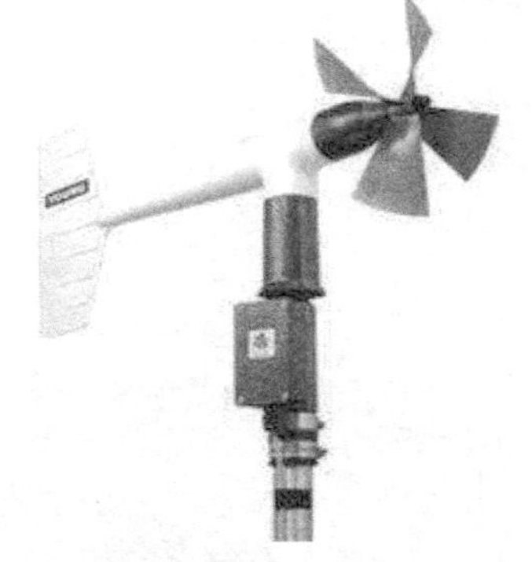

图 7-11 螺旋桨式风速仪

3）超声波风速风向仪。超声波风速风向仪如图 7-12 所示，由超声波探头、发射接收电路、电源模块、发射接收控制及数据分析处理中心和数据结果显示单元组成。四个超声波探头呈 90°布置，利用超声波时差法来实现风速的测量。声音在空气中的传播速度会和风向上的气流速度叠加，若超声波的传播方向与风向相同，它的速度会加快；反之，若超声波的传播方向与风向相反，它的速度会变慢。因此，在固定的检测条件下，超声波在空气中传播的速度可以和风速函数对应。通过计算即可得到精确的风速和风向。由于声波在空气中传播时，它的速度受温度的影响很大，风速仪检测两个通道上的两个相反方向，所以温度对声波速度产生的影响可以忽略不计。

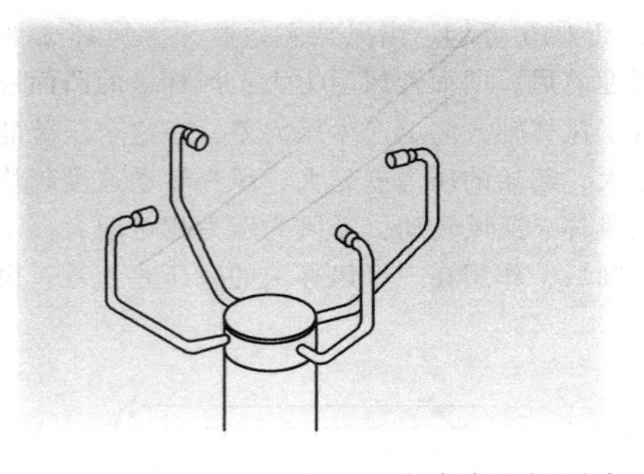

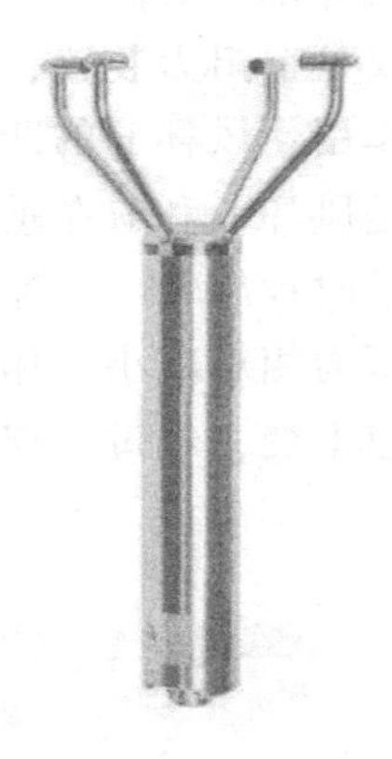

图 7-12 超声波风速风向仪

超声波风速风向仪的发射接收电路在不同时刻，既可以驱动探头发射超声波，又可以接收探头收到的超声波信号，发射接收互不影响。电源模块提供电路所需的直流稳压电流。发射接收控制及数据分析处理中心产生超声波信号，经发射接收电路放大后驱动探头发射；对探头接收的信号进行采样，将模拟信号转换为数字信号，同时对探头的发射接收顺序进行控制；对发射时刻和信号到达时刻进行判断，计算出传播时间，分析处理数据结果，计算出风速风向值，传输给数据结果显示单元，数据结果显示单元将以数字形式直观地显示出瞬时风速风向值或某一段时间的平均风速值。

超声波风速风向仪的风速测量范围是 0~65m/s，风向测量范围是 0~360°全方位，无扇区。信号以 4~20mA 形式输出。超声波风速风向仪无起动风速限制，可全天候工作，不受暴雨、冰雪、霜冻天气的影响；测量精度高、性能稳定；结构坚固，仪器抗腐蚀性强，在安装和使用时无须担心损坏；无须维护和现场校准，信号接入方便，同时提供数字和模拟两种信号。

7.3.3 风向传感器

风向标是一种应用最广泛的风向测量装置，是由尾翼、指向杆、平衡锤及旋转主轴四部分组成的首尾不对称的平衡装置，如图 7-13 所示。其重心在支撑轴的轴心上，整个风向标可以绕垂直轴自由摆动。当风向标和气流方向有一定夹角时，气流对风向标尾翼产生一个压力 F。其大小正比于风向标几何形状在气流方向垂直面上的投影，风向标头部迎风面积小，尾翼迎风面积大，由这个压力差在垂直风向标方向上的分力 F 产生风压力矩使风向标绕垂直轴旋转，直到风向标与气流平行。从风向标与固定主方位指示杆之间的相对位置，就可以很容易观测出风向。

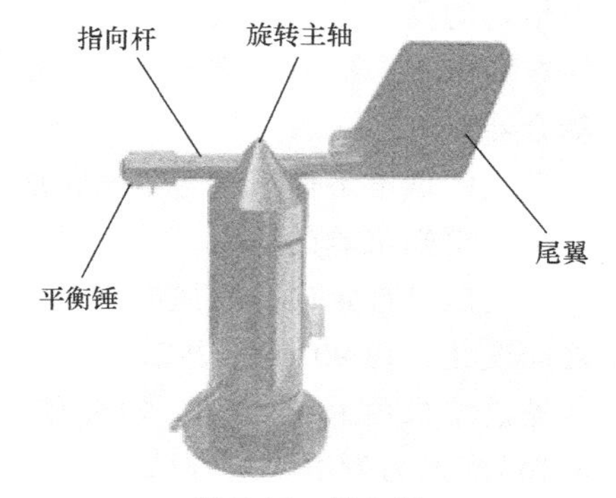

图 7-13　风向标

尾翼是感受风力的部件，在风力作用下产生旋转力矩，使指向杆尾翼轴线不断调整它的取向，与风向保持一致。指向杆指向来风方向。平衡锤在指向杆上，使整个风向标对支点保持重量力矩平衡。旋转主轴是风向标的转动中心，并通过它带动传感元件，把风向标指示的度数传送到室内指示仪表上。

风电机组测风用的风向标和风速仪安装在风电机组玻璃钢机舱罩上的固定支架上，可随风电机组同步旋转。风向传感器原理如图 7-14 所示。

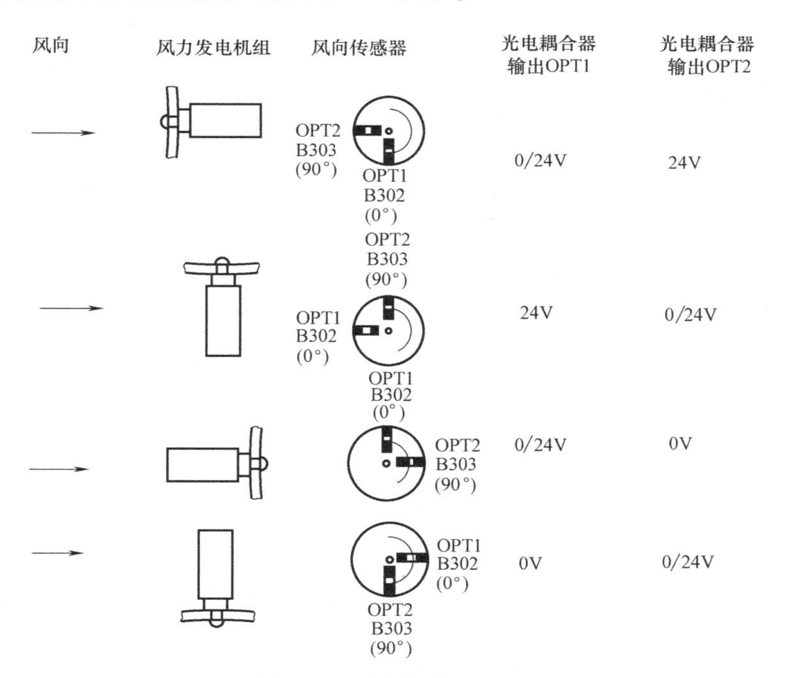

图 7-14　风向传感器原理

风向标包括两个需要提供 24V 电源（白色+，棕色/黄色/粉红色-）的光电耦合传感器：

OPT1（B302）为0°传感器，OPT2（B303）为90°传感器。风向标底部的固定部分有底座，外加整个电子电路。不固定部分的顶部包括风向标本身和位于基座内部的金属半环。金属半环的作用是随着风向标的转动，通过光电耦合器起动或停止它们的工作。

当金属半环通过光电耦合器时，信号为低电平（0V）；而出现相反的情况时，信号为高电平（24V）。

恒定的高电平信号表示无遮挡，即金属环不在光电耦合器里。

在高电平和低电平之间变动的信号表示50%被遮挡，即金属环“是-不是”恒定通过光电耦合器。

恒定的低电平信号表示100%被遮挡，即金属环一直在光电耦合器里。根据这些百分比，可以得知机舱的偏向。

当机舱已被定向，而风向标随风摆动时，0°传感器信号（绿色电缆）在高电平和低电平之间变化；而90°传感器信号（灰色）输出恒定的高电平信号。0°传感器信号经过滤波后，滤波结果由PLC处理，如果有必要，转动机舱。在图7-13中：

1）当风力发电机对准风向时，OPT1完全或部分被遮住，输出0~24V的电信号；OPT2完全没有被遮住，输出24V稳定高电平信号。

2）当风力发电机与风向成顺时针90°时，OPT2完全或部分被遮住，输出0~24V电信号；OPT1完全没有被遮住，输出24V稳定高电平信号。

3）当风力发电机与风向成180°时，OPT1完全或部分被遮住，输出0~24V电信号；OPT2完全被遮住，输出0V稳定低电平信号。

4）当风力发电机与风向成逆时针90°时，OPT1完全被遮住，输出0V低电平；OPT2完全或部分被遮住，输出0~24V电信号。

7.3.4 温度传感器

温度传感器在风电机组内主要用来监测工作环境、电气元件与机械设备的工作状况。在设备劣化或过载的情况下，温度值可以很直观地反映设备的运行故障。对于风电机组而言，在机舱、电控柜、发电机、变流器和齿轮箱等设备内都安装很多温度传感器。

风电机组使用的温度传感器主要有线性温度传感器，如PT100和温度开关。PT100温度传感器如图7-15所示，是一种以铂（Pt）做成的电阻式温度检测器，属于正电阻系数，其电阻和温度变化的关系式为：$R=R_0(1+\alpha T)$，其中$\alpha=0.00392$，R_0为100Ω（在0℃的电阻值）；T为摄氏温度，因此由铂做成的电阻式温度检测器，又称为PT100，即在0℃时金属铂的电阻为100Ω。其测量范围为-200~850℃，具有良好的线性关系。PT100温度与电阻对应关系见表7-2。

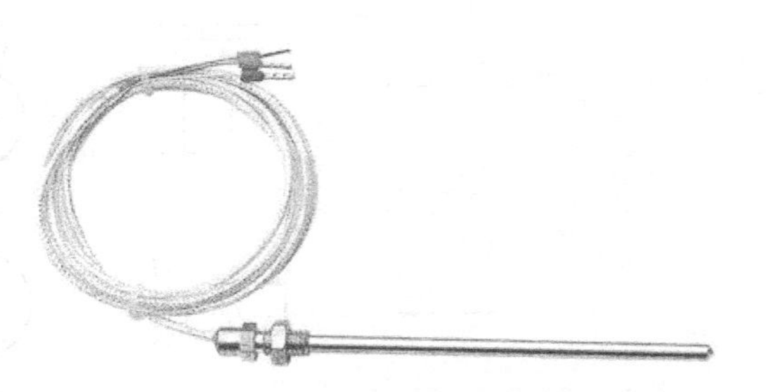

图7-15　PT100温度传感器

风电机组上除了应用温度传感器外，还需要温控开关，如图7-16和图7-17所示。根据工作环境温度的变化，在开关内部发生物理形变，从而产生某些特殊效应，产生导通或者断开动作的一系列自动控制元件，叫作温控开关，也叫温度保护器或温度控制器，简称温控器。在风电机组中主要用来控制柜体加热器和冷却风扇的起停。

表7-2　PT100热电阻分度表

温度/℃	0	1	2	3	4	5	6	7	8	9
	电阻值/Ω									
-30	88.04	87.64	87.24	86.84	86.44	86.04	85.63	85.23	84.83	84.43
-20	92.04	91.64	91.24	90.84	90.44	90.04	89.64	89.24	88.84	88.44
-10	98.03	95.63	95.23	94.83	94.43	94.03	93.63	93.24	92.84	92.44
-0	100.00	99.60	99.21	98.81	98.41	98.01	97.62	97.22	96.82	96.42
0	100.00	100.40	100.79	101.19	101.59	101.98	102.38	102.78	103.17	103.57
10	103.96	104.36	104.75	105.15	105.54	105.94	106.33	106.73	107.12	107.52
20	107.91	108.31	108.70	109.10	109.49	109.88	110.28	110.67	111.07	111.46
30	111.85	112.25	112.64	113.03	113.43	113.82	114.21	114.60	115.00	115.39
40	115.78	116.17	116.57	116.96	117.35	117.74	118.13	118.52	118.91	119.31
50	119.70	120.09	120.48	120.87	121.26	121.65	122.04	122.43	122.82	123.21

注：表中第一行、第一列均为温度值，其余为电阻值。如-35℃时，电阻值是86.04Ω；-21℃时电阻值是91.64Ω。

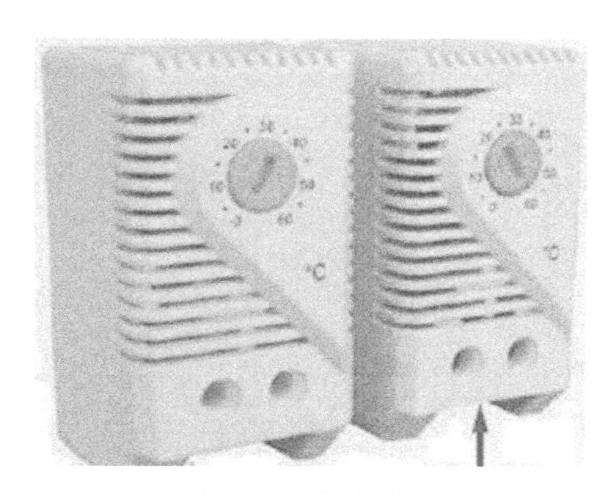

图7-16　温控开关

图7-17　控制柜中的温度传感器和温控开关

7.3.5　转速传感器

风电机组中测量转速常用的方式有两种，一种是采用接近式开关转速传感器测量，另一种是采用旋转编码器测量。

1. 接近式开关转速传感器

接近式开关转速传感器外观如图7-18所示。图7-19所示为采用接近式开关转速传感器监测齿轮箱输出端转速。

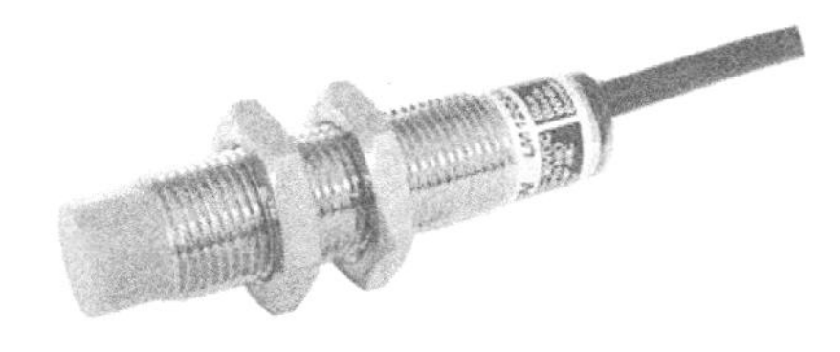

图7-18　接近式开关转速传感器

接近开关又称无触点接近开关，是理想的电子开关量传感器。当金属检测体接近开关的感应区域时，开关就能无接触、无压力、迅速地发出电气指令，准确反映出运动机构的位置和行程，即使用于一般的行程控制，其定位精度、操作频率、使用寿命、安装调整的方便性和对恶劣环境的适用能力，是一般机械式行程开关所不能相比的。在自动控制系统中可作为限位、计数、定位控制和自动保护环节等。

图 7-19　齿轮箱输出端转速传感器

1—转速传感器　2—联轴器　3—发电机高速轴

常见的接近开关有以下几种：

（1）涡流式接近开关

这种开关也叫电感式接近开关，属于一种开关量输出的位置传感器，由三大部分组成：振荡器、开关电路及放大输出电路。其电路组成及工作原理如图 7-20 所示，振荡器产生一个交变磁场，当金属目标接近这一磁场并达到感应距离时，在金属目标内产生涡流，这个涡流反作用于接近开关，从而导致振荡衰减，以至停振。振荡器振荡及停振的变化被后级放大电路处理并转换成开关信号，触发驱动控制器件，控制开关的通或断，从而达到非接触式的检测目的。

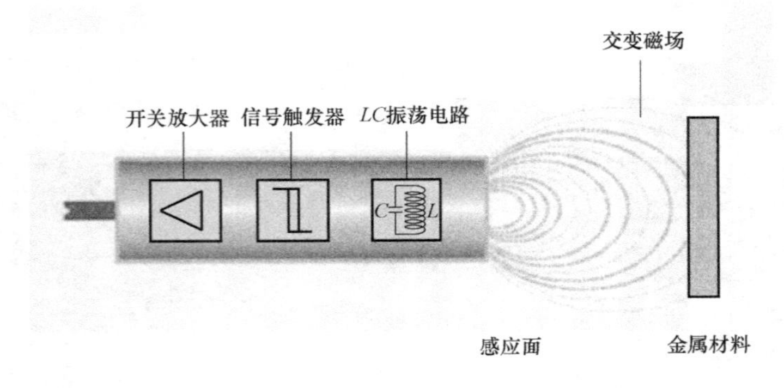

a) 接近开关电路组成

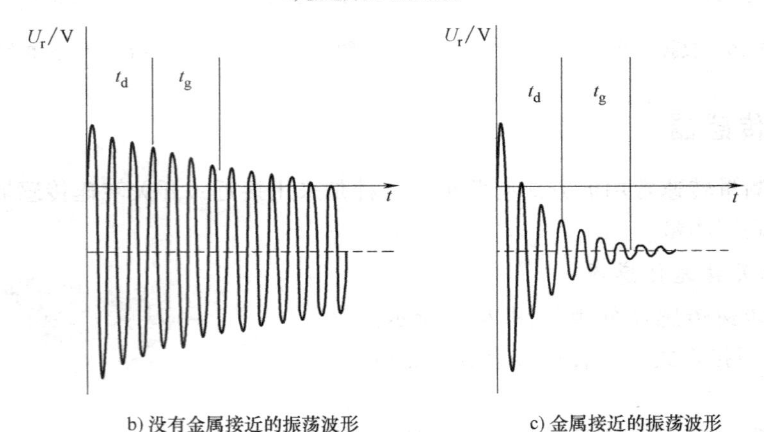

b) 没有金属接近的振荡波形　　c) 金属接近的振荡波形

图 7-20　接近开关

涡流式接近开关的特点是抗干扰性能强、开关频率高（大于 200Hz）。另外，涡流式接近开关只能感应金属。主要应用在各种机械设备上进行位置检测、计数信号拾取等。

（2）电容式接近开关

电容式接近开关的感应头构成电容器的一个极板，而另一个极板是物体本身。当有物体移向接近开关时，无论它是否为导体，由于它的接近，总要使电容的介电常数发生变化，从而使电容量发生变化，使得和测量头相连的电路状态也随之发生变化，由此便可控制开关的接通或断开。这种接近开关检测的对象，不限于导体，也可以是绝缘的液体或粉状物等。

（3）霍尔接近开关

霍尔元件是一种磁敏元件。利用霍尔元件做成的开关，叫作霍尔开关。当磁性物件移近霍尔开关时，开关检测面上的霍尔元件因产生霍尔效应而使开关内部电路状态发生变化，由此识别附近有磁性物体存在，进而控制开关的通或断。这种接近开关的检测对象必须是磁性物体。

（4）光电式接近开关

利用光电效应做成的开关叫光电开关。将发光元件与光电元件按一定方向装在同一个检测头内。当有反光面（被检测物体）接近时，光电元件接收到反射光后便有信号输出，由此便可“感知”有物体接近。

风电机组上应用的转速传感器分为电感式或电容式，安装在风电机组的低速轴和高速轴附近，通过感受金属物体的距离发出相应的脉冲数。

2. 旋转编码器

旋转编码器是将信号或数据进行编制、转换为可用于通信、传输和存储的信号形式的设备。光电式旋转编码器通过光电转换，可将输出轴的角位移、角速度等机械量转换成相应的电脉冲以数字量输出。光电编码器由机械系统、数据扫描系统和电气输出系统三部分组成，如图 7-21 所示。

图 7-21　光电编码器

机械系统包括旋转轴、安装法兰及附件、轴承系统和支架外壳。数据扫描系统包括 LED 光源和光敏电阻、增量码盘/绝对式码盘、数据处理系统。电气输出系统包括短路保护、反极性保护、放大电路、抗干扰电路等。

光电编码器读出原理如图 7-22 所示，发光二极管垂直照射码盘，码盘随转轴旋转，码盘转动所产生的光变化经转换后以相应的脉冲信号的变化输出。

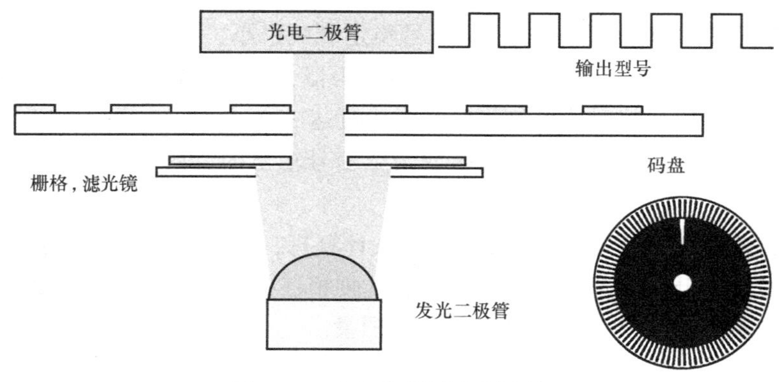

图 7-22　光电编码器读出原理

按照读出方式，编码器可以分为接触式或非接触式两种；按照工作原理，编码器可分为增量式和绝对式两类。增量式编码器是将位移转换成周期性的电信号，再把这个电信号转变成计数脉冲，用脉冲的个数表示位移的大小，一般用来测试速度与方向，也可用于角度测量，其码盘如图 7-23 所示。

（1）增量式编码器

增量式编码器输出三组方波脉冲 A、B 和 Z（也称为 C）相。A、B 两组脉冲相位差 90°，可以判断出旋转方向和旋转速度。而 Z 相脉冲又叫作零位脉冲，为每转一周输出一个脉冲，Z 相脉冲代表零位参考位，通过零位脉冲，可获得编码器的零位参考位，专门用于基准点定位，如图 7-24 所示。

图 7-23 增量式编码器码盘

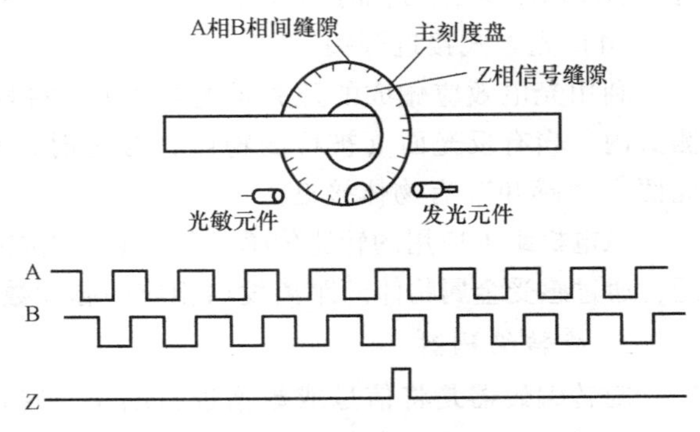

图 7-24 编码器工作原理及输出波形

增量式编码器转轴旋转时，有相应的脉冲输出，其读数起点可以任意设定，可实现多圈无限累加和测量。编码器轴转动一圈会输出固定的脉冲数，脉冲数由编码器码盘上面的光栅的线数所决定，编码器每旋转 360°提供多少明或暗的刻线，称为分辨率，也称解析分度或称多少线，一般在每转 5~10000 线。当需要提高分辨率时，可利用 90°相位差的 A、B 两路信号进行倍频或者更换高分辨率编码器。

增量式编码器精度取决于机械和电气的因素，这些因素有光栅分度误差、光盘偏心、轴承偏心、电子读数装置引入的误差以及光学部分的不精确性，误差存在于任何编码器中。

编码器的信号输出有正弦波（电流或电压）、方波（TTL、HTL）等多种形式。并且都可以用差分驱动方式，含有对称的 A+/A-、B+/B-、Z+/Z-三相信号，由于带有对称信号的连接，电流对于电缆贡献的电磁场为 0，信号稳定衰减最小，抗干扰最佳，可传输较远的距离。例如：对于 TTL 的带有对称负信号输出的编码器，信号传输距离可达 150m。对于 HTL 的带有对称负信号输出的编码器，信号传输距离可达 300m。

增量式编码器输出信号形式有用正弦或余弦信号输出的，如图 7-25a 所示；还有用 TTL 与 HTL 信号输出的，如图 7-25b 所示。

编码器的脉冲信号一般连接计数器、PLC、计算机，PLC 和计算机连接的模块有低速模块与高速模块之分，开关频率有低有高。A、B 两相连接，用于读数和测速、判断正反向。A、B、Z 三相连接，用于带参考位修正的位置测量。

增量式编码器的优点是构造简单，机械平均寿命可在几万小时以上，抗干扰能力较强，可靠性高，适合于长距离传输。其缺点是大角度有累积误差，并且无法输出轴的绝对位置信息，比如断电后发生了人为转动，再上电后就无法得到它的绝对位置信息，因为它不会跟踪任何由

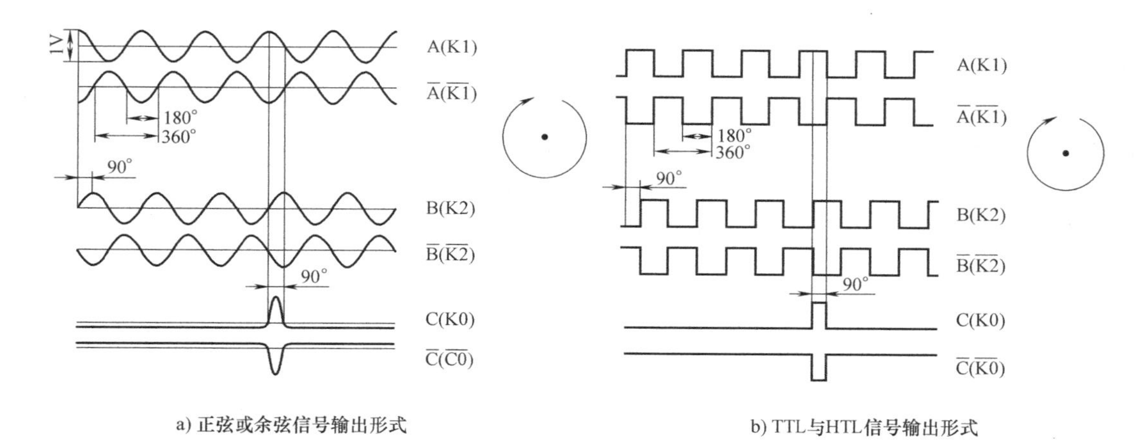

a) 正弦或余弦信号输出形式　　b) TTL与HTL信号输出形式

图 7-25　增量式编码器输出信号形式

编码器输出的增量变化，所以开机后要进行找零或参考位，必须进行返回初始位置操作。

（2）绝对式编码器

绝对式编码器光码盘上有许多道光通道刻线，如图 7-26 所示。每道刻线依次以 2 线、4 线、8 线、16 线…编排，这样，在编码器的每一个位置，通过读取每道刻线的明、暗，获得一组从 2^0 到 2^{n-1} 的唯一的二进制编码（格雷码），这就称为 n 位绝对编码器。其分辨率是由二进制的位数来决定的，也就是说，精度取决于位数（$n-1$）。

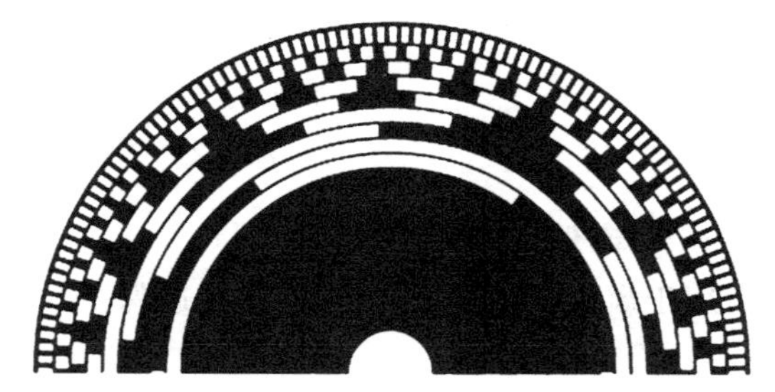

图 7-26　绝对式编码器码盘

绝对式编码器的每一个位置对应一个确定的数字码，因此它的指示值只与测量的起始和终止位置有关，而与测量的中间过程无关。一般应用于角度测量及往复运动的测量。

与增量式编码器不同，绝对式编码器不会输出脉冲，而是输出数字信号以指示编码器位置，并以此位置作为绝对坐标系中的静态参照点，因为由机械位置决定的每个位置是唯一的，它无须记忆，无须找参考点，而且不用一直读数，电源切除后位置信息也不会丢失，什么时候需要知道位置就什么时候去读取它的位置，重新启动后系统可立即恢复运动，无须返回初始位置，消除了累计误差。

以转动中测量光电码盘各道刻线，获取唯一的编码，当转动超过 360°时，编码又回到原点，这样就不符合绝对编码唯一的原则了，这样的编码只能用于旋转范围在 360°以内的测量，称为单圈绝对值编码器。

多圈绝对值编码器：运用钟表齿轮机械的原理，当中心码盘旋转时，通过齿轮传动另一组码盘（或多组齿轮，多组码盘），在单圈编码的基础上再增加圈数的编码，以扩大编码器的测量范围，这样的绝对式编码器就称为多圈绝对值编码器。它同样是由机械位置确定编码，每个位置编码唯一不重复，而无须记忆。多圈绝对值编码器另一个优点是由于测量范围大，实际使用往往富裕较多，这样在安装时不用费劲找零点，将某一中间位置作为起始点就可以了，从而大大简化了安装调试的难度。

增量式和绝对式编码器之间最大的区别是，增量式编码器测量时，位置是由零位标记开始计算的脉冲数量确定的，而绝对式编码器的位置是由输出代码的计数确定的。在一圈里，每个位置的输出代码的计数是唯一的。顾名思义，增量式编码器输出的是编码器从预定义的起始位置发生的增量变化，而绝对式编码器记录的是在一个绝对坐标系上的位置。因此，当电源断开时，绝对式编码器并不与实际的位置分离。如果电源再次接通，那么位置读数仍然是当前的、有效的；而增量式编码器则必须要寻找零位标记。

图 7-27 所示为风电机组中应用旋转编码器测量发电机的转速。

图 7-27　旋转编码器测量发电机转速

3. 过速保护继电器

用于风电机组的转速测量和过速保护，在转速频率超限时，能对风电机组提供可靠保

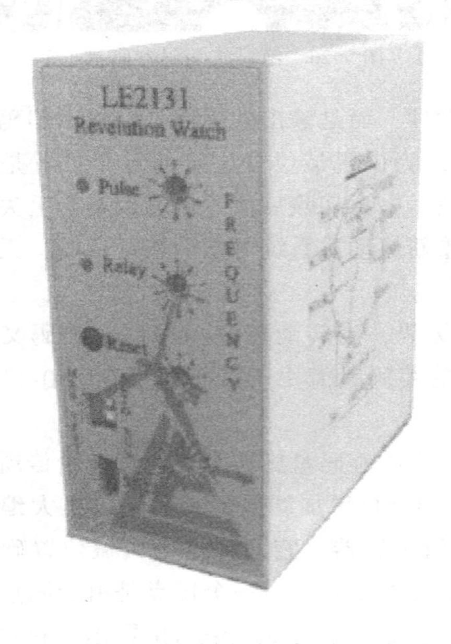

a) 过速保护继电器外形

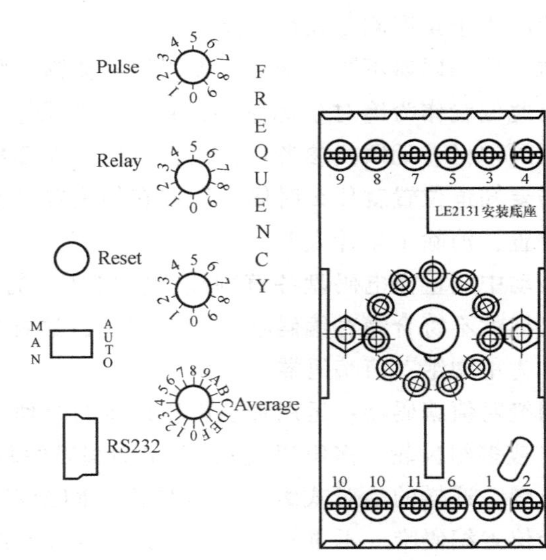

b) 过速保护继电器面板及端子布置图

图 7-28　过速保护继电器

护。图 7-28 所示为成都雷奥生产的型号为 LE2131 的超速继电器外形及其面板和端子布置图。该继电器通过外接旋转编码器来监测风力机的转速，当风力机转速超过额定值时，超速继电器释放，从而断开安全链。同时，该继电器可以将风力机转速转换成电信号，传送给风机的主控系统。

过速保护继电器端子定义见表 7-3。

表 7-3　过速保护继电器端子定义

端子	定义	端子	定义
1	继电器公共触点 COM	6	晶体管集电极开路输出 OC
2	电源+24V	7	传感器输入 PULSE+
3	继电器常开触点 NO	8	模拟信号输出+(选配)
4	继电器常闭触点 NC	9	模拟信号输出 GND(选配)
5	传感器输入 PULSE-	10	电源 GND

过速保护继电器面板说明见表 7-4。

表 7-4　过速保护继电器面板说明

Pulse	转速信号指示灯	检测到转速脉冲输入时，绿色指示灯闪烁；未检测到转速脉冲输入时，绿色指示灯灭
Relay	继电器指示灯	模块工作正常且未出现超速时，继电器①、③触点接通，绿色指示灯亮；转速频率超限报警或模块故障时，继电器①、④触点接通，绿色指示灯灭
Reset	复位键	当报警继电器复位方式为“超速报警后保持，按 Reset 键复位”时，长按 3s 后释放，将复位继电器。任何状态下长按 6s，模块将复位重启
MAN/AUTO	面板/组态设置频率	当拨到 MAN 时，〖超速报警频率〗值采用通过面板旋钮开关 FREQUENCY 设置值；当拨到 AUTO 时，〖超速报警频率〗采用通过组态软件设置并已存储于芯片内的设定值
RS 232	通信端口	进行参数组态和实时测量数据显示、记录
FREQUENCY	停机保护频率	从上到下由 3 位旋钮开关设置停机保护频率，3 位旋钮开关设置值与组态软件设置的〖量程选择〗并联。〖量程选择〗为 0.1～99.9Hz 时，3 位旋钮开关量值分别对应 10Hz、1Hz、0.1Hz；〖量程选择〗为 1～999Hz 时，3 位旋钮开关量值分别对应 100Hz、10Hz、1Hz
Average	平均脉冲个数	平均脉冲数为 0～F(对应 1～16)

7.3.6　振动传感器

振动分析是旋转机械运行状态检测中使用最广泛的方法。在风电机组中，振动传感器主要用于检测齿轮箱的齿轮和轴承、发电机轴承和主轴承运行状态，以及机舱的各方向振动情况。风电设备由于监控对象的运行特征，需要采用一些低频的振动传感器，准确性和可靠性要求高，检验难度大。

WP4084 振动分析器如图 7-29 所示，用于测量风机在运行时的水平和垂直两个方向上的振动，保证实际条件不超过临界振动。分析器内部有两个加速计，用于测量机组 X 方向和 Y

方向的低频振动，频段为0.1~5.0Hz，振幅为0.01g~0.30g（g重力加速度），并以模拟量输出。X方向的加速器可以监测两种频率。同时，WP4084内部集成了数据通信功能，可用于RS-485通信或CAN总线通信。

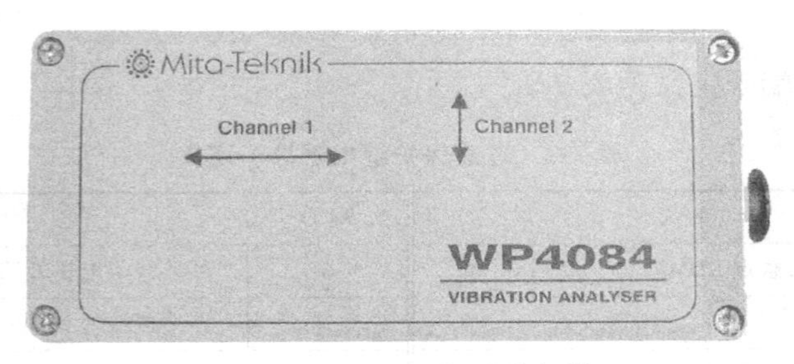

图7-29　WP4084振动分析器

机舱加速度传感器主要用于检测机舱和塔架的低频振动情况，频率范围为0.1~10Hz，也是可以同时测量X和Y两个方向上的振动加速度，加速度的测量范围为-0.5g~0.5g，相对应的输出信号范围为0~10V。

另外一种用于检测振动的传感器即振动开关。重锤式振动开关外形及原理如图7-30所示。安装在机舱的底座垂直于重力方向上，机舱如有异常振动，剧烈的振动可以激活振动传感器的微动开关。当微动开关被激活后，振动传感器将改变其内部的继电器状态，由开到关（13/14），或是由关到开（11/12）。振动传感器的运作将引起机组安全停机。

另外，还有钢球式振动开关，如图7-31所示，由一个与微动开关相连的钢球及其支撑组成。异常振动时，钢球从支撑圆环上落下，拉动微动开关，同样引起安全停机。重新起动时，必须重新安装好钢球。风机同时还设有桨叶振动探测器，桨叶过振时将引起正常停机。

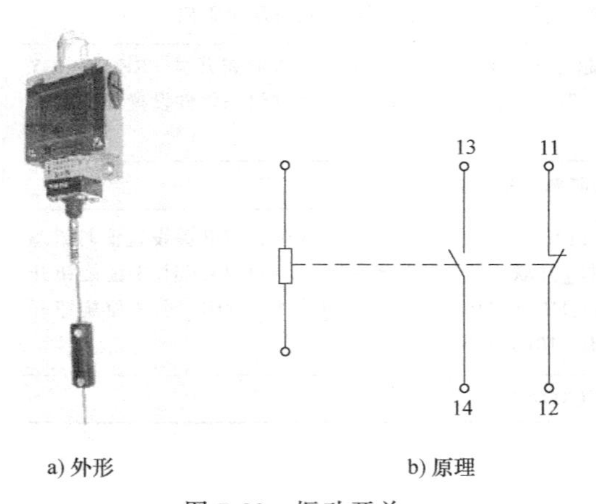

图7-30　振动开关

图7-31　机舱底座振动开关

7.3.7　偏航计数器

风电机组偏航齿轮上安装有一个独立的记数传感器，即偏航计数器，用来记录机组相对初始方位所转过的齿数。当风力机向一个方向持续偏航达到设定值时，表示电缆已被扭转到危险的程度，控制器将发出停机指令并显示故障。风电机组停机并执行顺时针或逆时针解缆操作。

偏航计数器也叫偏航限位开关，由旋转限位与多圈绝对值编码器组成，其功能是通过旋转限位进行机舱偏航极限保护，同时，通过多圈绝对值编码器检测风电机组机舱位置，配合风速风向仪实现机舱的实时对风，并最终达到风能有效利用率最大化的目的。

图 7-32 所示为偏航计数器在风电机组上的安装位置及其内部结构，偏航计数器有四个凸轮，分别对应 0 点位置（4 号凸轮）、报警位置（3 号凸轮）、左解缆位置（2 号凸轮）和右解缆位置（1 号凸轮）。当机组向同一方向连续偏航达到报警位置（3 号凸轮）时，说明风机开始扭缆，偏航计数器 3 号凸轮触发机组控制系统停机。如果继续偏航至左解缆或右解缆位置，偏航计数器 2 号凸轮或 1 号凸轮被触发，机组控制系统执行停机自动解缆。

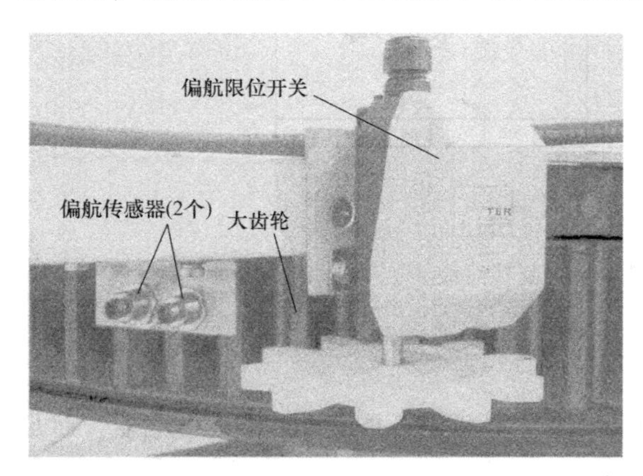

图 7-32　偏航计数器及其内部结构

在偏航计数器旁边，还会并排布置两个接近开关传感器，用于判断机组偏航方向，即是顺时针偏航还是逆时针偏航，与偏航限位开关共同实现对偏航扭缆的保护。

7.3.8　应力传感器

应力传感器可以用来监测风电机组的结构载荷和轴转矩，对于风电机组的设计验证和寿命预期有很重要的意义。目前被认为最适合风电机组进行应力测试的是光纤应力传感器，它具有耐环境性能优越、抗电磁干扰、体积小和灵敏度高的优点。传统的电阻式应变片也可使用，但测量结果受环境温度的影响比较明显，并且机组遭受雷击的情况下容易损坏。

7.3.9　制动磨损传感器

制动磨损传感器安装在齿轮箱制动器上，只有在制动被完全释放后，开关才能动作，微动开关指示制动衬套的磨损。当制动片磨损到一定程度后，传感器给出一个信号，要求正常停机，如要再次运行则要求手动复位，在这信号后还可以进行 3 次起动或 3 天运行。然后必须更换新的制动衬套。

7.3.10　看门狗模块

看门狗模块实际上是一个计数器，一般给看门狗一个大数，程序开始运行后，看门狗开始倒计数。如果程序运行正常，过一段时间 CPU 应发出指令让看门狗复位，重新开始倒计数。如果看门狗减到 0 就认为程序没有正常工作，强制整个系统复位。图 7-33 所示为看门狗模块实物及其面板。

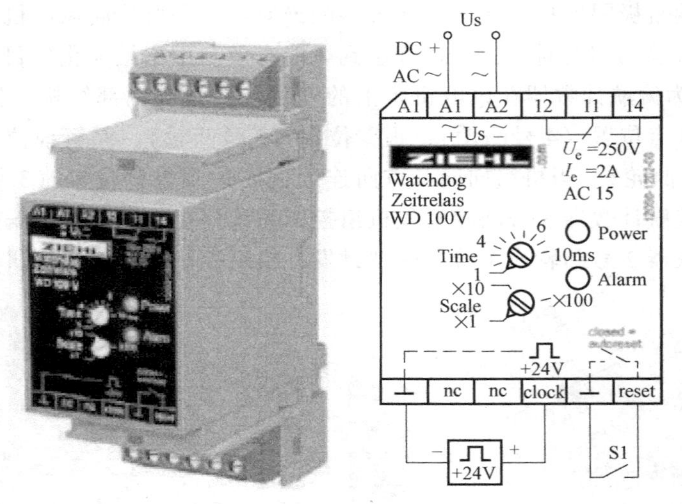

图 7-33 看门狗模块实物及其面板

7.3.11 安全继电器

安全继电器是构成风机安全链的核心器件，安全继电器并不是没有故障的继电器，而是安全链的执行机构，当风电机组发生故障时，安全继电器断开，使风电机组的控制电压丢失，风电机组执行紧急停机，起到保护机组的作用。安全继电器具有强制导向接点结构，当发生接点熔结现象时也能确保安全，这一点与一般继电器完全不同。

图 7-34 所示为 PILZ 公司生产的型号为 PNOZ 1 的安全继电器和其面板定义，面板上有三个指示灯：POWER——电源指示灯；CH. 1——通道 1 工作指示灯；CH. 2——通道 2 工作指示灯。当这三个指示灯全部点亮后，表明安全继电器吸合。

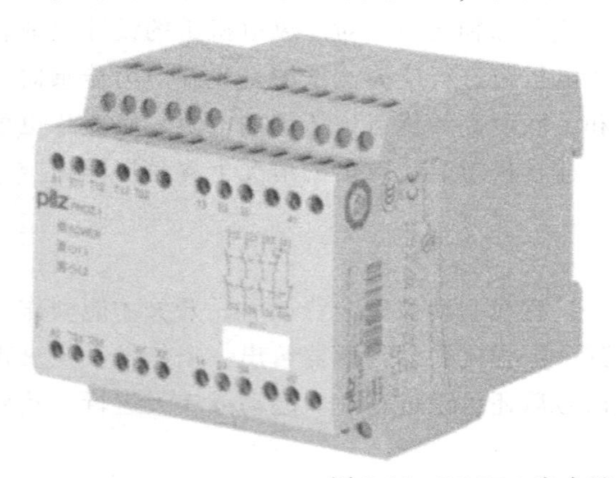

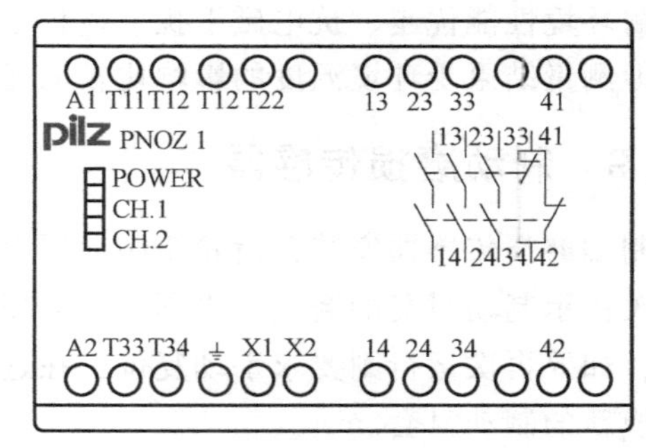

图 7-34 PNOZ 1 安全继电器及其面板定义

安全继电器的内部结构及接线端子所代表的意义如图 7-35 所示。

输入端子用来接急停按钮，其接线可采用如下两种方式，如图 7-36 所示。一种为单通道方式，一种为双通道方式，其中单通道方式不具备冗余功能，双通道方式具备冗余功能。风电机组中安全链的急停按钮通常有两个，分别位于机舱控制柜面板和塔基控制柜的面板。

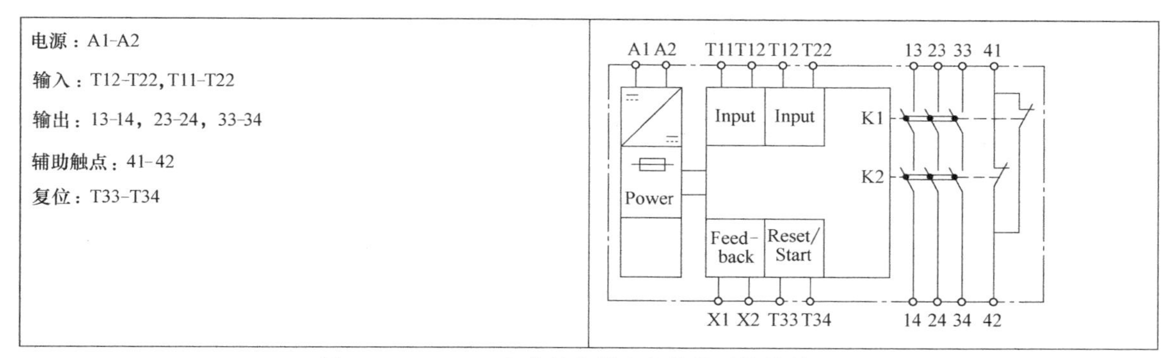

图 7-35　PNOZ 1 安全继电器内部结构及接线端子图

有的机组如华锐风机，在齿轮箱的左右两侧的终端盒上还各有一个急停按钮。急停按钮采用串联的方式连接，任何一个急停按钮被按下均会使安全继电器释放，从而断开安全链。

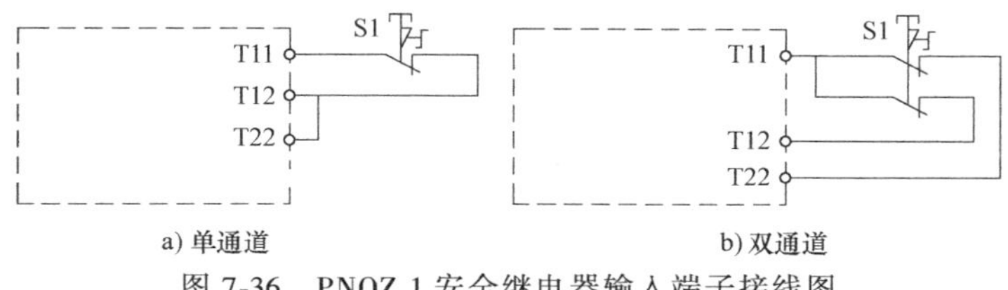

图 7-36　PNOZ 1 安全继电器输入端子接线图

T33、T34 为复位端子，其接线方式如图 7-37 所示，安全继电器通过外接按钮进行手动复位，避免在紧急停止解除时，风机出现突然再起动。复位按钮设两个，一个安装于塔基控制柜上，另一个安装于机舱控制柜上，当急停故障排除后，通过按动任何一个复位按钮，可使安全继电器吸合，从而接通安全链。

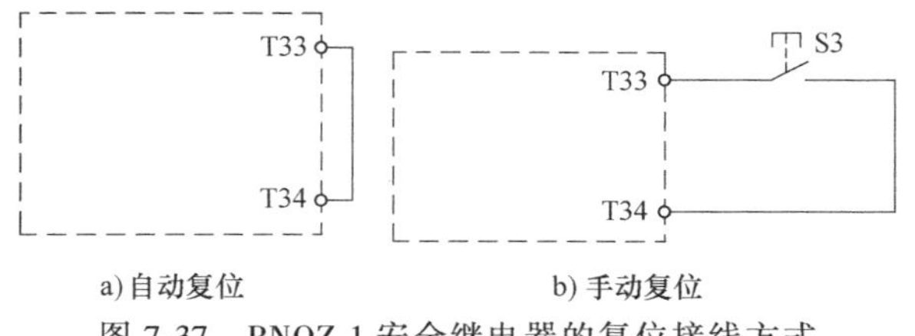

图 7-37　PNOZ 1 安全继电器的复位接线方式

X1、X2 为反馈回路接线端子，其反馈回路的接线方式同样也有两种，如图 7-38 所示。一种为无反馈回路的接线方式，一种为有反馈回路的接线方式。无反馈回路的接线方式将这两个接线端子短接；有反馈回路的接线方式可以将与安全继电器相关联的外部继电器的状态接到这两个接线端子上。

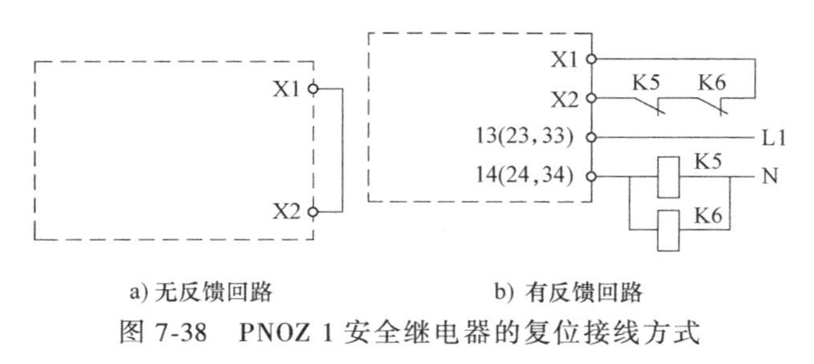

图 7-38　PNOZ 1 安全继电器的复位接线方式

图 7-39 为安全继电器在系统中连接的示意图。

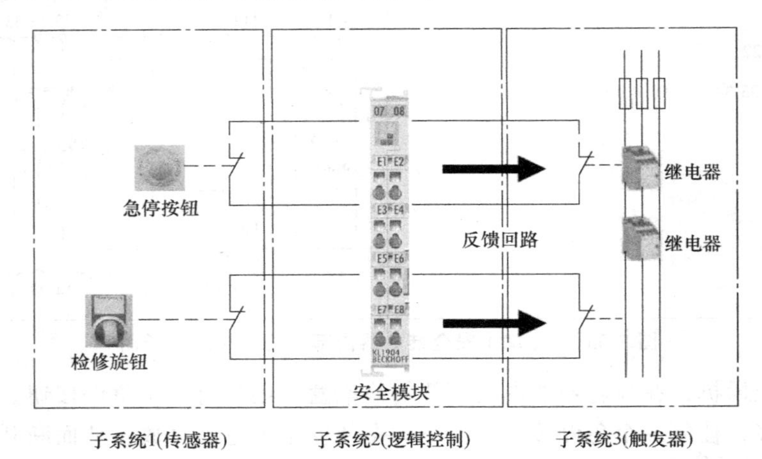

图 7-39　安全继电器连接示意图

本 章 小 结

风电场监控系统（SCADA 系统）是风电场进行生产与管理的重要组成途径，其主要功能是通过网络互联，实现对风电场所有风电机组运行状态的集中监测和控制，并与电网调度中心进行通信。本章简要介绍了风电场 SCADA 系统网络结构型式、通信方式、系统功能和 SCADA 系统主要界面。重点介绍了风电机组运行需要监测的数据类型及数据采集传感器工作原理。

练　习　题

一、基本概念

SCADA 系统　传感器

二、填空题

1. 在风电机组中，通常使用的温度传感器是________型。

2. PT100，即在温度在________℃时金属铂的电阻为 100Ω。

3. ________是构成风电机组安全链的核心器件。

三、判断题

1. 偏航计数器检测的是偏航角度。（　　）

2. 电量传感器输出的是交流信号。（　　）

3. 超声波风速风向仪同样有起动风速限制。（　　）

四、选择题

1. 风电机组运行中，机舱检测的信号中模拟量信号有（　　）。

A. 机舱温度、风向、叶轮锁　　B. 机舱温度、风速、机舱振动

C. 机舱温度、机舱振动、扭缆　　D. 机舱振动、机舱位置、扭缆

2. 机舱位置信号是（　　）信号。

A. 模拟量　　B. 数字量　　C. 脉冲量

3. 风电机组的发电机，最高转速不超过额定转速的（　　）。

A. 10%　　B. 20%　　C. 30%　　D. 50%

4. 功率因数可通过测量（　　）和（　　）获得。

A. 有功功率 无功功率　　B. 电压相角 电流相角　　C. 视在功率 有功功率

五、简述题

1. 风电场监控系统有哪几种通信方式？
2. SCADA系统有哪些功能？
3. 列举风电机组运行过程中需要监测的物理量。
4. 风电机组中所用到的传感器有哪些？分别用于测量什么参数？

第 8 章

风力发电机组安全与保护系统

为了使风电机组能够安全可靠地运行，控制系统必须具备完善的安全保护功能，这是风电机组安全运行的必要条件。安全保护系统分三层结构：控制系统保护、独立安全链保护、个体硬件保护。控制系统保护涉及风电机组整机及各部件的各个方面；安全链保护用于机组出现严重故障或紧急情况时；个体硬件保护则主要用于发电机和各电气负载的保护。

8.1 风力发电机组安全保护系统概述

8.1.1 安全保护内容

风电机组的安全系统和控制系统是两个完全不同的概念，控制系统指根据接收到的风电机组的信息和/或环境信息，调节风电机组，使其保持在正常运行范围内的系统。而安全系统在逻辑上优先于控制系统，在超过有关安全的限值后，如控制系统不能使机组保持在正常运行范围内，则安全系统动作，使机组保持在安全状态。当控制系统和安全功能发生冲突时，控制系统的功能应服从安全系统的要求。安全系统与控制系统的关系如图 8-1 所示。

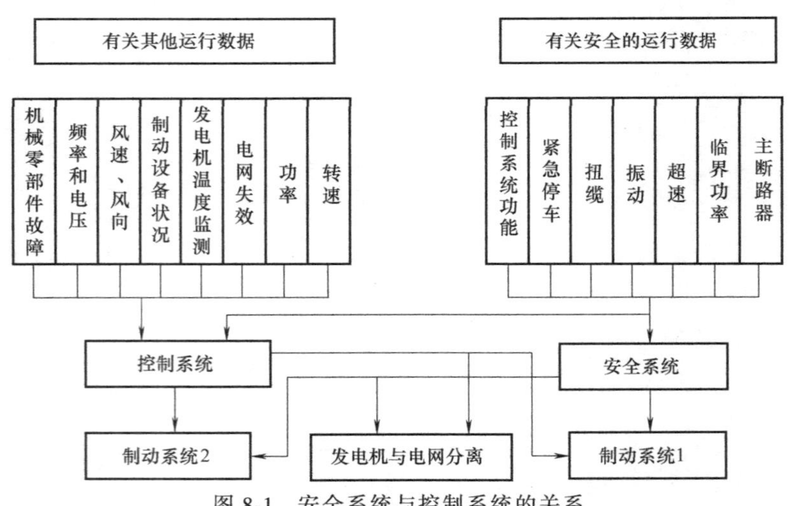

图 8-1 安全系统与控制系统的关系

要使风电机组可靠运行，需要在风电机组控制系统的保护功能设计上加以重视。在设计控制系统时，往往更注重系统的最优化设计和提高可利用率，然而进行这些设计的前提条件却是风电机组控制系统的安全保护，只有在确保机组安全运行的前提下，才可以讨论机组的最优化设计、提高可利用率等。因此，具备完善保护功能的控制系统，是风电机组安全运行的首要保证。

风电机组的安全保护系统如图8-2所示，主要有雷电安全保护、运行安全保护、控制系统安全保护及接地保护。

8.1.2 运行安全保护

1. 大风安全保护

一般风速达到25m/s（10min）即为停机风速，由于此时风的能量很大，系统必须采取保护措施，必须按照安全程序停机，停机后，风电机组根据情况进行90°对风控制。

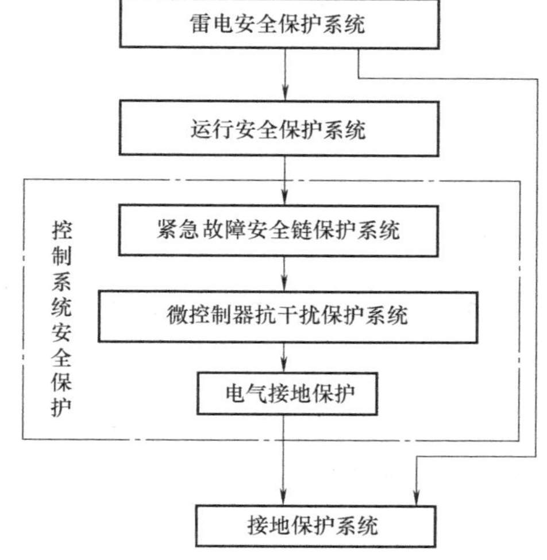

图8-2 风电机组的安全保护系统

2. 参数越限保护

风电机组运行中，有许多参数需要监控，温度参数由计算机采样值和实际工况计算确定上下限控制。压力参数的极限，采用压力继电器，根据工况要求，确定和调整越限设定值。继电器输入触点开关信号给计算机系统，控制系统自动辨别处理。电压和电流参数由电量传感器转换送入计算机控制系统，根据工况要求和安全技术要求确定越限电流电压控制的参数。

3. 超速保护

当转速传感器检测到发电机或风轮转速超过额定转速的110%时，控制器将给出正常停机指令。此外，为了防止风轮超速，采取硬件设置超速上限，此上限高于软件设置的超速上限，一般在低速轴处设置风轮转速传感器，一旦超出检测上限，就引发安全保护系统动作。

4. 过电压、过电流保护

当装置元件遭到瞬间高压冲击和过电流时所进行的保护。通常对控制系统交流电源进行隔离稳压保护，同时装置加高压瞬态吸收元件，提高控制系统的耐高压能力。而控制系统所有的电器电路（除安全链外）都必须加过电流保护器，如熔丝、断路器。

5. 振动保护

机组应设有三级振动频率保护，即振动球开关、振动频率上限1、振动频率极限2。当开关动作时，控制系统将分级进行处理。

6. 开/关机保护

设计机组开机正常顺序控制，对于异步风电机组采取软切控制限制并网时对电网的冲击，确保机组安全。在小风、大风、故障时控制机组按顺序停机。停机的顺序应先空气气动制动，然后软切除脱网停机。软脱网的顺序控制与软并网的控制基本一致。

7. 电网掉电保护

风电机组离开电网的支持是无法工作的，一旦有突发故障而停电时，控制器的计算机由于失电会立即终止运行，并失去对风机的控制，控制变桨和机械制动的电磁阀就会立即打开，液压系统会失去压力，制动系统动作，执行紧急停机。紧急停机意味着在极短的时间内，风机的制动系统将风机叶轮转数由运行时的额定转速变为零。

大型的机组在极短的时间内完成制动过程，将会对机组的制动系统、齿轮箱、主轴和叶片以及塔架产生强烈的冲击。紧急停机的设置是为了在出现紧急情况时保护风电机组的安全。然而，电网故障无须紧急停机；突然停电往往出现在天气恶劣、风力较强时，紧急停机将会对风机的寿命造成一定影响。另外，风机主控制计算机突然失电就无法将风机停机前的各项状态参数及时存储下来，这样就不利于迅速对风机发生的故障做出判断和处理。

由于电网原因引起的停机，控制系统在电网恢复后 10min 自动恢复运行。也可在控制系统电源中加设在线 UPS（Uninterruptible Power System）后备电源，这样当电网突然停电时，UPS 自动投入，为风电机组控制系统提供电力，使风电控制系统按正常程序完成停机过程。

8.1.3 控制系统安全保护

1. 安全链的概念

风电机组控制系统安全保护是以“失效—安全”为原则进行设计的。即当控制失败、内部或外部故障导致机组不能正常运行时，系统安全保护装置动作，确保机组处于安全状态。当出现超速、发电机过载故障、过振动、电网、负载丢失及脱网时的停机失败等现象时，系统自动执行保护功能。控制系统的安全保护通常有一般保护和紧急保护两个层次。一般保护由机组软件控制系统来完成，紧急保护则是由独立于计算机系统的硬件保护措施完成，即安全链。

安全链采用反逻辑（有信号时断开）设计，将可能对风电机组造成严重伤害的超常故障节点串联成一个回路，一旦其中一个信号动作，将引起紧急停机，执行机构失电，机组瞬间脱网，并使主控系统和变桨系统处于闭锁状态，从而最大限度地保证机组的安全。

2. 安全链的作用

风力发电机组的安全链是十分重要的，在逻辑上，安全链系统的等级比控制系统要优先。其目的是为了确保风力发电设备在出现故障时，设备仍处于安全状态。如果出现比较大的故障，安全链系统的任务是保证设备安全动作，使 24V 和 230V 带电回路掉电，风机正常停机。

一般保护功能响应后将导致机组停机，这种全过程都在控制系统控制下进行的停机称为正常停机。如过/欠电压保护、过电流保护、主轴承过热保护、发电机绕组及轴承过热保护、齿轮箱过热保护、制动片过热保护、齿轮箱及液压站油位低保护等。机组自动停机后，如果引起自动停机的原因能够自动消除，一般允许风电机组重新自动起动。

紧急保护功能对应的安全链是风电机组的最后一级保护系统，它处于机组的软件保护之后，是独立于控制系统程序的硬件保护措施，即使控制系统发生异常，也不会影响安全链的正常动作。安全链引起的紧急停机，只能通过手动复位才能重新起动。

3. 安全链的组成

多数机组的安全链是两级的，但也有三级的。一级安全链主要是主控制系统的安全保护装置，二级安全链主要是变桨系统的安全保护装置。

安全链由符合国际标准的逻辑控制模块和硬件开关节点组成，逻辑控制模块即安装在主控柜里的安全继电器，是机组安全链的核心部件，是安全链的执行机构。硬件开关节点连接的是可能对机组造成严重损害的故障节点。将紧急停机按钮（塔底主控制柜、机舱控制柜）、紧急停机复位按钮、来自变桨系统安全链的信号、到变桨系统的安全链信号、发电机超速、叶轮超速、扭缆开关、振动开关、并网接触器、主断路器等这些节点串联成一个回路，接到安全继电器中。

图8-3所示为一个三级安全链组成框图，一级安全链由紧急停机、意外故障、控制器失步组成；二级安全链由电缆过扭、电机超速、风轮超速、机组过振组成；三级安全链由电网中断、载荷丢失组成。上一级安全链继电器的常开触点会串联到下一级安全链中，因此，一级安全链断开，二级和三级安全链也会断开；二级安全链断开会导致三级安全链也断开。但是三级安全链的动作不会触发到二级和一级安全链，同理，二级安全链断开时，也不会触发到一级安全链。

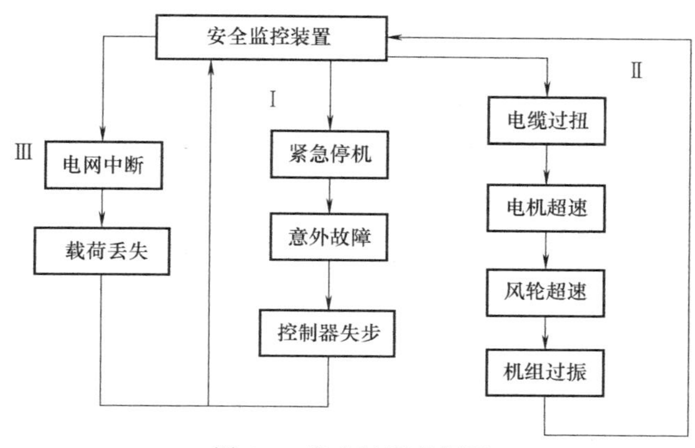

图8-3 安全链原理框图

4. 安全链动作原理

图8-4所示为一个二级安全链电气原理图。上电后，正常状态下，整个安全链是带24V电的。如果机组某一块出现紧急故障，那么与它对应的节点断开，安全链失电，由安全继电器控制的230V供电回路此时同时失电。机组整个电磁阀回路和230V回路中的交流接触器失电压，机组进行紧急制动过程。执行机构的电源AC230V、DC24V失电，机组处于闭锁状态。如果故障节点得不到恢复，整个机组的正常运行操作都不能实现。同时每一个节点的闭合和断开都有信号传到数字量输入模块中。在模块中，有信号指示灯来显示各个节点的状态。维护人员可通过各节点状态分析故障原因。

（1）急停安全链

包括机舱柜急停、塔底柜急停、急停继电器。风电机组共有两个红色的紧急停机按钮，一个位于机舱控制柜柜门上，一个位于塔底控制柜柜门上。当两个红色的紧急停机按钮被按下时，安全链将断开，急停继电器断开，机组将紧急停机。

紧急停机按钮按下之后会处于保持位置，对其旋转以释放紧急停机按钮。只要有任意一个紧急停机按钮没有被释放，安全链都将处于断开状态。

（2）一级安全链

一级安全链所串联的部件有：安全继电器常开触点A20.0（33-34）、塔底主断路器闭合触点Inv、机舱振动开关S22.3，然后再串联由机舱安全链复位信号K21.3、控制器输出安全链复位信号K42.1、安全链复位脉冲K12.7和一级安全链自锁触点K22.8（13-14）并联组成的一级安全链复位自锁回路，最后串联一级安全链继电器的线圈K22.8，构成了一级安全链的整个回路。

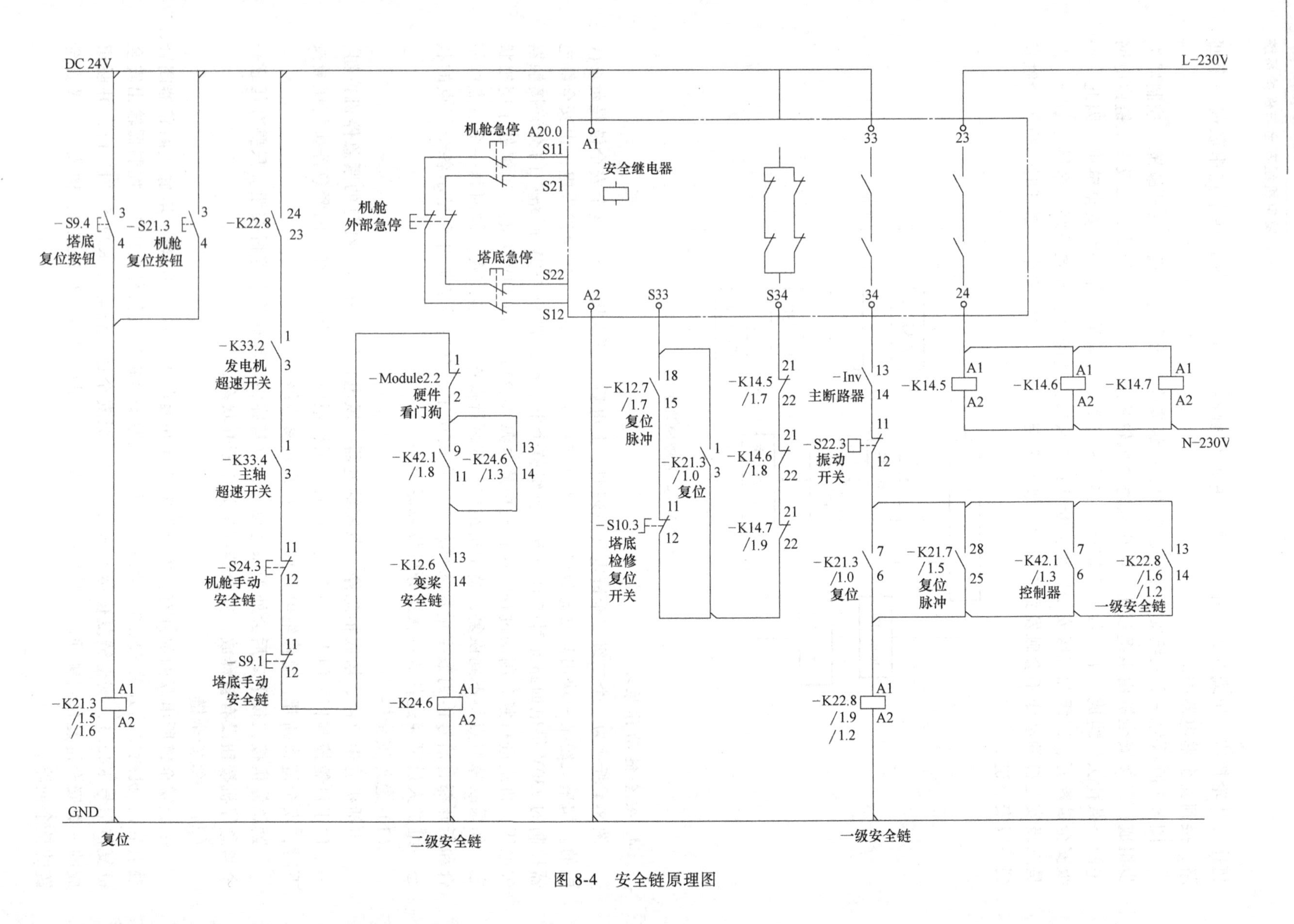
DC 24V
L−230V
N−230V
GND
安全继电器
A1
A2
33
23
34
24
S33
S34
S11
S21
S22
S12
A20.0
机舱急停
机舱外部急停
塔底急停
−S9.4 塔底复位按钮
−S21.3 机舱复位按钮
−K22.8
−K33.2 发电机超速开关
−K33.4 主轴超速开关
−S24.3 机舱手动安全链
−S9.1 塔底手动安全链
−K21.3 /1.5 /1.6
−Module2.2 硬件看门狗
−K42.1 /1.8
−K24.6 /1.3
−K12.6 变桨安全链
−K24.6
−K12.7 /1.7 复位脉冲
−K21.3 /1.0 复位
−S10.3 塔底检修复位开关
−K14.5 /1.7
−K14.6 /1.8
−K14.7 /1.9
−Inv 主断路器
−S22.3 振动开关
−K14.5
−K14.6
−K14.7
−K21.3 /1.0 复位
−K21.7 /1.5 复位脉冲
−K42.1 /1.3 控制器
−K22.8 /1.6 /1.2 一级安全链
−K22.8 /1.9 /1.2
复位
二级安全链
一级安全链

图 8-4　安全链原理图

在正常状态，安全继电器的常开触点 A20.0（33-34）处于闭合状态，变流器主断路器触点 Inv 处于闭合状态，振动开关 S22.3 在机舱振动过大时会断开其常闭触点 S22.3（11-12）。当以上三个部件都处于闭合状态时，机舱安全链复位、控制器输出安全链复位和安全链复位脉冲都可以复位一级安全链。

（3）二级安全链

二级安全链所串联的部件有：一级安全链继电器的常开触点 K22.8（23-24）、发电机超速开关 K33.2、主轴超速开关 K33.4、机舱手动安全链停止开关 S24.3、塔底手动安全链停止开关 S9.1、硬件看门狗 2.2（PLC 安全链信号）、变桨系统安全链 K12.6、主控输出安全链复位信号 K42.1 和二级安全链继电器自锁触点 K24.6（13-14）组成的并联回路、二级安全链继电器的线圈 K24.6。这些部件构成了二级安全链的整个回路。

在正常状态，一级安全链继电器的常开触点 K22.8（23-24）处于闭合状态、机舱手动安全链停止开关 S24.3 在人为按下时才会断开、塔底手动安全链停止开关 S9.1 也是在人为按下时才会断开、主控安全链信号 K42.1 当主控系统出现故障时才会断开、变桨安全链 K12.6 在变桨出现故障时才会断开，当机组没有超速且以上部件都处于闭合状态时，主控输出安全链复位信号才可以复位二级安全链，使二级安全链继电器的自锁触点 K24.6（13-14）闭合，二级安全继电器线圈得电，从而使二级安全链复位。

5. 微机控制器保护

控制器保护主要有两方面，一是看门狗定时器溢出信号，如果看门狗定时器在一定时间间隔内没有收到控制器给出的复位信号，则表明控制器出现故障，无法正确实施控制功能，此时执行安全保护功能。

控制器的另一方面保护是控制器干扰保护，风电场控制系统的主要干扰源有：①工业干扰，如高压交流电场、静电场、电弧、晶闸管等；②自然界干扰，如雷电冲击、各种静电放电、磁爆等；③高频干扰，如微波通信、无线电信号、雷达等。这些干扰通过直接辐射或由某些电气回路传导进入的方式进入到控制系统，干扰控制系统工作的稳定性。

微机控制器抗干扰系统的组成框图如图 8-5 所示。

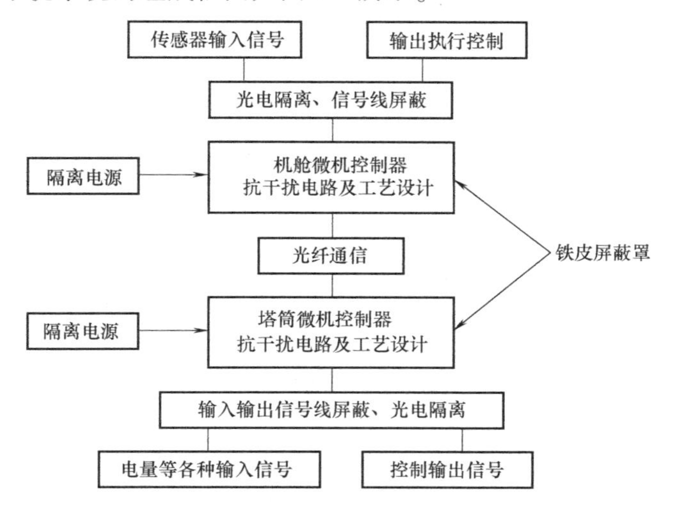

图 8-5 微机控制抗干扰系统的组成框图

控制器的干扰保护需要根据干扰的种类采取有效的抗干扰措施，如电源滤波、有效接地和静电屏蔽等。抗干扰措施如下：

1）进入微控制器所有输入信号和输出信号均采用光电隔离器，实现微机控制系统内部与外界完全的电气隔离。

2）控制系统数字地和模拟地完全分开。

3）控制器各功能板所有电源均采用 DC-DC 隔离电源。

4）输入输出的信号线均采用带护套的抗干扰屏蔽线。

5）微机控制器的系统电路板由带有屏蔽作用的铁盒封装，以防外界的电磁干扰。

6）设计较好的接地系统。

8.2 风力发电机组防雷系统

现代科学技术的迅猛发展，风电机组的单机容量越来越大，为了吸收更多能量，随着轮毂高度和叶轮直径增大，相对也增加了被雷击的风险，雷击成了自然界中对风电机组安全运行危害最大的一种灾害。雷电释放的巨大能量会造成风电机组叶片损坏、发电机绝缘击穿、控制元器件烧毁等。雷击保护的原理是使机组所有部件保持电位平衡，并提供便捷的接地通道以释放雷电，避免高能雷电的积累。一般使用避雷器或防雷组件吸收雷电波。

8.2.1 雷电基本概念

1. 雷电的形成

空中的尘埃、冰晶等物质在大气运动中剧烈摩擦生电以及云块切割磁力线，在云层上下层分别形成了带正负电荷的带电中心，运动过程中当异性带电中心之间的空气被其强大的电场击穿时，就形成放电。对风电场运行带来危害的主要是云地放电，带负电荷的云层向下靠近地面时，地面的凸出物、金属等会被感应出正电荷，随着电场的逐步增强，雷云向下形成下行先导，地面的物体形成向上闪流，云和大地之间的电位差达到一定程度（25~30kV/cm）时，即发生猛烈对地放电。

2. 雷电的主要特点

1）冲击电流大。其电流高达几万至几十万安培。

2）时间短。雷击分为三个阶段，即先导放电、主放电、余光放电，整个过程一般不会超过 60μs。

3）雷电流变化梯度大，有的可达 10kA/μs。

4）冲击电压高。强大的电流产生的交变磁场，其感应电压可高达上亿伏。

3. 雷击形式

通常雷击有三种形式：直击雷、感应雷、球形雷。

（1）直击雷

雷电直接击中线路并经过电器设备入地的雷击过电流称为直击雷；直击雷蕴含极大的能量，电压峰值可达 5000kV，具有极大的破坏力。因此，雷电流具有幅值极高、频率极高、冲击力极强等特点。

如建筑物直接被雷电击中，巨大的雷电流沿引下线入地，主要会造成以下影响：几十甚至几百千伏的雷电流沿引下线在数微秒时间内入地的过程中，有可能直接击穿空气，损毁低压设备。在接地网中，由于瞬态高电压的冲击，在接地点产生局部电位升高，在地网间出现电位差，由此，导致地电位反击而损坏电器设备。

地网中的电位差还会产生跨步电压，直接危及人们的生命；雷击产生的冲击电流沿引下线对地泄放过程中，还会在引下线上产生强烈的电磁场，耦合到供电线路或音频线、数据线上，产生远远超过弱电设备耐受能力的浪涌电压，击毁弱电设备；雷电流流经电气设备产生极高的热量，会造成火灾或爆炸事故。

（2）雷电波侵入

雷电不直接放电在建筑和设备本身，而是对布放在建筑物外部的线缆放电。线缆上的雷电波或过电压几乎以光速沿着电缆线路扩散，侵入并危及室内电子设备和自动化控制等各个系统。因此，往往在听到雷声之前，被侵入的电子设备、控制系统等可能已经损坏。

（3）感应过电压

雷击在设备设施或线路的附近发生，或闪电不直接对地放电，只在云层与云层之间发生放电现象。闪电释放电荷，并在电源和数据传输线路及金属管道金属支架上感应生成过电压，峰值可达50kV。

（4）系统内部操作过电压

因断路器的操作、电力重负荷以及感性负荷的投入和切除、系统短路故障等系统内部状态的变化而使系统参数发生改变，引起的电力系统内部电磁能量转化，从而产生内部过电压，即操作过电压。操作过电压的幅值虽小，但发生的概率却远远大于雷电感应过电压。实验证明，无论是感应过电压还是内部操作过电压，均为暂态过电压（或称瞬时过电压），最终以电气浪涌的方式危及电子设备，包括破坏印制电路板、元件和绝缘过早老化、寿命缩短、破坏数据库或使软件误操作，使一些控制元件失控。

（5）地电位反击

如果雷电直接击中具有避雷装置的建筑物或设施，接地网的地电位会在数微秒之内被抬高数万或数十万伏。高度破坏性的雷电流将从各种装置的接地部分，流向供电系统或各种网络信号系统，或者击穿大地绝缘而流向另一设施的供电系统或各种网络信号系统，从而反击破坏或损害电子设备。同时，在未实行等电位联结的导线回路中，可能诱发高电位而产生火花放电的危险。

4. 雷击的破坏

设备遭雷击受损通常有四种情况：

1）直接遭受雷击而损坏。

2）雷电脉冲沿着与设备相连的信号线、电源线或其他金属管线侵入使设备受损。

3）设备接地体在雷击时产生瞬间高电位形成地电位“反击”而损坏。

4）设备安装的方法或安装位置不当，受雷电在空间分布的电场、磁场影响而损坏。

风力发电机组通常位于开阔的区域，而且很高，所以整个风机是暴露在直接雷击的威胁之下，被雷电直接击中的概率与该物体高度的二次方值成正比。兆瓦级风力发电机组的叶片高度达到150m以上，因此风机的叶片部分特别容易被雷电击中。风机内部集成了大量的电气、电子设备，如开关柜、电动机、驱动装置、变频器、传感器、执行机构，以及相应的总线系统等。这些设备都集中在一个很小的区域内。毫无疑问，电涌可以给风电机组带来相当严重的损坏。而且，无论叶片、机舱，还是塔架受到雷击，机舱内的电控系统等设备都有可能受到机舱的高电位反击。在电源和控制回路沿塔架引下的途径中，也可能受到高电位反击。

国外风场早期统计的风电机组各部件遭受雷击概率图如图 8-6 所示，风电机组因雷击而损坏的主要部件是控制系统，占 35%～40%，其次是电气系统、叶片和传感器等。我国一些风场统计雷击损坏的部件主要也是控制系统和监控系统的通信部件。这说明以电缆传输的 4～20mA 电流环通信方式和 RS-485 串行通信方式由于通信线长、分布广、部件多，最易受到雷击，而控制部件大部分是弱电器件，耐过电压能力低，易造成部件损坏。

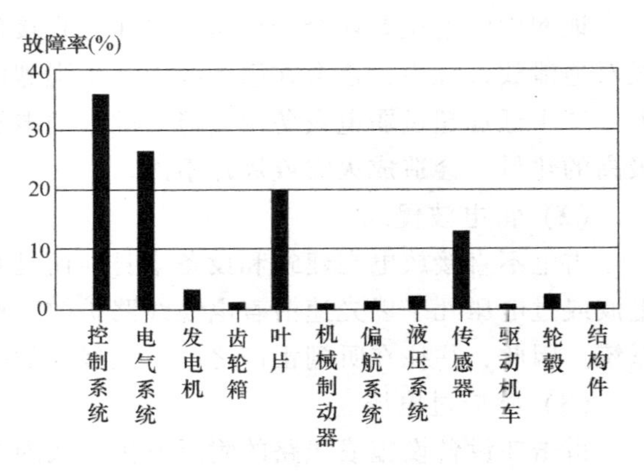

图 8-6　风电机组遭受雷击各部件的故障率

随着防雷装置的大量应用，新生产的风电机组和早期风电机组遭雷击损害的程度有了很大的不同。早期的风电机组最常见的损害是控制系统，而新生产的风电机组最常见的损害的是叶片。这表明近年来由于安装防雷装置，控制系统的防雷保护已取得明显的改善。根据长期统计，雷击造成的损坏中除了机械损坏之外，风电机组中电气控制部分包括变频器、过程控制计算机、转速传感器、测风仪等，也经常遭到损害。这对于风电场业主来说，必须采取相应措施保证设备的长期稳定运行。

5. 防雷保护的方法

雷击保护的原理是使机组所有部件保持电位平衡，并提供便捷的接地通道以释放雷电，避免高能雷电的积累。一般使用避雷器或防雷组件吸收雷电波。

（1）传统的防雷方法

传统的防雷方法主要就是直击雷的防护，参见 GB 50057—2010《建筑物防雷设计规范》，其技术措施可分接闪器、引下线、接地体和法拉第笼等。其中，接闪器包括避雷针、避雷带、避雷网等。根据建筑物的地理位置、现有结构、重要程度等，决定是否采用避雷针、避雷带、避雷网或其联合接闪方式。

（2）现代防雷保护的原理及方法

德国防雷专家希曼斯基在《过电压保护理论与实践》一书中，给出了现代计算机网络的防雷框图，如图 8-7 所示。

1）外部防雷。外部防雷的作用是将绝大部分雷电流直接引入地下泄散。外部防雷主要指建筑物的防雷，一般是防止建筑物或设施（含室外独立电子设备）免遭直击雷危害，其技术措施可分接闪器、引下线、接地体等。

2）内部防雷。内部防雷系统主要是对建筑物内易受过电压破坏的电子设备（或室外独立电子设备）加装过电压保护装置，在设备受到过电压侵袭时，防雷保护装置能快速动作泄放能量，从而保护设备免受损坏。内部防雷又可分为电源线路防雷和信号线路防雷，这两道防线互相配合、各尽其职，缺一不可。

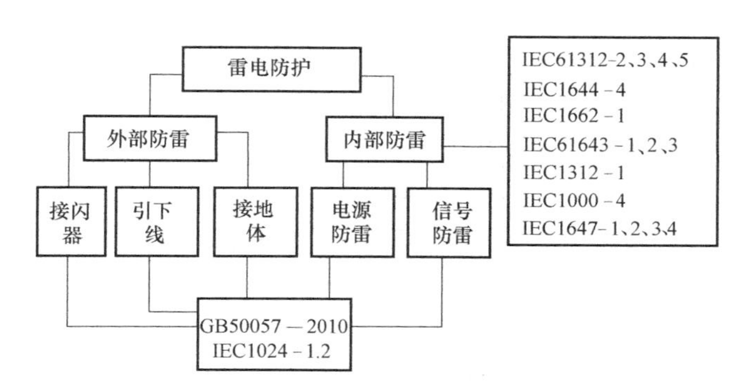

图 8-7　现代计算机网络防雷框图

电源线路防雷：主要是防止雷电波通过电源线路对计算机及相关设备造成危害。为避免高电压经过避雷器对地泄放后的残压过大或因更大的雷电流在击毁避雷器后继续毁坏后续设备，以及防止线缆遭受二次感应，应采取分级保护、逐级泄流的原则，一是在电源的总进线处安装放电电流较大的首级电源避雷器；二是在重要设备电源的进线处加装次级或末级电源避雷器。

信号线路防雷：由于雷电波在线路上能感应出较高的瞬时冲击能量，因此要求信号设备能够承受较高能量的瞬时冲击，而目前大部分信号设备由于电子元器件的高度集成化导致耐过电压、耐过电流水平下降，信号设备在雷电波冲击下遭受过电压而损坏的现象越来越多。

8.2.2　风电机组的防雷设计

风力发电的防雷保护同样分为外部直击雷防护和内部防雷（过电压）防护两大部分。外部直击雷防护主要是叶片。内部防雷保护主要是机舱内电气设备的保护。

1. 雷电保护区域的划分

依据是否可能发生直击雷，雷电流的幅值以及相关电磁场情况，国际电工委员会将风电机组的叶片、机舱、塔身和主控室内外防雷过电压保护区域分为 LPZ0、LPZ1 和 LPZ2 三个区域，如图 8-8 所示。

LPZ0：在金属塔架接地良好的情况下，叶片、机舱的外部（包括机舱）、塔架外部（包括塔架）、箱式变压器都属于 LPZ0 区。该区内的物体都可能遭到直击雷击，并且电磁场没有衰减，但是，雷击的危险性也最高。其中，完全暴露但不受接闪器保护的区域属于 LPZ0A 区；受到接闪器保护的区域，并且在风力发电机外面的区域属于 LPZ0B 区。

LPZ1：受到接闪器保护的区域，并且在风力发电机的内部，包括电缆、发电机、齿轮箱等。

LPZ2：塔架内电气柜中的设备，特别是屏蔽较好的弱电部分。

依次类推，可划分为不同的区域，越往内部，危险程度越低。当电气走线或金属线穿过这些分区界面时，必须在每一穿过点做等电位联结。

2. 风电机组防雷基本设计思想

一般情况下，只需要对从一个保护带跨到另一更低保护水平防雷带的电缆进行过电压保护，而不需要对本区内的电缆进行保护。在不同防雷区的交界处，通过 SPD（防雷及电涌保护器）对有源线路（包括电源线、数据线、测控线等）进行等电位联结。等电位联结是

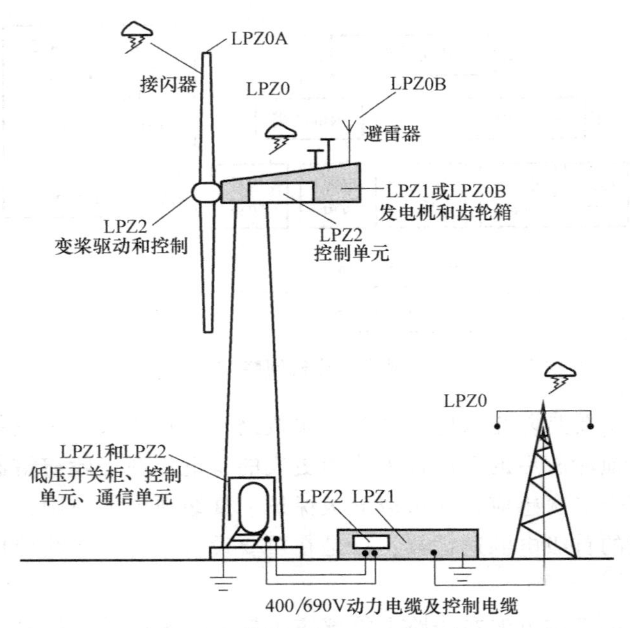

图 8-8 风电机组防雷区划分示意图

内部防雷保护系统的重要组成部分，在防雷击等电位联结系统内，所有导电的部件都被相互连接，可以有效抑制雷电引起的电位差，避免出现触摸电压和跨步电压，从而起到保护作用，并减少对电气电子系统的危害。

对处在机舱内的金属设备如金属构架、金属装置、电气装置、通信装置和外来的导体做等电位联结，连接母线与接地装置连接，汇集到机舱底座的雷电流传送到塔架，由塔架本体将雷电流传输到底部，并通过 3 个接入点传输到接地网。在 LPZ0 区和 LPZ1 区的交界处，如风向标、风速仪、环境温度传感器在机舱 TOPBOX 内做等电位联结，采用通过Ⅰ类测试的 B 级 SPD 将通过电流、电感和电容三种耦合方式侵入机内大能量的雷电流泄放并将残压控制在小于 2.5kV 范围内；在 LPZ1 区与 LPZ2 区的交界处，避雷针、机舱 TOPBOX、发电机开关柜等在机舱平台的接地汇流排上做等电位联结；主断路器进线电缆接地线与控制柜、变压器、电抗器在塔底接地汇流排上做等电位联结。采用通过Ⅱ类测试的 C 级 SPD，并将残压控制在小于 1.5kV 范围内。

对于埋入地下并从室外（LPZ0 区）进入塔座内（LPZ1 区）的通信线路，必须在线路的两端终端设备处安装信号防雷器。

3. 风电机组防雷系统

由于雷击是无法避免的，所以风电机组的防雷重点在于雷击时如何迅速将雷电流引入大地，尽可能减少由雷电引入设备的电流，最大限度地保障设备和人员安全，使损失降低到最小程度。

图 8-9 描述了风电机组防雷系统组成，实际上也即是雷电流引导路径。

8.2.3 叶片防雷保护

由于大型风电机组整体高度在 70m 以上，并且安装在旷野、山地、海边等，极易遭受

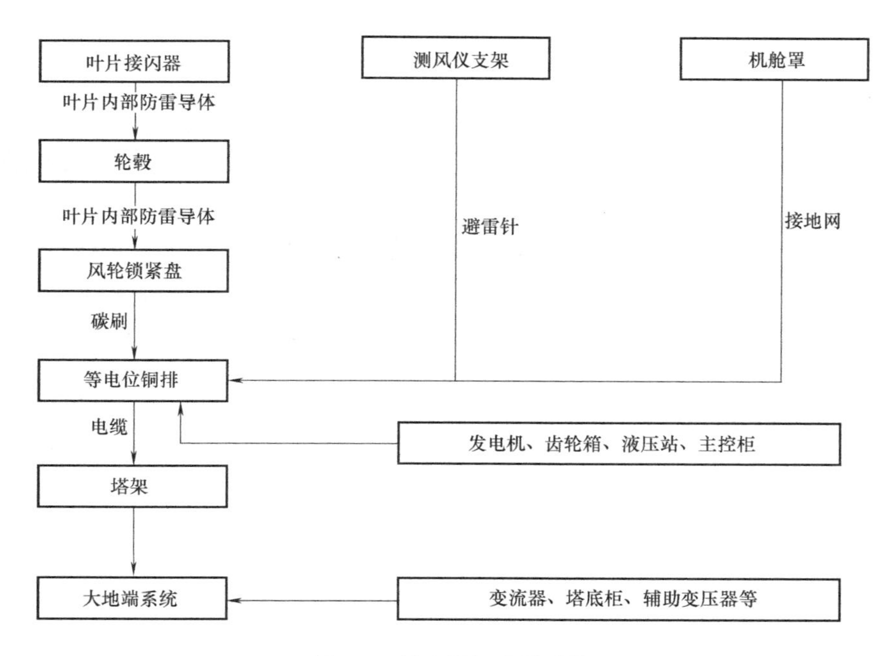

图 8-9 风电机组防雷系统

雷击。遭受雷击的风电机组中，叶片损坏的占 20%左右，因为叶片的叶尖部分处于整个风力发电的最高点，是最易遭受雷击的部件。同时叶片又是风电机组中最昂贵的部件之一。据统计，全世界每年有 1%~2%的风电机组叶片遭受雷击，大部分雷击事故只损坏叶片的叶尖部分，少量的雷击事故会损坏整个叶片。对于沿海高山或海岛上的风电场来说，地形复杂，雷暴日较多，应充分重视由雷击引起的叶片损坏现象。

雷击造成叶片损坏的机理是：一方面，雷电击中叶尖后，释放巨大能量，使叶尖结构内部的温度急骤升高，分解气体高温膨胀，压力上升造成爆裂破坏，严重时使整个叶片开裂；另一方面，雷击造成的巨大声波，对叶片结构造成冲击破坏。叶片防雷的主要目标是避免雷电直击叶片本体而导致叶片本身发热膨胀、迸裂损害。

研究和实际使用情况均表明，雷击对叶片造成的损坏取决于叶片的形式，与制造叶片的材料及叶片内部结构无关。如果将叶片与轮毂完全绝缘，不但不能降低叶片遭雷击的概率，反而会增加叶片的损坏程度，多数情况下被雷击的区域在叶尖背面（或称吸力面）。

目前，大型机组的叶片都采用了外部防雷系统，由雷电接闪器和雷电传导部分组成，如图 8-10 所示，在叶尖装有接闪器捕捉雷电，再通过敷设在叶片内腔连接到叶片根部的导引线将雷电导入叶片根部的叶片金属法兰，通过变桨轴承传到轮毂，通过轮毂、主轴传至机舱，再通过偏航轴承和塔架最终导入接地网，从而保护叶片。雷击叶片雷电流路径如图 8-11 所示。

图 8-12 所示为正在加工中的叶片，金属导体预制于叶尖部分玻璃纤维聚酯层表面，形成接闪器，在叶片中埋置 $50\mathrm{mm}^2$ 铜导线与叶根处金属法兰连接。这种设计既简单又耐用。如果接闪器或传导系统附件需要更换，只需机械性地改换。其他的形式如图 8-13 所示，玻璃钢叶片顶端铆装一个不锈钢叶尖，用铜丝网贴在叶片两面，将叶尖与叶根连为一个导电体。铜丝网一方面可将叶尖的雷电引至大地，另一方面可以防止雷击叶片主体。

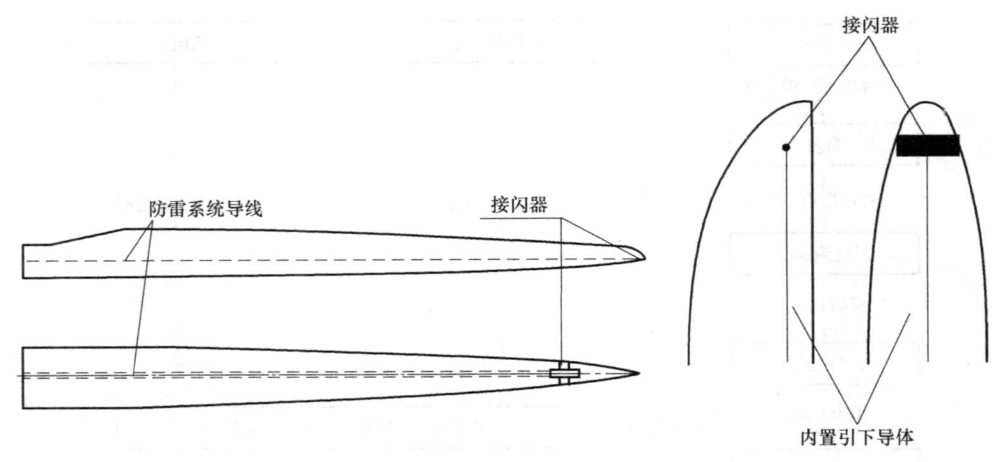

图 8-10　叶片防雷击系统示意图及叶片接闪器

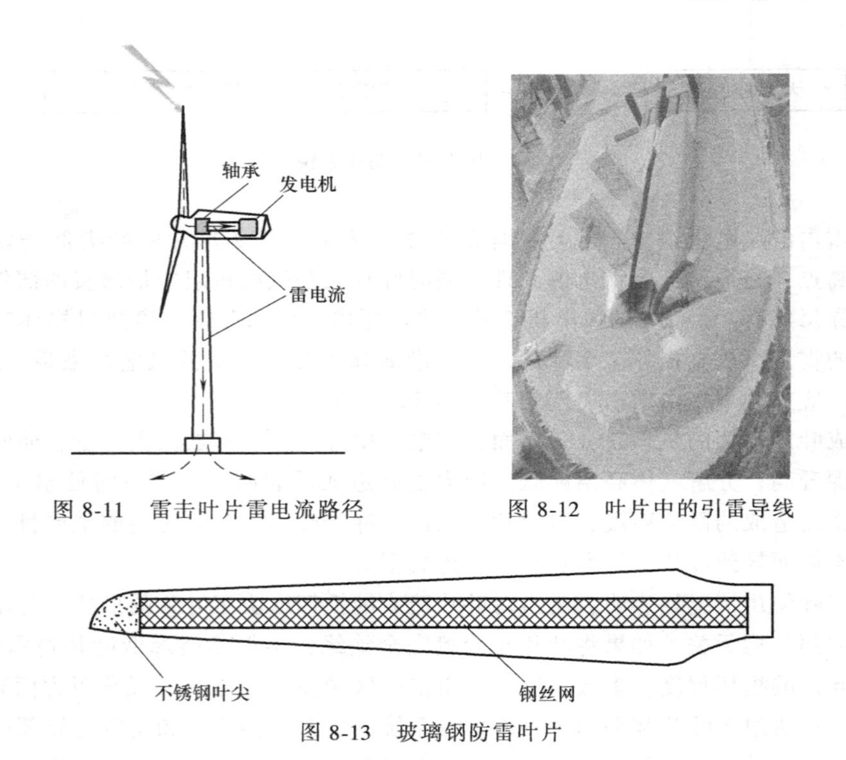

图 8-11　雷击叶片雷电流路径

图 8-12　叶片中的引雷导线

图 8-13　玻璃钢防雷叶片

8.2.4　机舱防雷保护

机舱内电气感应雷会产生两种情况：一是机组受雷击，机舱内部件易受到雷电感应高电压而损坏；二是机舱和塔筒间电源线及信号线受雷电感应高电压损坏设备。机舱内部防雷保护主要包括防雷击等电位联结、屏蔽措施和电涌保护。

1. 等电位联结

机舱主机架除了与叶片相连，在机舱罩顶上后部设置一个（或多于一个）高于风速、风向仪的接闪杆，保护风速、风向仪免受雷击，如图 8-14 所示。雷电的直接侵入由引下线接入机架，即风速仪和风向标与避雷针一起接地等电位。同时，在风向标、风速仪信号输出端加装信号防雷模块防护，残余浪涌电流为 20kA（8/20μs），响应时间小于或等于 500ns，如图 8-15 所示。

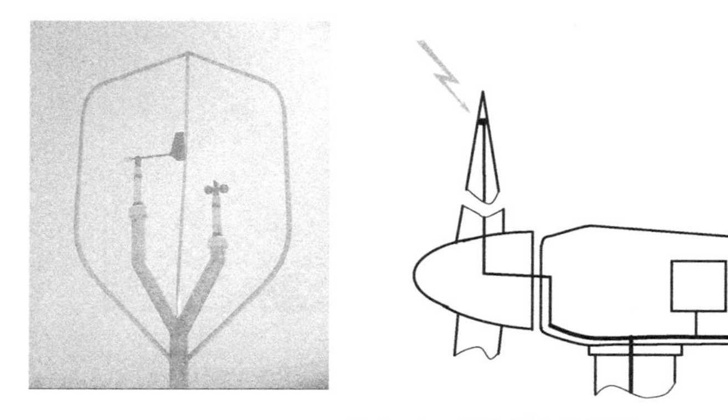

图 8-14　机舱等电位联结

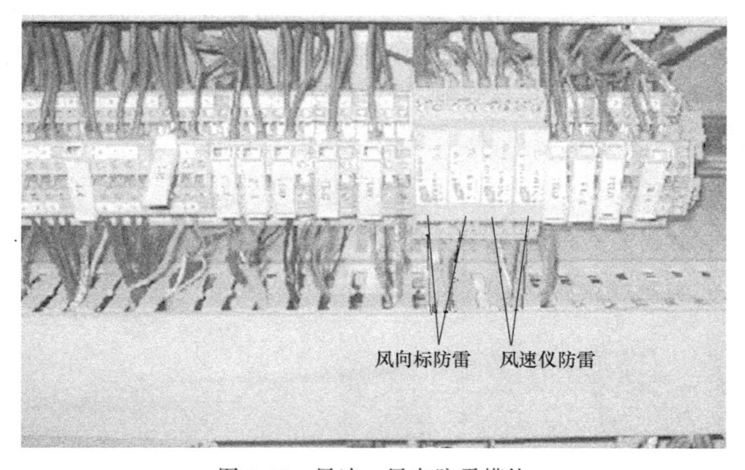

图 8-15　风速、风向防雷模块

风电机组转动部件的等电位联结采用的是雷电保护爪，主要由垫片压板、碳纤维刷和集电爪三部分组成，如图 8-16 所示。碳纤维刷是为了补偿静电的不平衡，雷击通过风机的金属部分传导。雷电保护装置可以有效地将作用在轮毂和叶片上的电流通过集电爪导到地面，避免风机遭到雷击的破坏。

图 8-17 所示为齿轮箱前端安装的雷电保护装置，通常有三组，其作用是将风轮上产生的电流

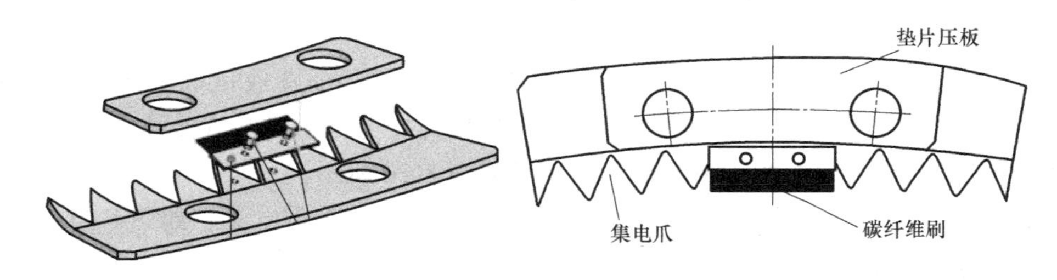

图 8-16　雷电保护爪

图 8-17　齿轮箱雷电保护装置

传导到齿轮箱的机体上，通过连接在齿轮箱机体上的接地线将电流导入大地，保护风机。

变桨系统中的雷电保护装置具体位置如图 8-18 所示，在大齿圈下方偏左一个螺栓孔的位置装第一个保护爪，然后 120°等分安装另外两个雷电保护爪。如果发生雷击，雷电从风轮叶片通过叶片接地装置传导到轮毂，经过齿轮箱轴到齿轮箱外壳和主机架，然后通过塔筒和塔筒接地装置及基础接地装置传导到地下。如果机舱外壳、轮毂外壳或风向标受到雷击，也以相同的路线传导。

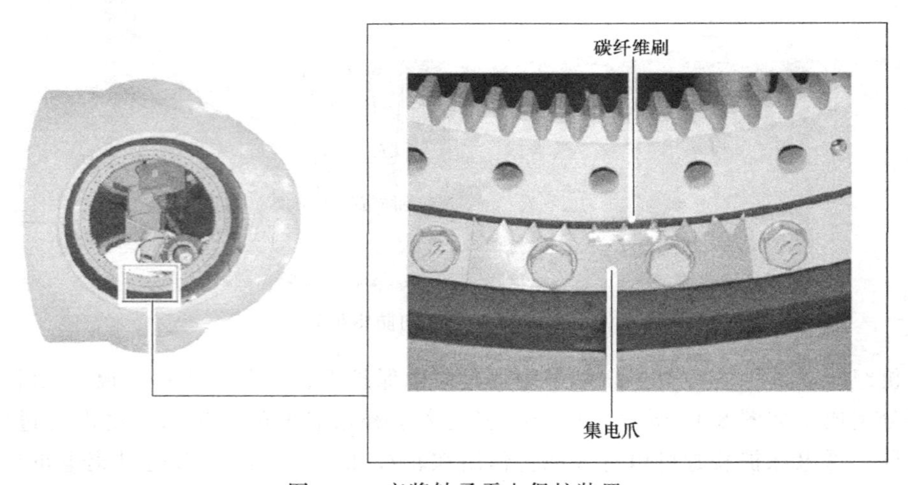

图 8-18　变桨轴承雷电保护装置

此外，机舱罩及机舱内的所有金属部件如主轴承、发电机、齿轮箱、偏航轴承、液压站等以合适尺寸的接地带连接到机舱底板，形成等电位，如图 8-19 所示。专设的引下线连接机舱和塔架，减轻电压降，且跨越偏航环，即机舱和偏航制动盘通过接地线连接起来。这样，通过引下线将雷电顺利地导入塔架，保证即使风力发电机的机舱直接被雷击时，雷电也会被导向塔架而不会引起损坏。引导雷电流路径如图 8-20 所示。

另外，还可通过在关键部位加绝缘垫的方式，阻断或减小雷电流，如图 8-21 所示。

2. 屏蔽措施

屏蔽装置可以减少电磁干扰。风力发电机的机舱是一个封闭的金属壳体，相当于法拉第

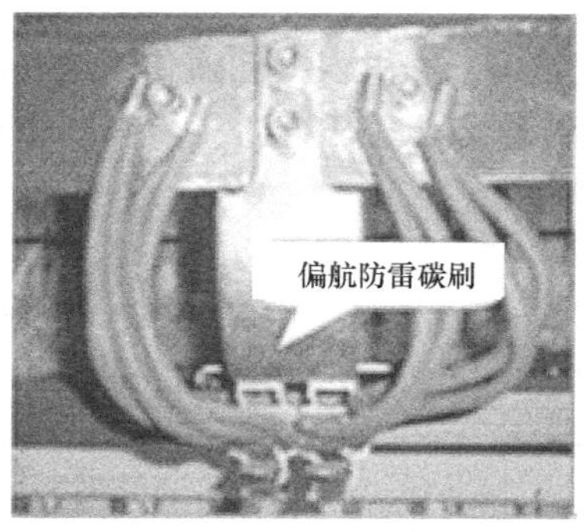

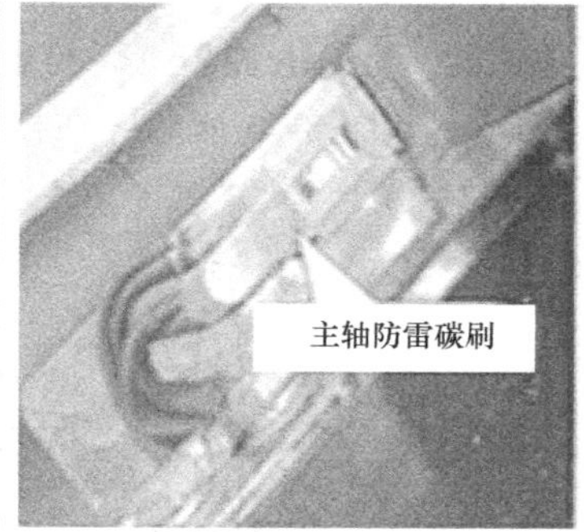

图 8-19　风电机组金属部件的等电位连接

罩，如图 8-22，对机舱中的部件起到了良好的防雷保护作用。相关的电气和电子器件都装在开关柜内，开关柜和控制柜的柜体具备良好的屏蔽效果。在塔基和机舱的不同设备之间的线缆应带有外部金属屏蔽层。对于干扰的抑制，只有当线缆屏蔽的两端都连接到等电位联结带时，屏蔽层对电磁干扰的抑制才是有效的。

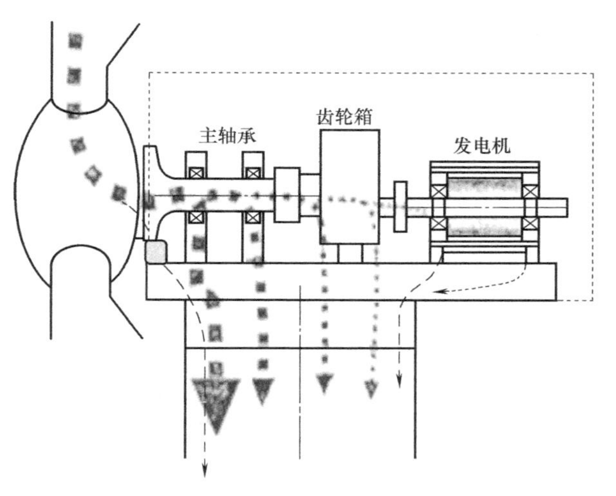

图 8-20　雷电流引导路径

3. 隔离

在机舱上的控制器和塔底控制器的通信，采用光纤连接，达到光电隔离的目的。对控制器和传感器，采用不同的直流电源供电，达到电源隔离的目的。需重点保护的电气部分，供电采用隔离变压器供电。

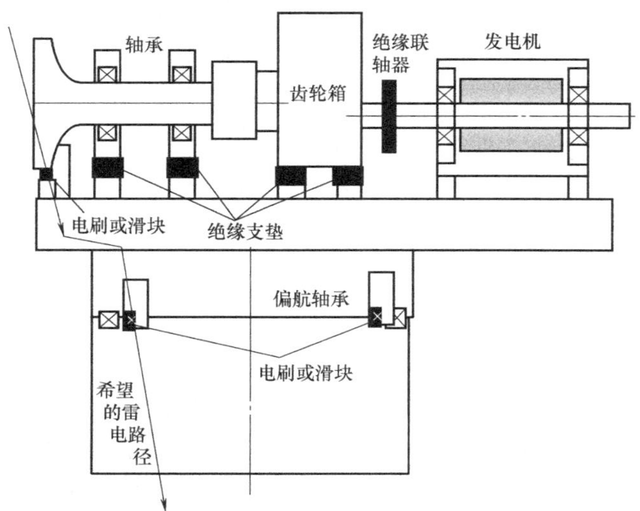

图 8-21　风电机组绝缘垫

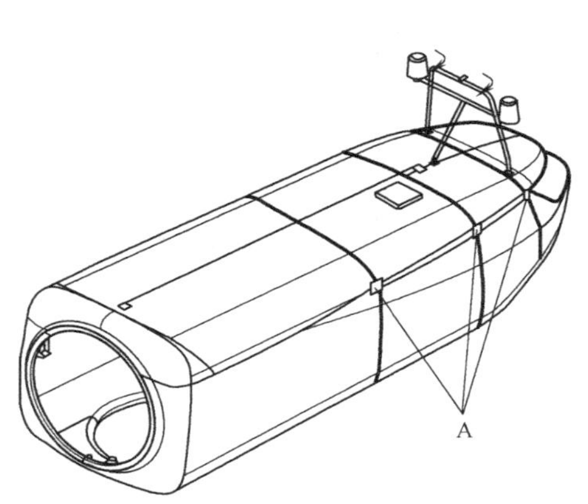

图 8-22　机舱防雷及接地网

4. 电涌过电压保护设备

对发电机、逆变器、机舱电控柜、塔筒电控柜、继电保护和通信系统安装相应的电涌过电压保护装置（SPD），如图 8-23 所示。在控制器模块电子组件、信号电缆终端等，采用信号避雷器保护。

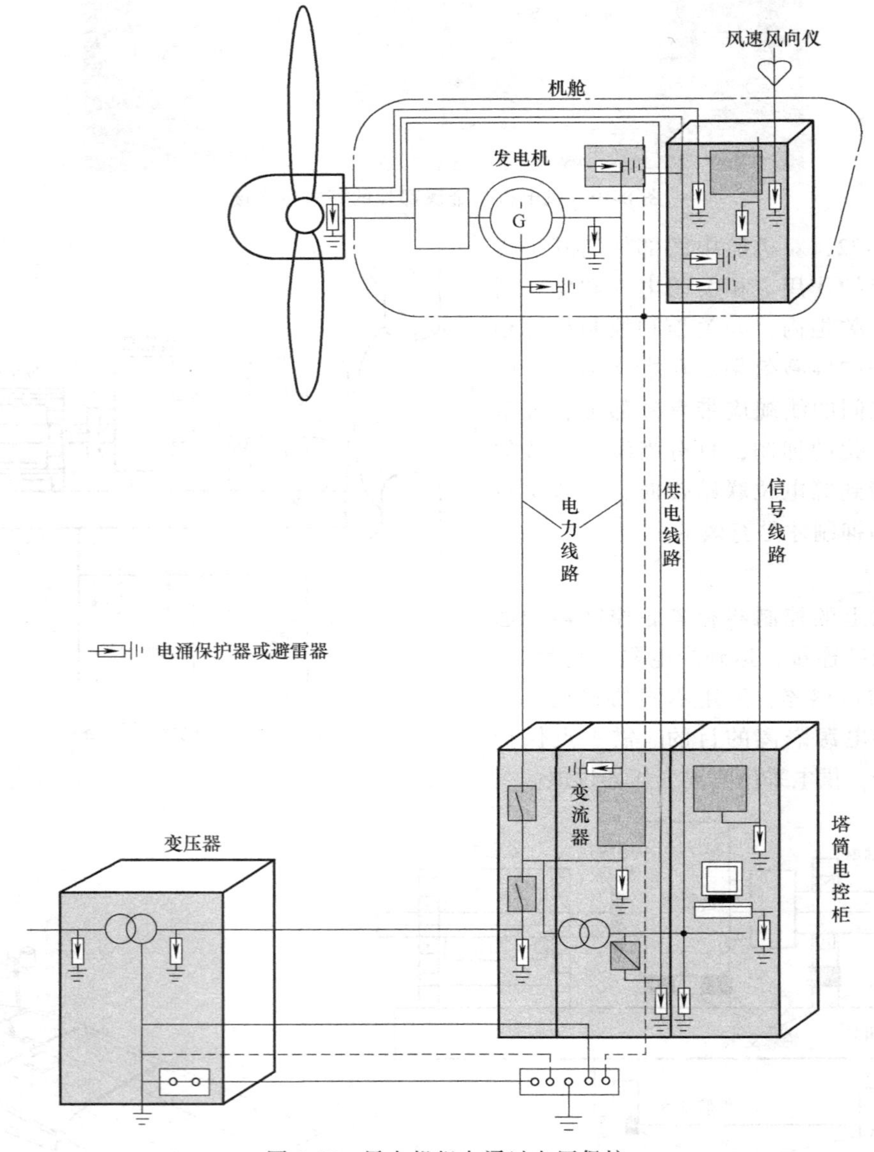

图 8-23 风电机组电涌过电压保护

从图 8-6 的统计数据来看，控制系统是风电机组中最脆弱的部分。显然，一个机组遭雷击后，通过金属数据缆线，将导致与其相连的其他机组的电子设备，包括整个机组的控制和测量传感器也可能损坏。风电机组通常在机舱内和塔筒里各安装有一个 PLC，PLC 是控制系统的核心，且对浪涌的抗击能力较弱，由于 PLC 处在 LPZ2 区内，可在其变压器输出端并联加装 C 级防雷器。防雷器可同时对塔筒内开关电源和 PLC 进行保护。此外，在控制柜与机舱柜通信回路中，在信号输出端及 PLC 模块前端加装信号防雷模块保护，控制残余浪涌电流为 20kA，响应时间小于或等于 500ns。

为避免雷击对通信系统的破坏，SCADA 网络、机舱控制器和塔底控制器之间的联系之间以及机舱控制器与中央控制器之间的连接应使用光纤。因为光纤为非导体，所以过电压在光纤信号线上不能传播。因此，设计时不要为了增加机械强度而使用植有金属线的光纤缆线。

如果 SCADA 系统一定要使用双绞铜线，性能良好的接地系统将有助于抑制瞬态过电压。除此之外，应使用串联型重型数据线保护器（20kA、8/20μs 峰值电流）保护每一个 I/O 端口，并直接通过被保护的设备的机壳接地，接地导线不长于 15cm（这包括 SCADA 系统的接合器和控制器界面）。

在风电机组之间运行的 SCADA 电缆敷设时，电缆沟内需安装已接地的裸铜缆线，将所有 SCADA 缆线的屏蔽层的两端连接到接地系统上，最大限度地保障机组控制系统的安全。

5. 电源防雷

690/400V 的风电机组供电线路，为防止沿低电压电源侵入的浪涌通过电压损坏用电设备，供电电路应采用 TN-S 供电方式，保护线路 PE 与电源中性线 N 分离。整个供电系统可采用三级保护原理，如图 8-24 所示，第一级使用雷击电涌保护器；第二级使用电涌保护器；第三级使用终端设备保护器。发电机输出端（690V）到塔底并网柜、塔底配电柜（690V）到变压器电源线路、机舱到轮毂（400V/230V）配电线路、塔底控制柜（230V）到机舱柜配电线路安装电源浪涌保护器，浪涌保护器电压等级对应线路电压等级。图 8-25 所示为变压器输出端防雷模块和电网逆变器防雷模块。

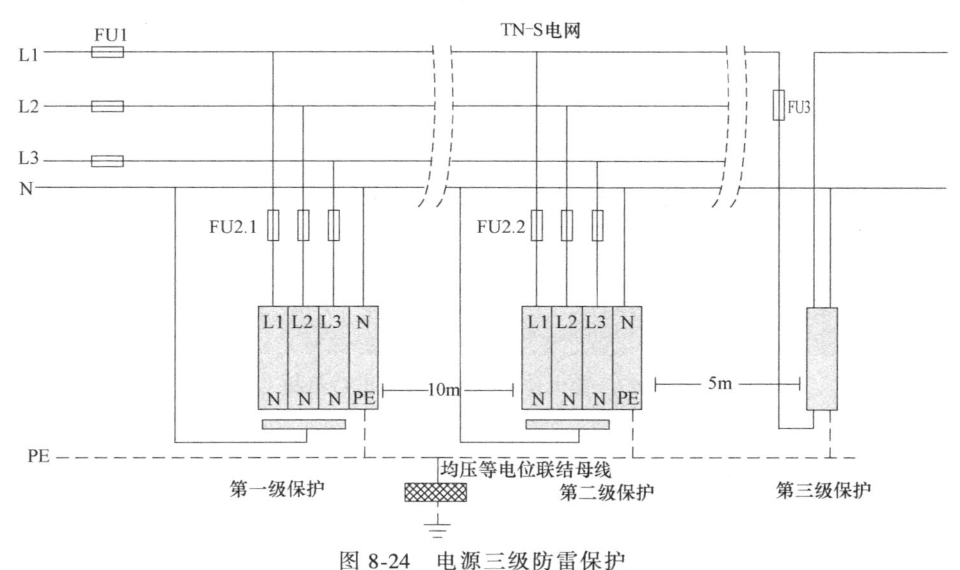

图 8-24 电源三级防雷保护

8.2.5 塔筒防雷保护

由于塔筒法兰面之间涂有密封胶，加大了塔筒之间的连接电阻，所以必须要用铜编织电缆或铜导线把两节塔筒连接起来，降低这部分的阻抗，如图 8-26 所示。

对进入塔筒的各种金属管线实施均压等电位联结，对具有特殊要求的各种不同地线进行等电位处理，如图 8-27 所示，这是消除地电位反击有效的措施。

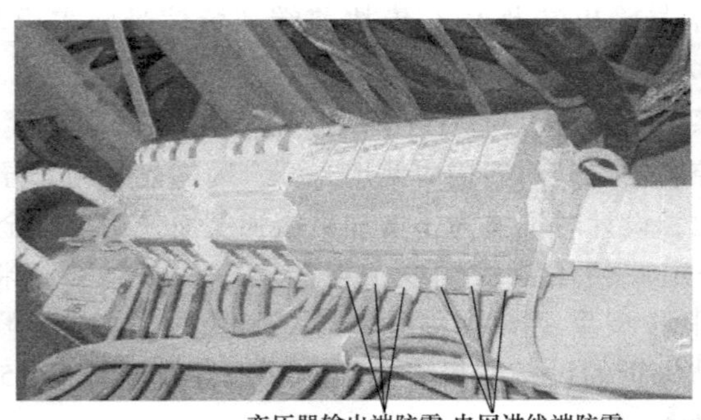

图 8-25　电气设备防雷

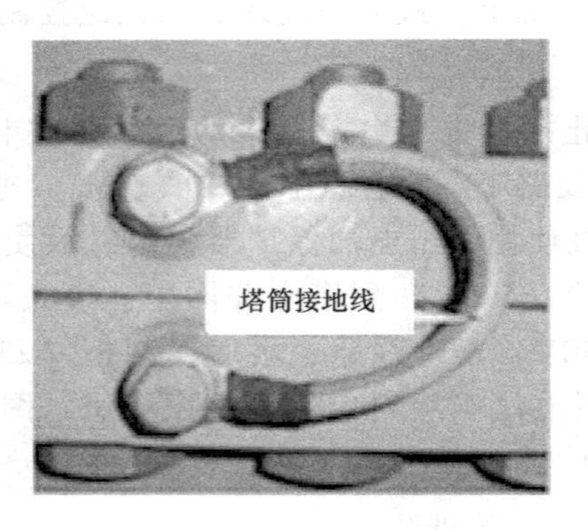

图 8-26　塔筒防雷保护

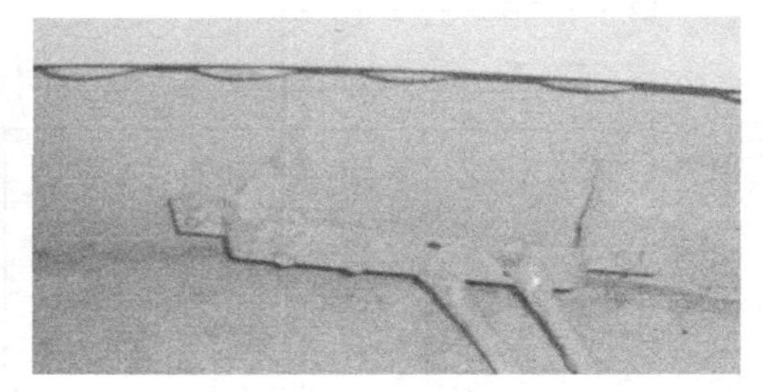

图 8-27　等电位铜排和塔底等电位母排

8.3　风力发电机组接地系统

接地是保障风电机组和风电场电气安全与人身安全的必要措施。从防雷的角度看，无论是避雷针、避雷器还是电涌保护器，都需要通过接地把雷电流传导入地，没有良好的接地装置，机组各部分加装的防雷设施就不能发挥其应有的作用。接地装置的性能直接决定着机组的防雷可靠性。

8.3.1　接地基本概念

接地的一个含义是指为电路或系统提供一个零电位参考点，另外一个含义指为电路或系统与“地”之间建立低阻抗通道。在电力系统中，接地通常指的是接大地，即将电力系统或设备的某一金属部分经金属接地线连接到接地电极上。

接地的作用主要是利用接地极把故障电流或雷电流快速自如地泄放进大地土壤中，以达到保护人身安全和电气设备安全的目的。

1. 接地装置

电力系统中的接地装置通常是指中性点或相线上某点的金属部分，而电气设备的接地装置通常是指不带电的金属导体（一般为金属外壳或底座）。此外，不属于电气设备的导体及电气设备外的导体，如金属水管、风管、输油管及建筑物的金属构件经金属接地线与接地电极相连接，也称为接地。

在接地装置中，接地体是埋入地中并直接与大地接触的导体（多为金属体），分为自然接地体和人工接地体两类。自然接地体是兼作接地体用的直接与大地接触的各种金属构件、金属管道和建筑物的钢筋混凝土基础等；人工接地体是指专门为接地而设，埋入地下的导体，包括垂直接地体、水平接地体、倾斜接地体和接地网。

对于风电机组的接地装置来说，其自然接地体为机组在地下的钢筋混凝土基础，人工接地体通常是专门埋设在地下的水平和垂直导体。典型的机组人工接地体为一个围绕着机组钢筋混凝土基础的水平接地环，该接地环可以是圆形，也可以是正多边形，在接地环的周边加设不少于两根的垂直接地棒，如图 8-28 所示。

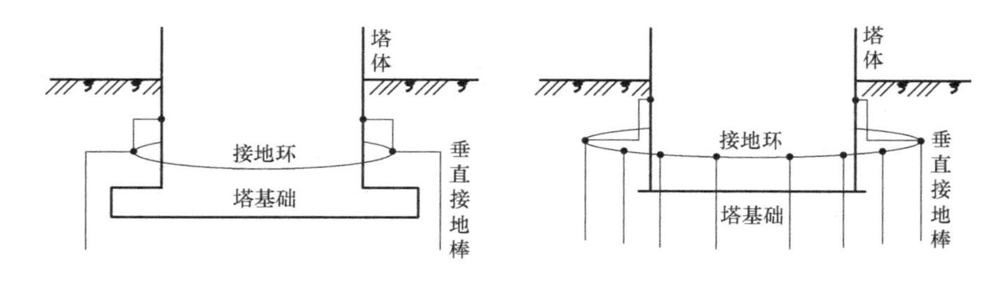

图 8-28　风电机组的典型接地装置

为了节省接地造价投资和改善接地效果，作为机组人工接地体的接地环还需要有不少于两处与基础钢筋相连接，通过两者的相互连接来构成机组统一的接地装置。

2. 接地电阻及对地电位

大地并非理想的导体，它具有一定的电阻率，为了将雷电流注入大地而不产生危险的过电压，风电机组的工频接地电阻一般应小于 4Ω，在土壤电阻率很大的地方可放宽到 10Ω。所以当外界强制施加于大地内部某一电流时，大地就不能保持等电位。流进大地的电流经过接地线、接地体注入大地后，以电流场的形式向周围远处扩散。接地装置对地电位分布曲线如图 8-29 所示。

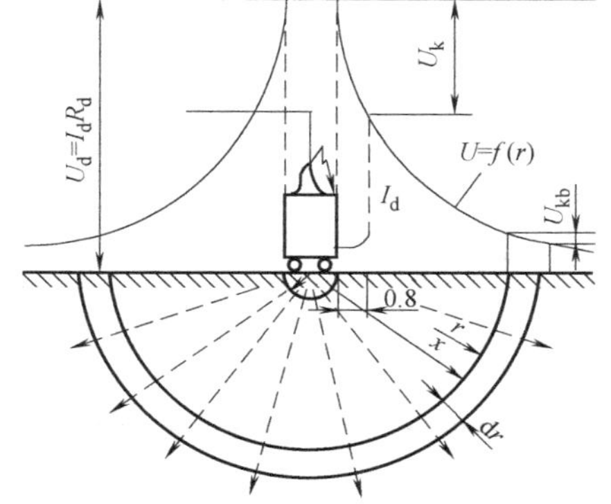

图 8-29　接地装置对地电位分布曲线

8.3.2 接地作用

接地的主要作用一方面是保证电气设备安全运行，另一方面是防止设备绝缘被破坏时可能带电，以致危及人身安全。同时能使保护装置迅速切断故障回路，防止故障扩大。

接地保护是非常重要的环节。良好的接地将确保控制系统免受不必要的损害。在整个控制系统中，通常采用功能性接地和保护性接地等方式来达到安全保护的目的。

1. 功能性接地

1）工作接地。为保证电力系统的正常运行，在电力系统的适当地点进行的接地，称为工作接地。在交流系统中，适当的接地点一般为电气设备，如三相输电系统的中性点接地，如图 8-30 所示，其目的是稳定系统的对地电压，降低电气设备的对地绝缘水平，有利于实现继电保护等。

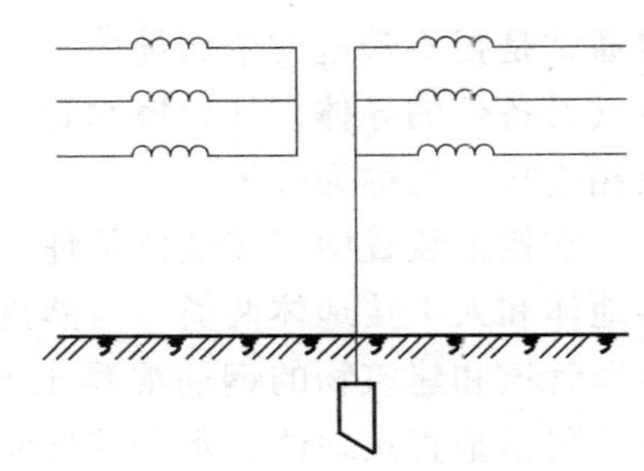

图 8-30 工作接地

2）逻辑接地。为了获得稳定的参考电位，将电子设备中的适当金属部件，如金属底座等作为参考零电位，把需要获得零电位的电子器件接于该金属部件（如金属底座等）上，这种接地称为逻辑接地。该基准电位不一定是大地的零电位。

3）信号接地。为保证信号具有稳定的基准电位而设置的接地，称为信号接地。

2. 保护性接地

1）保护接地。为防止电气设备绝缘损坏而使人身遭受触电危险，将与电气设备绝缘的金属外壳或构架与接地极做良好的连接，称为保护接地，如图 8-31 所示。接低压保护线（PE 线）或保护中性线（PEN 线），也称为保护接地。停电检修时所采取的临时接地，也属于保护接地。

2）防雷接地。避雷针、避雷线、避雷器和雷电电涌保护器等都需要接地，以把雷电流泄放入大地，这就是防雷接地。图 8-32 所示为风电场气象仪支撑杆避雷针接地装置泄流作用的示意图，在避雷针受雷击接闪后，接地体向土壤泄散的是高幅值的快速雷电冲击电流，良好的散流条件是防雷可靠性和雷电安全性对接地装置的基本要求。

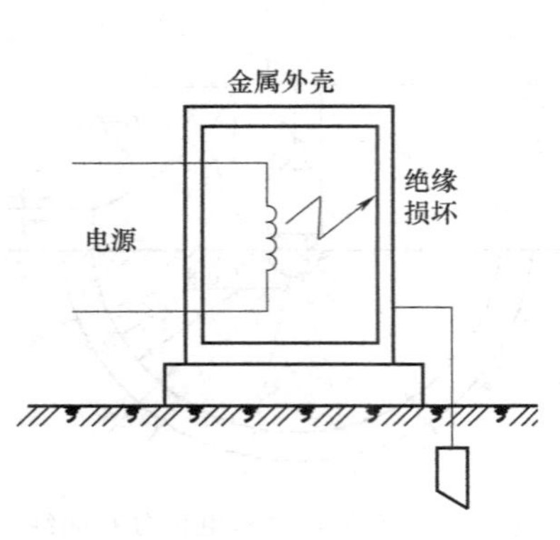

图 8-31 保护接地

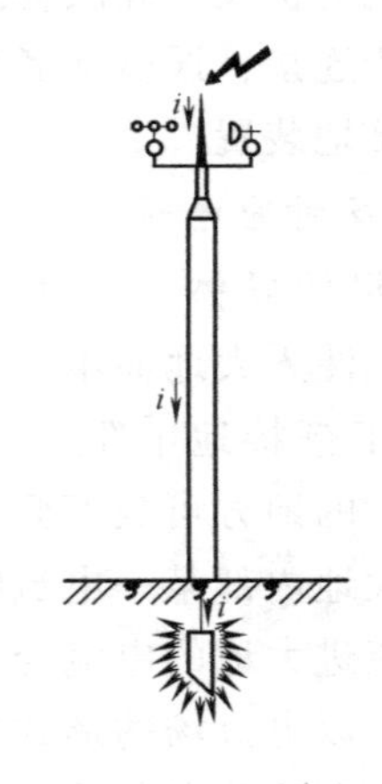

图 8-32 避雷针接地装置泄雷电流示意图

3）防静电接地。将静电荷引入大地，防止由于静电积累对人体和设备受到损伤的接地，称为防静电接地。油罐汽车后面拖地的铁链也属于防静电接地。

4）屏蔽接地。为防止外界磁场对流经电缆的信号产生影响，选用屏蔽电缆（见图 8-33），并将电缆屏蔽层接地。另外，将设备的金属外壳或金属网接地，就形成了法拉第笼，可以保证金属壳内或金属网内的电子设备不受外部的电磁干扰。

图 8-33　屏蔽电缆

8.3.3　风力发电机组的接地

风电机组接地系统是一个围绕风电机组基础的环状导体，该导体埋设在距风电机组基础 1m 远的地面下 1m 处，采用 $50mm^2$ 铜导体或直径更大些的铜导体；每隔一定距离打入地下镀铜接地棒，作为铜导电环的补充；铜导电环连接到塔架 2 个相反位置，地面的控制器连接到连接点之一，如图 8-34 所示。有的设计在铜环导体与塔基中间加上 2 个环导体，使跨步电压得到更大改善。如果风电机组放置在接地电阻率高的区域，则需要延伸接地网，以保证接地电阻达到规范要求。

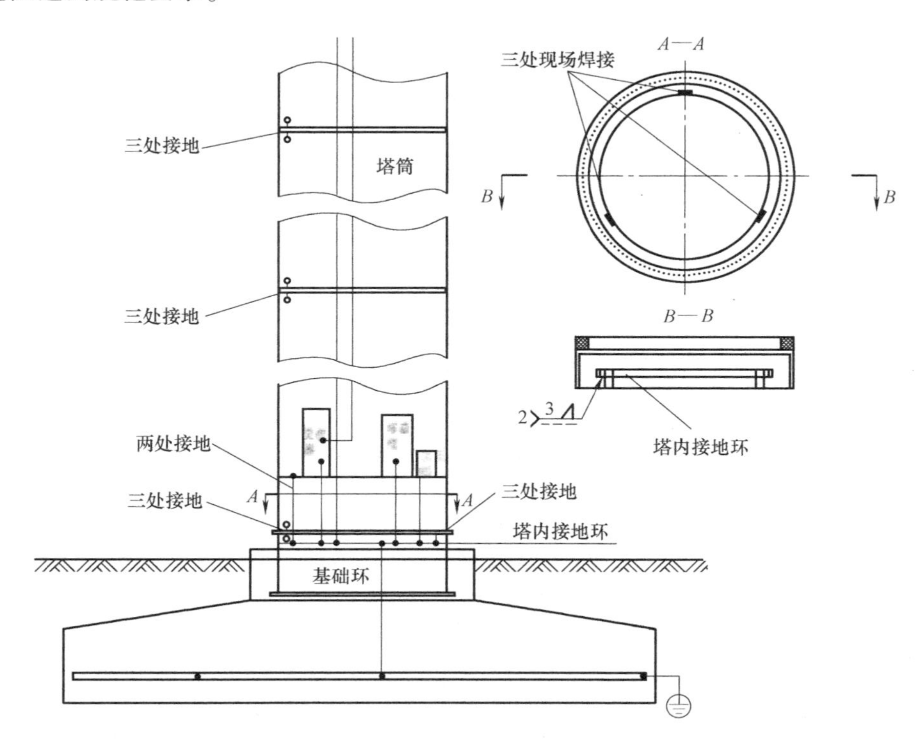

图 8-34　接地环

可以将多台风电机组的接地网进行互连，这样通过延伸机组的接地网可进一步降低接地电阻，使雷电流迅速流入大地而不产生危险的过电压。

图 8-35 所示为整个风电机组的防雷及接地系统。

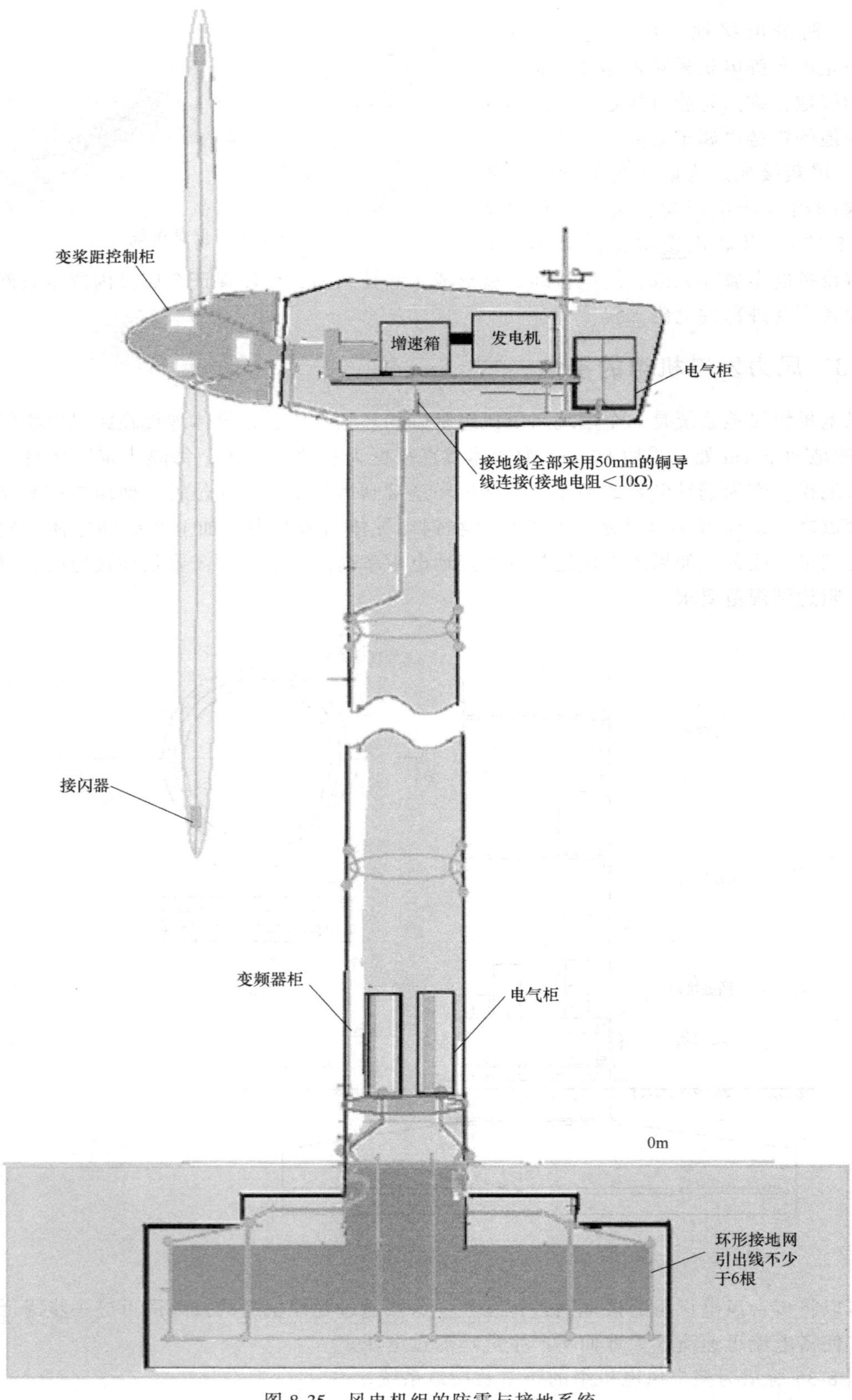

图 8-35　风电机组的防雷与接地系统

本章小结

风电机组的安全保护系统主要有雷电安全保护、运行安全保护、控制系统保护和接地保护。其中，运行保护是关于机组安全运行范围方面的保护，即越限保护；控制保护包括紧急故障安全链保护、微机控制器抗干扰保护和电气接地保护。安全链保护独立于软件控制系统的硬件保护，并且是风电机组的最后一级保护系统。

根据雷击特点，划分风电机组防雷区，分别采取有效的防护手段。外部直击雷防护主要是叶片保护；内部防雷保护主要是机舱内电气设备的保护。

机组的防雷设施需要通过良好的接地才能发挥作用，同时接地也是保障风电机组和风电场电气安全与人身安全的必要措施。

练　习　题

一、基本概念

安全链　等电位联结　保护性接地

二、填空题

1. 风电机组的主控制器是电控系统的核心，要完成对机组运行参数和状态的________和________。
2. 安全链是用于风电机组________时的保护。
3. 风电机组的保护环节是以________为原则进行设计的。
4. 当风机出现故障且控制系统失效时，________动作，保护风机处于安全状态。

三、判断题

1. 安全链属于风电机组的软件控制系统。（　　）
2. 风电机组软件控制系统出现故障时，将导致安全链动作。（　　）
3. 空气制动是失效保护装置。（　　）

四、选择题

1. 机组运行时发电参数越限、状态异常等普通故障后，机组将进入（　　）程序。

A. 急停　　B. 正常停机　　C. 暂停　　D. 保持运行 10min

2. 安全链动作时，引起机组同时动作的有（　　）

A. 气动制动、机械制动、脱网　　B. 气动制动、机械制动、液压系统泄压
C. 机械制动、脱网、液压系统泄压　　D. 脱网、机械制动、液压系统泄压

五、简述题

1. 风电机组安全保护内容是什么？
2. 简述安全链的作用。
3. 风电机组安全链监测点有哪些？
4. 简述功能性接地和保护性接地的区别。
5. 风电机组的防雷系统有哪几个组成部分？常用的接闪器有哪些类型？
6. 风电机组可划分为哪几个防雷保护区？
7. 风电机组的接地系统是如何实现的？

部分练习题参考答案

第 1 章

一、基本概念

风功率：指单位时间内，以速度 v 垂直流过截面 A 的气流所具有的动能。

尖速比：λ，风轮叶尖线速度与风速之比。

叶片攻角 α：相对风速与叶片弦线之间的夹角。

失速特性：当风速高于额定风速时，气流的攻角大于临界攻角，使气流脱离桨叶表面产生涡流，叶片上的升力骤然下降，阻力大幅上升。

变桨距调节：利用叶片桨距角的变化改变叶片升阻力，调节风电机组输出的功率。

顺桨：通过变桨系统使桨叶角度达到 90°位置，即桨叶与来流方向平行的位置。

二、填空题

1. 上风向；下风向
2. 垂直；可以接收来自任何方向的风
3. 叶片的气动特性（失速特性）
4. 改变桨距角
5. 升阻力
6. 额定输出功率

三、判断题

1. √ 2. × 3. √ 4. √ 5. ×

四、选择题

1. D 2. B 3. D 4. B 5. A

五、简述题

1. 略

2. 定桨距风力机依靠叶片的失速特性维持功率稳定，变桨距风力机通过变桨调节维持功率稳定。定桨距风力机结构简单，部件少，造价低，并具有较高的安全系数。失速控制方式依赖于叶片独特的翼型结构，叶片本身结构较复杂，成型工艺难度也较大。随着功率增大，叶片加长，重量加大（与变桨距风力机的叶片相比），所承受的气动推力增大，使得叶片的刚度减弱，失速动态特性不易控制，所以很少应用在兆瓦级以上的大型风力发电机组的控制上。

变桨距风力机拥有变桨机构，结构和控制相对复杂，但是变桨距风力机通过改变桨距角使叶片剖面的攻角发生变化来迎合风速变化，从而使风力机在有效风速范围内都能充分地利用风能，使叶片具有较好的气动输出性能，保持发电机功率输出稳定。

3. 1）机组并网后，在风轮额定达到转速之前，风电机组变速运行，控制目标是追踪最大 C_P 值。

2）机组达到风力机额定转速时，则保持风力机额定转速恒速运行。

3）随着风速的增加，当机组输出电功率达到发电机额定功率时，恒定功率运行。

第 2 章

一、基本概念

空气动力制动：利用空气阻尼，使风力机停机。

机械制动：靠摩擦力实现的风力机停机。

偏航：水平轴风力机为了获得较高的风能利用率，通过驱动装置使机舱相对于塔架转动，使风轮的扫掠面对准风向。

二、填空题

1. 偏航

2. 吸收振动阻尼

三、简述题

1. 略

2. 略

3. 略

4. 1）与风力发电组的控制系统相配合，使风轮始终处于迎风状态，充分利用风能，提高风力发电效率。

2）提供必要的锁紧力矩，以保障风力发电机组的安全运行。

5. 略

第 3 章

一、基本概念

磁路：磁通经过的闭合路径。

转差率：感应电机中旋转磁场和转子之间的相对转速与同步转速的比值。

RCC：通过对绕线转子感应发电机转子电流的控制，改变发电机转差率，从而在一定范围内改变风轮转速，吸收由于瞬变风速引起的功率波动。

同步发电机外特性：发电机为额定转速，励磁电流和功率因数为常数条件下，发电机端电压和负载电流的关系称为同步发电机的外特性。

同步发电机调节特性：发电机为额定转速，机端电压和功率因数为常数时，负载电流与励磁电流之间的关系称为同步发电机的调节特性。

居里温度点：磁性转变点，指磁性材料中自发磁化强度降到零时的温度。

全功率型变流器：额定功率与发电机的额定功率相等的变流器，串联在发电机定子与电网回路之间。

部分功率变流器：额定功率是发电机额定功率的一部分，主要指应用于双馈式发电机中的变流器，串联在发电机转子与电网回路之间。

整流：将交流电变换成直流电的过程。

斩波：将一种直流电变换成另外一种固定或可调电压的直流电的过程。

逆变：将直流变换成交流的过程。

二、填空题

1. 发电；制动

2. 转子电路的电阻

3. 铁心；气隙

4. 励磁电流

5. 电网

6. 过励；欠励

7. 交流

8. 励磁电流频率

9. 定子

10. 整流；逆变；斩波

11. 定子磁链；转矩电流

12. 整流；逆变

三、判断题

1. × 2. √ 3. × 4. × 5. ×

四、选择题

1. D 2. D 3. A 4. A 5. B

五、简述题

1. 根据给定的转子电流值，通过改变转子电路的电阻来改变发电机的转差率。

2. 双馈异步发电机同时具有异步机和同步机的某些特性；采用交流励磁，运行方式多于笼型感应发电机；在控制上也更加灵活，实现了有功功率和无功功率的解耦控制。

3. 略

4. 笼型电机转子采用笼型结构，转子绕组是呈圆筒形的闭合短路绕组。运行时转子不需要外加励磁，没有集电环和电刷，结构简单、坚固，基本上无需维护；绕线转子感应电机转子使用绝缘导线嵌于转子铁心槽内，构成星形联结的三相对称绕组，然后把三个出线端分别接到转轴的三个集电环上，再通过电刷把电流引出来。由于可对绕线转子感应电机转子外加电阻进行调节，改善了电机运行性能。

5. 双馈发电机定子与转子两侧都可以向电网馈送能量，所以称为双馈发电机。

双馈式风力发电机，在亚同步运行时，运行于补偿发电状态，需要向转子绕组馈入电功率；超同步运行时，转子绕组和定子绕组同时向电网馈入电功率。

6. 略

7. 风力发电机运行时需要从电网中吸收滞后的无功功率来建立磁场和满足漏磁的需要。一般大中型异步发电机的励磁电流为其额定电流的20%~30%，如此大的无功电流的吸收，将加重电网无功功率的负担，使电网的功率因数下降，同时，引起电网电压下降和线路损耗增大，影响电网的稳定性。因此，并网运行的风力感应发电机必须进行无功功率的补偿，以提高功率因数及设备利用率，改善电网电能的质量和输电效率。

8. 网侧变流器主要实现单位功率因数输入，不从电网吸收无功功率，同时保证直流母线上的电压稳定；机侧变流器主要实现 DFIG 的矢量解耦控制，即有功功率和无功功率的解耦控制。

9. 调节交流励磁的频率可改变发电机的转速，实现发电机转速控制；调节交流励磁的幅值可改变无功功率；调节交流励磁的相位可改变有功功率。

10. 将变速运行的风力发电机输出的频率和电压变化的电能转换为稳定的电能送入到电网中。

第 4 章

一、基本概念

偏航计数器：记录偏航系统旋转圈数的装置，当偏航系统的偏航圈数达到设计所规定的初级解缆和终级解缆圈数时，计数器给控制系统发信号使机组自动进行解缆。

失效安全：当机组控制失效或由于故障导致机组不能正常运行时，安全保护系统动作，确保机组处于安全状态。

自动解缆：为了保证机组悬垂部分的电缆不至于产生过度的扭绞而使电缆断裂、失效，在电缆达到设计缠绕值时，偏航系统自动驱动机舱反方向旋转，使电缆解除缠绕，即自动解缆。

扭缆保护：为避免偏航动作导致的机舱和塔架之间的连接电缆发生过度扭绞，由扭缆装置实施的扭缆保护。

二、填空题

1. 液压变桨；电动变桨
2. 统一变桨；独立变桨
3. 转速；功率
4. 0°
5. 制动
6. 偏航系统
7. 控制开关；触点机构

三、判断题

1. √　2. ×　3. √

四、选择题

1. B　2. B

五、简述题

1. 若变桨系统的主电源供电失效，在机组发生严重故障或重大事故的情况下可由备用电源供电进行变桨操作，确保机组可以安全停机。

备用电源储备的能量是在保证变桨控制柜内部电路正常工作的前提下，足以使叶片以10°/s 的速率，从 0°顺桨到 90°三次。

2. 备用电源保护；变桨角度冗余监测保护；限位保护。

3. 风机运行时，叶尖扰流器和叶片主体保持一致，相当于叶片的一部分；风机停机时，作用在扰流器上的离心力和弹簧力使叶尖扰流器力图脱离桨叶主体旋转到制动位置，实现气动制动。

4. 1）与风力发电组的控制系统相配合，使风力发电机组的风轮始终处于迎风状态，充分利用风能，提高风力发电效率。

2）提供必要的锁紧力矩，以保障风力发电机组的安全运行。

5. 偏航计数器记录偏航系统旋转圈数，当偏航圈数达到设计所规定的初级解缆和终级解缆圈数时，计数器则给控制系统发信号使机组自动进行解缆。

偏航位移传感器是两个并排安放的接近开关，用于记录偏航位移方向。

6. 由于风向作用，使机组连续向同一方向偏转，当大于设定圈数以上时就会出现扭缆现象。由偏航计数器记录机组偏转圈数，当达到整定值时向控制系统发出信号，控制系统根据风况实现自动解缆。

当机组悬垂部分的电缆扭绞到一定程度后，扭缆保护重锤被提升而触发触点机构，实现扭缆保护。

7. 略

第5章

一、基本概念

伺服控制：对物体运动的位置、速度及加速度等变化量的有效控制。

比例阀：能够根据输入的电气信号连续地、按比例地对油流的压力、流量或方向进行控制的液压阀。

阻尼偏航：避免风力发电机组在偏航过程中产生过大的振动而造成整机共振，在机组偏航对风时提供一定的阻尼力矩，称为阻尼偏航或带压偏航。

LVDT：差动变压位移传感器，用于阀芯位置反馈的位移传感器。

二、填空题

1. 动力元件；执行元件；控制元件；辅助元件

2. 电气；流量；压力

3. 10^5

4. 液压力；弹簧力

三、判断题

1. × 2. ×

四、选择题

1. B 2. B 3. C 4. A 5. B

五、简述题

1. 液压系统中的控制元件有方向控制阀、压力控制阀、流量控制阀等类型。

2. 由于液体摩擦作用，以及系统能量损失转换成的热量作用，会使油液温度升高，黏性下降，容易发生泄漏。长时间的油温过高，会使油液氧化，设备密封老化，影响系统正常工作。这种情况需要对液压系统进行冷却。冷却方式可以是风冷、水冷和冷媒三种形式。

反之，如果系统工作在低温环境下，油温过低，油液黏性过大，使设备动作困难，压力损失大，振动加剧，此时系统应设置加热器。风电机组液压系统的加热通常采用电加热方式。

3. 略

4. 略

5. 比例控制技术在变桨距控制系统中，通过放大器，将输入的电压信号转换成相应的电流信号，作为输入量送入比例电磁铁，从而产生和输入信号成比例的输出量，即力或位移，该力或位移作为输入量加给比例阀，产生一个与前者成比例的流量或压力。

6. 温控阀是自力式调节阀中的一种，依靠流经阀内介质自身的压力或温度作为能源驱动阀门自动工作，不需要外接电源和二次仪表的调节阀。当被控介质温度变化时，调节阀内的感温元件随着温度变化膨胀或收缩。被控介质温度高于设定值时，感温元件膨胀，推动阀芯关闭阀门，减少热媒的流量；被控介质的温度低于设定值时，感温元件收缩，复位弹簧推动阀芯开启，增加热媒的流量。

第 6 章

一、基本概念

稳态工作点：风力机和发电机的功率-转速特性曲线的交点。

功率-转速特性：表示风力发电机的净输出功率和轮毂高度处风速的函数关系。

最佳风能利用系数：在不同风速下，风力机输出功率最大时对应的风能利用系数。

低电压穿越：在风力发电机并网点电压跌落的时候，风机能够保持并网，甚至向电网提供一定的无功功率，支持电网恢复，直到电网恢复正常，从而“穿越”这个低电压时间（区域）。

风功率预测：对未来一段时间内风电场所能输出的功率大小进行预测，以便安排调度计划。

二、填空题

1. 正常运行；暂停；停机；紧急停机

2. 最佳叶尖速比（或最大 C_P 跟踪）

3. 增大；减小

4. 变桨控制器；机舱控制器；塔底主控制器

5. 功率-转速

6. 桨距角

三、判断题

1. × 2. √ 3. × 4. √

四、选择题

1. C 2. A 3. A 4. C 5. A

五、简述题

略

第 7 章

一、基本概念

SCADA 系统：风电场数据采集与监视控制系统，实现数据采集、设备控制、测量、参数调节以及各类信号报警等各项功能。

传感器：能够感受被测量的大小，并按一定规律转换成相对应的电信号的器件或装置，即把被测的非电量转换成电量的装置。

二、填空题

1. PT100

2. 0

3. 安全继电器

三、判断题

1. × 2. × 3. ×

四、选择题

1. B 2. A 3. C 4. B

五、简述题

略

第 8 章

一、基本概念

安全链：将可能对风电机组造成严重伤害的超常故障节点串联成一个回路，一旦其中一个信号动作，将引起紧急停机，最大限度地保证机组的安全。

等电位联结：所有导电的部件相互连接，抑制雷电引起的电位差，避免出现触摸电压和跨步电压，从而起到保护作用，并减少对电气电子系统的危害。

保护性接地：为防止电气设备绝缘损坏而使人身遭受触电危险，将与电气设备绝缘的金属外壳或构架与接地极做良好的连接，称为保护性接地。

二、填空题

1. 监测；控制

2. 紧急停机

3. 失效安全

4. 安全链

三、判断题

1. × 2. √ 3. √

四、选择题

1. B 2. A

五、简述题

1. 风电机组安全保护包括控制系统保护、独立安全链保护、个体硬件保护。控制系统保护涉及风电机组整机及各部件的各个方面；安全链保护用于机组出现严重故障或紧急情况时；个体硬件保护则主要用于发电机和各电气负载的保护。

2. 安全链的作用是确保风力发电设备在出现故障时，设备仍处于安全状态。它处于机组的软件保护之后，是独立于控制系统程序的硬件保护措施，即使控制系统发生异常，也不会影响安全链的正常动作。

3. 略

4. 功能性接地是为了保证设备正常运行而设定的零电位；保护性接地是为了防止电击而采取的保护措施，如果断开，就会对操作人员产生危险。

5. 风电机组的防雷系统包括叶片防雷、机舱防雷、塔架防雷；常用的接闪器有避雷针、避雷带、避雷网等。

6. 风电机组的防雷保护区分为 LPZ0、LPZ1 和 LPZ2 三个区域。叶片、机舱的外部（包括机舱）、塔架外部（包括塔架）、箱式变压器属于 LPZ0 区；机舱内、塔架内的设备属于 LPZ1 区，这其中包括电缆、发电机、齿轮箱等；塔架内电气柜中的设备，特别是屏蔽较好的弱电部分属于 LPZ2 区。

7. 风力发电机组接地系统是一个围绕风力发电机组基础的环状导体，该导体埋设在距风力发电机组基础 1m 远的地面下 1m 处，采用 $50mm^2$ 铜导体或直径更大些的铜导体；每隔一定距离打入地下镀铜接地棒，作为铜导电环的补充；铜导电环连接到塔架 2 个相反位置，地面的控制器连接到连接点之一。

参考文献

[1] 宋亦旭. 风力发电机的原理与控制 [M]. 北京：机械工业出版社，2012.
[2] 邹振春，赵丽君. 风力发电机组运行与维护 [M]. 北京：机械工业出版社，2017.
[3] 叶杭冶. 风力发电机组的控制技术 [M]. 3版. 北京：机械工业出版社，2015.
[4] 龙源电力集团股份有限公司. 风力发电机组检修与维护：第四分册 [M]. 北京：中国电力出版社，2016.
[5] 霍志红，郑源. 风力发电机组控制 [M]. 北京：中国水利水电出版社，2014.
[6] 关新. 风电原理与应用技术 [M]. 北京：中国水利水电出版社，2017.
[7] 马宏忠，等. 风力发电机及其控制 [M]. 北京：中国水利水电出版社，2016.
[8] 吴双群，赵丹平. 风力发电原理 [M]. 北京：北京大学出版社，2011.
[9] 王亚荣，等. 风力发电与机组系统 [M]. 北京：化学工业出版社，2014.
[10] STIEBLER M. 风力发电系统 [M]. 倪玮，许光，译. 北京：机械工业出版社，2011.
[11] 叶杭冶. 风力发电机组监测与控制 [M]. 北京：机械工业出版社，2011.
[12] 谷兴凯，范高锋，王晓蓉，等. 风电功率预测技术综述 [J]. 电网技术，2007，31 (2)：336-338.
[13] 杨秀媛，肖洋，陈树勇. 风电场风速和发电功率预测研究 [J]. 中国电机工程学报，2005，25 (11)：1-5.
[14] 李炎，高山. 风电功率短期预测技术综述：中国高等学校电力系统及其自动化专业第二十四届学术年会论文集 [C]. [出版地不详：出版者不详]，2008.